人工智能与机器人

倪建军　史朋飞　罗成名　编著

科学出版社

北京

内 容 简 介

本书旨在系统介绍人工智能与机器人研究领域的相关基础理论，同时展示国内外最新的研究成果，全书分为人工智能基础与智能机器人两大部分，共 17 章。第一部分主要介绍人工智能的基本概念、知识工程、确定性推理、不确定性推理、搜索技术、人工神经网络、机器学习、进化计算与群体智能、分布式人工智能等内容。第二部分主要介绍智能机器人的定义和研究领域、机器人感知、机器人定位与建图、机器人导航、机器人路径规划、多机器人系统、生物启发式方法在机器人中的应用、智能机器人设计与开发等内容。

本书主要作为自动化、机器人、计算机、电子信息、机电一体化等专业高年级本科生、研究生学习人工智能及智能机器人相关课程的教材。书中第一部分与第二部分相对独立，可以根据不同课程的教学大纲进行选择。本书也可以供人工智能与机器人相关研究人员和工程技术人员学习参考。

图书在版编目(CIP)数据

人工智能与机器人/倪建军，史朋飞，罗成名编著.—北京：科学出版社，2019.10

　ISBN 978-7-03-062417-8

　Ⅰ. ①人…　Ⅱ. ①倪…②史…③罗…　Ⅲ. ①人工智能②智能机器人

Ⅳ. ①TP18②TP242.6

中国版本图书馆 CIP 数据核字(2019) 第 207167 号

责任编辑：惠　雪／责任校对：杨聪敏
责任印制：赵　博／封面设计：许　瑞

科 学 出 版 社 出版

北京东黄城根北街 16 号
邮政编码：100717
http://www.sciencep.com

固安县铭成印刷有限公司印刷
科学出版社发行　各地新华书店经销

*

2019 年 10 月第　一　版　开本：787×1092　1/16
2025 年 4 月第四次印刷　印张：21 1/4
字数：500 000

定价：99.00 元
(如有印装质量问题，我社负责调换)

前　言

　　人工智能是解释和模拟人类智能、智能行为及其规律的学科，其研究目的就是实现一种新的能以人类智能相似的方式做出反应的智能机器，主要研究内容包括机器感知、机器思维、机器学习和机器行为等。而机器人，特别是智能机器人是具有感知、规划、决策等能力，能够独立自主地工作和完成复杂任务的智能系统或装置，融合了人工智能、控制论、机械电子等技术。因此，智能机器人的发展离不开人工智能基本原理的指导，反过来，智能机器人的发展对人工智能将产生新的推动作用。

　　2017年，国务院正式印发《新一代人工智能发展规划》，该发展规划推进的基本原则是科技引领、系统布局、市场主导、开源开放。把高端人才队伍建设作为人工智能发展的重中之重，坚持培养和引进相结合，完善人工智能教育体系，加强人才储备和梯队建设，形成我国人工智能人才高地。越来越多的高校瞄准人工智能与机器人领域，聚焦核心人才培养，必须要加快该领域科技成果和资源向教育教学转化，推动人工智能和机器人重要方向的教材建设。目前，关于人工智能和机器人方面的学术著作比较多，但缺少合适的教材，特别是将两者内容编入同一本教材，在注重理论基础的同时，又体现最新技术研究进展的教材非常少。为此，《人工智能与机器人》一书在倪建军主编多年从事智能计算、智能机器人等方面的科研和教学工作，以及为本科生和研究生主讲"智能控制""智能机器人"专业基础课讲义的基础上，根据其和研究团队各位老师的科研成果和教学经验，以及与学生的讨论结果，参考其他优秀学术著作和教材编写而成，力求为广大读者学习人工智能和机器人提供帮助和参考。

　　全书分为人工智能基础与智能机器人两大部分，共17章。第一部分(第1~9章)主要介绍人工智能的基本概念与发展简史、知识工程、确定性推理、不确定性推理、搜索技术、人工神经网络、机器学习、进化计算与群体智能、分布式人工智能等内容。第二部分(第10~17章)主要介绍智能机器人的定义和研究领域、机器人发展简史、机器人感知、机器人定位与建图、机器人导航、机器人路径规划、多机器人系统、生物启发式方法在机器人中的应用、智能机器人设计与开发等内容。每部分既可以单独作为相关课程的教材，也可以作为人工智能原理及应用、智能机器人、智能控制等课程的参考教材。

　　本书由倪建军担任主编，全面负责本书的撰写工作，史朋飞、罗成名参与部分章节的撰写。感谢河海大学范新南教授、朱金秀副教授以及其他兄弟高校相关老师的专业指导和大力支持。本书的出版得到了江苏高校品牌专业建设工程项目(项目编号：PPZY2015B141)的资助。

　　在本书的编写过程中参考了很多优秀的教材、著作、学术论文等资料,引用文献已尽可能一一列出,但由于文献资料较多,疏漏在所难免,在此表示歉意,并向所有参考文献的作者表示衷心的谢意。由于作者学识有限,书中难免会有疏漏之处,恳请专家、同行和读者批评指正。

作　者
2019 年 4 月

目　录

第二部分　智能机器人

第一部分

人工智能基础

第一部分

人工智能基础

第1章　人工智能概述

人工智能是一门研究内容非常广泛的科学,主要包括机器感知、机器思维、机器学习和机器行为等,其研究的目的就是实现一种新的能以人类智能相似的方式做出反应的智能机器。人工智能的研究是高度技术性和专业的,各分支领域都是深入且大多数是各不相通的,因而涉及范围极广。人工智能在各个领域都得到更加广泛的重视,并在经济决策、自动控制、机器人、计算机模拟等领域中得到广泛的应用。当前,人工智能发展迅猛,前景光明,同时富有挑战。

本章主要介绍人工智能的基本概念、人工智能的发展简史、人工智能的不同研究学派以及人工智能研究的基本内容、主要研究领域以及与机器人的关系等内容。

1.1　人工智能的基本概念

1.1.1　人工智能的定义

1) 智能的概念

人工智能的定义可以分为两部分,即 “人工” 和 “智能”。“人工” 比较好理解,总的来说,“人工系统” 就是通常意义下的人造系统。关于什么是 “智能”,就问题多多了。这涉及其他诸如意识 (consciousness)、自我 (self)、思维 (mind)(包括无意识的思维) 等问题。人唯一了解的智能是人本身的智能,这是普遍认同的观点。但是人类对自身智能的理解都非常有限,对构成人的智能的必要元素也了解有限,所以就很难定义什么是 “人工” 制造的 “智能” 了。因此人工智能的研究往往涉及对人类智能本身的研究,同时包括关于动物或其他人造系统的智能的研究。

通常意义上,智能主要是指人类的自然智能,其确切含义还有待于对人脑奥秘的彻底揭示。自然智能是指人类和一些动物所具有的智力和行为能力,而人类的自然智能 (简称智能) 指人类在认识客观世界的过程中,由思维过程和脑力活动所表现出的综合能力。下面给出智能的主要认知观点。

思维理论:这种观点强调思维的重要性,认为智能来源于思维活动,智能的核心是思维,人的一切知识都是思维的产物。该理论期望通过对思维规律和思维方法的研究,来揭示智能的本质。

知识阈值理论:这种观点着重强调知识对智能的重要意义和作用,认为智能取决于知识的数量及其可运用程度。一个系统所具有的可运用知识越多,其智能程度就会越高。因此,该理论把智能定义为:智能就是在巨大的搜索空间中迅速找到一个满意解的能力。

进化理论:该理论是由麻省理工学院 (MIT) 的布鲁克斯 (Brooks) 教授在对人造机器虫研究的基础上提出来的。他认为智能取决于感知和行为,取决于对外界复杂环境的适应,智能不需要知识、不需要表示、不需要推理,智能可由逐步进化来实现。

上述三种认知观点是从不同的认识角度给出对智能的理解。如果从不同层次结构对智能进行分析，可以将其分为三种。

(1) 高层智能。以大脑皮层 (抑制中枢) 为主，主要完成记忆、思维等活动。

(2) 中层智能。以丘脑 (感觉中枢) 为主，主要完成感知活动。

(3) 低层智能。以小脑、脊髓为主，主要完成动作反应活动。

可以看出，思维理论与知识阈值理论对应于高层智能，而进化理论对应于中层智能和低层智能。

2) 智能的本质

中国古代思想家一般把 "智" 与 "能" 看作两个相对独立的概念。《荀子·正名篇》："所以知之在人者谓之知；知有所合谓之智。所以能之在人者谓之能；能有所合谓之能。" 其中，"智" 指进行认识活动的某些心理特点，"能" 则指进行实际活动的某些心理特点。也有不少思想家把二者结合起来作为一个整体看待。东汉王充提出了 "智能之士" 的概念，《论衡·实知篇》："故智能之士，不学不成，不问不知" "人才有高下，知物由学，学之乃知，不问不识"。他把 "人才" 和 "智能之士" 相提并论，认为人才就是具有一定智能水平的人，其实质就在于把智与能结合起来作为考察人才的标志。

关于智能的本质是什么，这个问题很难回答。通常情况下，"智能" 只是被认为比仅仅 "活着" 高出一个或多个阶段：(人类) 通常认为人类属于智能范畴，而虫子则反之。英国数学家阿兰·图灵 (Alan Turing) 在他的论文《计算机器与智能》中提出了可以通过测试确认机器具备 "智能" 的机器思维概念 ——"图灵测试"，即如果一个人类测试者在向其测试对象询问各类问题后，依然不能分辨测试对象是人还是机器，就可以认为机器是智能的 (或者更乐观地认为，机器的智能水平与人类不相上下)。

关于 "智能" 本质的讨论一直没有停止。1959 年，美国的约翰·麦卡锡 (John Mc-Carthy) 发表文章《具有常识的程序》，他指出，将来随着科技的发展，机器对重复性工作及计算类任务的处理能力会轻松地超越人类，拥有 "常识" 的智能才能被称为智能，常识主要源自时间的知识积累。1984 年，德国的瓦伦蒂诺·布瑞滕堡 (Valentino Braitenberg) 出版著作《车辆》，书中指出：智能根本不需要以 "智能" 行为的产生为前提，而只需要一组传感器和执行器就足够了。2016 年，美国的皮埃罗·斯加鲁菲在他的著作《智能的本质》中指出：将人类与机器做比较，仅仅关注大脑活动其实是绝对错误的观点。他认为一个拥有超高技巧和能力的机器人并非通常意义下的 "智能"，充其量是个与钟表和复印机等工具相类似的机器罢了。

3) 人工智能

关于智能本质理解的不同，催生了人工智能的不同派别，主要包括符号主义 (symbolism)、联结主义 (connectionism) 和行为主义 (actionism) 等学派。

关于 "智能" 的定义很难给出，因此，目前还没有一个关于人工智能的严格定义，具有不同学科背景的人工智能学者对它有着不同的理解。

综合不同的观点，可以从 "学科" 和 "能力" 两个方面对人工智能进行定义。

(1) 人工智能 (学科)。人工智能是计算机科学中涉及研究、设计和应用智能机器的一个分支。它的近期主要目标在于研究用机器来模仿和执行人脑的某些智力功能，并开发相关理论和技术。

(2) 人工智能 (能力)。人工智能是智能机器所执行的通常与人类智能有关的智能行为，如判断、推理、证明、识别、感知、理解、通信、设计、思考、规划、学习和问题求解等思维活动。

其他有代表性的人工智能定义如下。

定义 1.1 人工智能是指能够在各类环境中自主地或交互地执行各种拟人任务 (anthropomorphic tasks) 的机器。

定义 1.2 人工智能是一种使计算机能够思维，使机器具有智力的激动人心的新尝试 (Haugeland，1985)。

定义 1.3 人工智能是那些与人的思维、决策、问题求解和学习等有关活动的自动化 (Bellman，1978)。

定义 1.4 人工智能是用计算模型研究智力行为 (Charniak and McDermott，1985)。

定义 1.5 人工智能就是研究如何使计算机做过去只有人才能做的智能的工作 (Winston，1992)。

定义 1.6 人工智能是关于人造物的智能行为，而智能行为包括知觉、推理、学习、交流和在复杂环境中的行为 (Nilsson，1998)。

定义 1.7 人工智能分为四类，包括像人一样思考的系统、像人一样行动的系统、理性地思考的系统、理性地行动的系统 (Russell and Norvig，2003)。

1.1.2 人工智能的研究目标

1978 年，英国人工智能专家亚伦·斯洛曼 (Aaron Sloman) 对人工智能给出以下三个主要目标：

(1) 对智能行为有效解释的理论分析；

(2) 解释人类智能；

(3) 构造具有智能的人工制品。

要实现这些目标，需要同时开展智能机理和智能构造技术的研究。其中，揭示人类智能的根本机理，用智能机器去模拟、延伸和扩展人的智能，达到甚至超过人类智能的水平，这应该是人工智能研究的根本目标，或者称为远期目标。

人工智能远期目标的实现涉及脑科学、神经科学、认知科学、计算机科学、系统科学、社会科学、生物学、控制理论及微电子等多个学科，并依赖于这些学科的共同发展。因此，从目前这些学科的发展现状来看，人工智能远期目标的实现还需要一个较长的时期。

人工智能研究的近期目标，就是使现有的计算机不仅能做一般的数值计算和非数值信息的数据处理，而且能运用知识处理问题，能模拟人类的部分智能行为，主要包括机器感知 (机器视觉、机器听觉、机器触觉)、机器思维 (知识表示、知识推理) 和机器学习等。

作为工程技术学科，人工智能的目标是提出建造人工智能系统的新技术、新方法和新理论，并在此基础上研制出具有智能行为的计算机系统。

作为理论研究学科，人工智能的目标是提出能够描述和解释智能行为的概念与理论，为建立人工智能系统提供理论依据。

1.2　人工智能发展简史

1.2.1　孕育期

自远古以来,人类就有用机器代替人们劳动的幻想:公元前 900 多年我国有歌舞机器人流传的记载;公元前 850 年,古希腊也有制造机器人帮助人们劳动的神话传说。为了追求人类这一美好愿望,许多科学家付出了艰辛的劳动和不懈的努力,其中具有代表性的人和事件主要包括如下:

亚里士多德 (Aristotle,公元前 384—前 322):古希腊伟大的哲学家和思想家,创立了演绎法。

莱布尼茨 (Leibniz,1646—1716):德国数学家和哲学家,他把形式逻辑符号化,奠定了数理逻辑的基础。

图灵 (Turing,1912—1954):英国数学家,1936 年创立了自动机理论,自动机理论也称图灵机,是一个理论计算机模型。

麦卡洛克 (McCulloch,1898—1969):美国神经生理学家和控制论专家,他和皮兹 (Pitts,1923—1969) 于 1943 年建成了第一个神经网络模型 (M-P 模型)。

莫克利 (Mauchly,1907—1980):美国数学家、电子数字计算机的先驱,他与埃克特 (Eckert,1919—1995) 合作,于 1946 年研制成功了世界上第一台通用电子计算机 ENIAC。

维纳 (Wiener,1874—1956):美国数学家、控制论创始人。1948 年创立了控制论。因控制论向人工智能的渗透,形成了行为主义学派。

赫布 (Hebb,1904—1985):加拿大心理学家,1949 年提出了关于神经元连接强度的 Hebb 学习规则。Hebb 学习规则为神经网络学习算法的研究奠定了基础。

香农 (Shannon,1916—2001):美国数学家、信息论的创始人。他于 1950 年发表《编程实现计算机下棋》(*Programming a computer for playing chess*) 文章,这是人类第一篇研究计算机象棋程序的文章。

图灵又于 1950 年发表题为《计算机能思维吗?》的著名论文,明确提出了"机器能思维"的观点。

萨缪尔 (Samuel,1901—1990) 于 1952 年开发出第一个计算机跳棋程序和第一个具有学习能力的计算机程序。

西蒙 (Simon,1916—2001) 和纽厄尔 (Newell,1927—1992) 于 1955 年底开发出"逻辑理论家",这是世界上第一个人工智能程序,能够证明罗素和怀特海撰写的《数学原理》第二章中的 52 个定理中的 38 个定理。

这些工作为人工智能的诞生提供了必要的思想、理论和物质技术条件。

1.2.2　形成期

现在说起人工智能的诞生,公认是在 1956 年的达特茅斯会议 (图 1-1) 上。在介绍这个会议之前,先介绍几位关键人物。

约翰·麦卡锡 (John McCarthy,1927—2011):当时任达特茅斯学院数学系助理教授。他 1948 年本科毕业于加州理工学院,在学校主办的 Hixon 会议上听到冯·诺依曼关于细胞自动机的讲座，后来在普林斯顿大学读研究生时结识了冯·诺依曼，并对计算机模拟智能产生兴趣。

马文·明斯基 (Marvin Minsky，1927—2016)：当时在哈佛大学做初级研究员。1950年，明斯基本科毕业于哈佛大学，之后进入普林斯顿大学研究生院深造。1951年，他提出了关于思维如何萌发并形成的一些基本理论，并建造了世界上第一个神经网络模拟器，名为 Snare。1954年，明斯基以"神经网络和脑模型问题"为题完成了博士论文，取得博士学位。

克劳德·香农 (Claude Shannon，1916—2001)：他1936年获得密歇根大学学士学位。1940年在麻省理工学院获得硕士和博士学位，1941年进入贝尔实验室工作。他的观点与麦卡锡并不一致，他的硕士、博士论文主要研究怎么实现布尔代数。1953年，麦卡锡和明斯基都在贝尔实验室为香农打工。

1955年夏天，麦卡锡到 IBM 打工，他的老板是纳撒尼尔·罗彻斯特 (Nathaniel Rochester，1919—2001)，罗彻斯特是 IBM 第一代通用机 701 的主设计师，对神经网络素有兴趣。他们二人决定第二年夏天在达特茅斯进行一次活动，于是邀请香农和明斯基一起给洛克菲勒基金会写了个项目建议书，希望得到资助。麦卡锡给这个活动起名为：人工智能夏季研讨会 (Summer Research Project on Artificial Intelligence)。麦卡锡的原始预算是 13500 美元，但洛克菲勒基金会后来只批准了 7500 美元。

图 1-1　达特茅斯会议原址

参加这次会议的除了上述几位之外，还有卡内基·梅隆大学的纽厄尔 (Newell) 和西蒙 (Simon)、麻省理工学院的塞夫里奇 (Selfridge) 和索罗门夫 (Solomamff)，以及 IBM 公司的塞缪尔 (Samuel) 和莫尔 (More)。达特茅斯会议耗时两个多月的争论和探讨并没有获得巨大的成功，但是这些学者之间充分的交流为人工智能研究的发展奠定了基础。该会议首次提出了"人工智能"(artificial intelligence，AI) 这一术语，标志着人工智能作为一门新兴学科正式诞生。

达特茅斯会议之后，人工智能获得了井喷式的发展，好消息接踵而至。机器定理证明——用计算机程序代替人类进行自动推理来证明数学定理——是最先取得重大突破的领域之一。1958年，美籍华人王浩在 IBM 704 计算机上以 3~5min 的时间证明了《数学原理》中有关命题演算部分的全部 220 条定理。而就在同一年，IBM 公司还研制出了平面几何的定理证明程序。到了 1963 年，纽厄尔和西蒙的程序——"逻辑理论家"可以独立证明出《数学原理》第二章的全部 52 条定理。1965 年，英国人阿兰·罗宾逊 (Alan Robinson，1930—2016) 发明了归结原理，这是定理证明中的重要里程碑。

这一时期人工智能的主要研究工作还包括如下。

(1) 在问题求解方面：1957 年，纽厄尔和西蒙等开始研究一种不依赖于详细领域的通用问题求解器，他们将其称为 GPS(general problem solver)。1963 年，詹姆斯·斯拉格 (James Slagle) 发表了一个符号积分程序 SAINT，输入一个函数的表达式，该程序就能主动输出这个函数的积分表达式。4 年之后，他们研制出了符号积分运算的升级版 SIN，SIN 的运算已经能够达到专家级水准。

(2) 在机器学习方面：1957 年，罗森勃拉特 (Rosenblatt) 提出著名的感知机 (perceptron) 模型，该模型是第一个完整的人工神经网络。

(3) 在模式识别方面：1959 年，塞夫里奇 (Selfridge) 推出了一个模式识别程序。1965 年，罗伯特 (Roberts) 编制出可以分辨积木构造的程序，开创了计算机视觉的新领域。

(4) 在人工智能语言方面：1960 年，麦卡锡 (McCarthy) 以《递回函数的符号表达式以及由机器运算的方式，第一部》为题，于 ACM 通讯上发表 LISP 设置。麦卡锡的学生史蒂夫·拉塞尔 (Steve Russell) 根据该论文，以 IBM 704 于麻省理工学院的计算机运算中心成功执行了第一版的 LISP。LISP 语言成为构建智能系统的重要工具。

(5) 在专家系统方面：1968 年，美国斯坦福大学教授费根鲍姆 (Feigenbaum) 主持开发出世界上第一个化学分析专家系统 DENDRAL，开创了以知识为基础的专家咨询系统研究领域。

1969 年，国际人工智能联合会议 (International Joint Conference on Artificial Intelligence, IJCAI) 成立，这是人工智能发展史上一个重要的里程碑，它标志着人工智能这门新兴学科得到世界的认可。

1.2.3　发展和应用期

从 20 世纪 70 年代开始，许多国家都开展了人工智能的研究，成立了自己的人工智能学术团体，英国爱丁堡大学在那时就成立了"人工智能"系。此时，大量的研究成果涌现出来，例如，1972 年，伍兹 (Woods) 研制成功了自然语言理解系统 LUNAR。1973 年，法国马赛大学教授考尔麦劳厄 (Colmerauer) 的研究小组实现了逻辑式程序设计语言 PROLOG(programming in logic)。1976 年，凯尼斯·阿佩尔 (Kenneth Appel) 和沃夫冈·哈肯 (Wolfgang Haken) 等利用人工和计算机混合的方式证明了一个著名的数学猜想——四色猜想 (如今称为四色定理)。

但是，跟所有新兴学科一样，人工智能的发展道路也是不平坦的，在这一时期，人工智能研究遭遇了一些重大挫折。例如，塞缪尔 (Samuel) 的下棋程序与世界冠军对弈时，五局中败了四局。机器翻译研究也并不像大家当初想象的那么容易，碰到了不少问题。例如，"果蝇喜欢香蕉"的英语句子 "Fruit flies like a banana" 会被翻译成"水果像香蕉一样飞行"等。在问题求解方面，即便是对于结构性问题，当时的人工智能程序也无法面对巨大的搜索空间，更何况现实世界中的问题绝大部分是非结构化的或者是不确定的。在人工神经网络方面,感知机模型无法通过学习解决异或 (XOR) 等非线性问题。

科研人员在人工智能的研究中对项目难度预估不足,让大家对人工智能的前景蒙上了一层阴影。与此同时,社会舆论的压力也开始慢慢压向人工智能这边,导致很多研究经费被转移到了其他项目上。1969 年,明斯基 (Minsky) 和佩伯特 (Papert) 对罗森勃拉特 (Rosenblatt) 的工作进行深入研究,出版了有较大影响的《感知机》(Perceptron) 一书。在书中批评感知机无法解决非线性问题,而复杂性信息处理应该以解决非线性问题为主。明斯基的批评导致美国政府取消了对人工神经网络研究的资助。1973 年,英国剑桥大学数学家莱特希尔 (Lighthill) 的报告认为,"人工智能研究即使不是骗局,至少也是庸人自扰",当时英国政府接受了该报告的观点,取消了对人工智能研究的资助。

面对困境,人工智能研究的先驱们开始认真反思,总结经验和教训。以美国斯坦福大学计算机科学家费根鲍姆 (Feigenbaum) 为首的一批年轻科学家改变了人工智能研究的战略思想,开展了以知识为基础的专家咨询系统研究与应用。1977 年,费根鲍姆教授在第五届国际人工智能联合会议上正式提出知识工程的概念。知识工程是以人工智能的原理和方法,对那些需要专家知识才能解决的应用难题提供求解的手段。运用恰当的方法实现专家知识的获取、表达和推理过程的构成与解释,是设计基于知识的系统的重要技术问题。知识工程的研究使人工智能的研究从理论转向应用,从基于推理的模型转向基于知识的模型,包括整个知识信息处理的研究。以知识为中心开展人工智能研究的观点很快得到大多数人的认同。知识工程的兴起使人工智能摆脱了纯学术研究的困境,使人们更清楚地认识到人工智能系统应该是一个知识处理系统,而知识表示、知识获取和知识利用则是人工智能系统的三个基本问题。

在这个时期,专家系统的研究在多个领域中都取得重大突破,各种不同功能、不同类型的专家系统如雨后春笋般地建立起来,产生了巨大的经济效益和社会效益。例如,1976 年,美国斯坦福大学肖特利夫 (Shortliffe) 等开发出医学诊断专家系统 MYCIN,该系统能识别 51 种病菌,正确使用 23 种抗生素,可协助医生诊断、治疗细菌感染性血液病,为患者提供最佳处方,曾成功地处理了数百个病例。该专家系统还通过以下的测试:在互相隔离的情况下,用 MYCIN 系统和 9 位斯坦福大学医学院医生,分别对 10 名不清楚感染源的患者进行诊断和开处方,由 8 位专家进行评判,结果是 MYCIN 系统和 3 位医生所开出的处方对症有效,而在是否对其他可能的病原体有效而且用药又不过量方面,MYCIN 系统则胜过了 9 位医生,显示出较高的诊断水平。

同在 1976 年,斯坦福大学的杜达 (Duda) 等开始研制地质勘探专家系统 PROSPEC-TOR,该系统拥有 15 种矿藏知识,能根据岩石标本及地质勘探数据对矿产资源进行估计和预测,能对矿床分布、储藏量、品位、开采价值等进行推断,制订合理的开采方案。1978 年,利用该系统成功地找到超亿美元的钼矿,轰动一时。

随着专家系统研究的深入,人们发现专家系统也存在一些问题:一是交互问题,即传统的方法只能模拟人类深思熟虑的行为,而不包括人与环境的交互行为;二是扩展问题,即大规模问题,传统的人工智能方法只适合于建造领域狭窄的专家系统,不能把这种方法简单地推广到规模更大、领域更宽的复杂系统中。

知识工程的困境也动摇了传统人工智能物理符号系统对于智能行为是必要的也是充

分的这一基本假设, 促进了区别于符号主义的联结主义和行为主义智能观的兴起。

　　20 世纪 80 年代, 人工神经网络理论和技术获得重大突破和发展。1982 年, 美国加州工学院物理学家霍普菲尔德 (Hopfield) 提出了 Hopfield 神经网络模型, 引入了 "计算能量" 概念, 给出了网络稳定性判断; 1984 年, 他又提出了连续时间 Hopfield 神经网络模型, 为神经计算机的研究做了开拓性的工作, 开创了神经网络用于联想记忆和优化计算的新途径, 有力地推动了神经网络的研究; 1985 年, Hopfield 网络比较成功地求解了旅行商问题 (traveling salesman problem, TSP)。1986 年, 鲁梅尔哈特 (Rumelhart) 等发展了反向传播 (back-propagation algorithm, BP 算法)。迄今, BP 算法已被用于解决大量实际问题。1988 年, Broomhead 和 Lowe 用径向基函数 (radial basis function, RBF) 提出分层网络的设计方法, 从而将神经网络的设计与数值分析和线性适应滤波相联系。全世界掀起了人工神经网络的研究热潮, 不断有新的神经网络模型被提出, 并广泛应用于模式识别、故障诊断、智能决策和控制等领域。

　　但是, 人工神经网络也存在问题, 如效率问题、学习的复杂性问题、神经网络结构如何确定的问题等, 这些都是困扰神经网络研究的难题。另外, 确定的神经网络模型也很难被人理解, 等等。

　　总之, 人工智能的发展历程一直都是曲折的, 每一个理论研究的成果都会促进人工智能大步向前发展, 如深度学习现在已经成为人工智能领域最具代表的词, 有人甚至将其称为人工智能的终极算法 (这显然是不恰当的)。无论人工智能取得多大的成就, 或者遭受多大的挫折, 人工智能研究者都不能盲目乐观, 也不要丧失信心, 人工智能的研究永远在路上。

1.3　人工智能的不同学派

　　随着人工神经网络的再度兴起和布鲁克斯 (Brooks) 的机器虫的出现, 人工智能研究逐渐形成了符号主义、联结主义和行为主义三大学派。

1.3.1　符号主义学派

　　符号主义学派 (Symbolicism) 是指基于符号运算的人工智能学派, 他们认为知识可以用符号来表示, 认知可以通过符号运算来实现, 如专家系统等。符号主义是一种基于逻辑推理的智能模拟方法, 又称为逻辑主义 (Logicism)、心理学派 (Psychlogism) 或计算机学派 (Computerism), 其基础主要为物理符号系统假设和有限合理性原理, 长期以来一直在人工智能中处于主导地位。

　　符号主义学派认为人工智能源于数学逻辑。数学逻辑从 19 世纪末就获得迅速发展, 到 20 世纪 30 年代开始用于描述智能行为。计算机出现后, 又在计算机上实现了逻辑演绎系统。该学派认为人类认知和思维的基本单元是符号, 而认知过程就是在符号表示上的一种运算。符号主义的实质就是模拟人的左脑抽象逻辑思维, 通过研究人类认知系统的功能机理, 用某种符号来描述人类的认知过程, 并把这种符号输入到能处理符号的计算机中, 从而模拟人类的认知过程, 实现人工智能。

符号主义学派的代表性成果是 1957 年纽厄尔和西蒙等研制的被称为逻辑理论家的启发式程序，表明我们可以应用计算机研究人的思维过程，模拟人类智能活动。符号主义者首先采用了 "人工智能" 这个术语，后来又发展了启发式算法——专家系统——知识工程理论与技术。尤其是专家系统的成功开发与应用，对人工智能走向工程应用具有特别重要的意义。在其他的学派出现以后，符号主义仍然是人工智能的主流学派。这个学派的代表人物有纽厄尔、西蒙和尼尔逊等。

1.3.2　联结主义学派

联结主义学派 (Connectionism) 又称为仿生学派 (Bionicsism) 或生理学派 (Physiologism)，是一种基于神经网络及网络间的连接机制与学习算法的智能模拟方法，其原理主要为神经网络和神经网络间的连接机制和学习算法。这一学派认为人工智能源于仿生学，特别是人脑模型的研究。

联结主义学派主要是指神经网络学派。在神经网络方面，继鲁梅尔哈特研制出 BP 网络之后，1987 年，首届国际人工神经网络学术大会在美国的圣迭戈 (San Diego) 举行，掀起了人工神经网络的第二次高潮。之后，随着模糊逻辑和进化计算的逐步成熟，又形成了 "计算智能" 这个统一的学科范畴。

联结主义学派从神经生理学和认知科学的研究成果出发，把人的智能归结为人脑的高层活动的结果，强调智能活动是由大量简单的单元通过复杂的相互连接后并行运行的结果。其中，人工神经网络就是其典型代表性技术。

联结主义认为神经元不仅是大脑神经系统的基本单元，而且是行为反应的基本单元。思维过程是神经元的连接活动过程，而不是符号运算过程，对物理符号系统假设持反对意见。他们认为任何思维和认知功能都不是少数神经元决定的，而是通过大量突触相互动态联系着的众多神经元协同作用来完成的。实质上，这种基于神经网络的智能模拟方法就是以工程技术手段模拟人脑神经系统的结构和功能为特征，通过大量的非线性并行处理器来模拟人脑中众多的神经元，用处理器的复杂连接关系来模拟人脑中众多神经元之间的突触行为。这种方法在一定程度上可能实现人脑形象思维的功能，即实现了人的右脑形象抽象思维功能的模拟。

这个学派的代表性人物和成果主要有：麦卡洛克和皮兹提出的形式化神经元模型 (M-P 模型)、霍普菲尔德提出的离散的神经网络模型 (Hopfield 网络)、鲁梅尔哈特等提出的多层网络中的反向传播 (BP) 算法等。

1.3.3　行为主义学派

行为主义又称进化主义 (Evolutionism) 或控制论学派 (Cyberneticsism)，是一种基于感知–行动的行为智能模拟方法。

行为主义最早来源于 20 世纪初的一个心理学流派，认为行为是有机体用以适应环境变化的各种身体反应的组合，它的理论目标在于预见和控制行为。维纳和麦卡洛克等提出的控制论和自组织系统，以及钱学森等提出的工程控制论和生物控制论，影响了许多领域。

控制论把神经系统的工作原理与信息理论、控制理论、逻辑以及计算机联系起来。早期的研究工作重点是模拟人在控制过程中的智能行为和作用, 以及对自寻优、自适应、自校正、自镇定、自组织和自学习等控制论系统的研究, 并进行 "控制论动物" 的研制。到 20 世纪六七十年代, 上述这些控制论系统的研究取得一定进展, 并在 80 年代诞生了智能控制和智能机器人系统。

1991 年 8 月, 在悉尼召开的第 12 届国际人工智能联合会议上, 麻省理工学院的布鲁克斯教授发表了《没有推理的智能》的论文, 对传统人工智能进行了批评和否定, 提出了基于行为 (进化) 的人工智能新途径, 从而在国际人工智能界形成了行为主义这个新的学派。

目前, 行为主义人工智能的研究已经迅速发展起来, 并取得了许多令人瞩目的成果。行为主义学派的代表性成果首推布鲁克斯 1991 年研制成功的六足机器虫, 它被看作新一代的 "控制论动物", 是一个基于感知–动作模式的模拟昆虫行为的控制系统。这个机器虫虽然不具有像人那样的推理、规划能力, 但其应付复杂环境的能力却显著超过了原有的机器人, 在自然 (非结构化) 环境下, 具有灵活的防碰撞和漫游行为。

1.3.4　三大学派的综合集成

随着研究和应用的深入, 人们逐步认识到三个学派各有所长, 各有所短, 应相互结合, 取长补短。例如, 在传统的符号主义下, 从启发式方法、通用问题求解程序的提出, 到专家系统及知识工程的相继出现; 从知识工程中对知识的传统逻辑表达到常识的非单调逻辑的深入研究等, 都表明人工智能不断地进行大量的理论变形和特性修改, 而且这种变形并非随意进行, 而是受到这一时期理论认识特点支配。也就是说, 在人工智能发展中出现的各种思想假设和理论选择并未出现理论化的全面归并或抛弃倾向, 而是表现出理论、经验及实践能力不断累积, 并且几乎是并行地、互为补充地发展着。

1.4　人工智能研究的基本内容

1) 知识表示

知识表示是人工智能的三大基础 (知识表示、知识推理以及知识应用) 之一。在解决实际问题中, 通常需要用到多种不同的表示方法, 每种数据结构都有其优缺点, 没有哪种数据结构拥有多种功能, 因此需要对知识根据具体应用而采用不同的知识表示方法。

从一般意义上讲, 知识表示就是为描述世界所做的一组约定, 是知识的符号化、形式化或模型化; 从计算机科学的角度来看, 知识表示是研究计算机表示知识的可行性、有效性的一般方法, 是把人类知识表示成机器能处理的数据结构和系统控制结构的策略。

目前用得比较多的知识表示法有: 一阶谓词表示法、产生式规则法、语义网络表示法、框架法、状态空间表示法、Petri 网表示法等。

2) 机器感知

机器感知 (machine perception) 或机器认知 (machine recognition) 主要研究如何用机器或计算机模拟, 延伸和扩展人的感知或认知能力, 包括机器视觉、机器听觉、机器触觉等。

机器感知是机器获取外部信息的基本途径，是使机器具有智能不可缺少的组成部分。正如人的智能离不开感知一样，为了使机器具有感知能力，就需要为它配置能 "听"、会 "看" 的感觉器官，为此形成了人工智能中的两个专门的研究领域，即模式 (文字、图像、声音等) 识别与自然语言理解。

3) 机器思维

机器思维，就是让机器或计算机能够对感知到的外界信息和自己产生的内部信息进行有目的的加工和处理，主要包括推理、搜索、规划等方面的研究。正如人的智能来自大脑的思维活动一样，机器智能也主要通过机器思维来实现。因此，机器思维是人工智能研究中最重要、最关键的部分。

一台计算机接上电源待在那里，它自己既不会想 "做什么？"，也不会想 "如何做？"，更不会想 "为什么要做？"，所以，现在的计算机是一种不会思维的机器。但是，现有的计算机可以在人脑的指挥和控制下，辅助人脑进行思维活动和脑力劳动，如医疗诊断、化学分析、知识推理、定理证明等，它实现了某些脑力劳动自动化或半自动化，按这种观点，目前的计算机已具有某些思维能力，只不过其智能水平还不高。

4) 机器学习

机器学习 (machine learning) 就是专门研究计算机怎样模拟或实现人类的学习行为，以获取新的知识或技能，重新组织已有的知识结构使之不断改善自身的性能。它是人工智能的核心，是使计算机具有智能的根本途径，其应用遍及人工智能的各个领域。

机器学习是一门多领域交叉学科，涉及概率论、统计学、逼近论、凸分析、算法复杂度理论等多门学科。机器学习与脑科学、神经心理学、计算机视觉、计算机听觉等都有密切联系，依赖于这些学科的共同发展。

经过近些年的研究，机器学习已经取得很大的进展，专家学者提出不少机器学习方法，如记忆学习、归纳学习、发现学习、联结学习和遗传学习等。

5) 机器行为

机器行为就是让计算机能够具有像人那样的行动和表达能力，如走、跑、拿、说、唱、写、画等。如果把机器感知看作智能系统的输入部分，那么，机器行为就是智能系统的输出部分。

1.5 人工智能的主要研究领域

1) 自动定理证明

自动定理证明是人工智能研究领域中一个非常重要的课题，其任务是对数学中提出的定理或猜想寻找一种证明或反证的方法。它的成果可应用于问题求解、自然语言理解、程序验证和自动程序设计等方面。

自动定理证明起源于逻辑，其初衷就是把逻辑演算自动化。人工智能中符号主义学派的思想源头和理论基础就是定理证明，其实质是证明由前提 P 得到结论 Q 的永真性。但是，要直接证明 $P \rightarrow Q$ 的永真性一般来说是很困难的，通常采用的方法是反证法。在这方面，海伯伦 (Herbrand) 和阿兰·罗宾逊 (Alan Robinson) 先后进行了卓有成效的工作，提出了相应的理论及方法。阿兰·罗宾逊提出的归结原理对定理证明有深远的影响。我国数学家吴文俊在研究中国数学史时受到启发，提出了几何定理机器证明的"吴氏方法"，1977 年，他的文章《初等几何判定问题与机器证明》在《中国科学》上发表。

但是，目前自动定理证明的现状不妙。2006 年，美国阿贡 (Argonne) 国家实验室的定理证明小组被裁掉，对定理证明做出巨大贡献的马库恩 (McCune) 失业，他曾经用 C 语言写了 Otter 定理证明器，实现了当时定理证明里最先进的所有技术。可见，自动定理证明目前进展很慢，少有突破。有些领域的进步得益于硬件的发展，像如日中天的"深度学习"，但是定理证明，即使硬件再发达，也尚未看到曙光。不过有意思的是，最近有人开始把深度神经网络应用到定理证明中，这对定理证明也许是一个好消息。

2) 专家系统

专家系统是目前人工智能中最活跃、最有成效的一个研究领域。它是一种基于知识的系统，是从人类专家那里获得知识，并用来解决只有专家才能解决的困难问题。专家系统可以这样定义：专家系统是一种具有特定领域内大量知识与经验的程序系统，应用人工智能技术，模拟人类专家求解问题的思维过程来求解领域内的各种问题，其水平可以达到甚至超过人类专家的水平。

专家系统是在人工智能研究处于低潮时提出来的，它的出现及其显示出来的巨大潜能不仅使人工智能摆脱了困境，而且走上了发展时期。

专家系统的分类有解释型、诊断型、预测型、设计型、规划型、控制型、监测型、维修型、教育型等，而从体系上来说，它可分为集中式专家系统、分布式专家系统、神经网络专家系统、符号系统与神经网络结合的专家系统等。

3) 自然语言处理

自然语言处理 (natural language processing，NLP) 是人工智能领域中的一个重要方向。它研究能实现人与计算机之间用自然语言进行有效通信的各种理论和方法。自然语言处理是一门集语言学、计算机科学、数学于一体的科学。因此，自然语言处理的研究将涉及自然语言，即人们日常使用的语言，所以它与语言学的研究有着密切的联系，但又有重要的区别。自然语言处理并不是一般地研究自然语言，而在于研制能有效地实现自然语言通信的计算机系统，特别是其中的软件系统，因而自然语言处理也是计算机科学的一部分。

人类的多种智能都与语言有着密切的关系。人类的逻辑思维以语言为形式，人类的绝大部分知识也是以语言文字的形式记载和流传下来的。因而，自然语言处理也是人工智能的一个重要甚至核心部分。用自然语言与计算机进行通信，这是人们长期以来所追求的。因为它既有明显的实际意义，同时也有重要的理论意义：人们可以用自己最习惯的语言来使用计算机，而无须再花大量的时间和精力去学习不很自然和习惯的各种计算机语言；人们也可通过自然语言处理进一步了解人类的语言能力和智能的机制。

由于理解自然语言需要关于外在世界的广泛知识以及运用操作这些知识的能力，自然语言认知同时也被视为一个人工智能完备 (AI-complete) 的问题。同时，在自然语言处理中，"理解"的定义也变成一个主要的问题，有关"理解"定义问题的研究已引起关注。

4) 机器学习

学习是人类具有的一种重要智能行为，但究竟什么是学习，长期以来却众说纷纭。社会学家、逻辑学家和心理学家都各有其不同的看法，关于机器学习有不同的定义。

Langley(1996) 定义的机器学习是 "机器学习是一门人工智能的科学，该领域的主要研究对象是人工智能，特别是如何在经验学习中改善具体算法的性能"。

Mitchell(1997) 对信息论中的一些概念有详细的解释，其中定义机器学习时提到，"机器学习是对能通过经验自动改进的计算机算法的研究"。

Alpaydin(2004) 对机器学习的定义，"机器学习是用数据或以往的经验，以此优化计算机程序的性能标准"。

为了便于进行讨论和估计学科的进展，有必要对机器学习给出定义，即使这种定义是不完全的和不充分的。顾名思义，机器学习是研究如何使用机器来模拟人类学习活动的一门学科。稍为严格的提法是：机器学习是一门研究机器获取新知识和新技能，并识别现有知识的学问。

机器学习已经有了十分广泛的应用，例如，数据挖掘、计算机视觉、自然语言处理、生物特征识别、搜索引擎、医学诊断、证券市场分析、DNA 序列测序、语音和手写体识别、战略游戏和机器人运用。

5) 分布式人工智能

分布式人工智能 (distributed artificial intelligence, DAI) 是近十年来才兴起的、主要研究松散耦合的智能机构如何协调和组织的一门新学科，它是人工智能和分布式计算相结合的产物。DAI 的提出满足了设计并建立大型复杂智能系统以及计算机支持协同工作的需要。其主要研究在逻辑或物理上实现分散的智能群体的行为与方法，研究协调、操作它们的知识、技能和规划，用以完成多任务系统和求解各种具有明确目标的问题。目前，DAI 的研究大约可划分为两个基本范畴：一是分布式问题求解 (distributed problem solving, DPS)；另一个是关于多智能体系统 (multi-agent system, MAS) 实现技术的研究。这两个研究领域都要研究知识、资源和控制的划分问题。

比起传统的集中式结构，DAI 强调的是分布式智能处理，克服了集中式系统中心部件负荷太重、知识调度困难等弱点，因而极大地提高了系统知识的利用程度，提高了问题的求解能力和效率。同时，分布式人工智能系统具有并行处理或者协同求解能力，可以把复杂的问题分解成多个较简单的子问题，从而各自分别 "分布式" 求解，降低了问题的复杂度，改善了系统的性能。当然，也应该看到，分布式人工智能在某种程度上带来了技术的复杂性和系统实现的难度。

总之，分布式人工智能在于它能以时空协同系统的利用，克服单个智能机器资源贫乏和功能单一的局限性，具备并行、分布、开放和容错等特点。

6) 模式识别

模式识别 (pattern recognition) 就是通过计算机用数学技术方法来研究模式的自动处理和判读。模式识别是人类的一项基本智能，在日常生活中，人们经常在进行 "模式识别"。随着 20 世纪 40 年代计算机的出现以及 50 年代人工智能的兴起，人们当然也希望能用计算机来代替或扩展人类的部分脑力劳动。因此，模式识别在 20 世纪 60 年代初迅速发展并成为一门新学科。

模式识别是指对表征事物或现象的各种形式的 (数值的、文字的和逻辑关系的) 信息进行处理和分析，以对事物或现象进行描述、辨认、分类和解释的过程，是信息科学和人工智能的重要组成部分。

模式识别研究主要集中在两方面：一是研究生物体 (包括人) 是如何感知对象的，属于认识科学的范畴；二是在给定的任务下，如何用计算机实现模式识别的理论和方法。前者是生理学家、心理学家、生物学家和神经生理学家的研究内容，后者通过数学家、信息学专家和计算机科学工作者近几十年来的努力，已经取得了系统的研究成果。

7) 机器博弈

机器博弈也称计算机博弈，是人工智能一个传统的研究领域，也是一个重要的研究方向，它是机器智能、兵棋推演、智能决策系统等人工智能领域的重要科研基础，被认为是人工智能领域最具挑战性的研究方向之一。

机器博弈的研究广泛而深入。早在 20 世纪 50 年代，就有人设想利用机器智能来实现机器与人的对弈。国内外许多知名学者和知名科研机构都曾经涉足这方面的研究，历经半个多世纪，已经取得了许多惊人的成就。1997 年 IBM 的 "深蓝" 战胜了国际象棋世界冠军卡斯帕罗夫，惊动了世界。除此之外，加拿大阿尔伯塔大学的奥赛罗程序 (Logistello) 和西洋跳棋程序 (Chinook) 也相继成为确定的、二人、零和、完备信息游戏世界冠军，而西洋双陆棋这样存在非确定因素的棋类也有美国卡内基·梅隆大学的西洋双陆棋程序 (BKG) 这样的世界冠军。进入 21 世纪，计算机博弈水平也在逐步提升。2016~2017 年，AlphaGo 与李世石在围棋领域的两场人机大战，堪称是人机对抗史上的顶级比赛，从而也掀起了人工智能的全球热潮。随着围棋被攻克，科学家开始将目光投向了多人博弈的非完备信息机器博弈领域。2017 年年初，美国卡内基·梅隆大学开发的德州扑克博弈系统——Libratus，在与 4 名人类顶尖扑克选手的人机大战中获得胜利，再次树立了机器博弈的新里程碑。

机器博弈的核心思想并不复杂，实际上就是对博弈树节点的估值过程和对博弈树搜索过程的结合。在博弈的任何一个中间阶段，站在博弈双方其中一方的立场上，可以构想一个博弈树。这个博弈树的根节点是当前时刻的棋局，它的儿子节点是假设再行棋一步以后的各种棋局，孙子节点是从儿子节点的棋局再行棋一步的各种棋局，以此类推，构造整棵博弈树，直到可以分出胜负的棋局。整棵博弈树非常庞大，且不同的棋类有所不同，分支因子大的 (如围棋的博弈树) 显然要比分支因子小的 (如国际象棋的博弈树) 要大得多。博弈程序的任务就是对博弈树进行搜索找出当前最优的一步行棋。

在计算机博弈系统中，典型的关键技术主要包括搜索、评估与优化、学习与训练等。典型的博弈搜索算法：从搜索方向考虑，可分为深度优先搜索与宽度优先搜索；从控制策略考虑，可分为盲目搜索与启发搜索；从搜索范围考虑，可分为穷尽搜索、裁剪搜索。此外，机器博弈的典型算法还包括迭代深化、最佳优先算法、随机搜索算法、遗传算法、神经网络等。

8) 人工神经网络

人工神经网络 (artificial neural network, ANN)，简称神经网络，是基于生物学中神经网络的基本原理，在理解和抽象了人脑结构和外界刺激响应机制后，以网络拓扑知识为理论基础，模拟人脑的神经系统对复杂信息的处理机制的一种数学模型。该模型以并行分布的处理能力、高容错性、智能化和自学习等为特征，将信息的加工和存储结合在一起，以其独特的知识表示方式和自适应学习能力，引起各学科领域的关注。它实际上是一个由大量简单元件相互连接而成的复杂网络，具有高度的非线性，能够进行复杂的逻辑操作和非线性关系处理的系统。

人工神经网络中，神经元处理单元可表示不同的对象，如特征、字母、概念，或者一些有意义的抽象模式。网络中处理单元的类型分为三类：输入单元、输出单元和隐含单元。输入单元接收外部世界的信号与数据；输出单元实现系统处理结果的输出；隐含单元是处在输入单元和输出单元之间，不能由系统外部观察的单元。神经元间的连接权值反映了单元间的连接强度，信息的表示和处理体现在网络处理单元的连接关系中。

人工神经网络已经成为人工智能领域中一个重要的研究课题，目前无论在理论研究还是在实际应用方面，人工神经网络的研究都取得了大量的研究成果。

9) 智能控制

智能控制，即设计一个控制器 (或系统)，使之具有学习、抽象、推理、决策等功能，并能根据环境 (包括被控对象或被控过程) 信息的变化作出适应性反应，从而实现由人来完成的任务。

从 20 世纪 60 年代起，由于空间技术、计算机技术及人工智能技术的发展，控制界学者在研究自组织、自学习控制的基础上，为了提高控制系统的自学习能力，开始注意将人工智能技术与方法应用于控制中。1966 年，美国学者门德尔 (Mendal) 首先提出将人工智能技术应用于飞船控制系统的设计；1971 年，美籍华人傅京逊 (K. S. Fu) 首次提出智能控制这一概念。1985 年 8 月，IEEE 在美国纽约召开了第一届智能控制学术讨论会，随后成立了 IEEE 智能控制专业委员会。1987 年 1 月，在美国举行了第一次国际智能控制大会，标志着智能控制领域的形成。近年来，神经网络、模糊数学、专家系统、进化论等各学科的发展给智能控制注入了巨大的活力，由此产生了各种智能控制方法。

智能控制是一门交叉学科，傅京逊教授提出智能控制是人工智能与自动控制的交叉，即二元论。美国学者萨里迪斯 (Saridis) 在此基础上引入运筹学，提出了三元论的智能控制概念，即 IC=AC$\cap$AI$\cap$OR，其中 IC 表示智能控制 (intelligent control)，AI 表示人工智能 (artificial intelligence)，AC 表示自动控制 (automatic control)，OR 表示运筹学 (operational research)。三元论除了 "智能" 与 "控制" 外，还强调了更高层次控制中调度、规划和管理的作用，为递阶智能控制提供了理论依据。

智能控制是自动控制发展的最新阶段，主要用于解决传统控制难以解决的复杂系统 (包括智能机器人、计算机集成制造系统 (CIMS)、工业过程、航空航天、社会经济管理系统、交通运输系统、环保及能源系统等) 的控制问题。智能控制具有如下几个方面的特点。

(1) 学习功能：智能控制器能通过从外界环境所获得的信息进行学习，不断积累知识，使系统的控制性能得到改善。

(2) 适应功能：智能控制器具有从输入到输出的映射关系，可实现不依赖于模型的自适应控制，当系统某一部分出现故障时，也能进行控制。

(3) 自组织功能：智能控制器对复杂的分布式信息具有自组织和协调的功能，当出现多目标冲突时，它可以在任务要求的范围内自行决策，主动采取行动。

(4) 优化能力：智能控制能够通过不断优化控制参数和寻找控制器的最佳结构形式，获得整体最优的控制性能。

10) 智能检索

智能检索 (intelligent searching) 是指利用人工智能技术从大量信息中尽快找到所需的信息或知识。随着科学技术的迅速发展和信息手段的提升，尤其是 Internet 的出现和逐渐普及，人们对有用信息的渴望越来越强烈，而在浩如烟海的信息中搜索自己需要的有用信息其困难程度可想而知，这就迫切需要有相应的智能检索技术和智能检索系统来帮助人们实现快速、高效的检索工作，于是产生了智能检索。智能检索是信息检索和人工智能研究的一个交叠领域。

智能检索系统需要解决的核心问题主要包括如下。

(1) 自然语言的理解能力。智能检索系统要能够理解用自然语言提出的各种查询，需要提供自然语言检索接口。

(2) 推理能力。智能检索系统要能够根据已知的信息或者知识，推理出所需要的答案，常用的推理算法有模糊推理、基于规则的推理和神经网络等。

(3) 其他方面。主要包括框架结构、知识表示、建模技术 (分用户建模、文档建模、领域建模) 等。

11) 计算智能

计算智能 (computational intelligence) 是受到大自然智慧和人类智慧的启发而设计的一类算法的统称。典型的计算智能算法有神经计算中的人工神经网络算法、模糊计算中的模糊逻辑、进化计算中的遗传算法、群体智能算法中的蚁群算法，以及单点搜索优化中的模拟退火算法等。

作为人工智能的一个重要领域，计算智能因其智能性、并行性和健壮性，具备了很好的自适应能力和很强的全局搜索能力。在科学研究和工程实践中，对于遇到的一些非确定性多项式 (non-deterministic polynomial, NP) 难题，计算智能算法可以在求解时间和求解精度上取得平衡。这些算法或模仿生物界的进化过程，或模仿生物的生理构造和身体机能，或模仿动物的群体行为，或模仿人类的思维、语言和记忆过程的特性，或模仿自然界的物理现象，通过模拟大自然和人类的智慧实现对问题的优化求解，在可接受的时间内求解出可以接受的解。

目前，计算智能已经在算法理论和算法性能方面取得很多突破性的成果，并且已经在通信网络、优化计算、模式识别、图像处理、自动控制、经济管理、生物医学等许多领域取得了成功的应用。

12) 数据挖掘与知识发现

知识发现 (knowledge discovery in database，KDD) 是 "数据挖掘" 的一种更广义的说法，即从各种媒体表示的信息中，根据不同的需求获得知识。知识发现的目的是向使用者屏蔽原始数据的烦琐细节，从原始数据中提炼出有意义的、简洁的知识，直接向使用者报告。基于数据库的 KDD 和数据挖掘还存在着混淆，通常这两个术语可替换使用。

KDD 表示将低层数据转换为高层知识的整个过程。可以将其简单定义为：KDD 是确定数据中有效的、新颖的、潜在有用的、基本可理解的模式的特定过程。而数据挖掘可认为是观察数据中模式或模型的抽取，这是对数据挖掘的一般解释。虽然数据挖掘是知识发现过程的核心，但通常仅占 KDD 的一部分 (15%~25%)。因此，数据挖掘仅仅是整个 KDD 过程的一个步骤，对于到底有多少步骤以及哪一步骤必须包括在 KDD 过程中并没有确切的定义。然而，通用的过程应该包括：接收原始数据输入，选择重要的数据项，缩减、预处理和压缩数据，将数据转换为合适的格式，从数据中找到模式，评价解释发现的结果。

目前，已经出现了许多知识发现技术，其分类方法也有很多种。按被挖掘对象分有基于关系数据库、多媒体数据库的知识发现；按挖掘的方法分有数据驱动型、查询驱动型和交互型的知识发现；按知识类型分有关联规则、特征挖掘、分类、聚类、总结知识、趋势分析、偏差分析、文本采掘。总体上，知识发现技术可分为两类：基于算法的方法和基于可视化的方法。

大多数基于算法的知识发现方法是在人工智能、信息检索、数据库、统计学、模糊集和粗糙集理论等领域中发展来的。典型的基于算法的知识发现技术包括：贝叶斯理论、衰退分析、最近邻、决策树、K 聚类方法、关联规则挖掘、Web 和搜索引擎、数据仓库和联机分析处理、神经网络、遗传算法、模糊分类和聚类、粗糙分类和规则归纳等。

基于可视化的方法是在图形学、科学可视化和信息可视化等领域发展起来的，包括：① 几何投射技术，是指通过使用基本的组成分析、因素分析、多维度缩放比例来发现多维数据集的有趣投影。② 基于图标技术，是指将每个多维数据项映射为图形、色彩或其他图标来改进对数据和模式的表达。③ 面向像素的技术，其中每个属性只由一个有色像素表示，或者属性取值范围映射为一个固定的彩色图。④ 层次技术，指细分多维空间，并用层次方式给出子空间。⑤ 基于图表技术，是指通过使用查询语言和抽取技术以图表形式有效给出数据集。⑥ 混合技术，是指将上述两种或多种技术合并到一起的技术。

事实上知识发现的潜在应用是十分广阔的，已经远远超出了最初的"货架子工程"。从工业到农业，从天文到地理，从预测预报到决策支持，KDD 都发挥着越来越重要的作用。许多计算机软件开发商都已经推出了其数据挖掘产品，如 IBM、Microsoft、SPSS、SGI、SAS等。数据挖掘作为信息处理的高新技术已经在实际应用中崭露头角。

13) 人工生命

人工生命 (artificial life)，主要是指属于计算机科学领域的虚拟生命系统，涉及计算机软件工程与人工智能技术。人工生命的概念是由美国圣塔菲研究所的 Langton 教授在 1987 年提出来的，并把它定义为"研究具有自然生命系统行为特征的人造系统"。目前关于人工生命尚无统一的定义，不同学科背景的学者对它有着不同的理解。人工生命科学的著名学者 Boden 认为"人工生命用信息概念和计算机建模来研究一般的生命和地球上特有的生命"；而 Ray 则认为"人工生命用非生命的元素去建构生命现象以了解生物学，而不是把自然的生物体分解成各个单元，它是一种综合性方法而不是还原的方法"。

人工生命的思想萌芽可以追溯到 20 世纪 40 年代和 50 年代冯·诺依曼的细胞自动机。冯·诺依曼试图撇开生命具体的生物学结构，用数学和逻辑形式的方法来揭示生命最本质的方面，并将自我繁衍的本质特征应用于人造系统，他意识到任何能够进行自我繁殖的遗传物质，无论天然的还是人工的，都应具有两个不同的基本功能：一个是在繁衍下一代过程中能够运行的算法，它相当于计算机的程序；另一个是能够复制和遗传到下一代的描述，它相当于被加工的数据，冯·诺依曼提出了细胞自动机的设想，并且证明了确实有一种能够自我繁殖的细胞自动机的存在。这表明如果把自我繁衍看成生命独有的特征，则机器也能够做到。同时，图灵在 1952 年发表了一篇蕴意深刻的论形态发生的数学论文，提出了人工生命的一些萌芽思想。但由于当时计算机的计算能力有限，冯·诺依曼和图灵关于人工生命的研究受到限制，没有引起足够的重视。1970 年，康韦 (Conway) 编写了 "生命游戏" 程序，它使细胞自动机产生无法预测的延伸、变形和停止等复杂的模式，这一特点吸引了大批学者，其中包括 Langton。1987 年，Langton 组织发起了首届人工生命学术会议，吸引了众多领域科学家广泛参与，从此人工生命作为一门学科正式诞生。

人工生命是借助计算机以及其他非生物介质，实现一个具有生物系统特征的过程或系统。这些可实现的生物系统具有的特征包括：① 繁殖，可以通过数据结构在可判定条件下的翻倍实现。同样，个体的死亡，可以通过数据结构在可判定条件下的删除实现；有性繁殖可通过组合两个个体的数据结构特性的数据结构生成的方式实现。② 进化，可通过模拟突变，以及通过设定对其繁殖能力与存活能力的自然选择的选择压力实现。③ 信息交换与处理能力模拟的个体与模拟的外界环境之间的信息交换，以及模拟的个体之间的信息交换，即模拟社会系统。④ 决策能力通过人工模拟大脑实现，可以以人工神经网络或其他人工智能结构实现。

14) 机器人

机器人 (robot) 是自动执行工作的机器装置。它既可以接受人类指挥，又可以运行预先编排的程序，也可以根据以人工智能技术制定的原则纲领行动。

机器人是高级整合控制论、机械电子、计算机、材料和仿生学的产物。在工业、医学、农业、建筑业甚至军事等领域中均有重要用途。国际上对机器人的概念已经逐渐趋近一致。一般来说，人们都可以接受这种说法，即机器人是靠自身动力和控制能力来实现各种功能的一种机器。

机器人的分类方法很多，如果从应用环境出发，可将机器人分为两大类，即工业机器人和特种机器人，也有的将机器人分为制造环境下的工业机器人和非制造环境下的服务与仿人型机器人。

如今机器人发展的特点可概括为：横向上，应用面越来越宽，由 95% 的工业应用扩展到更多领域的非工业应用，像做手术、采摘水果、剪枝、巷道掘进、侦察、排雷，还有空间机器人、潜海机器人；纵向上，机器人的种类会越来越多，像微型机器人，可以小到像一颗米粒般大小，已成为一个新方向，机器人智能化将得到加强，机器人会更加聪明。

随着人们对机器人技术智能化本质认识的加深，机器人技术开始源源不断地向人类活动的各个领域渗透。原中国工程院院长宋健指出："机器人学的进步和应用是 20 世纪自动控制最有说服力的成就，是当代最高意义上的自动化。"

1.6 人工智能与机器人的关系

人工智能，是对让计算机展现出智慧的方法的研究，归根到底，人工智能的目的是如何能够让计算机工作达到最大的效果预期。而机器人是自动执行工作的机器装置。机器人就是一种机器设备。

人工智能就像一种新的意识形态，通过学习、推理、规划、感知来进行一系列的任务处理，人工智能就像是人的大脑；然而机器人在工业时代，通过固定的指令，来替代人工完成工业作业，到了人工智能时代，机器人就像是被赋予了一个"大脑"，就像一个"人"一样，能够独立进行思考和学习，来完成作业，所以机器人可以说是人工智能的表现形式，这里讲的机器人主要是指智能机器人。

人工智能和机器人本身并没有什么必然的联系，然而随着时代的进步，人工智能赋予机器人思考的能力，机器人应承了人工智能的外在表现，是人工智能的一个载体，两者相互促进，形成了紧密不可分的关系。

课 后 习 题

1. 人工智能的定义是什么？
2. 人工智能的研究目标是什么？
3. 人工智能研究的基本内容有哪些？
4. 人工智能的主要学派有哪些？
5. 阐述人工智能与机器人的关系。

第2章 知 识 工 程

知识是人们在长期的生活及社会实践中、在科学研究及实验中积累的对客观世界的认识与经验。人们把实践中获得的信息关联在一起，就形成了知识。知识反映了客观世界中事物之间的关系，不同事物或者相同事物间的不同关系形成了不同的知识。知识主要具有相对正确性、不确定性、可表示性与可利用性等特性。

知识通常按照以下几个方面进行分类：

(1) 按知识的作用范围划分为常识性知识和领域性知识；

(2) 按知识的作用及表示划分为事实性知识、过程性知识和控制性知识；

(3) 按知识的结构及表现形式划分为逻辑性知识和形象性知识；

(4) 按知识的确定性划分为确定性知识和不确定性知识。

本章主要介绍知识的表示方法、知识获取以及知识管理和知识工程相关内容，并给出相关实例。

2.1 知识表示方法

知识表示 (knowledge representation) 就是将人类知识形式化或者模型化，实际上就是对知识的一种描述，也是一组约定，一种计算机可以接收的用于描述知识的数据结构。当前，已有知识表示方法大都是在进行某项具体研究时提出来的，有一定的针对性和局限性，应用时需根据实际情况做适当的改变，有时还需要把几种表示模式结合起来。在建立一个具体的智能系统时，究竟采用哪种表示模式，目前还没有统一的标准，也不存在一个万能的知识表示模式。下面介绍几种常见的表示方法。

2.1.1 一阶谓词逻辑表示法

一阶谓词逻辑表示法是一种基于数理逻辑的知识表示方式。数理逻辑是一门研究推理的科学，它作为人工智能的基础，在人工智能的发展中占有重要地位。人工智能中用到的逻辑包括一阶经典逻辑和一些非经典逻辑。其中，一阶经典逻辑又包括一阶命题逻辑和一阶谓词逻辑，其特点是任何一个命题的真值或者为 "真"，或者为 "假"，二者必居其一，因为它只有两个真值，因此又称为二值逻辑。除经典逻辑外的那些逻辑，主要包括三值逻辑、多值逻辑、模糊逻辑等，统称为非经典逻辑。

命题逻辑与谓词逻辑是最先应用于人工智能的两种逻辑，对于知识的形式化表示，特别是定理的自动证明发挥了重要作用。谓词逻辑是在命题逻辑基础上发展起来的，命题逻辑可看作谓词逻辑的一种特殊形式。

定义 2.1 命题 (proposition) 是一个非真即假的陈述句。

判断一个句子是否为命题，首先应该判断它是否为陈述句，再判断它是否有唯一的真值。没有真假意义的语句 (如感叹句、疑问句等) 不是命题。若命题的意义为真，称它的真值为真, 通常记为 T; 若命题的意义为假, 称它的真值为假, 通常记为 F。一个命题不能同时既为真又为假, 但可以在一种条件下为真, 在另一种条件下为假。

在命题逻辑中, 命题通常用大写的英文字母表示, 命题既可以是一个特定的命题, 称为命题常量, 也可以是一个抽象的命题, 称为命题变元。对于命题变元而言, 只有把确定的命题代入后, 它才可能有明确的真值。简单陈述句表达的命题称为简单命题或原子命题。引入否定、合取、析取、条件、双条件等连接词, 可以将原子命题构成复合命题。可以定义命题的推理规则和蕴含式, 从而进行简单的逻辑证明。命题逻辑表示法有较大的局限性, 它无法把它所描述的事物的结构及逻辑特征反映出来, 也不能把不同事物间的共同特征表述出来。

谓词 (predicate) 逻辑是基于命题中谓词分析的一种逻辑。一个谓词可分为谓词名与个体两个部分, 其中谓词名用于刻画个体的性质、状态或个体间的关系, 个体表示某个独立存在的事物或者某个抽象的概念。

谓词的一般形式为

$$P(x_1, x_2, \cdots, x_n) \tag{2-1}$$

式中, P 是谓词名; $x_1, x_2, \cdots, x_n$ 是个体。谓词中包含的个体数目称为谓词的元数。$P(x)$ 是一元谓词, $P(x,y)$ 是二元谓词, $P(x_1, x_2, \cdots, x_n)$ 是 n 元谓词。

谓词名是由使用者根据需要人为定义的, 一般用具有相应意义的英文单词表示, 或者用大写的英文字母表示, 也可以用其他符号, 甚至中文表示。个体通常用小写的英文字母表示。

在谓词中, 个体可以是常量, 也可以是变元, 还可以是一个函数。个体常量、个体变元、函数统称为 "项"。

(1) 个体是常量, 表示一个或者一组指定的个体。

(2) 个体是变元, 表示没有指定的一个或者一组个体。当变元用一个具体的个体的名字代替时, 变元被常量化。个体变元的取值范围称为个体域。个体域可以是有限的, 也可以是无限的。

(3) 个体是函数, 表示一个个体到另一个个体的映射。函数可以递归调用。函数与谓词表面上很相似, 容易混淆, 其实这是两个完全不同的概念。谓词的真值是 "真" 或 "假", 而函数的值是个体域中的某个个体, 函数无真值可言, 它只是在个体域中从一个个体到另一个个体的映射。

在谓词 $P(x_1, x_2, \cdots, x_n)$ 中, 若 $x_i(i = 1, 2, \cdots, n)$ 都是个体常量、变元或函数, 则称它为一阶谓词。如果某个 x_i, 本身又是一个一阶谓词, 则称它为二阶谓词, 余者类推。本书只介绍一阶谓词, 具体相关概念如下。

1) 连接词 (连词)

无论命题逻辑还是谓词逻辑, 均可用下列连接词把一些简单命题连接起来构成一个复合命题, 以表示一个比较复杂的含义。

(1) "¬" 称为 "否定" 或者 "非"。它表示否定位于它后面的命题。当命题 P 为真时, $\neg P$ 为假; 当 P 为假时, $\neg P$ 为真。

(2) "∨" 称为 "析取"。它表示被它连接的两个命题具有 "或" 关系。

(3) "∧" 称为 "合取"。它表示被它连接的两个命题具有 "与" 关系。

(4) "→" 称为 "蕴含" 或者 "条件"。"$P \to Q$" 表示 "P 蕴含 Q",即表示 "如果 P,则 Q",其中 P 称为条件的前件,Q 称为条件的后件。

(5) "↔" 称为 "等价" 或 "双条件"。"$P \leftrightarrow Q$" 表示 "P 当且仅当 Q"。

以上的连词的真值由表 2-1 给出。

表 2-1   谓词逻辑真值表

P	Q	$\neg P$	$P \vee Q$	$P \wedge Q$	$P \to Q$	$P \leftrightarrow Q$
T	T	F	T	T	T	T
T	F	F	T	F	F	F
F	T	T	T	F	T	F
F	F	T	F	F	T	T

2) 量词

为刻画谓词与个体间的关系,在谓词逻辑中引入了两个量词:全称量词和存在量词。

全称量词:$(\forall x)$ 表示 "对个体域中的所有 (或任一个) 个体 x"。

存在量词:$(\exists x)$ 表示 "在个体域中存在个体 x"。

全称量词和存在量词可以出现在同一个命题中。

3) 谓词公式

谓词公式是由谓词符号、常量符号、变量符号、函数符号以及括号、逗号等一串按一定语法规则组成的字符串的表达式。在谓词公式中,连接词的优先级别从高到低排列是:¬、∧、∨、→、↔。可按下述规则得到谓词公式:

(1) 单个谓词是谓词公式,称为原子谓词公式;

(2) 若 A 是谓词公式,则 $\neg A$ 也是谓词公式;

(3) 若 A、B 是谓词公式,则 $A \wedge B$、$A \vee B$、$A \to B$、$A \leftrightarrow B$ 也是谓词公式;

(4) 若 A 是谓词公式,则 $\forall A$、$\exists A$ 也都是谓词公式;

(5) 有限步应用 (1)~(4) 生成的公式也是谓词公式。

4) 量词的辖域

位于量词后面的单个谓词或者用括号括起来的谓词公式称为量词的辖域。辖域内与量词中同名的变元称为约束变元,不受约束的变元称为自由变元。例如:

$$(\exists x)(P(x,y) \to Q(x,y)) \vee R(x,y) \tag{2-2}$$

式中,$P(x,y) \to Q(x,y)$ 是 $(\exists x)$ 的辖域,辖域内的变元 x 是受 $(\exists x)$ 约束的变元;$R(x,y)$ 中的 x 是自由变元;公式中的所有 y 都是自由变元。

谓词公式的基本性质介绍如下。

(1) 谓词公式的解释

在命题逻辑中,对命题公式中各个命题变元的一次真值指派称为命题公式的一个解释。一旦命题确定后,根据各连接词的定义就可以求出命题公式的真值 (T 或 F)。

在谓词逻辑中,公式中可能有个体变元以及函数,因此不能像命题公式那样直接通过真值指派给出解释,必须首先考虑个体变元和函数在个体域中的取值,然后才能针对变元与函数的具体取值为谓词分别指派真值。由于存在多种组合情况，所以一个谓词公式的解释可能有很多个。对于每一个解释，谓词公式都可求出一个真值 (T 或 F)。

(2) 谓词公式的永真性、可满足性、不可满足性

定义 2.2 如果谓词公式 P 对个体域 D 上的任何一个解释都取得真值 T，则称 P 在 D 上是永真的；如果 P 在每个非空个体域上均永真，则称 P 永真。

定义 2.3 如果谓词公式 P 对个体域 D 上的任何一个解释都取得真值 F，则称 P 在 D 上是永假的；如果 P 在每个非空个体域上均永假，则称 P 永假。

定义 2.4 对于谓词公式 P，如果至少存在一个解释使得公式 P 在此解释下的真值为 T，则称公式 P 是可满足的，否则，则称公式 P 是不可满足的。

(3) 谓词公式的等价性

定义 2.5 设 P 与 Q 是两个谓词公式，D 是它们共同的个体域，若对 D 上的任何一个解释，P 与 Q 都有相同的真值，则称公式 P 和 Q 在 D 上是等价的。如果 D 是任意个体域，则称 P 和 Q 是等价的，记为 $P \Leftrightarrow Q$。

下面列出一些主要等价式。

交换律：

$$P \vee Q \Leftrightarrow Q \vee P \tag{2-3}$$

$$P \wedge Q \Leftrightarrow Q \wedge P \tag{2-4}$$

结合律：

$$(P \vee Q) \vee R \Leftrightarrow P \vee (Q \vee R) \tag{2-5}$$

$$(P \wedge Q) \wedge R \Leftrightarrow P \wedge (Q \wedge R) \tag{2-6}$$

分配律：

$$P \vee (Q \wedge R) \Leftrightarrow (P \vee Q) \wedge (P \vee R) \tag{2-7}$$

$$P \wedge (Q \vee R) \Leftrightarrow (P \wedge Q) \vee (P \wedge R) \tag{2-8}$$

德·摩根定律：

$$\neg(P \vee Q) \Leftrightarrow \neg P \wedge \neg Q \tag{2-9}$$

$$\neg(P \wedge Q) \Leftrightarrow \neg P \vee \neg Q \tag{2-10}$$

双重否定律 (对合律)：

$$\neg\neg P \Leftrightarrow P \tag{2-11}$$

吸收律：

$$P \vee (P \wedge Q) \Leftrightarrow P \tag{2-12}$$

$$P \wedge (P \vee Q) \Leftrightarrow P \tag{2-13}$$

补余律 (否定律)：

$$P \vee \neg P \Leftrightarrow T \tag{2-14}$$

$$P \wedge \neg P \Leftrightarrow F \tag{2-15}$$

连接词化归律:

$$P \to Q \Leftrightarrow \neg P \vee Q \tag{2-16}$$

$$P \leftrightarrow Q \Leftrightarrow (P \to Q) \wedge (Q \to P) \tag{2-17}$$

$$P \leftrightarrow Q \Leftrightarrow (P \wedge Q) \vee (\neg P \wedge \neg Q) \tag{2-18}$$

逆否律:

$$P \to Q \Leftrightarrow \neg Q \to \neg P \tag{2-19}$$

量词转换律:

$$\neg(\exists x)P \Leftrightarrow (\forall x)(\neg P) \tag{2-20}$$

$$\neg(\forall x)P \Leftrightarrow (\exists x)(\neg P) \tag{2-21}$$

量词分配律:

$$(\forall x)(P \wedge Q) \Leftrightarrow (\forall x)P \wedge (\forall x)Q \tag{2-22}$$

$$(\exists x)(P \vee Q) \Leftrightarrow (\exists x)P \vee (\exists x)Q \tag{2-23}$$

(4) 谓词公式的永真蕴含

定义 2.6   对于谓词公式 P 与 Q, 如果 $P \to Q$ 永真, 则称谓词公式 P 永真蕴含 Q, 记为 $P \Rightarrow Q$, 且称 Q 为 P 的逻辑结论, P 为 Q 的前提。

下面列出一些主要永真蕴含公式。

化简律:

$$P \wedge Q \Rightarrow P \tag{2-24}$$

$$P \wedge Q \Rightarrow Q \tag{2-25}$$

附加律:

$$P \Rightarrow P \vee Q \tag{2-26}$$

$$Q \Rightarrow P \vee Q \tag{2-27}$$

$$Q \Rightarrow P \to Q \tag{2-28}$$

假言推理, 即由 P 为真及 $P \to Q$ 为真, 可推出 Q 为真:

$$P, P \to Q \Rightarrow Q \tag{2-29}$$

拒取式推理, 即由 Q 为假及 $P \to Q$ 为真, 可推出 P 为假:

$$\neg Q, P \to Q \Rightarrow \neg P \tag{2-30}$$

假言三段论, 即由 $P \to Q$, $Q \to R$ 为真, 可推出 $P \to R$ 为真:

$$P \to Q, Q \to R \Rightarrow P \to R \tag{2-31}$$

析取三段论：

$$\neg P, P \lor Q \Rightarrow Q \tag{2-32}$$

二难推理：

$$P \lor Q, P \rightarrow R, Q \rightarrow R \Rightarrow R \tag{2-33}$$

全称固化：

$$(\forall x)P(x) \Rightarrow P(y) \tag{2-34}$$

式中，y 是个体域中的任一个体。利用此永真蕴含式可消去公式中的全称量词。

存在固化：

$$(\exists x)P(x) \Rightarrow P(y) \tag{2-35}$$

式中，y 是个体域中某一个可使 $P(y)$ 为真的个体。利用此永真蕴含式可消去公式中的存在量词。

上面列出的等价式及永真蕴含式是进行演绎推理的重要依据，因此这些公式又称为推理规则。

定理 2.1 Q 为 $P_1, P_2, \cdots, P_n$ 的逻辑结论，当且仅当 $(P_1 \land P_2 \land \cdots \land P_n) \land \neg Q$ 是不可满足的。该定理是归结反演的理论依据。

用谓词公式表示知识的一般步骤为：

(1) 定义谓词及个体，确定每个谓词及个体的确切定义；

(2) 根据要表达的事物或概念，为谓词中的变元赋予特定的值；

(3) 根据语义用适当的连接符号将各个谓词连接起来，形成谓词公式。

例 2-1 用一阶谓词逻辑表示下列知识。

(1) 所有学生都穿彩色制服。

(2) 任何整数或者为正数或者为负数。

(3) 自然数都是大于零的整数。

解 (1) 首先定义谓词。

$\text{Student}(x)$: x 是学生。

$\text{Uniform}(x,y)$: x 穿 y。

$N(x)$: x 是自然数。

$I(x)$: x 是整数。

$P(x)$: x 是正数。

$Q(x)$: x 是负数。

$L(x)$: x 大于零。

(2) 上述知识可以用谓词公式分别表示为

$$(\forall x)(\text{Student}(x) \rightarrow \text{Uniform}(x, \text{color}))$$

$$(\forall x)(I(x) \rightarrow P(x) \lor Q(x))$$

$$(\forall x)(N(x) \rightarrow L(x) \land I(x))$$

一阶谓词逻辑表示法的优点如下。

(1) 自然：一阶谓词逻辑是一种接近于自然语言形式的语言系统，谓词逻辑表示法接近于人们对问题的直观理解。

(2) 明确：有一种标准的知识解释方法，因此用这种方法表示的知识更明确、易于理解。

(3) 精确：谓词逻辑的真值只有"真"或"假"，其表示、推理都是精确的。

(4) 灵活：知识和处理知识的程序是分开的，无须考虑处理知识的细节。

(5) 模块化：知识之间相对独立，这种模块化使得添加、删除、修改知识比较容易进行。

一阶谓词逻辑表示法的局限性如下。

(1) 知识表示能力差：只能表示确定性知识，而不能表示非确定性知识、过程性知识和启发性知识。

(2) 知识库管理困难：缺乏知识的组织原则，知识库管理比较困难。

(3) 存在组合爆炸：由于难以表示启发性知识，所以只能盲目地使用推理规则，这样当系统知识量较大时，容易发生组合爆炸。

(4) 系统效率低：它把推理演算与知识含义截然分开，抛弃了表达内容中所含有的语义信息，往往使推理过程冗长，降低了系统效率。

尽管谓词逻辑表示法有以上一些局限性，但它仍是一种重要的表示方法，许多专家系统的知识表达都采用谓词逻辑表示。

2.1.2   产生式表示法

产生式表示法又称为产生式规则表示法。产生式通常用于表示事实、规则以及它们的不确定性度量，适合于表示事实性知识和规则性知识。

产生式又称为规则或产生式规则。产生式的"前提"部分有时又称为"条件""前提条件""前件""左部"等，其"结论"部分有时称为"后件"或"右部"等。

1) 确定性规则知识的产生式表示

确定性规则知识的产生式表示的基本形式为

$$\text{IF} \quad P \quad \text{THEN} \quad Q \quad \text{或者} \quad P \rightarrow Q \tag{2-36}$$

式中，P 是产生式的前提，用于指出该产生式是否可用的条件；Q 是一组结论或操作，用于指出当前提 P 所指示的条件满足时，应该得出的结论或应该执行的操作。整个产生式的含义是：如果前提 P 被满足，则可得到结论 Q 或执行 Q 所规定的操作。

2) 不确定性规则知识的产生式表示

不确定性规则知识的产生式表示的基本形式为

$$\text{IF} \quad P \quad \text{THEN} \quad Q \ (\text{置信度}) \quad \text{或者} \quad P \rightarrow Q \ (\text{置信度}) \tag{2-37}$$

例如，在专家系统 MYCIN 中有这样一条具体的产生式规则实例。

前提条件:

细菌革兰氏染色阴性;

形态杆状;

生长需氧。

结论: 该细菌是肠杆菌属, CF=0.8。

它表示当前提中列出的各个条件都得到满足时, 结论 "该细菌是肠杆菌属" 可以相信的程度为 0.8。这里用 0.8 指出知识的强度。

3) 确定性事实性知识的产生式表示

确定性事实一般用三元组表示:

$$(对象, 属性, 值) \quad 或者 \quad (关系, 对象 1, 对象 2, 置信度)$$

例如, 事实 (老王年龄已 40 岁) 可以表示成 (Wang, age, 40)。而事实 (老王和老李是朋友) 则可以表示成 (Friendship, Wang, Li)。如果要增加不确定性度量, 可通过增加一个因子来表示两人友谊的可信度, 如老王和老李不大可能是朋友, 表示为 (Friendship, Wang, Li, 0.1)。

产生式表示法的主要优点如下。

(1) 产生式以规则作为形式单元, 格式固定, 易于表示, 且知识单元间相互独立, 易于建立知识库。

(2) 推理方式单纯, 适于模拟数据驱动特点的智能行为。当一些新的数据输入时, 系统的行为就会发生改变。

(3) 知识库与推理机相分离。这种结构易于修改知识库, 可增加新的规则去适应新的情况, 而不会破坏系统的其他部分。

(4) 易于对系统的推理路径作出解释。

产生式表示法的主要缺点如下。

(1) 效率不高。在产生式系统求解问题的过程中, 首先要用产生式的前提部分与综合数据库中的已知事实进行匹配, 从规则库中选出可用的规则, 此时选出的规则可能不止一个, 这就需要按一定的策略进行 "冲突消解", 然后把选中的规则启动执行。鉴于规则库一般都比较庞大, 而匹配又是一件十分费时的工作, 因此其工作效率低, 而且大量的产生式规则容易引起组合爆炸。

(2) 不能表达具有结构性的知识。产生式适合于表达具有因果关系的过程性知识, 是一种非结构化的知识表示方法, 所以, 对具有结构关系的知识无能为力, 它不能把具有结构关系的事物间的区别与联系表示出来。

2.1.3 框架表示法

心理学的研究结果表明人们对现实世界中各种事物的认识是以一种类似于框架的结构存储在记忆中的。当面临一个新事物时, 就从记忆中找出一个合适的框架, 并根据实际情况对其细节加以修改、补充, 从而形成对当前事物的认识。在此基础上, 1975 年美国著名的人工智能学者马文·明斯基 (Marvin Minsky) 提出了框架理论 (frame theory)。

　　框架表示法是一种结构化的知识表示方法，其中，框架 (frame) 是一种描述所论对象 (一个事物、事件或概念) 属性的数据结构。一个框架由若干个被称为 "槽"(slot) 的结构组成，每一个槽又可根据实际情况划分为若干个 "侧面"。一个槽用于描述所论对象某一方面的属性，一个侧面用于描述相应属性的一个方面。槽和侧面所具有的属性值分别称为槽值和侧面值。在一个用框架表示知识的系统中一般都含有多个框架，一个框架一般都含有多个不同槽、不同侧面，分别用不同的框架名、槽名及侧面名表示。无论对框架、槽或侧面，都可以为其附加上一些说明性的信息，一般是一些约束条件，用于指出什么样的值才能填入槽和侧面中。

　　下面给出框架的一般表示形式：

< 框架名 >		
槽名 1:	侧面名 $_{11}$	侧面值 $_{111}$，侧面值 $_{112}$，$\cdots$，侧面值 $_{11p_1}$
	侧面名 $_{12}$	侧面值 $_{121}$，侧面值 $_{122}$，$\cdots$，侧面值 $_{12p_2}$
	$\vdots$	
	侧面名 $_{1m}$	侧面值 $_{1m1}$，侧面值 $_{1m2}$，$\cdots$，侧面值 $_{1mp_m}$
槽名 n:	$\vdots$	$\vdots$
	侧面名 $_{n1}$	侧面值 $_{n11}$，侧面值 $_{n12}$，$\cdots$，侧面值 $_{n1p_1}$
	侧面名 $_{n2}$	侧面值 $_{n21}$，侧面值 $_{n22}$，$\cdots$，侧面值 $_{n2p_2}$
	$\vdots$	$\vdots$
	侧面名 $_{nm}$	侧面值 $_{nm1}$，侧面值 $_{nm2}$，$\cdots$，侧面值 $_{nmp_m}$
约束:	约束条件 $_1$	$\cdots$ 约束条件 $_n$

　　由上述表示形式可以看出，一个框架可以有任意有限数目的槽，一个槽可以有任意有限数目的侧面，一个侧面可以有任意有限数目的侧面值。槽值或侧面值既可以是数值、字符串、布尔值，也可以是一个满足某个给定条件时要执行的动作或过程，还可以是另一个框架的名字，从而实现一个框架对另一个框架的调用，表示出框架之间的横向联系。约束条件是任选的，当不指出约束条件时，表示没有约束。

　　侧面除了原始类型的值以外，还可以有缺省值 (或默认值)(default value)、如果需要值 (if-needed value)、如果加入值 (if-added value)。缺省值是指当缺少有关事物的信息，同时又无直接反面证据时，就假设按惯例或者一般情况下的填充值；如果加入值则是应该做什么的信息。

　　下面举例说明框架的建立方法。

　　例 2-2　"研究生" 有关情况的框架。

```
Frame <MASTER>
    Name: Unit(Last name, First name)
    Sex :Area (male, female )
        Default: male
    Age: Unit(Years)
    Major: Unit(Maior)
```

```
Field: Unit(Field)
Advisor: Unit(Last name, First name )
Project: Area(National, Provincial,Other)
        Default: National
Paper: Area(SCI, EI, Core, General)
        Default: Core
Address:<S-Address>
Telephone: HomeUnit(Number)
          MobileUnit(Number)
```

这个框架共有 10 个槽，它们分别描述了一个研究生在姓名 (name)、性别 (sex)、年龄 (age)、专业 (major)、研究方向 (field)、导师 (advisor)、参加项目 (project)、发表论文 (paper)、住址 (address)、电话 (telephone) 等 10 个方面的情况。其中，性别、参加项目、发表论文这三个槽中的第二个侧面均为默认值；电话槽的两个侧面分别是住宅电话 (home) 和移动电话 (mobile)。

该框架中的每个槽或侧面都给出相应的说明信息，这些说明信息用来指出填写槽值或侧面值时的一些格式限制。

单位 (unit) 用来指出填写槽值或侧面值时的书写格式。例如，姓名槽和导师槽应按先写姓 (last name)，后写名 (first name) 的格式填写；专业槽应按专业名 (major) 填写。

范围 (area) 用来指出所填的槽值仅能在指定的范围内选择。例如，参加项目槽只能在国家级 (national)、省级 (provincial)、其他 (other) 这三种级别中选择；发表论文槽只能在 SCI 收录、EI 收录、核心 (core) 刊物、一般 (general) 刊物这四种类型中选择。

默认值 (default) 用来指出当相应槽没填入槽值时，则以其默认值作为该槽的槽值，可以节省一些填槽工作。例如，参加项目槽，当没填入任何信息时，就以默认值国家级 (national) 作为该槽的槽值。

尖括号 "< >" 表示由它括起来的是框架名。例如，住址槽的槽值是学生住址框架的框架名 "S-Address"。

在框架中给出这些说明信息，可以使框架的问题描述更加清楚。但这些说明信息并非必需的，框架表示也可以进一步简化，省略其中的 "Unit" "Area" "Detault"，而直接放置槽值或侧面值。

对于上述这个研究生框架，当把具体的信息填入槽值或侧面值后，就得到了相应框架的一个实例框架。例如，把某研究生的一组信息填入 "研究生" 框架的各个槽后，就可得到：

```
Frame<Master-1>
    ISA:<Master>
    Name:Yang Ye
```

```
Sex:female
Major:Computer
Filed:Web-Intelligence
Advisor:Lin Hai
Project:Provincial
```

在这个实例框架中，又用到了一个系统预定义槽名 ISA。该预定义槽名与语义网络中的 ISA 弧的语义相似 (2.1.4 节)，其直观含义为 "是一个"，表示一个事物是另一个事物的一个具体实例，用来描述一个具体事物与其抽象概念间的实例关系。例如，Master-1 是一个具体的 Master。

框架表示法的特点如下。

(1) 继承性：继承性是框架的一个重要的性质，下层框架可以从上层框架继承某些属性或值，也可以进行补充和修改。这样一些相同的信息可以不必重复存储，减少冗余信息，节省存储空间。

(2) 结构化：框架表示法是一种结构化的知识表示方法，不但可以把知识的内部结构表示出来，还可以把知识之间的联系表示出来，是一种表达能力很强的知识表示方法。

(3) 自然性：在人类思维和理解活动中分析和解释遇到情况时，就从记忆中选择一个类似事物框架，通过对其细节进行修改或补充，形成对新事物的认识，这与人们的认识活动是一致的。

(4) 推理灵活多变：框架表示法没有固定的推理机制，它可以根据待求解问题的特点灵活地采取多种推理方法。

框架表示法的主要不足之处在于它不善于表达过程性知识。因此，它经常与产生式表示法结合起来使用，以取得互补效果。

2.1.4　语义网络表示法

语义网络是奎利恩 (Quillian) 于 1968 年提出的一种心理学模型，后来奎利恩又将其用于知识表示。语义网络是一种采用网络形式表示人类知识的方法。

1) 基本概念

语义网络是一种用实体及其语义关系来表示知识的有向图。其中，带有标识的节点表示问题领域中的物体、概念、事件、动作或者态势。节点之间带有标识的有向弧表示节点之间的语义关系，是语义网络组织知识的关键。

在语义网络表示中，一个最基本的语义单元称为语义基元，一个语义基元所对应的那部分网络称为基本网络。一个语义基元可用三元组表示：(节点 1，弧，节点 2)，其结构可以用一个基本网元来表示。

例 2-3　用语义基元描述："鸵鸟是一种鸟" 这个事实。

答　由于 "鸵鸟" 与 "鸟" 之间的语义联系为 "是一种"，因此，在语义网络中，弧被标志为 "是一种"，如图 2-1 所示。

图 2-1 一个具体的基本网元

2) 基本的语义关系

(1) 实例关系

实例关系用于表示类节点与所属实例节点之间的联系,通常标识为 ISA。例如,"李刚是一个人"可以表示为图 2-2 所示的语义网络。

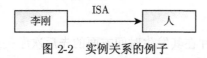

图 2-2 实例关系的例子

一个实例节点可以通过 ISA 与多个类节点相连接,多个实例节点也可通过 ISA 与一个类节点相连接。对概念进行有效分类有利于语义网络的组织和理解。将同一类实例节点中的共性成分在它们的类节点中加以描述,可以减少网络的复杂程度,增强知识的共享性;而不同的实例节点通过与类节点的联系,可以扩大实例节点之间的相关性,从而将分立的知识片断组织成语义丰富的知识网络结构。

(2) 分类关系

分类关系又称泛化关系,用于表示一种类节点 (如鸟) 与更抽象的类节点 (如动物) 之间的联系,通常用 AKO(a kind of) 表示。例如,"鸟是一种动物"可以表示为图 2-3 所示的语义网络。

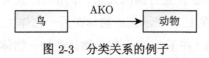

图 2-3 分类关系的例子

分类关系允许低层类型继承高层类型的属性,这样可以将公用属性抽象到较高层次。由于这些共享属性不在每个节点上重复,减少了对存储空间的要求。

(3) 包含关系

包含关系又称聚集关系,用于表示某一个体与其组成成分之间的联系,通常用 Part-of 表示。包含关系基于概念的分解性,即将高层概念分解为若干低层概念的集合。这里,可以把低层概念看作高层概念的属性。例如,"两只手是人体的一部分"表示为图 2-4 所示的语义网络。

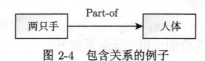

图 2-4 包含关系的例子

(4) 属性关系

属性关系用于表示个体、属性及其取值之间的联系。通常用有向弧表示属性,用这些弧指向的节点表示各自的值。如图 2-5 所示,约翰的性别是男性,年龄为 30 岁,身高 180cm,职业是程序员。

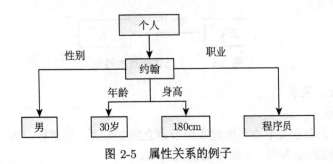

图 2-5 属性关系的例子

(5) 时间关系

时间关系是指不同事件在其发生时间方面的先后次序关系。常用的时间关系包括如下。

Before: 含义为 "在前"，表示一个事件在另一个事件之前发生。

After: 含义为 "在后"，表示一个事件在另一个事件之后发生。

例如，"伦敦奥运会在北京奥运会之后" 可用图 2-6 所示的语义网络来表示。

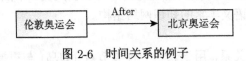

图 2-6   时间关系的例子

(6) 位置关系

位置关系是指不同事物在位置方面的关系。常用的位置关系包括如下。

Located-on: 含义为 "在上"，表示某一物体在另一物体之上。

Located-under: 含义为 "在下"，表示某一物体在另一物体之下。

Located-inside: 含义为 "在内"，表示某一物体在另一物体之内。

Located-outside: 含义为 "在外"，表示某一物体在另一物体之外。

例如，"书在书桌之上" 可用图 2-7 所示的语义网络来表示。

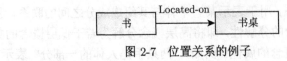

图 2-7   位置关系的例子

3) 以谓词表示的语义关系

设由 n 元谓词表示的关系 $R(\arg_1, \arg_2, \cdots, \arg_n)$，$\arg_1$ 取值为 a_1，$\arg_2$ 取值为 a_2，$\cdots$，$\arg_n$ 取值为 a_n，把 R 化成等价的一组二元关系如下：

$$\arg_1(R, a_1), \arg_2(R, a_2), \cdots, \arg_n(R, a_n) \tag{2-38}$$

因此，只要把关系 R 也作为语义节点，其对应的语义网络可以表示为如图 2-8 所示的形式。

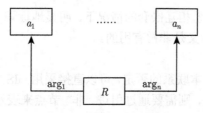

图 2-8 关系语义网络表示

与个体节点一样，关系节点同样划分为类节点和实例节点两种。实例关系节点与类关系节点之间关系为 ISA。

任何具有表达谓词公式能力的语义网络，除具备表达基本命题的能力外，还必须具备表达命题之间的"与""或""非"以及"蕴含"关系的能力。

(1) 合取

在语义网络中，合取命题通过引入"与"节点来表示。事实上这种合取关系网络就是由"与"节点引出的弧构成的多元关系网络。

命题：give(John, Mary, "War and Peace") read(Mary, "War and Peace") 可以表示为图 2-9 所示的带"与"节点的语义网络。

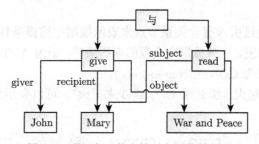

图 2-9 带"与"节点的语义网络的例子

(2) 析取

析取命题通过引入"或"节点表示。

命题：John is a programmer or Mary is a lawyer 可以表示为图 2-10 所示的语义网络。

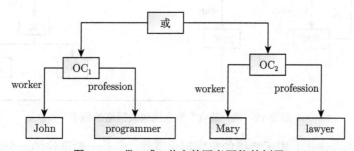

图 2-10 带"或"节点的语义网络的例子

其中，OC_1、OC_2 为两个具体的职业关系，分别对应 John 为 programmer 及 Mary 为 lawyer。

在命题的 "与" "或" 关系相互嵌套的情况下，明显地标识 "与" "或" 节点，对于正确地构造和理解语义网络的含义是非常有用的。

(3) 否定

在语义网络中，对于基本联系的否定，可以直接采用 ¬ISA、¬AKO 及 ¬Part-of 的有向弧来标注。对于一般情况，则需要通过引进 "非" 节点来表示。

命题：¬give(John, Mary, "War and Peace")∧read(Mary, "War and Peace") 可以表示为图 2-11 所示的语义网络。

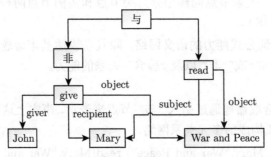

图 2-11   带 "非" 节点的语义网络的例子

(4) 蕴含

在语义网络中，通过引入蕴含关系节点来表示规则中前提条件和结论之间的因果联系。从蕴含关系节点出发，一条弧指向命题的前提条件，记为 ANTE(anterior)，另一条弧指向该规则的结论，记为 CONSE(consequence)。

规则："如果车库起火，那么用 CO_2 或沙来灭火"，可以表示为图 2-12 所示的语义网络。

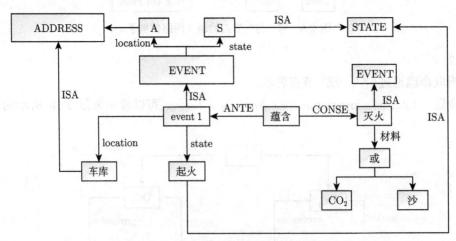

图 2-12   带 "蕴含" 节点的语义网络的例子

图 2-12 中，event 1 表示特指的车库起火事件，它是一般事件的一个实例。任一事件包含地点属性及事件状态属性。在抽象的 EVENT 类型节点中，用 A 表示一个地点 (ADDRESS)，它是地点类的一个实例；用 S 表示一个状态 (STATE)，它是状态类的一个实例。

存在量词在语义网络中直接用 ISA 弧表示，而全称量词就要用分块方法来表示。用语义网络来表达知识的主要困难之一是如何处理全称量词。解决这个问题的一种方法是把语义网络分割成空间分层集合。每一个空间对应于一个或几个变量的范围。

下面给出一个语义网络表示法的例子。

例 2-4　用语义网络表示下列情况：

"小燕子这只燕子从春天到秋天一直占有一个巢"

解　这里需要设立一个占有节点，表示占有物和占有时间。其语义网络如图 2-13 所示。

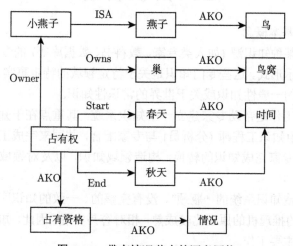

图 2-13　带有情况节点的语义网络

对上述问题，也可以把占有作为一种关系，并用一条弧来表示，其语义网络如图 2-14 所示，在这种表示方法下，占有关系就无法表示。

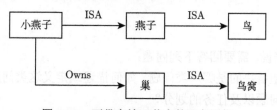

图 2-14　不带有情况节点的语义网络

语义网络表示法的主要优点如下：

① 结构性。语义网络把事物的属性及事物间的各种语义联系显式地表示出来，是一种结构化的知识表示方法。在这种方法中，下层节点可以继承新增和变异上层节点的属性，从而实现了信息的共享。

② 联想性。语义网络本来是作为人类联想记忆模型提出来的，它着重强调事物间的语义联系，体现了人类的联想思维过程。

③ 自然性。语义网络实际上是一个带有标志的有向图，它可以比较直观地把知识表示出来，符合人们表达事物间关系的习惯，并且自然语言与语义网络之间的转换也比较容易实现。

语义网络表示法也存在一定的缺点，主要表现如下：

① 非严格性。语义网络没有像谓词那样严格的形式表示体系，一个给定语义网络的含义，完全依赖于处理程序对它所进行的解释，通过语义网络所实现的推理不能保证其正确性。

② 复杂性。语义网络表示知识的手段是多种多样的，这虽然对其表示带来了灵活性，但由于表示形式的不一致，也增加了对它处理的复杂性。

2.2　知 识 获 取

1) 知识获取的基本概念

知识获取是将某种知识源 (如人类专家、教科书、数据库等) 的专门知识转换为计算机中知识采用的表示形式。这些专门知识是关于特定领域的特定事实、过程和判断规则，而不包括有关领域的一般性知识或关于世界的常识性知识。

知识工程师的工作是帮助专家建立一个知识系统，其重点在于知识获取。一般情况下，知识获取需要由知识工程师 (分析员) 与专家配合，共同来完成工作。知识工程师最困难的任务是帮助专家完成知识的转换，构造领域知识，以及对领域中概念的统一和形式化。

知识获取是构造知识系统的 "瓶颈"，没有完整的、一致的知识库，就无法构建知识系统。知识系统中的推理机的原理比较成熟，相对容易实现，因此，知识获取便成为构造知识系统的关键和主要工作。

2) 知识获取的主要步骤

知识获取是专家和知识工程师合作的过程，专家把知识通过容易接受的方式教给知识工程师。知识获取的主要步骤包括识别阶段、概念化阶段、形式化阶段、实现阶段、测试阶段等。

(1) 识别阶段

对于问题识别来说，需要回答下列问题：

① 知识系统希望解决的是哪一类问题? 如何描述或定义这类问题?

② 它有什么子问题以及任务的划分?

③ 有哪些数据? 有哪些重要的概念? 它们之间的关系如何?

④ 问题的解会是什么样的?

⑤ 在解决这些问题时，需要用到专家哪方面的知识?

⑥ 有关知识的广度和深度会怎样?

⑦ 妨碍解决问题的情况可能会有哪些?

(2) 概念化阶段

问题概念化过程是指从实际问题的原型系统中得到基本概念、子问题和信息流特征。

(3) 形式化阶段

在知识形式化过程中，首先要对概念形式化，即将概念转换成计算机所要求的形式，再将形式化的概念连接起来形成问题求解的空间。建立领域问题求解模型是知识形式化的重要一步，求解模型有行为模型和数学模型。数学模型是利用算法来完成的，行为模型是利用推理来完成的。对概念信息流和各子问题元素的形式化，其结果将形成知识库模型。在知识形式化过程中，还要确定数据结构、推理规则和控制策略等内容。

(4) 实现阶段

实现阶段主要是建造知识库，它是对整个智能问题的知识库框架填入各子问题的形式化知识，并保持整个问题知识的一致性和相容性。将知识库与智能问题推理求解结合起来，建立知识系统。

(5) 测试阶段

测试阶段是用若干实例来测试知识系统，以确定知识库和推理结构中的不足之处。通常造成错误的原因在于输入输出特性、推理规则、控制策略或考核的例子等方面。输入输出特性错误主要反映在数据获取和结论输出方面。对用户来说，问题可能很难理解、不明确或表达不清楚、对话功能不很完善等，从而造成错误。推理错误主要产生于推理规则集。规则可能不正确、不一致、不完全或者遗漏。搜索顺序的不当是控制策略问题，主要表现在搜索方式以及时间效果上。测试例子的不当也会造成失误，如某些问题超出了知识库知识的范围。

测试中发现的错误需要进行修改。修改包括概念的重新形式化，表达方式的重新设计，调整规则及其控制结构，直到获得期望的结果。

2.3　知识管理与知识工程

2.3.1　知识管理

知识管理是以系统论、信息论和控制论为其理论基础，应用数学模型和计算机手段来研究解决各种管理问题，其目的在于实现管理思想的现代化、管理方法的科学化、管理手段的自动化。

现在兴起的知识管理，不仅利用信息技术对知识进行管理，而且强调了组织(企业或政府等)和个人对知识的管理。利用信息技术对知识的管理主要体现在知识工程，而组织和个人对知识的管理，就要发挥组织和个人充分利用知识解决随机出现的问题。

信息管理是知识管理的基础，只有在有效的信息管理基础上才能提高到知识管理。知识管理要求建立学习型组织，以提高组织整体掌握知识的水平。

从知识工程的角度看，知识管理主要是指：如何具体地、物理地组建知识库，保存知识；如何在知识库中安排具体的知识；如何实现知识的增加、删除、修改和查询等功能；如何记录知识库的变更；如何保证知识库的安全等。

2.3.2　知识工程

知识工程当前进入了一个新的时代，这个新时代的标志有两个：一是把处理对象从规范化的、相对好处理的知识进一步深入到非规范化的、相对难处理的知识；二是把处理规模和方式从封闭式扩大为开放式，从小手工作坊式的知识工程扩大为能进行海量知识处理的大规模工程。大规模地铺设光缆是一种信息工程，大规模的知识共享则是一种现代化的知识工程。

人们早就认识到知识共享的重要性，数据库和知识库这两项技术就是为了数据和知识共享而诞生的。但是，当初人们创建这两门学科的时候，还远远没有想到今天世界上知识共享的规模。如今知识大规模共享主要以两种方式进行：一是构筑海量知识库；二是到开放的 Internet 上来淘金，这是海量的、动态的、开放的知识天地。

知识管理与知识工程的具体关系体现在以下两个方面。

(1) 知识工程是知识管理的技术支柱。知识工程利用计算机来建造知识系统，并应用知识系统解决智能问题。其中的一个核心部件是知识库，知识库的重要作用是知识共享。知识工程在知识的获取、共享和应用等方面取得了显著效果。而知识管理是对社会中的组织 (企业、政府等) 以及个人的知识进行管理。知识管理也要求实现知识获取、知识共享、知识应用及知识创新。虽然知识管理和知识工程属于两个不同层次，即知识管理是对人与组织而言的，知识工程是在计算机之上的，但知识管理要求实现的知识获取、知识共享、知识应用可以由知识工程来完成，即知识工程是知识管理的重要技术支柱。

(2) 知识管理的方法数字化后形成知识工程。知识管理是社会中的个人和组织完成知识获取、存储、交流、共享、应用和创新的管理过程。当知识管理中的知识获取、共享、应用等工作形式化后，再数字化形成知识工程。而对于知识创新过程，还难以形式化和数字化，目前，知识创新还主要是靠人的智慧来完成。

2.3.3　知识管理系统

人类在总结知识创新的规律以后，通过数字化就可以让计算机来完成知识管理和创新。其中，专家系统、基于案例的推理系统、决策支持系统等都是利用计算机完成的典型的知识管理系统。知识管理系统产生的途径包括以下几个方面。

(1) 人类专家解决问题的方法数字化后形成专家系统。专家系统是知识工程的主要内容。专家系统是典型的按人类专家解决问题的方法数字化后形成的。

专家知识的获取是专家系统开发的难点。专家的大量隐性知识需要转变成显性知识，以规范化和数字化的方式 (如产生式规则表示形式) 存入知识库中，很多人类专家还不适应对自己掌握的知识进行数字化表示，这需要知识工程师的帮助。

(2) 用对比方法解决问题的策略数字化后形成基于案例推理系统。在解决各类实际问题时，有很多成功的或失败的案例，这些案例可以作为解决新的类似问题的借鉴。利用"基于案例推理"(case based reasoning, CBR) 技术，建立案例库，在解决新问题时，进行相似案例的查询和匹配，并通过相似案例的修改，作为当前事例的解决方案。

CBR 技术能较好地推动知识应用和创新活动，它是一项知识管理的有效知识应用技术。

(3) 在决策中建立多方案的方法数字化后形成决策支持系统。人在决策前都先要利用决策资源建立多个方案，通过比较后再进行决策。计算机决策支持系统就是针对实际决策问题，利用数据、模型、知识等决策资源，建立系统方案，并结合数据处理、模型计算和知识推理，得出多个方案的结果，辅助人类进行决策。决策支持系统是在计算机上模拟人的决策过程。

知识管理系统除了对知识库的增、删、改、查等基本功能外，在实践中，还有一些功能也很重要，主要包括以下几个方面。

(1) 重组知识库。当系统经过一段时间运行后，对知识库进行了多次的增、删、改，知识库的物理结构必然会发生一些变化，使得某些使用频率较高的知识不能处于容易被搜索到的位置上，从而影响系统的运行效率。此时就需要对知识库中的知识进行重新组织。

(2) 记录系统运行的实例。问题实例的运行过程是求解问题的过程，也是系统积累经验、发现自身缺陷及错误的过程。因此知识管理系统需要适当记录系统运行的实例。

(3) 记录系统的运行史。知识系统在使用过程中还需要不断完善。为了对系统的进一步完善提供依据，除了记录系统运行实例外，还需要记录系统运行史。记录的内容与知识检测及求精方法有关，没有统一的标准。

(4) 记录知识库的发展史。对知识库的增、删、改将使知识库的内容发生变化。如果将其变化情况及知识的使用情况记录下来，将有利于评价知识的性能，改善知识库的结构，达到提高系统效率的目的。

(5) 知识库的安全保护与保密。安全保护是指不让知识库受到破坏。知识库是知识系统赖以生存的基础，必须建立严格的安全保护措施，防止由误操作等主观或客观原因造成的知识库损坏。保密是指防止知识的泄露，很多领域知识会涉及行业秘密或部门秘密，因此对涉密的知识系统及其知识库应采取严格的保密措施，严防未经授权的查阅和复制。

课 后 习 题

1. 设有下列语句，请用相应的谓词公式把它们表示出来：

(1) 有的人喜欢梅花，有的人喜欢菊花，有的人既喜欢梅花又喜欢菊花。

(2) 有的人每天下午都去打篮球。

(3) 新型计算机速度又快，存储容量又大。

(4) 不是每个计算机系的学生都喜欢在计算机上编程序。

(5) 凡是喜欢编程序的人都喜欢计算机。

2. 设 $D = \{1, 2\}$，试给出谓词公式 $(\exists x)(\forall y)(P(x, y) \rightarrow Q(x, y))$ 的一个解释，并且指出该谓词公式的真值。

3. 试用谓词逻辑表达描述下列推理：

(1) 如果张三比李四大，那么李四比张三小。

(2) 甲和乙结婚了，则或者甲为男，乙为女；或者甲为女，乙为男。

(3) 如果一个人是老实人，他就不会说谎；张三说谎了，所以张三不是一个老实人。

4. 将下列一则消息用框架表示："今天一次强度为里氏 8.5 级的强烈地震袭击了下斯洛文尼亚地区，造成 25 人死亡和 5 亿美元的财产损失。下斯洛文尼亚地区的主席说：'多年来，靠近萨迪壤金斯断层的重灾区一直是一个危险地区。这是本地区发生的第 3 号地震。'"

5. 用产生式表示异或 (XOR) 逻辑。

6. 用语义网络表示下列知识：

(1) 知更鸟是一种鸟；

(2) 鸵鸟是一种鸟；

(3) 鸟一般是会飞的；

(4) CLYDE 是一只知更鸟；

(5) CLYDE 从春天到秋天占一个巢。

7. 对下列命题分别画出它的语义网络：

(1) 每个学生都有多本书。

(2) 孙老师从 2 月至 7 月给计算机应用专业讲 "网络技术" 课程。

(3) 王女士是天发电脑公司的经理，她 35 岁，住在南内环街 68 号。

8. 说明信息、知识、管理的概念及它们之间的关系。

9. 说明知识工程与知识管理之间的关系。

第3章　确定性推理

第 2 章讨论了知识表示方法，即把知识用某种模式表示出来存储到计算机中。下一步人工智能要解决的问题是如何运用这些知识求解问题，使计算机具有思维能力。推理是求解问题的一种重要方法，推理方法已成为人工智能的一个重要研究课题。

本章首先讨论了关于推理的基本概念，包括推理方式分类、推理控制策略，然后介绍了自然演绎推理和归结演绎推理，其中着重介绍了海伯伦定理与罗宾逊归结原理及其在机器定理证明和问题求解中的应用。

3.1　推理方法概述

3.1.1　推理的定义

推理是指从已知事实出发，运用已经掌握的知识，推导出其中蕴含的事实性结论或者归纳出某些新的结论的过程。在人工智能系统中，推理是由程序实现的，称为推理机。

已知事实和知识是构成推理的两个基本要素。已知事实又称为证据，用以指出推理的出发点及推理时应该使用的知识；而知识是使推理得以向前推进，并逐步达到最终目标的依据。

3.1.2　推理方式分类

人工智能有多种推理方式。下面分别从不同的角度对它们进行分类。

(1) 按照推理的逻辑基础分类，可分为演绎推理、归纳推理和默认推理。

演绎推理是人工智能中一种重要的推理方式。演绎推理是从已知的一般性知识出发，推理出适合于某种个别情况的结论的过程。它是一种由一般到个别的推理方法。

归纳推理是从足够多的事例中归纳出一般性结论的推理过程，是一种从个别到一般的推理。其基本思想是：首先从已知事实中猜测出一个结论，然后对这个结论的正确性加以证明确认。数学归纳法就是归纳推理的一种典型例子。

默认推理又称为缺省推理，它是在知识不完全的情况下假设某些条件已经具备所进行的推理。也就是说，在进行推理时，如果对某些证据不能证明其不成立的情况下，先假设它是成立的，并将它作为推理的依据进行推理。但在推理过程中，当由于新知识的加入或由于所推出的中间结论与已有知识发生矛盾时，就说明前面的有关证据的假设不正确，这时就要撤销原来的假设以及由此假设所推出的所有结论，重新按新情况进行推理。

(2) 按推理时所用知识的确定性分类，可分为确定性推理和不确定性推理。

确定性推理是指推理时所用的知识与证据都是确定的，推出的结论也是确定的，其真值或者为 "真" 或者为 "假"，没有第三种情况出现。本章将讨论的经典逻辑推理就属于这一类。经典逻辑推理是最先提出的一类推理方法，是根据经典逻辑 (命题逻辑及一阶谓词逻辑) 的逻辑规则进行的一种推理，主要有自然演绎推理、归结演绎推理及 "与/或" 形演绎推理等。

不确定性推理是指推理时所用的知识与证据不都是确定的，推出的结论也是不确定的。不确定性推理又分为似然推理与近似推理或模糊推理，前者是基于概率论的推理，后者是基于模糊逻辑的推理。人们经常在知识不完全、不精确的情况下进行推理。因此，要使计算机能模拟人类的思维活动，就必须使它具有不确定性推理的能力。关于不确定性推理将在第 4 章进行介绍。

(3) 按推理过程中推出的结论是否越来越接近最终目标分类，可分为单调推理和非单调推理。

单调推理是在推理过程中随着推理向前推进及新知识的加入，推出的结论越来越接近最终目标。在单调推理的推理过程中不会出现反复的情况，即不会由于新知识的加入否定了前面推出的结论，从而使推理又退回到前面的某一步。本章将要讨论的基于经典逻辑的演绎推理属于单调性推理。

非单调推理是在推理过程中由于新知识的加入，不仅没有加强已推出的结论，反而要否定它，使推理退回到前面的某一步，然后重新开始。非单调推理一般是在知识不完全的情况下发生的。显然，默认推理是一种非单调推理。

(4) 按推理中是否运用与推理有关的启发性知识分类，可分为启发式推理和非启发式推理。

如果推理过程中运用启发性知识，则称为启发式推理，否则，称为非启发式推理。启发性知识是指与问题有关且能加快推理过程、求得问题最优解的知识。例如，推理的目标是要在脑膜炎、肺炎、流感这三种疾病中选择一个，又设有 γ_1, γ_2, γ_3 这三条产生式规则可供使用，其中 γ_1 推出的是脑膜炎，γ_2 推出的是肺炎，γ_3 推出的是流感。如果希望尽早地排除脑膜炎这一危险疾病，应该先选用 γ_1；如果本地区目前正在盛行流感，则应考虑首先选择 γ_3。这里，"脑膜炎危险" 及 "目前正在盛行流感" 是与问题求解有关的启发性信息。

3.1.3   推理的控制策略

智能系统的推理过程是求解问题的过程。问题求解的质量与效率不仅依赖于所采用的求解方法 (如匹配方法、不确定性的传递算法等)，而且依赖于求解问题的策略即推理的控制策略。推理的控制策略主要包括推理方向、搜索策略、冲突消解策略、求解策略及限制策略等，这里重点介绍推理方向和冲突消解策略。

1. 推理方向

推理方向分为正向推理、逆向推理、混合推理及双向推理四种。

1) 正向推理

正向推理是一种从已知事实出发，正向使用推理规则的推理方式，也称为数据驱动推理或者前向链推理。

正向推理的基本思想：从用户提供的初始已知事实出发，在知识库 (KB) 中找出当前可适用的知识，构成可适用知识集 (KS)，然后按某种冲突消解策略从 KS 中选出一条知识进行推理，并将推出的新事实加入数据库中作为下一步推理的已知事实，此后再在知识库中选取可适用知识进行推理，如此重复这一过程，直到求得问题的解或者知识库中再无可适用的知识为止。

正向推理过程如图 3-1 所示。

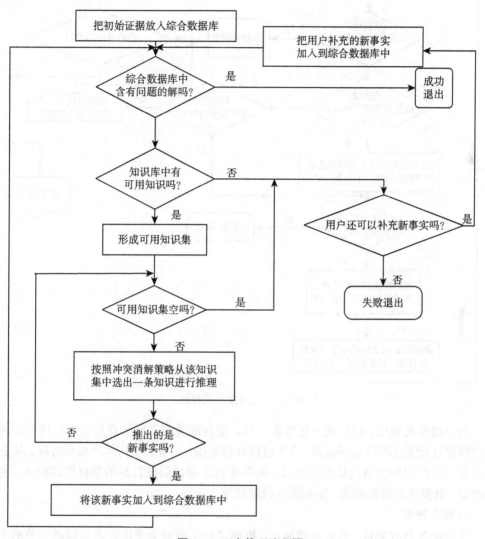

图 3-1　正向推理流程图

2) 逆向推理

逆向推理是以某个假设目标为出发点，反向使用推理规则的推理方式，也称为目标驱动推理或者逆向链推理。

逆向推理的基本思想：首先选定一个假设目标，然后寻找支持该假设的证据，若所需的证据都能找到，则说明原假设成立；若无论如何都找不到所需要的证据，说明原假设不成立，为此需要另作新的假设。

逆向推理过程如图 3-2 所示。

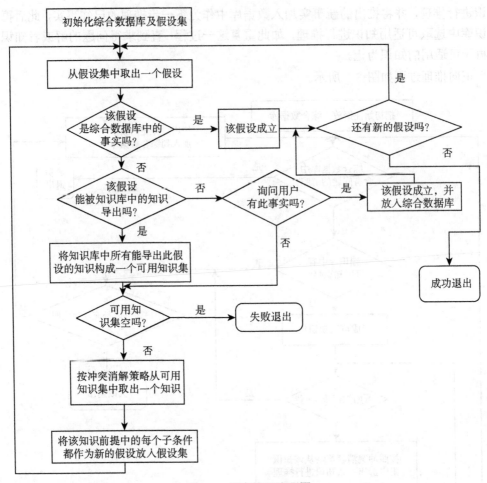

图 3-2　逆向推理流程图

与正向推理相比，逆向推理更复杂一些。逆向推理的主要优点是不必寻找和使用那些与假设目标无关的信息和知识，推理过程目标明确，也有利于向用户提供解释。其主要缺点是当用户对解的情况认识不清时，由系统自主选择假设目标的盲目性比较大，若选择不好，就要多次提出假设，影响到系统的效率。

3) 混合推理

正向推理具有盲目、效率低等缺点，推理过程中可能会推出许多与问题无关的子目标。逆向推理中，若提出的假设目标不符合实际，也会降低系统的效率。为解决这些问题，可把正向推理与逆向推理结合起来，使其各自发挥自己的优势，取长补短。这种既有正向又有逆向的推理称为混合推理。另外，在下述几种情况下，通常也需要进行混合推理。

(1) 已知的事实不充分

当数据库中的已知事实不够充分时，若用这些事实与知识的运用条件匹配进行正向推理，可能连一条适用知识都选不出来，这就使推理无法进行下去。此时，可通过正向推理先把其运用条件不能完全匹配的知识都找出来，并把这些知识可导出的结论作为假设，然后分别对这些假设进行逆向推理。由于在逆向推理中可以向用户询问有关证据，这就有可能使推理进行下去。

(2) 正向推理推出的结论可信度不高

用正向推理进行推理时，虽然推出了结论，但可信度可能不高，达不到预定的要求。因此为了得到一个可信度符合要求的结论，可用这些结论作为假设，然后进行逆向推理，通过向用户询问进一步的信息，有可能得到一个可信度较高的结论。

(3) 希望得到更多的结论

在逆向推理过程中，由于要与用户进行对话，有针对性地向用户提出询问，这就有可能获得一些原来未能掌握的有用信息，这些信息不仅可用于证实要证明的假设，同时有助于推出一些其他结论。因此，在用逆向推理证实了某个假设之后，可以再用正向推理推出另外一些结论。

混合推理可有多种具体的实现方法。例如，可以采用先正向推理，后逆向推理的方法；也可以采用先逆向推理，后正向推理的方法；还可以采用随机正向推理和逆向推理的方法。由于这些方法仅是正向推理和逆向推理的某种结合，因此对这三种情况不再进行讨论。

4) 双向推理

在定理的机器证明等问题中，经常采用双向推理。双向推理是指正向推理与逆向推理同时进行，且在推理过程中的某一步骤上 "碰头" 的一种推理。

双向推理的基本思想：一方面根据已知事实进行正向推理，但并不推到最终目标；另一方面从某假设目标出发进行逆向推理，但并不推至原始事实，而是让它们在中途相遇，即由正向推理所得到的中间结论恰好是逆向推理此时所要求的证据，这时推理就可结束，逆向推理时所做的假设就是推理的最终结论。

双向推理的困难在于 "碰头" 判断。另外，如何权衡正向推理与逆向推理的比重，即如何确定 "碰头" 的时机也是一个困难问题。

2. 冲突消解策略

在推理过程中，系统要不断地用当前已知的事实与知识库中的知识进行匹配。此时，可能发生如下三种情况：

(1) 已知事实恰好只与知识库中的一个知识匹配成功；

(2) 已知事实不能与知识库中的任何知识匹配成功；

(3) 已知事实可与知识库中的多个知识匹配成功；或者多个 (组) 已知事实都可与知识库中的某一个知识匹配成功；或者有多个 (组) 已知事实可与知识库中的多个知识匹配成功。

这里已知事实与知识库中的知识匹配成功的含义，对正向推理而言，是指产生式规则的前件和已知事实匹配成功；对逆向推理而言，是指产生式规则的后件和假设匹配成功。当第 (3) 种情况发生时，有多个知识匹配成功，称这种情况为发生了冲突。此时需要按一定的策略解决冲突，以便从中挑出一个知识用于当前的推理，这一解决冲突的过程称为冲突消解。

解决冲突时所用的方法称为冲突消解策略。冲突消解一般的思路就是给所有可用规则排序，然后依次从队列中取出候选规则。排序的依据和方法多种多样，可以根据具体情况选择不同方法, 或者定义和设计不同的冲突消解策略。常用的排序依据如下。

(1) 按专用与通用性排序。如果某一规则的条件部分比另一规则的条件部分所规定的情况更为专门化, 则优先使用更为专门化的规则。

更专门化就是说子条件更多。一般而言, 如果某一规则的前件集包含另一规则的所有前件, 则前一规则较后一规则更为专门化。如果某一规则中的变量在第二规则中是常量, 而其余相同, 则后一规则比前一规则更专门化。

(2) 按规则的针对性排序。通过对问题领域的了解, 规则集本身就可划分优先次序。那些最适用的或使用频率最高的规则被优先使用。

(3) 按条件个数排序。如果有多条产生式规则生成的结论相同, 则优先应用条件少的产生式规则, 因为条件少的规则匹配时花费的时间较少。

(4) 按就近排序。最近使用的规则排在优先位置。这样可以使得使用多的规则排在较前面的位置而被优先获取。

(5) 按上下文限制排序。把产生式规则按它们所描述的上下文分成若干组, 在不同的条件下, 只能从相应的组中选取有关的产生式规则。这样, 不仅可以减少冲突的发生, 而且由于搜索范围小, 也提高了推理的效率。

(6) 按冗余限制排序。如果一条产生式规则被应用后产生冗余知识, 就降低它被应用的优先级, 产生的冗余知识越多, 优先级降低越多。

(7) 按匹配度排序。在不确定性推理中, 需要计算已知事实与知识的匹配度, 当其匹配度达到某个预先规定的值时, 就认为它们是可匹配的。若产生式规则 γ_1 与 γ_2 都可匹配成功, 则优先选用匹配度较大的产生式规则。

常用的计算匹配度的方法主要有贴近度法、语义距离法及相似度法等。

1) 贴近度法

设 A 与 B 分别是论域 $U = \{u_1, u_2, \cdots, u_n\}$ 上的两个模糊集, 则它们的贴近度定义为

$$(A, B) = [A \cdot B + (1 - A \odot B)]/2 \tag{3-1}$$

式中

$$A \cdot B = \check{u}(\mu_A(u_i) \wedge \mu_B(u_i)) \tag{3-2}$$
$$A \odot B = \hat{u}(\mu_A(u_i) \vee \mu_B(u_i))$$

式中, 符号 "$\vee$" 表示 "求大" 操作; "$\wedge$" 表示 "求小" 操作; $\mu_A(u_i)$、$\mu_B(u_i)$ 分别表示元素 u_i 属于模糊集 A、B 的隶属度, 具体参见 4.4 节。

2) 语义距离法

(1) 汉明距离:

$$d(A, B) = \frac{1}{n} \sum_{i=1}^{n} |\mu_A(u_i) - \mu_B(u_i)|$$
$$d(A, B) = \frac{1}{b-a} \int_a^b |\mu_A(u) - \mu_B(u)| \mathrm{d}u \tag{3-3}$$

(2) 欧几里得距离:

$$d(A,B) = \frac{1}{\sqrt{n}}\sqrt{\sum_{i=1}^{n}\left(\mu_A(u_i) - \mu_B(u_i)\right)^2} \tag{3-4}$$

(3) 闵可夫斯基距离:

$$d(A,B) = \left[\frac{1}{n} \times \sum_{i=1}^{n}\left|\mu_A(u_i) - \mu_B(u_i)\right|^q\right]^{1/q}, \quad q \geqslant 1 \tag{3-5}$$

最后, 利用语义距离法计算匹配度公式为

$$1 - d(A,B)$$

3) 相似度法

假设有两个对象 X、Y, 都包含 n 维特征, $X = \{x_1, x_2, \cdots, x_n\}$, $Y = \{y_1, y_2, \cdots, y_n\}$。 X 和 Y 的相似度计算可以有如下方法。

(1) 欧几里得距离:

$$d(X,Y) = \sqrt{\sum_{i=1}^{n}\left(x_i - y_i\right)^2} \tag{3-6}$$

(2) 曼哈顿距离:

$$d(X,Y) = \sum_{i=1}^{n}\left|x_i - y_i\right| \tag{3-7}$$

(3) 闵可夫斯基距离:

$$d(X,Y) = \left(\sum_{i=1}^{n}\left|x_i - y_i\right|^p\right)^{\frac{1}{p}} \tag{3-8}$$

(4) 余弦相似度:

$$\text{similarity}(X,Y) = \cos(\theta) = \frac{X \cdot Y}{\|X\|\,\|Y\|} \tag{3-9}$$

式中, θ 表示向量 X、Y 之间的夹角。

(5) Jaccard 相似度:

$$\text{Jaccard}(X,Y) = \frac{X \bigcap Y}{X \bigcup Y} \tag{3-10}$$

Jaccard 系数主要用于计算符号度量或布尔值度量的个体间的相似度, 因为个体的特征属性都是由符号度量或者布尔值标识, 所以无法衡量差异具体值的大小, 只能获得 "是否相同" 这个结果。

3.2　自然演绎推理

自然演绎推理是指从一组已知为真的事实出发，直接运用命题逻辑或谓词逻辑中的推理规则推出结论的过程。自然演绎推理的部分推理规则包括 P 规则、T 规则、假言推理、拒取式推理等。

(1) P 规则 (前提引入)：在推理的任何步骤上都可引入前提。

(2) T 规则 (结论引用)：在推理的任何步骤上所得结论都可以作为后继证明的前提。

(3) 假言推理的一般形式为

$$P, P \rightarrow Q \Rightarrow Q \tag{3-11}$$

它表示：由 $P \rightarrow Q$ 及 P 为真，可推出 Q 为真。

(4) 拒取式推理的一般形式为

$$P \rightarrow Q, \neg Q \Rightarrow \neg P \tag{3-12}$$

它表示：由 $P \rightarrow Q$ 为真及 Q 为假，可推出 P 为假。

下面举例说明自然演绎推理方法。

例 3-1　设已知如下事实：

$$A, B, A \rightarrow C, B \wedge C \rightarrow D, D \rightarrow Q$$

求证　Q 为真。

证明　因为

$$
\begin{array}{ll}
A, A \rightarrow C \Rightarrow C & \text{假言推理} \\
B, C \Rightarrow B \wedge C & \text{引入合取词} \\
B \wedge C, B \wedge C \rightarrow D \Rightarrow D & \text{假言推理} \\
D, D \rightarrow Q \Rightarrow Q & \text{假言推理}
\end{array}
$$

所以 Q 为真。

例 3-2　设已知如下事实：

(1) 如果是需要编程的课，王城就喜欢。

(2) 所有的程序设计语言课都是需要编程的课。

(3) C 是一门程序设计语言课。

求证　王城喜欢这门课。

证明　首先定义谓词：

$$
\begin{array}{ll}
\text{Prog}(x) & x\text{是需要编程序的课} \\
\text{Like}(x, y) & x\text{喜欢}y \\
\text{Lang}(x) & x\text{是一门程序语言设计课}
\end{array}
$$

把上述已知事实及待求解问题用谓词公式表示如下：

$$\text{Prog}(x) \to \text{Like}(\text{Wang}, x)$$
$$(\forall x)(\text{Lang}(x) \to \text{Prog}(x))$$
$$\text{Lang}(C)$$

应用推理规则进行推理：

$\text{Lang}(y) \to \text{Prog}(y)$	全称固化
$\text{Lang}(C), \text{Lang}(y) \to \text{Prog}(x) \Rightarrow \text{Prog}(C)$	假言推理
$\text{Prog}(C), \text{Prog}(x) \to \text{Like}(\text{Wang}, x) \Rightarrow \text{Like}(\text{Wang}, C)$	假言推理

因此，王城喜欢 C 这门课。

一般来说，由已知事实推出的结论可能有多个，只要其中包括了待证明的结论，就认为问题得到了解决。

自然演绎推理的优点是定理证明过程自然，易于理解，并且有丰富的推理规则可用。缺点是容易产生知识爆炸，推理过程中得到的中间结论一般按指数规律递增，对于复杂问题的推理不利，甚至难以实现。

3.3　归结演绎推理

归结演绎推理也称消解推理，由美国的罗宾逊 (Robinson) 在 1965 年提出，使自动定理证明技术得到很大的发展。归结是一种可用于一定的子句公式的重要推理规则。

3.3.1　归结演绎推理的逻辑基础

1. 谓词公式的范式

范式是公式的标准形式，公式往往需要变换为同它等价的范式，以便对它们进行一般性的处理。在谓词逻辑中，通常有以下两种范式。

(1) 前束范式

定义 3.1　设 F 为一谓词公式，如果其中的所有量词均非否定地出现在公式的最前面，而它们的辖域为整个公式，则称 F 为前束范式。一般地，前束范式可写为

$$(Q_1 x_1)(Q_2 x_2) \cdots (Q_n x_n) M(x_1, x_2, \cdots, x_n) \tag{3-13}$$

式中，$Q_i(i = 1, 2, \cdots, n)$ 为前缀，它是一个由全称量词或存在量词组成的量词串；$M(x_1, x_2, \cdots, x_n)$ 是不含任何量词的谓词公式。

(2) Skolem 范式

定义 3.2　如果前束范式中所有的存在量词都在全称量词之前，则称这种形式的谓词公式为 Skolem 范式。Skolem 范式的一般形式为

$$(\forall x_1)(\forall x_2) \cdots (\forall x_n) M(x_1, x_2, \cdots, x_n) \tag{3-14}$$

式中，$M(x_1, x_2, \cdots, x_n)$ 是子句的合取式，称为 Skolem 范式的母式。

2. 子句集及其化简

由于罗宾逊归结原理是在子句集的基础上进行定理证明的，因此，下面先介绍子句集及其化简的有关知识。

定义 3.3   原子谓词公式是一个不能再分解的命题。

定义 3.4   原子谓词公式及其否定，统称为文字。P 称为正文字，$\neg P$ 称为负文字。P 与 $\neg P$ 为互补文字。

定义 3.5   任何文字的析取式称为子句，任何文字本身也都是子句。由子句构成的集合称为子句集。

定义 3.6   不包含任何文字的子句称为空子句，表示为 NIL。由于空子句不含有文字，它不能被任何解释满足，所以空子句是永假的、不可满足的。

在谓词逻辑中，任何一个谓词公式都可以通过应用等价关系及推理规则化成相应的子句集，从而能够比较容易地判定谓词公式的不可满足性。其化简步骤如下。

(1) 消去谓词公式中的 "→" 和 "↔" 符号。

利用谓词公式的等价关系：$P \rightarrow Q \Leftrightarrow \neg P \vee Q$、$P \leftrightarrow Q \Leftrightarrow (P \wedge Q) \vee (\neg P \wedge \neg Q)$，可消去谓词公式中的 "→" 和 "↔" 符号。

(2) 减少否定符号的辖域。

利用谓词公式的等价关系：$\neg(\neg P) \Leftrightarrow P$、$\neg(P \wedge Q) \Leftrightarrow \neg P \vee \neg Q$、$\neg(P \vee Q) \Leftrightarrow \neg P \wedge \neg Q$、$\neg(\forall x)P \Leftrightarrow (\exists x)\neg P$、$\neg(\exists x) \Leftrightarrow (\forall x)\neg P$，把否定符号移到紧靠谓词的位置上，使得每个否定符号最多只作用于一个谓词上。

(3) 变元标准化。

所谓变元标准化就是重新命名新元，使每个量词采用不同的变元，从而使不同量词的约束元有不同的名字。这是因为在任一量词辖域内，受到该量词约束的变元为一哑元(虚构变量)，它可以在该辖域内被另一个没有出现过的任意变元统一代替，而不改变谓词公式的值，即 $(\forall x)P(x) \equiv (\forall y)P(y)$、$(\exists x)P(x) \equiv (\exists y)P(y)$。

(4) 消去存在量词。

分两种情况：一种情况是存在量词不出现在全称量词的辖域内。此时只要用一个新的个体常量替换受该存在量词约束的变元，就可以消去存在量词。另一种情况是存在量词出现在一个或者多个全称量词的辖域内。此时要用 Skolem 函数替换受该存在量词约束的变元，从而消去存在量词。这里认为所存在的 y 依赖于 x 值，它们的依赖关系由 Skolem 函数所定义。

对于一般情况 $(\forall x_1)(\forall x_2) \cdots (\forall x_n)(\exists y)P(x_1, x_2, \cdots, x_n, y)$，存在量词 y 的 Skolem 函数记为 $y = f(x_1, x_2, \cdots x_n)$。

(5) 化为前束范式。

化为前束范式的方法是把所有量词都移到公式的左边，并且在移动时不能改变其相对顺序。由于前面已经进行变元标准化，这种移动是可行的。

(6) 化为 Skolem 范式。

一般利用 $P \vee (Q \wedge R) \Leftrightarrow (P \vee Q) \wedge (P \vee R)$ 或 $P \wedge (Q \vee R) \Leftrightarrow (P \wedge Q) \vee (P \wedge R)$ 把谓词公式化为 Skolem 范式。

(7) 略去全称量词。

公式中所有变量都是全称量词量化的变量，因此，可以省略全称量词。母式中的变量仍然认为是全称量词量化的变量。

(8) 消去合取词。

在母式中消去所有的合取词，把母式用子句集表示出来。

(9) 子句变元标准化。

对子句集中的某些变量重新命名，即使每个子句中的变量符号不同，这是根据谓词公式的性质：$(\forall x)[P(x) \wedge Q(x)] \equiv (\forall x)P(x) \wedge (\forall y)Q(y)$ 进行的。

下面结合具体的例子，说明把谓词公式化成子句集的步骤。

例 3-3 将下列谓词公式化为子句集：

$$(\forall x)((\forall y)P(x, y) \rightarrow \neg(\forall y)(Q(x, y) \rightarrow R(x, y)))$$

解

(1) 消去谓词公式中的 "→" 和 "↔" 符号：

$$(\forall x)(\neg(\forall y)P(x, y) \vee \neg(\forall y)(\neg Q(x, y) \vee R(x, y)))$$

(2) 把否定符号移到紧靠谓词的位置上：

$$(\forall x)((\exists y)\neg P(x, y) \vee (\exists y)(Q(x, y) \wedge \neg R(x, y)))$$

(3) 变元标准化：

$$(\forall x)((\exists y)\neg P(x, y) \vee (\exists z)(Q(x, z) \wedge \neg R(x, z)))$$

(4) 消去存在量词。

因为存在量词 $(\exists y)$ 及 $(\exists z)$ 都位于全称量词 $(\forall x)$ 的辖域内，所以都需要用 Skolem 函数代替。设 y 和 z 的 Skolem 函数分别记为 $f(x)$ 和 $g(x)$，则替换后得到

$$(\forall x)(\neg P(x, f(x)) \vee (Q(x, g(x)) \wedge \neg R(x, g(x))))$$

(5) 化为前束范式。

对于该例子，因为只有一个全称量词，而且已经位于公式的最左边，所以，这一步不需要做任何工作。

(6) 化为 Skolem 范式：

$$(\forall x)(\neg P(x, f(x)) \vee Q(x, g(x)) \wedge (\neg P(x, f(x)) \vee \neg R(x, g(x))))$$

(7) 略去全称量词：

$$\neg P(x, f(x)) \vee Q(x, g(x)) \wedge (\neg P(x, f(x)) \vee \neg R(x, g(x)))$$

(8) 消去合取词，把母式用子句集表示：

$$\{\neg P(x, f(x)) \vee Q(x, g(x)), \neg P(x, f(x)) \vee \neg R(x, g(x))\}$$

(9) 子句变元标准化：

$$\{\neg P(x, f(x)) \lor Q(x, g(x)), \neg P(y, f(y)) \lor \neg R(y, g(y))\}$$

注意： 在子句集中各子句之间是合取关系。

例 3-4   将下列谓词公式化为子句集：

$$(\forall x)\{[\neg P(x) \lor \neg Q(x)] \rightarrow (\exists y)[S(x, y) \land Q(x)]\} \land (\forall x)[P(x) \lor B(x)]$$

解

(1) 消去蕴含符号：

$$(\forall x)\{\neg[\neg P(x) \lor \neg Q(x)] \lor (\exists y)[S(x, y) \land Q(x)]\} \land (\forall x)[P(x) \lor B(x)]$$

(2) 把否定符号移到每个谓词前面：

$$(\forall x)\{[P(x) \land Q(x)] \lor (\exists y)[S(x, y) \land Q(x)]\} \land (\forall x)[P(x) \lor B(x)]$$

(3) 变元标准化：

$$(\forall x)\{[P(x) \land Q(x)] \lor (\exists y)[S(x, y) \land Q(x)]\} \land (\forall w)[P(w) \lor B(w)]$$

(4) 消去存在量词：

设 y 的 Skolem 函数是 $f(x)$，可得

$$(\forall x)\{[P(x) \land Q(x)] \lor [S(x, f(x)) \land Q(x)]\} \land [P(w) \lor B(w)]$$

(5) 化为前束范式：

$$(\forall x)(\forall w)\{\{[P(x) \land Q(x)] \lor [S(x, f(x)) \land Q(x)]\} \land [P(w) \lor B(w)]\}$$

(6) 化为 Skolem 范式：

$$(\forall x)(\forall w)\{\{[Q(x) \land P(x)] \lor [Q(x) \land S(x, f(x))]\} \land [P(w) \lor B(w)]\}$$

$$(\forall x)(\forall w)\{Q(x) \land [P(x) \lor S(x, f(x))] \land [P(w) \lor B(w)]\}$$

(7) 略去全称量词：

$$Q(x) \land [P(x) \lor S(x, f(x))] \land [P(w) \lor B(w)]$$

(8) 消去合取词，把母式用子句集表示：

$$\{Q(x), P(x) \lor S(x, f(x)), P(w) \lor B(w)\}$$

(9) 子句变元标准化，即使每个子句中的变量符号不同：

$$\{Q(x), P(y) \lor S(y, f(y)), P(w) \lor B(w)\}$$

3. 子句集的应用

上面把谓词公式化成了相应的子句集，下面的定理表明两者的不可满足性是等价的。

定理 3.1 谓词公式不可满足的充要条件是其子句集不可满足。

由定理 3.1 可知，要证明一个谓词公式是不可满足的，只要证明相应的子句集是不可满足的就可以了。

3.3.2 海伯伦定理

从前面的分析可以看出，谓词公式的不可满足性分析可以转化为子句集中子句的不可满足性分析。为了判定子句集的不可满足性，就需要对子句集中的子句进行判定。而为了判定一个子句的不可满足性，需要对个体域上的一切解释逐个地进行判定，只有当子句对任何非空个体域上的任何一个解释都是不可满足时，才能判定该子句是不可满足的，这是一件非常困难的工作。针对这一情况，1930 年，海伯伦构造了一个特殊的域，称为海伯伦域，并证明只要对子句在海伯伦域上的一切解释进行判定，就可得知子句集是否不可满足，从而使问题得到简化。

下面给出海伯伦域的定义及其构造方法。

定义 3.7 设 S 为子句集，则按下述方法构造的域 H_∞ 称为海伯伦域，简记为 H 域。

(1) 令 H_0 是 S 中所有个体常量的集合，若 S 中不包含个体常量，则令 $H_0 = \{a\}$，其中 a 为任意指定的一个个体常量。

(2) 令 $H_{i+1} = H_i \bigcup \{S$ 中所有 n 元函数 $f(x_1, x_2, \cdots, x_n) | x_j(j = 1, 2, \cdots, n)$是$H_i$ 中的元素$\}$，其中，$i = 0, 1, \cdots$。

可见，H 是一个可数无穷集。

下面用例子说明海伯伦域的构造方法。

例 3-5 求子句集 $S = \{P(x) \vee Q(x), R(f(y))\}$ 的 H 域。

解 在此例中没有个体常量，根据 H 域的定义可以任意指定一个常量 a 作为个体常量，于是得到

$$H_0 = \{a\}$$

$$H_1 = H_0 \bigcup \{f(a)\} = \{a\} \bigcup \{f(a)\} = \{a, f(a)\}$$

$$H_2 = H_1 \bigcup \{f(a), f(f(a))\} = \{a, f(a), f(f(a))\}$$

$$H_3 = \{a, f(a), f(f(a)), f(f(f(a)))\}$$

$$\vdots$$

$$H_\infty = \{a, f(a), f(f(a)), f(f(f(a))), \cdots\}$$

例 3-6 求子句集 $S = \{P(x), Q(y) \vee R(y)\}$ 的 H 域。

解 由于该子句中既无个体常量，又无函数，所以可以任意指定一个常量 a 作为个体常量，从而得到

$$H_0 = H_1 = \cdots = H_\infty = \{a\}$$

几点说明:

(1) 如果用 H 域中的元素代换子句中的变元,则所得子句称为基子句,其中的谓词称为基原子。子句集中所有基原子构成的集合称为原子集。

(2) 子句集 S 在 H 域上的解释就是对 S 中出现的常量、函数及谓词进行取值,一次取值就是一个解释。

下面给出 S 在 H 域上解释的定义。

定义 3.8　子句集 S 在 H 域上的一个解释 I 满足下列条件。

(1) 解释 I 下,常量映射到自身。

(2) S 中的一个 n 元函数是 $H^n \to H$ 的映射,即设 $h_1, h_2, \cdots, h_n \in H$,则 $f(h_1, h_2, \cdots, h_n) \in H$。

(3) S 中的任一个 n 元谓词是 $H^n \to \{T, F\}$ 的映射,即谓词的真值可以指派为 T,也可以指派为 F。

例 3-7　设子句集 $S = \{P(a), Q(f(x))\}$,它的 H 域为 $\{a, f(a), f(f(a)), \cdots\}$。$S$ 的原子集为 $\{P(a), Q(f(a)), Q(f(f(a))), \cdots\}$,则 S 的解释为

$$I_1 = \{P(a), Q(f(a)), Q(f(f(a))), \cdots\}$$

$$I_2 = \{P(a), \neg Q(f(a)), Q(f(f(a))), \cdots\}$$

$$\vdots$$

一般来说,一个子句集的基原子有无限多个,它在 H 域上的解释也有无限多个。可以证明:对给定域 D 上的任一个解释,总能在 H 域上构造一个解释与它对应。如果 D 域上的解释能满足子句集 S,则在 H 域上的相应解释也能满足 S。子句集 S 不可满足的充要条件是 S 对 H 域上的一切解释都为假。由此可推出如下海伯伦定理。

定理 3.2 (海伯伦定理)　子句集 S 不可满足的充要条件是存在一个有限的不可满足的基子句集 S'。

海伯伦定理奠定了推理算法的理论基础,但由上面的讨论不难看出,海伯伦只是从理论上给出证明子句集不可满足性的可行性,但要在计算机上实现其证明过程却是很困难的。直到 1965 年罗宾逊提出了归结原理,显著简化了判定步骤,使推理算法达到可实用的程度,才使机器定理证明达到应用阶段。

3.3.3　罗宾逊归结原理

罗宾逊归结原理又称为消解原理,是一种证明子句集不可满足性,从而实现定理证明的一种理论及方法。它是机器定理证明的基础。

由谓词公式转化为子句集的方法可以知道,在子句集中子句之间是合取关系。其中,只要有一个子句为不可满足,则整个子句集就是不可满足的。另外,前面已经指出空子句是不可满足的。因此,一个子句集中如果包含有空子句,则此子句集就一定是不可满足的。罗宾逊归结原理就是基于上述认识提出来的,其基本思想是:首先把欲证明问题的结论否定,并加入子句集,得到一个扩充的子句集 S'。然后设法检验子句集 S' 是否含有

空子句，若含有空子句，则表明 S' 是不可满足的；若不含有空子句，则继续使用归结法，在子句集中选择合适的子句进行归结，直至导出空子句或不能继续归结为止。

罗宾逊归结原理可分为命题逻辑归结原理和谓词逻辑归结原理。下面对命题逻辑及谓词逻辑分别给出归结的定义。

1. 命题逻辑中的归结原理

定义 3.9 设 C_1 与 C_2 是子句集中的任意两个子句，如果 C_1 中的文字 L_1 与 C_2 中的文字 L_2 互补，那么从 C_1 和 C_2 中分别消去 L_1 和 L_2，并将两个子句中余下的部分析取，构成一个新子句 C_{12}，这一过程称为归结。C_{12} 称为 C_1 和 C_2 的归结式，C_1 和 C_2 称为 C_{12} 的亲本子句。

下面举例说明具体的归结方法。

例 3-8 在子句集中取两个子句 $C_1 = P$，$C_2 = \neg P$，可见，C_1 与 C_2 是互补文字，则通过归结可得归结式 $C_{12} = \mathrm{NIL}$。

例 3-9 设 $C_1 = \neg P \vee Q \vee R$，$C_2 = \neg Q \vee S$，可见，$L_1 = Q$，$L_2 = \neg Q$，通过归结可得归结式 $C_{12} = \neg P \vee R \vee S$。

定理 3.3 归结式 C_{12} 是其亲本子句 C_1 与 C_2 的逻辑结论。即如果 C_1 与 C_2 为真，则 C_{12} 为真。

证明 设 $C_1 = L \vee C_1'$，$C_2 = \neg L \vee C_2'$，通过归结可以得到 C_1 和 C_2 的归结式 $C_{12} = C_1' \vee C_2'$。

因为

$$C_1' \vee L \Leftrightarrow \neg C_1' \to L, \neg L \vee C_2' \Leftrightarrow L \to C_2'$$

所以

$$C_1 \wedge C_2 = (\neg C_1' \to L) \wedge (L \to C_2')$$

根据假言三段论得到

$$(\neg C_1' \to L) \wedge (L \to C_2') \Rightarrow \neg C_1' \to C_2'$$

因为

$$\neg C_1' \to C_2' \Leftrightarrow C_1' \vee C_2' = C_{12}$$

所以

$$C_1 \wedge C_2 \Rightarrow C_{12}$$

由逻辑结论的定义即由 $C_1 \wedge C_2$ 的不可满足性可推出 C_{12} 的不可满足性，可知 C_{12} 是其亲本子句 C_1 和 C_2 的逻辑结论。

这个定理是归结原理中的一个很重要的定理。由它可得到如下两个重要的推论。

推论 3.1 设 C_1 与 C_2 是子句集 S 中的两个子句，C_{12} 是它们的归结式，若用 C_{12} 代替 C_1 和 C_2 后得到新子句集 S_1，则由 S_1 不可满足性可推出原子句集 S 的不可满足性，即 S_1 的不可满足性 $\Rightarrow S$ 的不可满足性。

推论 3.2　设 C_1 与 C_2 是子句集 S 中的两个子句，C_{12} 是它们的归结式，若把 C_{12} 加入原子句集 S 中，得到新子句集 S_2，则 S 与 S_2 在不可满足的意义上是等价的，即 S_2 的不可满足性 $\Leftrightarrow S$ 的不可满足性。

这两个推论说明：为证明子句集 S 的不可满足性，只要对其中可进行归结的子句进行归结，并把归结式加入子句集 S，或者用归结式替换它的亲本子句，然后对新子句集 (S_1 或 S_2) 证明不可满足性就可以了。

注意到空子句是不可满足的，因此，如果经过归结能得到空子句，则立即可得到原子句集 S 是不可满足的结论。这就是用归结原理证明子句集不可满足性的基本思想。

在命题逻辑中，对不可满足的子句集 S，归结原理是完备的，即若子句集不可满足，则必然存在一个从 S 到空子句的归结演绎；若存在一个从 S 到空子句的归结演绎，则 S 一定是不可满足的。但是对于可满足的子句集 S，用归结原理则得不到任何结果。

2. 谓词逻辑中的归结原理

在谓词逻辑中，由于子句中含有变元，所以不像命题逻辑那样可直接消去互补文字，而需要先用最一般合一对变元进行代换，然后才能进行归结。

例 3-10　设有如下两个子句：

$$C_1 = P(x) \vee Q(x)$$

$$C_2 = \neg P(a) \vee R(y)$$

由于 $P(x)$ 与 $P(a)$ 不同，所以 C_1 与 C_2 不能直接进行归结，但若用最一般合一 $\sigma = \{a/x\}$ 对两个子句分别进行代换，可得

$$C_1\sigma = P(a) \vee Q(a)$$

$$C_2\sigma = \neg P(a) \vee R(y)$$

就可对它们进行直接归结，消去 $P(a)$ 与 $\neg P(a)$，得到如下归结式：

$$Q(a) \vee R(y)$$

下面给出谓词逻辑中关于归结的定义。

定义 3.10　设 C_1 与 C_2 是两个没有相同变元的子句，L_1 和 L_2 分别是 C_1 和 C_2 中的文字，若 σ 是 L_1 和 $\neg L_2$ 的最一般合一，则称 $C_{12} = (C_1\sigma - \{L_1\sigma\}) \vee (C_2\sigma - \{L_2\sigma\})$ 为 C_1 和 C_2 的二元归结式。

例 3-11　设 $C_1 = P(a) \vee \neg Q(x) \vee R(x)$，$C_2 = \neg P(y) \vee Q(b)$，求其二元归结式。

解　若选 $L_1 = P(a)$，$L_2 = \neg P(y)$，则 $\sigma = \{a/y\}$ 是 L_1 与 $\neg L_2$ 的最一般合一。因此

$$C_1\sigma = P(a) \vee \neg Q(x) \vee R(x)$$

$$C_2\sigma = \neg P(a) \vee Q(b)$$

根据定义可得

$$C_{12} = (C_1\sigma - \{L_1\sigma\}) \vee (C_2\sigma - \{L_2\sigma\})$$
$$= (\{P(a), \neg Q(x), R(x)\} - \{P(a)\}) \vee (\{\neg P(a), Q(b)\} - \{\neg P(a)\})$$
$$= (\{\neg Q(x), R(x)\}) \vee (\{Q(b)\})$$
$$= \{\neg Q(x), R(x), Q(b)\}$$
$$= \neg Q(x) \vee R(x) \vee Q(b)$$

若选 $L_1 = \neg Q(x), L_2 = Q(b), \sigma = \{b/x\}$,则可得

$$C_{12} = (\{P(a), \neg Q(b), R(b)\} - \{\neg Q(b)\}) \vee (\{\neg P(y), Q(b)\}) - (\{Q(b)\})$$
$$= (\{P(a), R(b)\}) \vee (\{\neg P(y)\})$$
$$= \{P(a), R(b), \neg P(y)\}$$
$$= P(a) \vee R(b) \vee \neg P(y)$$

例 3-12   设 $C_1 = P(x) \vee Q(a)$,$C_2 = \neg P(b) \vee R(x)$,求其二元归结式。

解   由于 C_1 与 C_2 有相同的变元,不符合定义的要求。为了进行归结,需修改 C_2 中的变元的名字,令 $C_2 = \neg P(b) \vee R(y)$。此时,$L_1 = P(x)$,$L_2 = \neg P(b)$。$L_1$ 与 $\neg L_2$ 的最一般合一为 $\sigma = \{b/x\}$,则

$$C_{12} = (\{P(b), Q(a)\} - \{P(b)\}) \vee (\{\neg P(b), R(y)\} - \{\neg P(b)\})$$
$$= \{Q(a), R(y)\}$$
$$= Q(a) \vee R(y)$$

如果在参加归结的子句内部含有可合一的文字,则在归结之前应对这些文字先进行合一。

例 3-13   设有两个子句 $C_1 = P(x) \vee P(f(a)) \vee Q(x)$,$C_2 = \neg P(y) \vee R(b)$,求其二元归结式。

解   在 C_1 中有可合一的文字 $P(x)$ 与 $P(f(a))$,若用它们的最一般合一 $\theta = \{f(a)/y\}$ 进行代换,得到 $C_1\theta = P(f(a)) \vee Q(f(a))$。此时可对 $C_1\theta$ 和 C_2 进行归结,从而得到 C_1 与 C_2 的二元归结式。

对 $C_1\theta$ 和 C_2 分别选 $L_1 = P(f(a))$,$L_2 = \neg P(y)$。L_1 和 $\neg L_2$ 的最一般合一是 $\sigma = \{f(a)/y\}$,则 $C_{12} = R(b) \vee Q(f(a))$。

在例 3-13 中,把 $C_1\theta$ 称为 C_1 的因子。一般来说,若子句 C 中有两个或两个以上的文字具有最一般的合一 σ,则称 $C\sigma$ 为子句 C 的因子。如果 $C\sigma$ 是一个单文字,则称它为 C 的单元因子。

应用因子的概念,可对谓词逻辑中的归结原理给出如下定义。

定义 3.11   若 C_1 与 C_2 是无公共变元的子句,则 C_1 和 C_2 的归结式可以是下列二元归结式之一:

(1) C_1 与 C_2 的二元归结式;

(2) C_1 的因子 $C_1\sigma_1$ 与 C_2 的二元归结式;

(3) C_1 与 C_2 的因子 $C_2\sigma_2$ 的二元归结式;

(4) C_1 的因子 $C_1\sigma_1$ 与 C_2 的因子 $C_2\sigma_2$ 的二元归结式。

与命题逻辑中的归结原理相同,对于谓词逻辑,归结式是其亲本子句的逻辑结论。用归结式取代它在子句集 S 中的亲本子句所得到的新子句集仍然保持着原子句集 S 的不可满足性。

另外,对于一阶谓词逻辑,从不可满足的意义上说,归结原理也是完备的。即若子句集是不可满足的,则必存在一个从该子句集到空子句的归结演绎;若从子句集存在一个到空子句的演绎,则该子句集是不可满足的。关于归结原理的完备性可用海伯伦的有关理论进行证明,这里不再讨论。

需要指出的是,如果没有归结出空子句,则既不能说 S 是不可满足的,也不能说 S 是可满足的。因为,可能 S 是可满足的,而归结不出空子句,也可能没有找到合适的归结演绎步骤,而归结不出空子句。但是,如果确定不存在任何方法归结出空子句,则可以确定 S 是可满足的。

3.3.4　归结演绎推理

归结原理给出了证明子句集不可满足性的方法。若假设 F 为已知的前提条件,G 为欲证明的结论,且 F 和 G 都是公式集的形式。根据反证法:"G 为 F 的逻辑结论,当且仅当 $F \wedge \neg G$ 是不可满足的",可把已知 F 证明 G 为真的问题,则转化为证明 $F \wedge \neg G$ 不可满足的问题。再根据第 2 章的定理 2.1,在不可满足的意义上,公式集 $F \wedge \neg G$ 与其子句集是等价的,又可把 $F \wedge \neg G$ 在公式集上的不可满足问题,转化为子句集的不可满足问题。这样,就可用归结原理来进行定理的自动证明。

应用归结原理证明定理的过程称为归结反演。归结反演的一般步骤如下。

(1) 将已知前提表示为谓词公式 F。

(2) 将待证明的结论表示为谓词公式 G,并否定得到 $\neg G$。

(3) 把谓词公式集 $\{F \wedge \neg G\}$ 化为子句集 S。

(4) 应用归结原理对子句集 S 中的子句进行归结,并把每次归结得的归结式都并入 S 中。如此反复进行,若出现了空子句,则停止归结,此时就证明了 G 为真。

例 3-14　已知:

$$F : (\forall x)((\exists y)(A(x,y) \wedge B(y)) \to (\exists y)(C(y) \wedge D(x,y)))$$

$$G : \neg(\exists x)C(x) \to (\forall x)(\forall y)(A(x,y) \to \neg B(y))$$

求证　G 是 F 的逻辑结论。

证明

(1) 先把 G 否定,并放入 F 中,得到的 $\{F, \neg G\}$ 为

$$\{(\forall x)((\exists y)(A(x,y) \wedge B(y)) \to (\exists y) \vee (C(y) \wedge D(x,y))),$$
$$\neg(\neg(\exists x)C(x) \to (\forall x)(\forall y)(A(x,y) \to \neg B(y)))\}$$

(2) 再把 $\{F, \neg G\}$ 化为子句集，得到

    ① $\neg A(x, y) \vee \neg B(y) \vee C(f(x))$；

    ② $\neg A(u, v) \vee \neg B(v) \vee D(u, f(u))$；

    ③ $\neg C(z)$；

    ④ $A(m, n)$；

    ⑤ $B(k)$。

式中，①和②是由 F 化出的两个子句；③～⑤是由 $\neg G$ 化出的三个子句。

(3) 最后应用谓词逻辑的归结原理，对上述子句集进行归结，其过程为

    ⑥ $\neg A(x, y) \vee \neg B(y)$ 由①与③归结，取 $\sigma = \{f(x)/z\}$

    ⑦ $\neg B(n)$ 由④与⑥归结，取 $\sigma = \{m/x, n/y\}$

    ⑧ NIL   由⑤与⑦归结，取 $\sigma = \{k/n\}$

因此 G 是 F 的逻辑结论。

上述归结过程可用图 3-3 所示的归结树来表示。

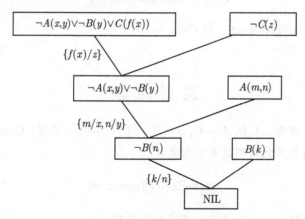

图 3-3　例 3-14 的归结树

例 3-15   已知：

规则 1：任何人的兄弟不是女性；

规则 2：任何人的姐妹必是女性。

事实：Mary 是 Bill 的姐妹。

求证   Mary 不是 Tom 的兄弟。

证明   定义谓词：

  brother(x, y) x 是 y 的兄妹

  sister(x, y) x 是 y 的姐妹

  woman(x, y) x 是女性

规则 1：$\forall x \forall y(\text{brother}(x, y) \rightarrow \neg\text{woman}(x))$；

规则 2：$\forall x \forall y(\text{sister}(x, y) \rightarrow \text{woman}(x))$。

事实   sister(Mary, Bill)。

求证　¬brother(Mary,Tom)。

化规则 1 为子句：

$$\forall x \forall y(\neg \text{brother}(x,y) \vee \neg \text{woman}(x))$$

$$C_1 = \neg \text{brother}(x,y) \vee \neg \text{woman}(x)$$

化规则 2 为子句：

$$\forall x \forall y(\neg \text{sister}(x,y) \vee \text{woman}(x))$$

$$C_2 = \neg \text{sister}(u,v) \vee \text{woman}(u)$$

事实原来就是子句形式：

$$C_3 = \text{sister}(\text{Mary,Bill})$$

C_2 与 C_3 归结为：

$$C_{23} = \text{woman}(\text{Mary})$$

C_{23} 与 C_1 归结为：

$$C_{123} = \neg \text{brother}(\text{Mary},y)$$

设 $C_4 = \text{brother}(\text{Mary,Tom})$，则 $C_{1234} = \text{NIL}$。

所以，得证。

课 后 习 题

1. 设已知下述事实：$A, B, A \rightarrow C, B \wedge C \rightarrow D, D \rightarrow Q$。求证：$Q$ 为真。

2. 将下列谓词公式化为相应的子句集。

$$\neg \exists x \forall y \exists z \forall w P(x,y,z,w)$$

3. 化下列逻辑表达式为不含存在量词的前束形。

$$(\exists x)(\forall y)[(\forall z)P(x,z) \rightarrow R(x,y,f(a))]$$

4. 把下列谓词公式分别化为相应的子句集。

(1) $(\forall z)(\forall y)(P(z,y) \wedge Q(z,y))$;

(2) $(\forall x)(\forall y)(P(x,y) \rightarrow Q(x,y))$;

(3) $(\forall x)(\exists y)(P(x,y) \vee Q(x,y) \rightarrow R(x,y))$;

(4) $(\forall x)(\forall y)(P(x,y) \vee Q(x,y) \rightarrow R(x,y))$;

(5) $(\forall x)(\forall y)(\exists z)(P(x,y) \rightarrow Q(x,y) \vee R(x,z))$;

(6) $(\exists x)(\exists y)(\forall z)(\exists u)(\forall v)(\exists w)(P(x,y,z,u,v,w) \wedge (Q(x,y,z,u,v,w) \vee \neg R(x,z,w)))$.

5. 判断下列子句集中哪些是不可满足的。

(1) $S = \{\neg P \vee Q, \neg Q, P, \neg P\}$;

(2) $S = \{P \vee Q, \neg P \vee Q, P \vee \neg Q, \neg P \vee \neg Q\}$;

(3) $S = \{P(y) \lor Q(y), \neg P(f(x)) \lor R(a)\}$;

(4) $S = \{\neg P(x) \lor Q(x), \neg P(y) \lor R(y), P(a), S(a), \neg S(z) \lor R(z)\}$;

(5) $S = \{\neg P(x) \lor \neg Q(y) \lor \neg L(x,y), P(a), \neg R(z) \lor L(a,z), R(b), Q(b)\}$。

6. 对下列各题分别证明 G 为 $F_1, F_2, \cdots, F_n$ 的逻辑结论。

(1) $F_1 : (\exists x)(\exists y)P(x,y)$、$G : (\forall y)(\exists x)P(x,y)$;

(2) $F_1 : (\forall x)(P(x) \land (Q(a) \lor Q(b)))$、$G : (\exists x)(P(x) \land Q(x))$;

(3) $F_1 : (\exists x)(\exists y)(P(f(x)) \land (Q(f(y))))$、$G : P(f(a)) \land P(y) \land Q(y)$;

(4) $F_1 : (\forall x)(P(x) \rightarrow (\forall y)(Q(y) \rightarrow \neg L(x,y)))$、$F_2 : (\exists x)(P(x) \land (\forall y)(R(y) \rightarrow L(x,y)))$、$G : (\forall x)(R(x) \rightarrow \neg Q(x))$;

(5) $F_1 : (\forall x)(P(x) \rightarrow (Q(x) \land R(x)))$、$F_2 : (\exists x)(P(x) \land S(x))$、$G : (\exists x)(S(x) \land R(x))$。

第 4 章　不确定性推理

第 3 章讨论了建立在经典逻辑基础上的确定性推理。本章将要讨论不确定性推理。由于环境的复杂性、传感器或观测者本身的局限性、信息获取技术或方法的不完善性等因素，人们对事物的认识往往是不精确的、随机的、不完全的、模糊的，具有一定程度的不确定性。研究者常常根据不同的情况和需要，在一定的假设或条件下采用相应的不确定性推理方法，有针对性地处理某种类型的不确定性信息。

下面首先讨论不确定性推理中的基本问题，然后着重介绍基于概率论等有关理论发展起来的不确定性推理方法，包括基本概率方法、主观贝叶斯方法、模糊推理、证据理论、粗糙集理论等。

4.1　不确定性推理概述

1) 不确定性推理的概念

不确定性推理是从具有不确定性的初始事实 (证据) 出发，运用不确定性知识 (或规则) 库中的知识，推出具有一定程度的不确定性，但却是合理的或近乎合理的结论的思维过程。

导致不确定性知识的原因主要有如下几种。

(1) 不完全知识。当人们对某事物还不完全了解，或者认识不够完整、深入的时候，就会产生很多不完全的知识。

(2) 经验性知识。经验性知识是指人通过对客观事实进行大量、重复的观察、统计之后，运用归纳推理得到的一些知识。经验性知识在没有经过严密的理论分析和运用演绎推理进行验证之前，都不能确保其推理结果的绝对正确性。

(3) 概率性知识。概率性是不确定性的一个重要表现形式。概率性即已知一个事件发生后有多个可能性结果。虽然在该事件发生之前，谁也无法确定最终的结果是什么，但是我们可以预先知道每个结果发生的可能性是多少。

(4) 模糊性知识。模糊性是另一种非常重要的不确定性表现形式。模糊性与概率性不同，主要是指事件 (结论) 本身无法进行精确的刻画。

2) 不确定性推理中的基本问题

在不确定性推理中，知识和证据都具有某种程度的不确定性，这就使推理机的设计和实现的复杂度与难度增大。它除了必须解决推理方向、推理方法以及控制策略等问题外，一般还要解决证据及知识的不确定性的度量及表示问题、不确定性知识 (或规则) 的匹配问题、不确定性传递算法以及多条证据同时支持结论的情况下不确定性的更新或合成问题。

3) 推理模型

推理模型就是指根据初始事实 (证据) 的不确定性和知识的不确定性, 推导和计算结论不确定性的方法和过程。不同的推理模型其不确定性的传递计算方法是不同的。目前常用的有基本概率方法、主观贝叶斯方法、模糊推理、证据理论、粗糙集理论等。

4) 构建推理模型的思路

具有不确定性的知识 (规则) 如何表示? 不确定性的证据如何表示? 如何进行推理计算, 即如何将证据的不确定性和知识的不确定性传递到结论? 在确定一种度量方法及其范围时, 应注意以下几点。

(1) 度量要能充分表达相应知识及证据不确定性的程度;

(2) 度量范围的指定应便于领域专家及用户对不确定性的估计;

(3) 度量要便于对不确定性的传递进行计算, 而且对结论算出的不确定性度量不能超出度量规定的范围;

(4) 度量的确定应当是直观的, 同时应有相应的理论依据。

4.2 基本概率方法

4.2.1 贝叶斯理论

贝叶斯理论 (Bayesian theory) 是概率论中非常重要的一个理论。这个理论也是人工智能领域中运用概率理论解决问题的一个基石。贝叶斯理论本身很简单, 但是这个理论为人们实现人工智能的推理、判断、学习、识别等很多活动提供了一个客观的、理论严密的依据。

贝叶斯理论可以用一个公式进行表示, 即贝叶斯公式, 它可由全概率公式推导出来。

定理 4.1 设事件 $A_1, A_2, \cdots, A_n$ 满足下列条件。

(1) 任意事件两两互不相容 (不相交), 即

$$A_i \bigcap A_j = \varnothing, \quad i \neq j$$

(2) 任意事件概率不为 0, 即

$$P(A_i) > 0, \quad 1 \leqslant i \leqslant n$$

(3) 所有事件之和构成一个事件全集 D, 即

$$D = \bigcup_{i=1}^{n} A_i$$

则对任何事件 B 有式 (4-1) 成立:

$$P(B) = \sum_{i=1}^{n} P(A_i) \times P(B/A_i) \tag{4-1}$$

这个公式称为全概率公式, 它提供了一种计算 $P(B)$ 的方法。由全概率公式和条件概率的定义式就可以推导出贝叶斯公式, 即

$$P(A_i/B) = \frac{P(A_i \bigcap B)}{P(B)} = \frac{P(B \bigcap A_i)}{\sum\limits_{j=1}^{n} P(A_j) \times P(B/A_j)} = \frac{P(A_i) \times P(B/A_i)}{\sum\limits_{j=1}^{n} P(A_j) \times P(B/A_j)} \tag{4-2}$$

定理 4.2　设事件 $A_1, A_2, \cdots, A_n$ 满足定理 4.1 规定的条件，则对任何事件 B 均有式 (4-3) 成立：

$$P(A_i/B) = \frac{P(A_i) \times P(B/A_i)}{\sum\limits_{j=1}^{n} P(A_j) \times P(B/A_j)}, \quad i = 1, 2, \cdots, n \tag{4-3}$$

这个定理就是贝叶斯定理。

4.2.2　简单概率推理

经典概率方法就是直接运用条件概率的定义来进行推理。设有如下产生式规则：

$$\text{IF} \quad E \quad \text{THEN} \quad H_i, \quad i = 1, 2, \cdots, n$$

式中，E 为前提条件；H_i 为结论。

根据概率论中条件概率的含义，我们可以用条件概率 $P(H_i|E)$ 表示上述产生式规则的不确定性程度，即表示为在证据 E 出现的条件下，结论 H_i 成立的确定性程度。

对于复合条件 $E = E_1 \text{ AND } E_2 \text{ AND } \cdots E_m$，可以用条件概率 $P(H_i|E_1, E_2, \cdots, E_m)$ 作为在证据 $E_1, E_2, \cdots, E_m$ 出现时结论 H_i 的确定程度。

经典概率方法要求给出在证据 E 出现情况下结论 H_i 的条件概率 $P(H_i|E)$。这在实际应用中是相当困难的。而确定逆概率 $P(E|H_i)$ 比确定原概率 $P(H_i|E)$ 要容易些，故常常采用逆概率方法求取条件概率 $P(H_i|E)$。

逆概率方法就是用逆概率 $P(E|H_i)$ 来求原概率 $P(H_i|E)$。例如，若以 E 代表咳嗽，以 H_i 代表支气管炎，要想得到条件概率 $P(H_i|E)$，就需要统计在咳嗽的人中有多少是患支气管炎的，统计工作量较大，而要得到逆概率 $P(E|H_i)$ 相对容易些，因为这时仅仅需要统计在患支气管炎的人中有多少人是咳嗽的，患支气管炎的人毕竟比咳嗽的人少得多。

用贝叶斯理论进行不确定性推理的基本思路是：假如观测到某事件 E(可能是复合条件)，对应于 E，有多个可能的结论 $H_i(i = 1, 2, \cdots, n)$。我们可以用每个结论的先验概率 $P(H_i)$ 和条件概率 $P(E|H_i)$ 来计算在观察到 E 时得到结论 H_i 的概率 $P(H_i|E)$(后验概率)，即

$$P(H_i|E) = \frac{P(E|H_i)P(H_i)}{\sum\limits_{j=1}^{n} P(E|H_j)P(H_j)}, \quad i = 1, 2, \cdots, n \tag{4-4}$$

例 4-1　设 H_1、H_2、H_3 分别是三个结论，E 是支持这些结论的证据，且已知

$$P(H_1) = 0.3, \quad P(H_2) = 0.4, \quad P(H_3) = 0.5$$

$$P(E|H_1) = 0.5, \quad P(E|H_2) = 0.3, \quad P(E|H_3) = 0.4$$

求　$P(H_1|E)$、$P(H_2|E)$ 及 $P(H_3|E)$ 的值各是多少?

解　根据式 (4-4) 可得

$$P(H_1|E) = \frac{P(H_1)P(E|H_1)}{P(H_1)P(E|H_1) + P(H_2)P(E|H_2) + P(H_3)P(E|H_3)}$$

$$= \frac{0.3 \times 0.5}{0.3 \times 0.5 + 0.4 \times 0.3 + 0.5 \times 0.4}$$

$$= 0.32$$

同理可得

$$P(H_2|E) = 0.26$$

$$P(H_3|E) = 0.43$$

由此例可以看出，由于证据 E 的出现，H_1 成立的可能性略有增加，H_2、H_3 成立的可能性有不同程度的下降。

逆概率方法的优点是它有较强的理论背景和良好的数学特征，当证据及结论都彼此独立时计算的复杂度比较低。其缺点是要求给出结论 H_i 的先验概率 $P(H_i)$ 及证据 E_j 的条件概率 $P(E_j|H_i)$，尽管有些时候 $P(E_j|H_i)$ 比 $P(H_i|E_j)$ 相对容易得到，但总的来说，要想得到这些数据仍然是一件相当困难的工作。另外，贝叶斯公式的应用条件是很严格的，它要求各事件互相独立等。若证据间存在依赖关系，就不能直接使用这个方法。

4.3　主观贝叶斯推理

由 4.2 节的讨论可知，直接使用逆概率方法求结论 H_i 在证据 E 存在情况下的条件概率 $P(H_i|E)$ 时，不仅需要已知 H_i 的先验概率 $P(H_i)$，而且需要知道结论 H_i 成立的情况下，证据 E 出现的条件概率 $P(E|H_i)$。这在实际应用中也是相当困难的。为此，1976 年杜达 (Duda)、哈特 (Hart) 等在贝叶斯公式的基础上经适当改进提出了主观贝叶斯方法，建立了相应的不确定性推理模型。

4.3.1　知识不确定性的表示

在主观贝叶斯方法中，知识是用产生式规则表示的，具体形式为

$$\text{IF}\quad E\quad \text{THEN}\quad (\text{LS}, \text{LN})\quad H\quad (P(H))$$

式中:

(1) E 是该条知识的前提条件。它既可以是一个简单条件，也可以是复合条件。

(2) H 是结论。$P(H)$ 是 H 的先验概率，它指出在没有任何证据情况下的结论 H 为真的概率，即 H 的一般可能性。其值由领域专家根据以往的实践及经验给出。

(3) LS 是充分性度量，它表示 E 对 H 的支持程度，取值范围为 $[0, +\infty)$，其定义为

$$\text{LS} = \frac{P(E|H)}{P(E|\neg H)} \tag{4-5}$$

(4) LN 是必要性度量，它表示 ¬E 对 H 的支持程度，即 E 对 H 为真的必要性程度，取值范围为 $[0, +\infty)$，其定义为

$$\text{LN} = \frac{P(\neg E|H)}{P(\neg E|\neg H)} = \frac{1 - P(E|H)}{1 - P(E|\neg H)} \tag{4-6}$$

LS、LN 相当于知识的静态强度，其值由领域专家给出。它所表示的物理意义将在下面进行讨论。

4.3.2　证据不确定性的表示

在主观贝叶斯方法中，证据的不确定性也是用概率表示的。对于初始证据 E，其先验概率为 $P(E)$，由用户根据观察 S 给出概率 $P(E|S)$。但 $P(E|S)$ 不太直观，因而在具体的应用系统中往往采用符合一般经验的比较直观的方法，例如，在地矿勘测专家系统 PROSPECTOR 中引入可信度的概念 $C(E|S)$，让用户在 $-5 \sim 5$ 的 11 个整数中根据实际情况选一个数作为初始证据的可信度，然后从可信度 $C(E|S)$ 计算出概率 $P(E|S)$，其可信度 $C(E|S)$ 与概率 $P(E|S)$ 的对应关系如下：

$$P(E|S) = \begin{cases} \dfrac{C(E|S) + P(E) \times (5 - C(E|S))}{5}, & 0 \leqslant C(E|S) \leqslant 5 \\[3mm] \dfrac{P(E) \times (C(E|S) + 5)}{5}, & -5 \leqslant C(E|S) < 0 \end{cases} \tag{4-7}$$

几种特殊情况如下。

(1) $C(E|S) = -5$，表示在观察 S 下证据 E 肯定不存在，即 $P(E|S) = 0$。

(2) $C(E|S) = 0$，表示观察 S 与证据 E 无关，应该仍然是先验概率，即 $P(E|S) = P(E)$。

(3) $C(E|S) = 5$，表示在观察 S 下证据 E 肯定存在，即 $P(E|S) = 1$。

这样，用户只要对初始证据给出相应的可信度 $C(E|S)$，就可求出相应的概率 $P(E|S)$。

4.3.3　组合证据不确定性算法

对于组合证据的不确定性，可以采用简单的最大最小法进行处理。

(1) 当组合证据是多个单一证据的合取时，即

$$E = E_1 \ \ \text{AND} \ \ E_2 \ \ \text{AND} \ \ \cdots \ \ \text{AND} \ \ E_n$$

则组合证据的概率取各个单一证据的概率的最小值，即

$$P(E|S) = \min\{P(E_1|S), P(E_2|S), \cdots, P(E_n|S)\} \tag{4-8}$$

(2) 组合证据是多个单一证据的析取时，即

$$E = E_1 \ \text{OR} \ E_2 \ \text{OR} \ \cdots \ \text{OR} \ E_n$$

则组合证据的概率取各个单一证据的概率的最大值，即

$$P(E|S) = \max\{P(E_1|S), P(E_2|S), \cdots, P(E_n|S)\} \tag{4-9}$$

(3) 对于非运算，则用式 (4-10) 进行计算：

$$P(\neg E|S) = 1 - P(E|S) \tag{4-10}$$

4.3.4 不确定性的传递算法

主观贝叶斯方法推理的任务就是根据初始证据 E 的概率 $P(E)$ 及 LS、LN 的值，把 H 的先验概率 $P(H)$ 更新为后验概率 $P(H|E)$ 或 $P(H|\neg E)$。先验概率 $P(H)$ 是专家在没有考虑任何证据的情况下根据经验对结论 H 给出的概率。当获得新证据时，对 H 的信任程度应该有所改变。

一条知识所对应的证据可能是肯定存在的，也可能是肯定不存在的，或者是不确定的，而且在不同情况下确定后验概率的方法不同。下面分别进行讨论。为了使公式更加简洁，先介绍几率 (odds) 函数的概念。

定义 4.1 几率函数 $O(x)$ 就是对概率的一种变换，把取值在 $[0,1]$ 上的概率映射到 $[0, +\infty)$ 上，它与概率函数 $P(x)$ 的关系为

$$O(x) = \frac{P(x)}{P(\neg x)} = \frac{P(x)}{1 - P(x)} \tag{4-11}$$

1) 证据肯定存在的情况

当证据肯定存在时，$P(E) = P(E|S) = 1$。可以根据 LS 和 $P(H)$ 求出 $P(H|E)$，即

$$P(H|E) = \frac{\text{LS} \times P(H)}{(\text{LS} - 1) \times P(H) + 1} \tag{4-12}$$

这是把先验概率 $P(H)$ 更新为后验概率 $P(H|E)$ 的计算公式。

2) 证据肯定不存在的情况

当证据肯定不存在时，$P(E) = P(E|S) = 0, P(\neg E) = 1$。可以根据 LN 和 $P(H)$ 求出 $P(H|\neg E)$，即

$$P(H|\neg E) = \frac{\text{LN} \times P(H)}{(\text{LN} - 1) \times P(H) + 1} \tag{4-13}$$

这是把先验概率 $P(H)$ 更新为后验概率 $P(H|\neg E)$ 的计算公式。

3) 证据不确定的情况

在证据不确定的情况下，用户观察到的证据具有不确定性，即 $0 < P(E|S) < 1$。此时，不能再用上面的公式计算后验概率，而要用杜达等在 1976 年证明的公式：

$$P(H|S) = P(H|E) \times P(E|S) + P(H|\neg E) \times P(\neg E|S) \tag{4-14}$$

下面分四种情况讨论这个公式。

(1) $P(E|S) = 1$

当 $P(E|S) = 1$ 时，$P(\neg E|S) = 0$。此时式 (4-14) 变为

$$P(H|S) = P(H|E) = \frac{\text{LS} \times P(H)}{(\text{LS} - 1) \times P(H) + 1} \tag{4-15}$$

这就是证据肯定存在的情况。

(2) $P(E|S) = 0$

当 $P(E|S) = 0$ 时，$P(\neg E|S) = 1$。此时式 (4-14) 变为

$$P(H|S) = P(H|\neg E) = \frac{\text{LN} \times P(H)}{(\text{LN} - 1) \times P(H) + 1} \qquad (4\text{-}16)$$

这就是证据肯定不存在的情况。

(3) $P(E|S) = P(E)$

当 $P(E|S) = P(E)$ 时，表示 E 与 S 无关。利用全概率公式 $P(B) = \sum\limits_{i=1}^{n} P(A_i)P(B|A_i)$ 将式 (4-14) 变为

$$P(H|S) = P(H|E) \times P(E) + P(H|\neg E) \times P(\neg E) = P(H) \qquad (4\text{-}17)$$

(4) $P(E|S)$ 为其他值

上面已经得到了 3 种特殊情况的结果，当 $P(E|S)$ 为其他值时，可以根据这 3 个特殊点，通过分段线性插值得到计算 $P(H|S)$ 的公式，也称为 EH 公式或 UED 公式。

$$P(H|S) = \begin{cases} P(H|\neg E) + \dfrac{P(H) - P(H|\neg E)}{P(E)} \times P(E|S), & 0 \leqslant P(E|S) < P(E) \\[3mm] P(H) + \dfrac{P(H|E) - P(H)}{1 - P(E)} \times [P(E|S) - P(E)], & P(E) \leqslant P(E|S) \leqslant 1 \end{cases}$$
$$(4\text{-}18)$$

如果初始证据的不确定性是用可信度 $C(E|S)$ 给出的，此时只要把 $P(E|S)$ 与 $C(E|S)$ 的对应关系代入 EH 公式，就可得到用可信度 $C(E|S)$ 计算 $P(H|S)$ 的公式，称为 CP 公式。

$$P(H|S) = \begin{cases} P(H|\neg E) + [P(H) - P(H|\neg E)] \times \left[\dfrac{1}{5}C(E|S) + 1\right], & C(E|S) \leqslant 0 \\[3mm] P(H) + [P(H|E) - P(H)] \times \dfrac{1}{5}C(E|S), & C(E|S) > 0 \end{cases}$$
$$(4\text{-}19)$$

这样，当用初始证据进行推理时，根据用户告知的 $C(E|S)$，通过运用 CP 公式就可求出 $P(H|S)$；当用推理过程中得到的中间结论作为证据进行推理时，运用 EH 公式就可求出 $P(H|S)$。

4.3.5 结论不确定性的合成算法

若有 n 条规则都支持相同的结论，而且每条规则的前提条件所对应的证据 $E_i(i = 1, 2, \cdots, n)$ 都有相应的观察 S_i 与之对应，此时只要先对每条规则分别求出 $O(H|S_i)$，然后就可运用下述公式求出一个综合结论的不确定性：

$$O(H|S_1, S_2, \cdots, S_n) = \frac{O(H|S_1)}{O(H)} \times \frac{O(H|S_2)}{O(H)} \times \cdots \times \frac{O(H|S_n)}{O(H)} \times O(H) \qquad (4\text{-}20)$$

为了熟悉主观贝叶斯方法的推理过程，下面给出一个例子。

例 4-2 设有如下规则:

r_1 : IF E_1 THEN $(2, 0.001)$ H_1

r_2 : IF E_1 AND E_2 THEN $(100, 0.001)$ H_1

r_3 : IF H_1 THEN $(200, 0.01)$ H_2

已知 $P(E_1) = P(E_2) = 0.6$, $P(H_1) = 0.091$, $P(H_2) = 0.01$。

用户回答: $P(E_1|S_1) = 0.76$, $P(E_2|S_2) = 0.68$。

求 $P(H_2|S_1, S_2)$。

解 (1) 计算 $O(H_1|S_1)$。

$$
\begin{aligned}
P(H_1|E_1) &= \frac{O(H_1|E_1)}{1 + O(H_1|E_1)} \\
&= \frac{\mathrm{LS}_1 \times O(H_1)}{1 + \mathrm{LS}_1 \times O(H_1)} \\
&= \frac{2 \times 0.1}{1 + 2 \times 0.1} \\
&= 0.167
\end{aligned}
$$

因为 $P(E_1|S_1) = 0.76 > P(E_1)$, 所以使用式 (4-18) 的后半部计算 $P(H_1|S_1)$:

$$
\begin{aligned}
P(H_1|S_1) &= P(H_1) + \frac{[P(H_1|E_1) - P(H_1)]}{1 - P(E_1)} \times (P(E_1|S_1) - P(E_1)) \\
&= 0.091 + \frac{0.167 - 0.091}{1 - 0.6} \times (0.76 - 0.6) \\
&= 0.121
\end{aligned}
$$

$$
O(H_1|S_1) = \frac{P(H_1|S_1)}{1 - P(H_1|S_1)} = \frac{0.121}{1 - 0.121} = 0.138
$$

(2) 计算 $O(H_1|S_1 \text{ and } S_2)$。

由于 r_2 的前件是 E_1 和 E_2 的合取关系, 且已知 $P(E_1|S_1) = 0.76$, $P(E_2|S_2) = 0.68$, 即 $P(E_2|S_2) < P(E_1|S_1)$, 按合取最小原则, 这里仅考虑 E_2 对 H_1 的影响, 即把计算 $P(H_1|S_1 \text{ and } S_2)$ 的问题转化为计算 $O(H_1|S_2)$ 的问题。利用式 (4-15) 得

$$
P(H_1|E_2) = \frac{\mathrm{LS}_2 \times P(H_1)}{1 + (\mathrm{LS}_2 - 1) \times P(H_1)} = \frac{100 \times 0.091}{1 + (100 - 1) \times 0.091} = 0.909
$$

又因为 $P(E_2|S_2) > P(E_2)$, 同样使用式 (4-18) 的后半部计算 $P(H_1|S_2)$:

$$
\begin{aligned}
P(H_1|S_2) &= P(H_1) + \frac{[P(H_1|E_2) - P(H_1)]}{1 - P(E_2)} \times (P(E_2|S_2) - P(E_2)) \\
&= 0.091 + \frac{0.909 - 0.091}{1 - 0.6} \times (0.68 - 0.6) \\
&= 0.255
\end{aligned}
$$

$$
O(H_1|S_2) = \frac{P(H_1|S_2)}{1 - P(H_1|S_2)} = \frac{0.255}{1 - 0.255} = 0.342
$$

(3) 计算 $O(H_1|S_1, S_2)$。

$$O(H_1) = \frac{P(H_1)}{1 - P(H_1)} = \frac{0.091}{1 - 0.091} = 0.100$$

$$O(H_1|S_1, S_2) = \frac{O(H_1|S_1)}{O(H_1)} \frac{O(H_1|S_2)}{O(H_1)} O(H_1)$$

$$= \frac{0.138}{0.1} \times \frac{0.342}{0.1} \times 0.1 = 0.472$$

(4) 计算 $P(H_2|S_1, S_2)$。

对于 r_3，H_1 是已知事实，H_2 是结论。将 H_2 的先验概率 $P(H_2)$ 更新为在 H_1 下的后验概率：

$$P(H_2|H_1) = \frac{\text{LS}_3 \times P(H_2)}{1 + (\text{LS}_3 - 1) \times P(H_2)}$$

$$= \frac{200 \times 0.01}{1 + (200 - 1) \times 0.01} = 0.669$$

因为根据式 (4-11) 计算得到 $P(H_1|S_1, S_2) = 0.321 > P(H_1)$，仍使用式 (4-18) 的后半部计算 $P(H_2|S_1, S_2)$：

$$P(H_2|S_1, S_2) = P(H_2) + \frac{[P(H_2|H_1) - P(H_2)]}{1 - P(H_1)} \times (P(H_1|S_1, S_2) - P(H_1))$$

$$= 0.01 + \frac{0.669 - 0.01}{1 - 0.091} \times (0.321 - 0.091) = 0.177$$

由上例可以看出：H_2 原先的概率是 0.01，通过运用知识 r_1、r_2、r_3 及初始证据的概率进行推理，最后算出 H_2 的后验概率是 0.177，相当于概率增加了 16 倍多。

4.3.6　主观贝叶斯方法的优缺点

1) 主观贝叶斯方法的主要优点

(1) 主观贝叶斯方法中的计算公式大多是在概率的基础上推导出来的，具有较坚实的理论基础。

(2) 知识的静态强度 LS 和 LN 是由领域专家根据实践经验给出的，这就避免了大量的数据统计工作。另外，它既用 LS 指出了证据 E 对结论 H 的支持程度，即指出了 E 对 H 的充分性程度，又用 LN 指出了 E 对 H 的必要性程度，这就比较全面地反映了证据与结论间的因果关系，符合现实世界中某些领域的实际情况，使推出的结论比较准确。

(3) 主观贝叶斯方法不仅给出了在证据肯定存在或肯定不存在情况下由 H 的先验概率更新为后验概率的方法，而且给出了在证据不确定情况下更新先验概率为后验概率的方法。另外，由其推理过程可以看出，它确实实现了不确定性的逐级传递。因此，可以说主观贝叶斯方法是一种比较实用且较灵活的不确定性推理方法。

2) 主观贝叶斯方法的主要缺点

(1) 它要求领域专家在给出知识时，同时给出 H 的先验概率 $P(H)$，这是比较困难的。

(2) 贝叶斯定理中关于事件独立性的要求使主观贝叶斯方法的应用受到了限制。

4.4 模 糊 推 理

4.4.1 模糊数学基础

1. 模糊集合

美国控制论专家 Zadeh 于 1965 年将普通集合论的特征函数的取值范围由 {0,1} 推广到区间 [0,1]，提出了模糊集的概念。设 U 为某些对象的集合，称为论域，可以是连续的或离散的；u 表示 U 中的元素，记为 $U=\{u\}$。

定义 4.2 模糊集合 (fuzzy sets)：论域 U 到区间 [0,1] 的任一映射，即 $U \to [0,1]$，都确定一个模糊子集 F，μ_F 称为 F 的隶属函数 (membership function) 或隶属度 (grade of membership)。也就是说，μ_F 表示 u 属于模糊子集 F 的程度或等级。在论域 U 中，可以把模糊子集表示为元素 u 与其隶属函数 $\mu_F(u)$ 的序偶集合，记为

$$F = \{u, \mu_F(u) \,|\, u \in U\} \tag{4-21}$$

当 U 是离散域，即论域 U 是有限集合时，模糊集合有三种表示方法。

(1) Zadeh 表示法：

$$F = \sum_{i=1}^{n} \frac{\mu_F(u_i)}{u_i} \tag{4-22}$$

(2) 序偶表示法：

$$F = \{(u_1, \mu(u_1)), (u_2, \mu(u_2)), \cdots, (u_n, \mu(u_n))\} \tag{4-23}$$

(3) 向量表示法：

$$F = \{\mu(u_1), \mu(u_2), \cdots, \mu(u_n)\} \tag{4-24}$$

当论域 U 是实数域，即论域 U 中有无穷多个连续的点时，该论域称为连续论域，连续论域上的模糊集合可表示为

$$F = \int_U \frac{\mu_F(u)}{u} \tag{4-25}$$

定义 4.3 模糊子集：设 A、B 是模糊论域 U 的模糊集，A、$B \in F(U)$，若对于任一 $u \in U$ 都有 $B(u) \leqslant A(u)$，则称 B 包含于 A，或者称 B 是 A 的一个子集，记做 $B \subseteq A$。

定义 4.4 模糊集的运算：设 A 和 B 为论域 U 中的两个模糊集合，其隶属函数分别是 $\mu_A(u)$ 和 $\mu_B(u)$，则对于所有的 $u \in U$，存在下列运算。

(1) A 与 B 的并 (逻辑或)，记为 $A \bigcup B$，其隶属函数定义为

$$\mu_{A \cup B}(u) = \mu_A(u) \vee \mu_B(u) = \max\{\mu_A(u), \mu_B(u)\} \tag{4-26}$$

(2) A 与 B 的交 (逻辑与)，记为 $A \bigcap B$，其隶属函数定义为

$$\mu_{A \cap B}(u) = \mu_A(u) \wedge \mu_B(u) = \min\{\mu_A(u), \mu_B(u)\} \tag{4-27}$$

(3) A 的补 (逻辑非)，记为 $\bar{A}$ 或 A^c，其隶属函数定义为

$$\mu_{\bar{A}}(u) = 1 - \mu_A(u) \tag{4-28}$$

(4) 模糊集的并、交、余运算性质主要包括如下。

幂等律：$A \bigcup A = A$, $A \bigcap A = A$。

交换律：$A \bigcup B = B \bigcup A$, $A \bigcap B = B \bigcap A$。

结合律：$(A \bigcup B) \bigcup C = A \bigcup (B \bigcup C)$, $(A \bigcap B) \bigcap C = A \bigcap (B \bigcap C)$。

吸收律：$A \bigcup (A \bigcap B) = A$, $A \bigcap (A \bigcup B) = A$。

分配律：$(A \bigcup B) \bigcap C = (A \bigcap C) \bigcup (B \bigcap C)$; $(A \bigcap B) \bigcup C = (A \bigcup C) \bigcap (B \bigcup C)$。

0-1 律：$A \bigcup U = U$, $A \bigcap U = A$; $A \bigcup \varnothing = A$, $A \bigcap \varnothing = \varnothing$。

还原律：$(A^c)^c = A$。

对偶律：$(A \bigcup B)^c = A^c \bigcap B^c$, $(A \bigcap B)^c = A^c \bigcup B^c$。

(5) 模糊集的代数运算主要包括如下。

代数积：$\mu_{A \cdot B}(x) = \mu_A(x)\mu_B(x)$。

代数和：$\mu_{A+B}(x) = \mu_A(x) + \mu_B(x) - \mu_{A \cdot B}(x)$。

有界和：$\mu_{A \oplus B}(x) = \min\{1, \mu_A(x) + \mu_B(x)\} = 1 \wedge [\mu_A(x) + \mu_B(x)]$。

有界积：$\mu_{A \otimes B}(x) = \max\{0, \mu_A(x) + \mu_B(x) - 1\} = 0 \vee [\mu_A(x) + \mu_B(x) - 1]$。

例 4-3　设论域 $U = \{x_1, x_2, x_3, x_4\}$ 以及论域 U 上的两个模糊集合 A 及 B:

$$A = \frac{1}{x_1} + \frac{0.8}{x_2} + \frac{0.4}{x_3} + \frac{0.5}{x_4}, \quad B = \frac{0.9}{x_1} + \frac{0.4}{x_2} + \frac{0.7}{x_4}$$

求　$A \bigcup B$、$A \bigcap B$、$\bar{A}$ 和 $\bar{B}$。

解　根据上面的定义，容易求得

$$A \bigcup B = \frac{1 \vee 0.9}{x_1} + \frac{0.8 \vee 0.4}{x_2} + \frac{0.4 \vee 0}{x_3} + \frac{0.5 \vee 0.7}{x_4} = \frac{1}{x_1} + \frac{0.8}{x_2} + \frac{0.4}{x_3} + \frac{0.7}{x_4}$$

$$A \bigcap B = \frac{1 \wedge 0.9}{x_1} + \frac{0.8 \wedge 0.4}{x_2} + \frac{0.4 \wedge 0}{x_3} + \frac{0.5 \wedge 0.7}{x_4} = \frac{0.9}{x_1} + \frac{0.4}{x_2} + \frac{0.5}{x_4}$$

$$\bar{A} = \frac{1-1}{x_1} + \frac{1-0.8}{x_2} + \frac{1-0.4}{x_3} + \frac{1-0.5}{x_4} = \frac{0.2}{x_2} + \frac{0.6}{x_3} + \frac{0.5}{x_4}$$

$$\bar{B} = \frac{1-0.9}{x_1} + \frac{1-0.4}{x_2} + \frac{1-0}{x_3} + \frac{1-0.7}{x_4} = \frac{0.1}{x_1} + \frac{0.6}{x_2} + \frac{1}{x_3} + \frac{0.3}{x_4}$$

例 4-4　设论域 $U = \{x_1, x_2, x_3, x_4, x_5\}$，$A$ 和 B 是论域上的两个模糊集合:

$$A = 0.2/x_1 + 0.4/x_2 + 0.9/x_3 + 0.5/x_5, \quad B = 0.1/x_1 + 0.7/x_3 + 1.0/x_4 + 0.3/x_5$$

求　$A \cdot B$、$A + B$、$A \oplus B$、$A \otimes B$。

解

$$A \cdot B = 0.02/x_1 + 0.63/x_3 + 0.15/x_5$$

$$A + B = 0.28/x_1 + 0.4/x_2 + 0.97/x_3 + 1.0/x_4 + 0.65/x_5$$

$$A \oplus B = 0.3/x_1 + 0.4/x_2 + 1.0/x_3 + 1.0/x_4 + 0.8/x_5$$

$$A \otimes B = 0.6/x_3$$

2. 隶属函数

隶属函数是对模糊概念的定量描述。正确地确定隶属函数是运用模糊集合理论解决实际问题的基础。隶属函数可以通过模糊统计法、专家经验法、二元对比排序法等方法来获得。

对于同一个模糊概念,不同的人会建立不完全相同的隶属函数,尽管形式不完全相同,只要能反映同一模糊概念,在解决和处理实际模糊信息的问题中实际效果是一样的。常见的隶属函数有高斯型、三角形和梯形等。

例如,以年龄作为论域,取 $U = [0, 200]$,Zadeh 给出了 "年老"(O) 与 "年青"(Y) 两个模糊集合的隶属函数:

$$\mu_O(u) = \begin{cases} 0, & 0 \leqslant u \leqslant 50 \\ \left[1 + \left(\dfrac{5}{u-20}\right)^2\right]^{-1}, & 50 < u \leqslant 200 \end{cases}$$

$$\mu_Y(u) = \begin{cases} 1, & 0 \leqslant u \leqslant 25 \\ \left[1 + \left(\dfrac{u-25}{5}\right)^2\right]^{-1}, & 25 < u \leqslant 200 \end{cases}$$

3. 模糊关系

描写事物之间联系的数学模型之一就是关系。例如,x 对 y 有余弦关系 ($y=\cos x$);a 对 b 有大小次序关系 ($a > b$)。在现代数学中,关系常用集合来表现。模糊关系是普通关系的推广,普通关系只能描述元素间关系的有无,而模糊关系则描述元素之间关系的多少。

定义 4.5 模糊关系:设 U、V 是论域,则称集合 $U \times V = \{(u,v)|u \in U,\ v \in V\}$ 为笛卡儿积,以 $U \times V$ 为域,设 $R \in F(U \times V)$,它的隶属函数:

$$\begin{aligned} &R : U \times V \to [0,1] \\ &(u,v) \mapsto R(u,v) \end{aligned} \tag{4-29}$$

就确定了从 U 到 V 的模糊关系,记做:$U \xrightarrow{R} V$。

在模糊逻辑中,模糊关系常用最小算子运算,即

$$\mu_{A \times B}(a,b) = \min\{\mu_A(a), \mu_B(b)\} \tag{4-30}$$

上述定义的模糊关系,又称为二元模糊关系。通常所谓的模糊关系 R,一般是指二元模糊关系。下面举例说明模糊关系的具体求取方法。

例 4-5　已知输入的模糊集合 A 和输出的模糊集合 B 分别为

$$A = 1.0/a_1 + 0.8/a_2 + 0.5/a_3 + 0.2/a_4 + 0.0/a_5$$

$$B = 0.7/b_1 + 1.0/b_2 + 0.6/b_3 + 0.0/b_4$$

求　A 到 B 的模糊关系 R。

解

$$R = A \times B = \mu_A^T \circ \mu_B = \begin{bmatrix} 1.0 \\ 0.8 \\ 0.5 \\ 0.2 \\ 0.0 \end{bmatrix} \circ \begin{bmatrix} 0.7 & 1.0 & 0.6 & 0.0 \end{bmatrix}$$

$$= \begin{bmatrix} 1.0 \wedge 0.7 & 1.0 \wedge 1.0 & 1.0 \wedge 0.6 & 1.0 \wedge 0.0 \\ 0.8 \wedge 0.7 & 0.8 \wedge 1.0 & 0.8 \wedge 0.6 & 0.8 \wedge 0.0 \\ 0.5 \wedge 0.7 & 0.5 \wedge 1.0 & 0.5 \wedge 0.6 & 0.5 \wedge 0.0 \\ 0.2 \wedge 0.7 & 0.2 \wedge 1.0 & 0.2 \wedge 0.6 & 0.2 \wedge 0.0 \\ 0.0 \wedge 0.7 & 0.0 \wedge 1.0 & 0.0 \wedge 0.6 & 0.0 \wedge 0.0 \end{bmatrix} = \begin{bmatrix} 0.7 & 1.0 & 0.6 & 0.0 \\ 0.7 & 0.8 & 0.6 & 0.0 \\ 0.5 & 0.5 & 0.5 & 0.0 \\ 0.2 & 0.2 & 0.2 & 0.0 \\ 0.0 & 0.0 & 0.0 & 0.0 \end{bmatrix}$$

4.4.2　简单模糊推理

模糊推理是一种不确定性推理方法，它以模糊判断为前提，运用模糊语言规则，推导出一个近似的模糊判断结论。

1. 模糊知识表示

定义 4.6　模糊命题：含有模糊概念、模糊数据的语句称为模糊命题。它的一般表示形式为

$$x \text{ is } A \text{ 或者 } x \text{ is } A \text{ (CF)} \tag{4-31}$$

式中，A 是模糊概念或者模糊数，用相应的模糊集及隶属函数刻画；x 是论域上的变量，用以代表所论述对象的属性；CF 是该模糊命题的可信度，它既可以是一个确定的数，也可以是一个模糊数或者模糊语言值。模糊语言值是指表示大小、长短、多少等程度的一些词汇，如极大、很大、相当大、比较大。模糊语言值同样可用模糊集描述。

模糊推理中，模糊知识的表示方式主要包括如下。

(1) 模糊产生式规则的一般形式为

$$\text{IF } E \text{ THEN } H \text{ (CF}, \lambda) \tag{4-32}$$

式中，E 是用模糊命题表示的模糊条件；H 是用模糊命题表示的模糊结论；CF 是知识的可信度因子；λ 是匹配度的阈值，用以指出知识被运用的条件。

(2) 推理中所用的证据也用模糊命题表示，一般形式为

$$x \text{ is } A' \text{ 或者 } x \text{ is } A' \text{ (CF)} \tag{4-33}$$

2. 简单模糊推理

模糊推理要解决的问题：证据与知识的条件是否匹配，如果匹配，如何利用知识及证据推出结论。在模糊推理中，知识的前提条件中的 A 与证据中的 A' 不一定完全相同，因此首先必须考虑匹配问题，具体计算方法请参考第 3 章匹配度计算公式。

模糊推理的基本模式如下。

(1) 模糊假言推理。

   知识：IF x is A THEN y is B

   证据：x is A'

   结论：y is B'

   对于复合条件有如下。

   知识：IF x_1 is A_1 AND x_2 is $A_2 \cdots x_n$ is A_n THEN y is B

   证据：x_1 is A_1', x_2 is A_2', $\cdots$, x_n is A_n'

   结论：y is B'

(2) 模糊拒取式推理。

   知识：IF x is A THEN y is B

   证据：y is B'

   结论：x is A'

   或者

   知识：IF x is A THEN y is B

   证据：y is not B'

   结论：x is not A'

定义 4.7 (简单模糊推理)   知识中只含有简单条件，且不带可信度因子的模糊推理称为简单模糊推理。

(1) 合成推理规则：对于 "IF A THEN B" 类型的知识，首先构造出 A 与 B 之间的模糊关系 R，然后通过 R 与证据的合成求出结论。

(2) 如果已知证据是 "x is A'" 且 A 与 A' 可以模糊匹配，则通过下述合成运算求取 B'：$B'=A' \circ R$。

(3) 如果已知证据是 "y is B'" 且 B 与 B' 可以模糊匹配，则通过下述合成运算求出 A'：$A'=R \circ B$。

构造模糊关系 R 的方法主要有：一种称为条件命题的极大极小规则；另一种称为条件命题的算术规则，由它们获得的模糊关系分别记为 R_m 和 R_a，具体计算公式为

$$R_m = (A \times B) \bigcup (\neg A \times V) = \int_{U \times V} (\mu_A(u) \wedge \mu_B(v)) \vee (1 - \mu_A(u))/(u, v)$$

$$R_a = (\neg A \times V) \oplus (U \times B) = \int_{U \times V} 1 \wedge (1 - \mu_A(u) + \mu_B(v))/(u, v)$$

(4-34)

式中，$A \in U$，$B \in V$，其表示分别为 $A = \int_U \mu_A(u)/u$，$B = \int_V \mu_B(v)/v$。

例 4-6 设 $U = V = \{1,2,3,4,5\}$，$A=1/1+0.5/2$，$B=0.4/3+0.6/4+1/5$，并设模糊知识为 IF x is A THEN y is B，模糊证据为：x is A'，其中，A' 的模糊集为 $A'=1/1+0.4/2+0.2/3$。则由模糊知识可分别得到 R_m 和 R_a：

$$R_m = \begin{bmatrix} 0 & 0 & 0.4 & 0.6 & 1 \\ 0.5 & 0.5 & 0.5 & 0.5 & 0.5 \\ 1 & 1 & 1 & 1 & 1 \\ 1 & 1 & 1 & 1 & 1 \\ 1 & 1 & 1 & 1 & 1 \end{bmatrix}, \quad R_a = \begin{bmatrix} 0 & 0 & 0.4 & 0.6 & 1 \\ 0.5 & 0.5 & 0.9 & 1 & 1 \\ 1 & 1 & 1 & 1 & 1 \\ 1 & 1 & 1 & 1 & 1 \\ 1 & 1 & 1 & 1 & 1 \end{bmatrix}$$

$$B'_m = A' \circ R_m$$

$$= \{1, 0.4, 0.2, 0, 0\} \circ \begin{bmatrix} 0 & 0 & 0.4 & 0.6 & 1 \\ 0.5 & 0.5 & 0.5 & 0.5 & 0.5 \\ 1 & 1 & 1 & 1 & 1 \\ 1 & 1 & 1 & 1 & 1 \\ 1 & 1 & 1 & 1 & 1 \end{bmatrix}$$

$$= \{0.4, 0.4, 0.4, 0.6, 1\}$$

$$B'_a = A' \circ R_a = \{0.4, 0.4, 0.4, 0.6, 1\}$$

若已知证据为：y is B'，且 $B'=0.2/1+0.4/2+0.6/3+0.5/4+0.3/5$，则

$$A'_m = R_m \circ B'$$

$$= \begin{bmatrix} 0 & 0 & 0.4 & 0.6 & 1 \\ 0.5 & 0.5 & 0.5 & 0.5 & 0.5 \\ 1 & 1 & 1 & 1 & 1 \\ 1 & 1 & 1 & 1 & 1 \\ 1 & 1 & 1 & 1 & 1 \end{bmatrix} \circ \begin{bmatrix} 0.2 \\ 0.4 \\ 0.6 \\ 0.5 \\ 0.3 \end{bmatrix}$$

$$= \{0.5, 0.5, 0.6, 0.6, 0.6\}$$

$$A'_a = R_a \circ B' = \{0.5, 0.6, 0.6, 0.6, 0.6\}$$

3. 模糊判决

定义 4.8 (模糊判决) 在推理得到的模糊集合中取一个相对最能代表这个模糊集合的单值的过程就称为解模糊或模糊判决 (defuzzification)。

模糊判决可以采用不同的方法：重心法、最大隶属度方法、加权平均法、隶属度限幅元素平均法。这里以重心法为例进行介绍。

重心法就是取模糊隶属函数曲线与横坐标轴围成面积的重心作为代表点。理论上应该计算输出范围内一系列连续点的重心，即

$$u = \frac{\int_x x\mu_N(x)\mathrm{d}x}{\int_x \mu_N(x)\mathrm{d}x} \tag{4-35}$$

但实际只计算输出范围内的采样点 (即若干离散值) 的重心。这样, 在不花费太多时间的情况下, 用足够小的取样间隔来提供所需要的精度, 这是一种最好的折中方案, 即

$$u = \sum x_i * \mu_N(x_i) \Big/ \sum \mu_N(x_i) \tag{4-36}$$

4.5 证 据 理 论

证据理论又称 D-S 理论, 是由 Dempster 于 1967 年提出的, 后由 Shafer 加以扩充和发展。在该理论中, 知识是用产生式的形式表示的, 而证据和结论则是以集合的形式表示。知识的不确定性通过一个集合形式的可信度因子来表示, 而证据和结论的不确定性度量则采用信任函数和似然函数来表示。为此引入了概率分配函数、信任函数和似然函数的概念。

4.5.1 证据理论的基本概念

定义 4.9   给定识别框架 Θ, 则函数 $m: 2^\Theta \to [0,1]$ 在满足下列条件

(1) $m(\varnothing) = 0$

(2) $\sum\limits_{A \subset \Theta} m(A) = 1$

时, 称 m 是 2^Θ 上的概率分配函数, $m(A)$ 为 A 的基本概率赋值。

定义 4.10   给定识别框架 Θ, $m: 2^\Theta \to [0,1]$ 是 Θ 上的基本概率 BEL: $m: 2^\Theta \to [0,1]$, 则

$$\mathrm{BEL}(A) = \sum_{B \subset A} m(B), \quad \forall A \subset \Theta \tag{4-37}$$

称该函数是 Θ 上的信任函数。

定义 4.11   给定识别框架 Θ, 定义 PL: $2^\Theta \to [0,1]$ 为

$$\mathrm{PL}(A) = 1 - \mathrm{BEL}(A) = \sum_{B \cap A \neq \varnothing} m(B) \tag{4-38}$$

PL 称为 A 的似然函数。

定义 4.12   设 BEL_1 和 BEL_2 是基于不同证据的两个信任函数, m_1 和 m_2 分别是其对应的基本概率赋值, 焦元分别是 $A_1, A_2, \cdots, A_k$ 和 $B_1, B_2, \cdots, B_r$, 又设

$$K = \sum_{\substack{i,j \\ A_i \cap B_j = \varnothing}} m_1(A_i)m_2(B_j) < 1$$

则

$$m(C) = \begin{cases} \dfrac{\sum\limits_{\substack{i,j \\ A_i \cap B_j = C}} m_1(A_i)m_2(B_j)}{1 - K}, & \forall C \subset U; \quad C \neq \varnothing \\ 0, & C = \varnothing \end{cases} \tag{4-39}$$

式中，若 $K \neq 1$，则 m 确定一个基本概率赋值；若 $K=1$，则认为 m_1 与 m_2 矛盾，不能对基本概率赋值进行组合，这就是 Dempster 证据组合规则，又称概率分配函数的正交和，记做 $\oplus$。

例 4-7   设 $\Theta = \{\text{黑}, \text{白}\}$，且设

$$M_1(\{\text{黑}\}, \{\text{白}\}, \{\text{黑}, \text{白}\}, \varnothing) = (0.3, 0.5, 0.2, 0)$$
$$M_2(\{\text{黑}\}, \{\text{白}\}, \{\text{黑}, \text{白}\}, \varnothing) = (0.6, 0.3, 0.1, 0)$$

则由定义 4.12 得到

$$\begin{aligned}
K &= \sum_{x \cap y = \varnothing} M_1(x) M_2(y) \\
&= M_1(\{\text{黑}\}) M_2(\{\text{白}\}) + M_1(\{\text{白}\}) M_2(\{\text{黑}\}) \\
&= 0.3 \times 0.3 + 0.5 \times 0.6 \\
&= 0.39
\end{aligned}$$

$$\begin{aligned}
M(\{\text{黑}\}) &= (1-K)^{-1} \sum_{x \cap y = \{\text{黑}\}} M_1(x) M_2(y) \\
&= \frac{1}{0.61}[M_1(\{\text{黑}\})M_2(\{\text{黑}\}) + M_1(\{\text{黑}\})M_2(\{\text{黑}, \text{白}\}) + M_1(\{\text{黑}, \text{白}\})M_2(\{\text{黑}\})] \\
&= \frac{1}{0.61}(0.3 \times 0.6 + 0.3 \times 0.1 + 0.2 \times 0.6) = 0.54
\end{aligned}$$

同理可得

$$M(\{\text{白}\}) = 0.43$$
$$M(\{\text{黑}, \text{白}\}) = 0.03$$

所以，经对 M_1 与 M_2 进行组合后得到的概率分配函数为

$$M(\{\text{黑}\}, \{\text{白}\}, \{\text{黑}, \text{白}\}, \varnothing) = (0.54, 0.43, 0.03, 0)$$

4.5.2   基于证据理论的不确定性推理

基于证据理论的不确定性推理，大体可分为以下步骤：

(1) 建立问题的样本空间 D；

(2) 由经验给出，或者由随机性规则和事实的信度度量计算求得幂集 2^D 的基本概率分配函数；

(3) 计算所关心的子集 $A \in 2^D$ 的信任函数值 $\mathrm{BEL}(A)$ 或者似然函数值 $\mathrm{PL}(A)$；

(4) 由 $\mathrm{BEL}(A)$ 或者 $\mathrm{PL}(A)$ 得出结论。

下面通过实例进行说明。

例 4-8   设有规则

(1) 如果 "流鼻涕" 则 "感冒但非过敏性鼻炎 (0.9)" 或 "过敏性鼻炎但非感冒 (0.1)"

(2) 如果 "眼发炎" 则 "感冒但非过敏性鼻炎 (0.8)" 或 "过敏性鼻炎但非感冒 (0.05)"

又有事实:

(1) 小王流鼻涕 (0.9)。

(2) 小王眼发炎 (0.4)。

括号中的数字表示规则和事实的可信度。

用证据理论推理小王患的什么病?

解 首先, 取样本空间

$$D = \{h_1, h_2, h_3\}$$

式中, h_1 表示 "感冒但非过敏性鼻炎"; h_2 表示 "过敏性鼻炎但非感冒"; h_3 表示 "同时得了两种病"。

可以计算该问题的样本空间的基本概率分配函数。根据第一条规则和第一个事实的可信度, 得到基本概率分配函数为

$$M_1(\{h_1\}) = 0.9 \times 0.9 = 0.81$$
$$M_1(\{h_2\}) = 0.9 \times 0.1 = 0.09$$

$$M_1(\{h_1, h_2, h_3\}) = 1 - M_1(\{h_1\}) - M_1(\{h_2\}) = 1 - 0.81 - 0.09 = 0.1$$

根据第二条规则和第二个事实的可信度, 得到基本概率分配函数为

$$M_2(\{h_1\}) = 0.4 \times 0.8 = 0.32$$
$$M_2(\{h_2\}) = 0.4 \times 0.05 = 0.02$$

$$M_2(\{h_1, h_2, h_3\}) = 1 - M_2(\{h_1\}) - M_2(\{h_2\}) = 1 - 0.32 - 0.02 = 0.66$$

用证据理论将上述两个由不同规则得到的概率分配函数组合, 得

$$K = M_1(\{h_1\})M_2(\{h_2\}) + M_1(\{h_2\})M_2(\{h_1\})$$
$$= 0.81 \times 0.02 + 0.09 \times 0.32 = 0.045$$

$$M(\{h_1\}) = (1-K)^{-1}[M_1(\{h_1\})M_2(\{h_1\}) + M_1(\{h_1\})M_2(\{h_1, h_2, h_3\})$$
$$+ M_1(\{h_1, h_2, h_3\})M_2(\{h_1\})]$$
$$= \frac{1}{0.955} \times 0.8258 = 0.86$$

$$M(\{h_2\}) = (1-K)^{-1}[M_1(\{h_2\})M_2(\{h_2\}) + M_1(\{h_2\})M_2(\{h_1, h_2, h_3\})$$
$$+ M_1(\{h_1, h_2, h_3\})M_2(\{h_2\})]$$
$$= \frac{1}{0.955} \times 0.0632 = 0.066$$

$$M(\{h_1, h_2, h_3\}) = 1 - M(\{h_1\}) - M(\{h_2\}) = 1 - 0.86 - 0.066 = 0.074$$

由信任函数的定义可得

$$\text{BEL}(\{h_1\}) = M(\{h_1\}) = 0.86$$

$$\text{BEL}(\{h_2\}) = M(\{h_2\}) = 0.066$$

由似然函数的定义可得

$$\begin{aligned}
\text{PL}(\{h_1\}) &= 1 - \text{BEL}(\neg\{h_1\}) = 1 - \text{BEL}(\{h_2, h_3\}) \\
&= 1 - [M(\{h_2\}) + M(\{h_3\})] \\
&= 1 - (0.066 + 0) = 0.934
\end{aligned}$$

$$\begin{aligned}
\text{PL}(\{h_2\}) &= 1 - \text{BEL}(\neg\{h_2\}) = 1 - \text{BEL}(\{h_2, h_3\}) \\
&= 1 - [M(\{h_1\}) + M(\{h_3\})] \\
&= 1 - (0.86 + 0) = 0.14
\end{aligned}$$

综合上述结果得:

"感冒但非过敏性鼻炎" 为真的信任度为 0.86, 非假的信任度为 0.934;

"过敏性鼻炎但非感冒" 为真的信任度为 0.066, 非假的信任度为 0.14。

因此, 可以推断小王是感冒但非过敏性鼻炎。

4.6   粗糙集理论

1982 年, 波兰学者 Pawlak 提出了粗糙集理论 (rough set theory), 该理论的基本思想是利用已知的知识库, 将非精确信息用已知知识库中的关于该信息的上下近似来刻画, 即用两个确定的但是非精确的信息集合描述原信息。这为分析和推理信息的非精确性、挖掘数据间的关系、发现潜在的知识等问题提供了一个十分有效的数学工具。

粗糙集理论和其他不确定性理论的最显著区别在于其不用量化信息的不确定性, 因为有时对信息赋予一定的置信度是十分困难的, 并且它无须提供问题所需处理的数据集之外的任何先验信息, 所以对信息非精确性的描述都是比较客观的。

粗糙集以等价关系 (不可分辨关系) 为基础, 用于分类问题。它用上下近似两个集合来逼近任意一个集合, 该集合的边界线区域被定义为上近似集和下近似集之差集。上下近似集可以通过等价关系给出确定的描述, 边界域的含糊元素数目可以被计算出来。而模糊集是用隶属度来描述集合边界的不确定性, 隶属度是人为给定的, 不是计算出来的。

粗糙集理论中的几个重要概念介绍如下。

1) 信息表 $S = (U, R, V, f)$ 的定义

U 是一个非空有限对象 (元组) 集合, 其中 $U = \{x_1, x_2, \cdots, x_n\}$, x_i 为对象 (元组)。

R 是对象的属性集合, 分为两个不相交的子集, 即条件属性 C 和决策属性 D, $R = C \bigcup D$。

V 是属性值的集合, V_a 是属性 $a \in R$ 的值域。

f 是 $U \times R \to V$ 的一个信息函数, 它为每个对象 x 的每个属性 a 赋予一个属性值, $a \in R$, $x \in U$, $f_a(x) \in V_a$。

2) 等价关系定义

对于 $\forall a \in A$(A 中包含一个或多个属性)，$A \subset R, x \in U, y \in U$，若它们的属性值相同，即

$$f_a(x) = f_a(y) \tag{4-40}$$

则称对象 x 和 y 是对属性 A 的等价关系，表示为

$$\text{ind}(A) = \{(x,y)|(x,y) \in U \times U, \forall a \in A, f_a(x) = f_a(y)\} \tag{4-41}$$

3) 等价类定义

在 U 中，对属性集 A 中具有相同等价关系的元素集合称为等价关系 $\text{ind}(A)$ 的等价类，表示为

$$[x]_A = \{y|(x,y) \in \text{ind}(A)\} \tag{4-42}$$

4) 划分的定义

在 U 中对属性 A 的所有等价类形成的划分表示为

$$A = \{E_i|E_i = [x]_A, i = 1, 2, \cdots\} \tag{4-43}$$

具有特性：

(1) $E_i \neq \varnothing$;

(2) 当 $i \neq j$ 时，$E_i \bigcap E_j = \varnothing$;

(3) $U = \bigcup E_i$。

例 4-9 设 $U = \{a(体温正常), b(体温正常), c(体温正常), d(体温高), e(体温高), f(体温很高)\}$。

对于属性 A(体温) 的等价关系有

$$\text{ind}(A) = \{(a,b), (a,c), (b,c), (d,e), (e,d),\ (a,a), (b,b), (c,c), (d,d), (e,e), (f,f)\}$$

则属性 A 的等价类有

$$E_1 = [a]_A = [b]_A = [c]_A = \{a,b,c\}$$

$$E_2 = [d]_A = [e]_A = \{d,e\}$$

$$E_3 = [f]_A = \{f\}$$

U 中对属性 A 的划分为

$$A = \{E_1, E_2, E_3\} = \{\{a,b,c\}, \{d,e\}, \{f\}\}$$

5) 集合 X 的上下近似关系

(1) 集合 X 的上下近似的定义

设 X 为论域 U 的子集，即 $X \subseteq U$，则 X 的下近似 $A_-(X)$ 与上近似 $A^-(X)$ 分别为

$$A_-(X) = \{x|x \in U, [x]_A \subseteq X\} \tag{4-44}$$

$$A^-(X) = \{x|x \in U, [x]_A \textstyle\bigcap X \neq \varnothing\} \tag{4-45}$$

(2) 正域、负域和边界域的定义

全集 U 可以划分为 3 个不相交的区域，即正域 (POS)、负域 (NEG) 和边界域 (BND)：

$$\mathrm{POS}_A(X) = A_-(X) \tag{4-46}$$

$$\mathrm{NEG}_A(X) = U - A^-(X) \tag{4-47}$$

$$\mathrm{BND}_A(X) = A^-(X) - A_-(X) \tag{4-48}$$

从以上可见

$$A^-(X) = A_-(X) + \mathrm{BND}_A(X) \tag{4-49}$$

任意一个元素 $x \in \mathrm{POS}_A(X)$，它一定属于 X；任意一个元素 $x \in \mathrm{NEG}_A(X)$，它一定不属于 X；集合 X 的上近似是其正域和边界域的并集，即

$$A^-(X) = \mathrm{POS}_A(X) \textstyle\bigcup \mathrm{BND}_A(X) \tag{4-50}$$

由于对于元素 $x \in \mathrm{BND}_A(X)$，是无法确定其是否属于 X，因此对任意元素 $x \in A^-(X)$，只知道 x 可能属于 X。

(3) 粗糙集定义

若 $A^-(X) = A_-(X)$，则 $\mathrm{BND}_A(X) = \varnothing$，即边界域为空，称 X 为 A 的可定义集；否则 X 为 A 不可定义的，即 $A^-(X) \neq A_-(X)$，称 X 为 A 的 Rough 集 (粗糙集)。

6) 粗糙集属性归约与重要性度量

粗糙集理论中有两种属性：条件属性和决策属性。如何进行条件属性的约简和重要性度量是我们所关心的问题，下面给出几个定义。

定义 4.13　对于任何一个属性集合 $P \subseteq Q$，$\mathrm{ind}(K) = \Big\{(x,y) \in U \times V : f(x,a) = f(y,a), \forall a \in P\Big\}$，如果 $(x,y) \in \mathrm{ind}(P)$，则 x、y 称为相对于 P 是不可分辨的。

不可分辨关系实际上就是 U 上的等价关系，因此，针对属性集 P 上的不可分辨关系，U 可分为几个等价类，用 $U/\mathrm{ind}(P)$ 表示。

定义 4.14　属性集 P 对 R 的依赖程度用 $\gamma_R(P)$ 表示。

$$\gamma_R(P) = \frac{\mathrm{Card}(\mathrm{POS}_R(P))}{\mathrm{Card}(U)}, \quad \mathrm{POS}_R(P) = \bigcup_{x \in U/\mathrm{ind}(P)} R_-(X) \tag{4-51}$$

式中，$\mathrm{Card}(\cdot)$ 表示集合的基数。

定义 4.15　属性 a 加入 R，对于分类 $U/\mathrm{ind}(P)$ 的重要程度定义为

$$\mathrm{SGF}(a, R, P) = \gamma_R(P) - \gamma_{R-\{a\}}(P) \tag{4-52}$$

定义 4.16　对于属性集 D 和 R，属性 $a \in R$，如果 $\mathrm{POS}_R(D) = \mathrm{POS}_{R-\{a\}}(D)$，则 a 在属性集 R 中是冗余的，否则 a 在 R 中是不可缺少的。

属性集 $B \subset C$ 是信息系统 S 的一个归约，当且仅当 $\mathrm{POS}_B(D)=\mathrm{POS}_C(D)$，且 B 中的每个属性对于 D 都是不可缺少的。属性归约记为 $\mathrm{RED}(B,D)$。

例 4-10 对例 4-9 的等价关系 A 有集合 $X=\{b,c,f\}$ 是粗糙集，计算集合 X 的下近似、上近似、正域、负域和边界域。

U 中关于 A 的划分为：$A=\{\{a,b,c\},\{d,e\},\{f\}\}$，有

$$X \bigcap \{a,b,c\} = \{b,c\} \neq \varnothing$$

$$X \bigcap \{d,e\} = \varnothing$$

$$X \bigcap \{f\} = \{f\} \neq \varnothing$$

可知有

$$A_-(X) = \{f\}$$

$$A^-(X) = \{a,b,c\} \bigcup \{f\} = \{a,b,c,f\}$$

$$\mathrm{POS}_A(X) = A_-(X) = \{f\}$$

$$\mathrm{NEG}_A(X) = U - A^-(X) = \{d,e\}$$

$$\mathrm{BND}_A(X) = A^-(X) - A_-(X) = \{a,b,c\}$$

课 后 习 题

1. 设有三个独立的结论 H_1、H_2、H_3 及两个独立的证据 E_1、E_2，它们的先验概率和条件概率分别为

$$P(H_1) = 0.4, \quad P(H_2) = 0.3, \quad P(H_3) = 0.3, \quad P(E_1|H_1) = 0.5, \quad P(E_1|H_2) = 0.3$$

$$P(E_1|H_3) = 0.5, \quad P(E_2|H_1) = 0.7, \quad P(E_2|H_2) = 0.9, \quad P(E_2|H_3) = 0.1$$

利用概率方法分别求出：

(1) 当只有证据 E_1 出现时，$P(H_1|E_1)$、$P(H_2|E_1)$、$P(H_3|E_1)$ 的值；并说明 E_1 的出现对证据 H_1、H_2 和 H_3 的影响。

(2) 当 E_1 和 E_2 同时出现时，$P(H_1|E_1E_2)$、$P(H_2|E_1E_2)$、$P(H_3|E_1E_2)$ 的值；并说明 E_1 和 E_2 同时出现对证据 H_1、H_2 和 H_3 的影响。

2. 已知如下推理规则

$r_1:\mathrm{IF}\ E_1\ \mathrm{THEN}\ (100,0.1)\ H_1$

$r_2:\mathrm{IF}\ E_2\ \mathrm{THEN}\ (15,1)\ H_2$

$r_3:\mathrm{IF}\ E_3\ \mathrm{THEN}\ (1,0.05)\ H_3$

且已知 $P(H_1) = 0.02, P(H_2) = 0.4, P(H_3) = 0.06$。

当证据 E_1、E_2、E_3 存在或不存在时，$P(H_i|E_i)$ 或 $P(H_i|\neg E_i)(i=1,2,3)$ 各是多少？

3. 设有如下推理规则

r_1 : IF E_1 THEN (2,0.0001) H_1

r_2 : IF E_2 THEN (100,0.0001) H_1

r_3 : IF E_3 THEN (200,0.001) H_2

r_4 : IF H_1 THEN (50,0.01) H_2

且已知 $P(H_1) = 0.1, P(H_2) = 0.01, C(E_1|S_1) = 3, C(E_2|S_2) = 1, C(E_3|S_3) = 2$，用主观贝叶斯方法求 $P(H_2|S_1, S_2, S_3)$ 的值。

4. 有如下知识

r_1 : IF E_1 THEN (2,0.01) H

r_2 : IF E_2 THEN (20,1) H

r_3 : IF E_3 THEN (65,1) H

r_4 : IF E_4 THEN (3,1) H

已知：结论 H 的先验概率 $P(H) = 0.06$。若证据 E_1、E_2、E_3、E_4 必然发生，用结论不确定性的合成算法计算结论 H 的概率变化。

5. 设有如下一组推理规则

r_1 : IF E_1 THEN H (0.6)

r_2 : IF E_2 AND E_3 THEN E_4 (0.8)

r_3 : IF E_4 THEN H (0.7)

r_4 : IF E_5 THEN H (0.9)

且已知 $\mathrm{CF}(E_1) = 0.5, \mathrm{CF}(E_3) = 0.6, \mathrm{CF}(E_5) = 0.4$，结论 H 的初始可信度一无所知。求 $\mathrm{CF}(H)$ 为多少？

6. 设有论域 $U = \{x_1, x_2, x_3, x_4, x_5\}$，$A$、$B$ 是 U 上的两个模糊集，且有

$$A = 0.85/x_1 + 0.7/x_2 + 0.9/x_3 + 0.9/x_4 + 0.7/x_5$$
$$B = 0.5/x_1 + 0.65/x_2 + 0.8/x_3 + 0.98/x_4 + 0.77/x_5$$

求 $A\bigcap B$、$A\bigcup B$ 和 $\overline{A}$。

7. 设有如下两个模糊关系

$$A = \begin{bmatrix} 0.7 & 0.6 & 0.3 \\ 0.7 & 0.6 & 0.2 \\ 0.5 & 0.5 & 0.2 \end{bmatrix}, \quad B = \begin{bmatrix} 0.8 & 0.4 \\ 0.6 & 0.2 \\ 0.9 & 0.4 \end{bmatrix}$$

求 $A \circ B$。

第5章 搜索技术

搜索技术就是基于特定的问题，考虑是否采用问题的启发信息和先验知识，采用合适的搜索算法包括盲目搜索算法和启发式搜索算法，在问题最优解和搜索效率之间进行折中，在庞大状态空间中寻找从初始状态到目标状态的求解路径，最终找到该问题的解，尽管求解过程中存在不确定性使得问题解的路径是曲折的和有诸多分支的。

搜索技术与人工智能之间是什么关系？我们知道虽然计算机具有的计算能力远超过人类，但是它的计算顺序必须由程序明确地表示出来。然而在日常生活中，多数问题不具备明确的计算或解题步骤，而人工智能要解决的大部分正是这种不具备明确解题步骤的问题，对这类问题的求解，在允许出现错误的前提下可以采用搜索技术来解决。因此，从这个方面来说，搜索技术是人工智能解决问题的方法之一。另外，一些人工智能方法可以提高搜索的效率和成功率，如各种启发式搜索技术等。

搜索技术按问题的表示方式不同可以分为状态空间搜索、与或树搜索。按照是否使用启发式信息可以分为盲目搜索、启发式搜索。

本章以状态空间表示法为基础，进行搜索技术的介绍，首先给出了状态空间搜索技术的基本概念，在此基础上分别介绍了盲目搜索策略和启发式搜索策略的主要方法。

5.1 状态空间搜索技术

1. 状态空间表示法

在状态空间表示法中，要求解的问题是以状态和算符集合的形式表示的，算符是一种表示状态与状态关系的符号。状态空间表示法的几个基本概念定义如下。

(1) 状态：描述问题求解过程不同时刻的状态。

(2) 算符：表示对状态的操作。

(3) 状态空间：由初始状态集合、算符集合、目标状态集合构成的三元组。

(4) 状态空间图：状态空间的图表示，其中，节点为状态、有向边为算符。

(5) 解：初始状态到目标状态所使用的算符序列。

例 5-1 二阶"梵塔"问题的状态空间表示法。

解 (1) 状态的表示。

柱的编号用 i,j 来代表，(i,j) 表示问题的状态，其中，i 代表 A 所在的柱子，j 代表 B 所在的柱子。

状态集合 (9 种可能的状态)，如图 5-1 所示。

(2) 操作 (算符) 的定义。

定义操作 $A(i,j)$ 表示把 A 从 i 移到 j；$B(i,j)$ 表示把 B 从 i 移到 j。

操作集合 (共 12 个算符)：

$A(1,2)$，$A(1,3)$，$A(2,1)$，$A(2,3)$，$A(3,1)$，$A(3,2)$

$B(1,2)$，$B(1,3)$，$B(2,1)$，$B(2,3)$，$B(3,1)$，$B(3,2)$

(3) 状态空间图，如图 5-2 所示。

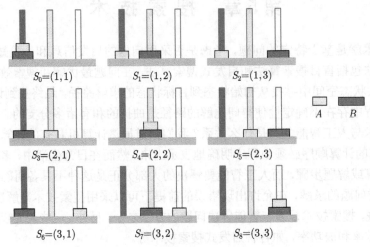

图 5-1　二阶"梵塔"问题状态表示

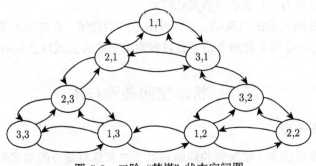

图 5-2　二阶"梵塔"状态空间图

2. 状态空间搜索

在状态空间中，基于一定的策略来寻找问题可行解就是搜索。搜索某个状态空间以求得操作算子序列的一个解答的过程，就对应于使一个隐式图的足够大的一部分变为显式并包含目的节点的过程。

在状态空间搜索技术中，搜索问题的已知条件定义为状态空间初始状态，搜索问题到达的目标定义为状态空间目标状态，搜索问题中的可能情况定义为状态空间任一状态。

状态空间搜索技术由于不同事物间具有差异，引入状态作为最少变量 $q_0, q_1, \cdots, q_n$ 的有序集合，表示为

$$Q = \{q_0, q_1, \cdots, q_n\} \tag{5-1}$$

式中，元素 $q_0, q_1, \cdots, q_n$ 称为状态变量，每个状态值对应一个具体的状态。

问题的状态空间表示该问题可能的全部状态及其关系集合，会从一个状态向另一个状态进行过渡，过渡过程中采取的手段如动作、过程、规则、数学算子、运算符号等称为

操作符或者算子。在此，状态空间 Z 表示为三元组：

$$Z = (S, F, G) \tag{5-2}$$

式中，$S \subset Q$ 为状态空间搜索问题初始状态集合；F 为操作符集合；$G \subset Q$ 为目标状态集合。

状态空间搜索技术求解基本步骤如下。

Step1：根据问题定义相应的状态空间并确定状态的一般表示，确定一组能够使状态从一个状态向另一个状态过渡的操作符。

Step2：从初始或目的状态出发，并将它作为当前状态。

Step3：扫描操作算子集，将适用于当前状态的一些操作算子作用在其上而得到新的状态，并建立指向其父节点的指针。

Step4：检查所生成的新状态是否满足目标状态，如满足则得到问题的解，并沿着指针从结束状态反向指向初始状态得到问题解路径；否则，将新状态作为当前状态返回 Step3，继续搜索。

状态空间搜索技术按照搜索策略可以分为盲目式搜索算法和启发式搜索算法两大类，如图 5-3 所示。

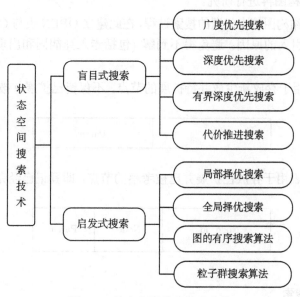

图 5-3　状态空间搜索技术分类

盲目式搜索算法，在不具有对特定问题的任何经验和先验知识的前提下，基于设定的某种规则进行查找，属于一种非智能性的搜索算法；启发式搜索算法，主要基于特定问题可用先验知识进行信息导引，动态地确定调用操作算子的步骤，优先选取较合适的操作算子，逐步逐层进行高效的搜索查找，从而找到满足要求的目标问题的可行解，属于一种智能搜索算法。对大规模搜索而言，可以根据条件来降低搜索规模，根据问题约束进行剪枝，利用过程中间解进行搜索问题的优化。

状态空间搜索技术按照搜索方向又可以分为正向搜索和逆向搜索，其中正向搜索是从初始状态出发，也称为数据驱动；逆向搜索是从目的状态出发，也称为目的驱动。无论正向搜索还是逆向搜索，在搜索过程中需要思考如下问题：

(1) 搜索过程是否一定能找到一个解？

(2) 搜索过程是否能终止运行，或是否会陷入一个死循环？

(3) 当搜索过程找到解时，找到的是否是最佳解？

(4) 搜索过程的时间与空间复杂性如何？

下面针对不同的搜索策略进行详细的讲述。

5.2   盲目搜索策略

盲目搜索策略在没有先验信息引导的前提下按照设定规则，用一个合适的算符发生器函数 $Q(x)$ 进行穷举式搜索和扩展。盲目搜索作为一种"笨"方法，主要分为广度优先搜索、深度优先搜索、有界深度优先搜索和代价推进搜索四种类型。

本章主要讨论树状结构图的搜索问题，对于网状结构图等非树状结构图的搜索问题可以转化为树状结构图再进行研究。

为了描述树状结构图搜索问题的搜索过程，在此建立 OPEN 表与 CLOSED 表。OPEN 表与 CLOSED 表引入的原因：避免得不到解 (包括走入死胡同和出现死循环现象)，其中：

(1) OPEN 表用于存放新生成并待扩展的节点，不保留已扩展并被考察的节点：

Node	Parent

(2) CLOSED 表用于存放已扩展并已被考察的节点，即登记已经完成的搜索路径：

Node_id	Node	Parent

5.2.1   广度优先搜索

广度优先搜索又称为宽度优先搜索或横向优先搜索，其搜索任务按照横向逐步扩展向前推进而完成，其基本搜索方法为：基于根节点 S_0 逐层向子节点进行扩展和穷尽搜索，处于同层的节点搜索次序可以任意，但是每层之间则必须先完成第 n 层所有节点的扩展，再进行第 $n+1$ 层所有节点的扩展，依此类推判断搜索的节点是否满足目标节点 S_g 的条件，如满足则搜索成功并终止搜索过程；如不满足则继续搜索。

广度优先搜索算法伪代码如图 5-4 所示。

```
PutIn_OPEN(S₀)    #把初始节点S₀插入OPEN表
While OPEN!=NIL:
    TakeOut_OPEN(n)    #把OPEN表的第一个节点n取出
    PutIn_CLOSED(n)    #放入CLOSED表
    If n is the target:
        Succeed
        Exit
Else:
    If n is extensible:
        PutIn_OPEN(Extend(n))    #扩展节点n,将子节点放入OPEN表
        Extend(n) point to n    #为每个子节点配置指向节点n的指针
Fail
Exit
```

图 5-4　广度优先搜索算法伪代码

给定一个搜索问题如图 5-5 所示,采用广度优先搜索寻找从初始节点 S_0 到达目标节点 S_g 的搜索路径。基于每一层节点从左至右的优先级,发生器函数 $Q(x)$ 按照 "最早生成的节点优先搜索扩展" 的原则找到目标节点 S_g,其广度优先搜索路径为

$$S_0 \to S_1 \to S_2 \to S_{11} \to S_{12} \to S_{21} \to S_{111} \to S_{112} \to S_{121} \to S_{122} = S_g$$

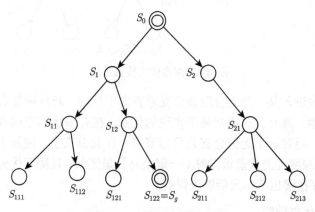

图 5-5　广度优先搜索过程

广度优先搜索作为一种盲目性搜索,需要遍历目标节点每层中的每个节点,通过检查目标节点前对应空间的所有状态寻找目标节点。广度优先搜索具有搜索可靠的特点,但是当目标节点距离初始节点距离较远时,搜索速度慢且执行效率低,尤其对庞大状态空间,其搜索效果差。

5.2.2　深度优先搜索

深度优先搜索又称为纵向优先搜索,根据搜索任务按照纵深方向逐级向下跨越推进而完成搜索任务,其基本搜索方法为:基于根节点 S_0 开始选择其一个子节点进行考察,若不是目标节点则选择该子节点的子节点继续考察,当发现考察的节点非目标节点且无法继续扩展时,选择其邻居节点继续考察,依此类推直到成功搜索到目标节点,其搜索终止。

不同于广度优先搜索算法将节点 n 的子节点按先后顺序放入 OPEN 表，深度优先搜索算法将节点 n 的子节点压入 OPEN 表的首部，按照后进先出的算法进行搜索。深度优先搜索算法的伪代码与图 5-4 相同，其搜索过程与广度优先搜索算法的主要区别在于采用的 OPEN 表结构不同。

给定一个搜索问题如图 5-6 所示，采用深度优先搜索寻找从初始节点 S_0 到达目标节点 S_g 的搜索路径。基于每一层节点从左至右的优先级，发生器函数 $Q(x)$ 按照 "最晚生成的节点优先扩展，再优先考察搜索" 的原则找到目标节点 S_g，其深度优先搜索路径为

$$S_0 \to S_2 \to S_{22} \to S_{222} \to S_{2223} \to S_{2222} \to S_{2221} \to S_{221} \to S_{2212} = S_g$$

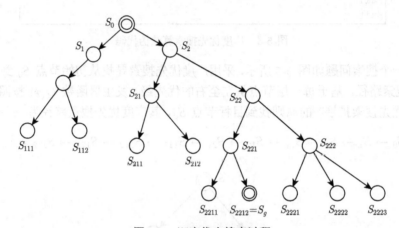

图 5-6　深度优先搜索过程

深度优先搜索进入某一分支会沿该分支垂直向下搜索，若目标节点正好在此分支上能够实现高效搜索，具有方式灵活易于实现的优点，在有限状态空间存在解的情况下一定能够搜索到解，而对一个无穷分支且目标节点不在此分支上，则易于掉入陷阱而无法搜索到解。因此，深度优先搜索求得解不一定是路径最短解，且深度优先搜索算法为不完备的，即使问题存在解也不一定能够求得解。

5.2.3　有界深度优先搜索

为了解决深度优先搜索不完备的问题，避免深度优先搜索陷入无穷分支的死循环，可以采用有界深度优先搜索方法，其基本搜索方法为：基于深度优先搜索算法，引入搜索深度界限 d_m，当搜索深度达到深度界限而未求得目标节点时，搜索回首，换分支进行搜索直到深度界限 d_m 内所有分支的节点全部搜索完成，若问题有界且其路径长度 $d_x \leqslant d_m$，则有界深度优先搜索一定能求得解。

深度界限的选择影响有界深度优先搜索效果，深度界限 d_m 小于解的路径长度则得不到解，深度界限 d_m 太大会产生无用子节点，在浪费存储空间的同时降低搜索效率，因此在解路径长度未知的前提下，很难给出合适的深度界限 d_m。

在此介绍一种变长度的深度界限 d_m：先设定一个较小的深度界限 d_m，达到该深度界限 d_m 未发现目标节点，将 CLOSED 表中待扩展节点送回 OPEN 表并增大深度界限 d_m，通过增大深度界限 d_m 继续向下搜索，在问题有解的情况下一定能够找到解。

变长度有界深度优先搜索算法伪代码如图 5-7 所示。

```
PutIn_OPEN(S₀)           #把初始节点S₀放入OPEN表中
d(S₀)=0
dₘ=Random_Small( )       #给定任一较小的数作为dₘ值
R=NIL
While True:
    If OPEN!=NIL:
        TakeOut_OPEN(Sₙ)      #将OPEN表中最前面的节点Sₙ取出
        PutIn_CLOSED(Sₙ)      #放入CLOSED表
        If d(Sₙ)>dₘ:
            Sₙ is pending to be expanded   #标记Sₙ为待扩展节点
        Else:
            If Sₙ==S_g:
                PutIn_R(S_g)     #将目标节点S_g放入R表前端
                dₘ=d(S_g)
            Else:
                If Sₙ is extensible:
                    PutIn_OPEN(Extend(Sₙ))
                    #扩展节点Sₙ，将其全部子节点依次放入OPEN表前端
                    Extend(Sₙ) point to Sₙ
                    #为每个子节点配置指向节点Sₙ的指针
                    d(Sₙᵢ)=d(Sₙ)+1
    Else:
        If There are nodes to be expanded in CLOSED:
            TakeOut_CLOSED(nodes to be expanded)
            #把CLOSED表中的待扩展节点取出
            PutIn_OPEN(nodes to be expanded)   #放回OPEN表
            Delete nodes'mark    #取消标记
            If R==NIL:
                dₘ=dₘ+Δd
        Else:
            If R==NIL:
                Fail
                Exit
            Else:
                Succeed
                R[0] is the optimal solution
                #R表中最前面的S_g为最优解目标节点
                Exit
```

图 5-7　变长度有界深度优先搜索算法伪代码

例 5-2　重排九宫问题，在 3×3 的方格棋盘上放置分别标有数字 1、2、3、4、5、6、7、8 共 8 个棋子，初始状态为 S_0，目标状态为 S_g，如图 5-8 所示。

S_0

2	8	3
1		4
7	6	5

S_g

1	2	3
8		4
7	6	5

图 5-8　重排九宫问题 (一)

解　在此使用的算符有：空格左移，空格上移，空格右移，空格下移。允许把位于空

格左、上、右、下的邻近棋子移入空格。要求寻找从初始状态到目标状态的途径。

设深度界度 $d_m = 4$，用有界深度优先搜索方法求解该重排九宫问题，得出的搜索树如图 5-9 所示。

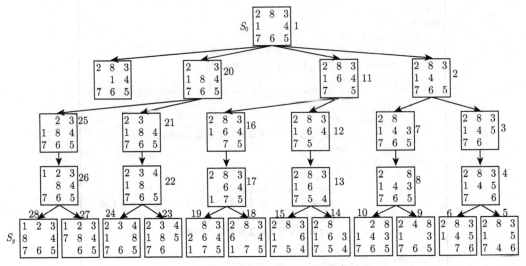

图 5-9　重排九宫的有界深度优先搜索结果

解的路径为

$$S_0 \rightarrow 20 \rightarrow 25 \rightarrow 26 \rightarrow 28(S_g)$$

解是该路径使用的算符序列，即空格上移，空格左移，空格下移，空格右移。

5.2.4　代价推进搜索

前述的广度优先搜索、深度优先搜索以及有界深度优先搜索均没有考虑搜索代价，而统一将搜索代价认为相同级别，因此引入路径深度表示路径代价，路径大小影响问题求解路线。在此，基于有向图，有向边标有代价的搜索树称为代价树，基于代价大小来选择代价树策略的搜索称为代价推进搜索，而代价推进搜索又可以分为代价树广度优先搜索、代价树深度优先搜索等。

代价树广度优先搜索考虑 OPEN 表中节点的代价排序关系，在 OPEN 表中节点按其代价从小到大排序，代价小的节点排在前面，代价大的节点排在后面，从 OPEN 表中选取代价最小的节点进行优先扩展。

代价树广度优先搜索算法伪代码如图 5-10 所示。

代价树深度优先搜索的基本思想则与代价树广度优先搜索有所不同，深度优先搜索的基本原则在于每次只从 OPEN 表中按照已经确定的路径上，从其后继生成的子节点中再选取代价最小的节点进行优先扩展。

代价树深度优先搜索算法伪代码如图 5-11 所示。

```
PutIn_OPEN(S₀)      #将S₀送入OPEN表
g(S₀)=0
While OPEN!=NIL:
    TakeOut_OPEN(n)    #将OPEN表中的第一个节点n取出
    PutIn_CLOSED(n)    #放入CLOSED表
    If n is the target:
        Succeed
        Exit
    Else:
        If n is extensible:
            Extend(n)      #对节点n进行扩展
            Calculate g(j)=g(i)+C(i,j)      #对每个后继节点j计算其代价
            PutIn_OPEN(Extend(n))        #将它们放入OPEN表
            Extend(n) point to n    #为每个后继节点设置指向n的指针
            Sort(OPEN)    #将OPEN表中的所有节点按其代价从小到大排序
Fail
Exit
```

图 5-10   代价树广度优先搜索算法伪代码

```
PutIn_OPEN(S₀)   #将S₀送入OPEN表
g(S₀)=0
While OPEN!=NIL:
    TakeOut_OPEN(n)     #将OPEN表中的第一个节点n取出
    PutIn_CLOSED(n)    #放入CLOSED表
    If n is the target:
        Succeed
        Exit
    Else:
        If n is extensible:
            Extend(n)   #对节点n进行扩展
            Calculate g(j)=g(i)+C(i,j)  #对每个后继节点j计算其代价
            Sort_j=Sort(Extend(n))
            #将所有后继节点按照有向边的代价从小到大排序
            PutIn_OPEN(Sort_j)  #将它们放入OPEN表
            Extend(n) point to n   #为每个后继节点设置指向n的指针
Fail
Exit
```

图 5-11   代价树深度优先搜索算法伪代码

广度优先搜索、深度优先搜索、有界深度优先搜索和代价推进搜索等都属于盲目搜索算法,其搜索树生成、扩展及节点考察顺序均依据固定规则进行,缺少灵活性,在实际搜索过程中搜索效率低。

盲目搜索策略简单、易编程实现,但是须知道问题的全部状态空间,适用于树状问题求解,但存在求解能力弱的缺点;同时盲目搜索算法按照设定好的排序采用穷尽遍历的策略,缺少对特定问题的特有知识的分析,同时在搜索过程中缺乏启发式信息的引导,是一种高代价搜索策略。为了克服盲目搜索方法的缺点,充分利用特定问题的相关启发信息作为引导,人们研究并发展了具有启发能力的搜索方法,实现对复杂问题的高效求解。

5.3 启发式搜索算法

5.3.1 启发式搜索算法基本概念

搜索过程引入人为经验和专门知识作为启发信息形成的高效搜索算法，称为启发式搜索算法。不同于盲目搜索算法，启发式搜索算法充分考虑到问题求解所应用到的各种启发信息及知识，包括利用常识性推理和专家经验等信息，以充分的启发信息作为引导，以完善的控制性知识作为依据，在多种搜索路径可选的基础上，对不同的搜索路径采用估价函数进行搜索代价评估，在搜索过程中能够动态地确定操作排序，优先调用较合适的操作规则，实现对中间状态比较，选取判别简单、操作性好，而对全局的搜索能够做到优选最佳路径，同时能根据经验和技巧编制搜索程序，使搜索尽可能以最快的速度、最短的距离、最小的代价，朝着最有利于到达目标节点的方向进行搜索。

启发信息是指与具体问题领域有关的信息，按其用途可分为下列三种。

(1) 用于决定要扩展的下一个节点，以免像在宽度优先或深度优先搜索中那样盲目地扩展 (扩展哪一个节点)。

(2) 在扩展一个节点的过程中，用于决定要生成哪一个或哪几个后继节点，以免盲目地同时生成所有可能的节点 (扩展一个节点的哪几个后继节点)。

(3) 用于决定某些应该从搜索树中抛弃或修剪的节点 (删除哪几个节点)。

估价函数 $f(n)$ 作为评价搜索耗费代价的一种数学描述，指搜索问题从根节点 S_0 到达目标节点 S_g 耗费的全部代价的估计值，主要包括确定性耗费代价 $g(n)$ 和不确定性耗费代价 $h(n)$ 两部分构成，即

$$f(n) = g(n) + h(n) \tag{5-3}$$

式中，确定性耗费代价 $g(n)$ 表示从根节点 S_0 在前往目标节点 S_g 途中与当前节点 S_n 的耗费代价，确定性耗费代价 $g(n)$ 是基于设计的搜索策略已经耗费的代价，为不可变的固定分量；不确定性耗费代价 $h(n)$ 表示在当前节点 S_n 预计到达目标节点 S_g 可能要耗费的代价，为可以改变搜索策略而进行动态调整的分量。

因此针对不确定性耗费代价 $h(n)$，为了能够根据期望的结果进行调整和改变，需要应用启发信息来提高搜索效率，所以从当前节点 S_n 到目标节点 S_g 的搜索策略又称为启发函数。

不同的启发函数具有不同的启发能力和搜索效果，对具体搜索问题的求解需要选择一个合适的启发函数。

例 5-3 重排九宫问题，可以定义如下的估价函数：

$f(n) = w(n) =$ 位置不正确的数字个数 (和目标相比)

图 5-12 中当前节点的搜索代价为 4(空格不计算在内)。

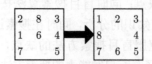

图 5-12 重排九宫问题 (二)

该题中，估价函数也可以定义为

$$f(n) = g(n) + h(n)$$

式中，$g(n) = d(n) =$ 节点 n 的深度；$h(n) = w(n) =$ 位置不正确的数字个数 (和目标相比)。

图 5-13 中，各节点的搜索代价可以计算得到 (图 5-13 中节点旁标明的数字)。

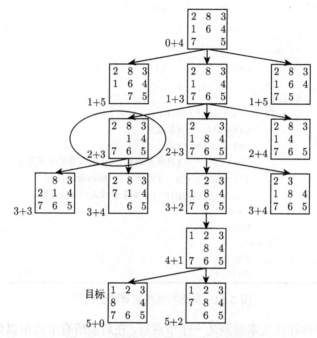

图 5-13　重排九宫的启发式搜索结果

不确定性耗费代价 $h(n)$ 在估价函数 $f(n)$ 中的占比体现了搜索运用启发信息和知识的强弱，不确定性耗费代价 $h(n)$ 分值低表明它是一种启发信息少且缺乏智能的搜索策略，搜索效率低下；而不确定性耗费代价 $h(n)$ 分值高表明启发信息多，对于搜索难度大、智能搜索程度高的问题，其值越大。通常，当搜索接近目标节点 S_g 时，需要增加确定性搜索的比例而减少不确定性搜索的比例，从而增加搜索的广度性来增加问题解的可靠度。

启发式搜索的几种特殊情况：

(1) 当 $n = 0$ 时，确定性耗费代价 $g(n) = 0$，此时 $f(n) = h(n) = h(0)$，表示搜索未开始 $h(n)$ 占全部份额，反映从根节点 S_0 到目标节点 S_g 总体求解环境和路径选择的预测及估计；

(2) 当确定性耗费代价 $g(n)$ 和不确定性耗费代价 $h(n)$ 均为 0 时，$f(n) = g(n) + h(n) = 0$，此时为随机搜索；

(3) 当不确定性耗费代价 $h(n)$ 为 0 时，$f(n) = g(n)$，在搜索过程中无启发信息的引导，此时为盲目搜索。可见，盲目搜索可以作为启发式搜索的一种特例。

5.3.2　局部择优搜索

局部择优搜索，又称为盲人爬山法。盲人在山上要往山顶爬，如何走？根据盲人走路的经验，往前探一步时都要先选择好路径才行动，在当前位置以拐杖试探前后左右，为了能够以最短路径到达山顶，总是选择人力能够胜任的坡度最大、最陡峭的方向爬上去，即沿斜率最大的方向，以最快的速度，以较高的效率加速到达山顶。

局部择优搜索算法伪代码如图 5-14 所示。

```
PutIn_CLOSED(S₀)      #将S₀放入CLOSED表
N = Sₙ
n = 0
While True:
    If N==Sₙ==S₀:
        Succeed
        Exit
    Else:
        If N is extensible:
            Extend(N)     #扩展N
            Calculate f(x)
            Choose N'     #用估价函数f(x)选择最优子节点N'
            N'point to N  #N'配上指向N的返回指针
            PutIn_CLOSED(N')   #将N'放入CLOSED表
            N = N'
            n = n+1
        Else:
            Fail
            Exit
```

图 5-14　局部择优搜索算法伪代码

因此，对于局部择优搜索每到达一个节点后，在后续所有节点中以估价函数 $f(x)$ 最优作为选择依据。即局部择优搜索算法在分析搜索问题基础上，发现可供选择的多条搜索路径并比较各路径代价，结合可利用的启发信息并将其编制为操作简便、易于判别、便于实现的规则，完成对特定问题的搜索。

5.3.3　全局择优搜索

基于盲人爬山的局部择优搜索算法，在对一个节点进行考察时，仅在刚生成的子节点这个狭窄的范围内进行扩展，面对"多峰"问题时存在自身的局限性，为了能够面向整个搜索空间寻找最优解，提出了全局择优搜索。其基本搜索方法为：不同于局部择优搜索抛弃 OPEN 表，全局择优搜索保留 OPEN 表，面向同级所有节点采用评价函数进行比较并择优，能够选出全局最优节点，从而弥补了局部择优搜索局限性。

全局择优搜索算法伪代码如图 5-15 所示。

比较全局择优搜索和局部择优搜索，可知全局择优搜索采用估价函数对 OPEN 表所有节点进行计算并择优，并对最优节点进行考察从而找到问题的最优解。

例 5-4　试用全局择优搜索求解重排九宫问题，其初始状态和目标状态仍如例 5-2 所示。

解　设估价函数为 $f(n) = g(n) + h(n)$，其中 $g(n)$ 为节点 n 的深度，$h(n)$ 为位置不正确的数字个数 (和目标相比)。

搜索树如图 5-16 所示，图中节点旁标明的数字是该节点的估价函数值。

```
PutIn_OPEN(S₀)    #把初始节点S₀放入OPEN表
Calculate f(S₀) #计算f(S₀)
k=0
While True:
    If OPEN!=NIL:
        TakeOut_OPEN(n)   #将OPEN表的第一个节点n移出
        PutIn_CLOSED(n)   #放入CLOSED表
        If n is the target:
            k=k+1
            Sgk=n
        Else:
            If n is extensible:
              Extend(n)   #扩展节点n
              Calculate f(x)  #计算估价函数f(x)
              PutIn_OPEN(Extend(n))  #将子节点放入OPEN表
              Sort OPEN by f(x)  #对OPEN表中全部节点按估价从小到大排序
              Extend(n) point to n  #为每个子节点配置指向n的指针
    Else:
        If Sgk==NIL:
            Fail
            Exit
    Else:
        Calculate f(Sgk)  #计算每一个目标节点的代价值
        Sort Sgk by f(Sgk)  #按代价值从小到大排序
        Sgk[0] is the optimal solution  #排在最前面的目标节点为最优解目标节点
        Succeed
        Exit
```

图 5-15　全局择优搜索算法伪代码

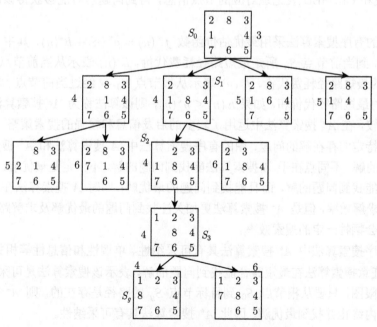

图 5-16　重排九宫的全局择优搜索结果

该问题的解路径为

$$S_0 \rightarrow S_1 \rightarrow S_2 \rightarrow S_3 \rightarrow S_g$$

由此解路径得到问题的解为：空格上移，空格左移，空格下移，空格右移。

5.3.4　图的有序搜索算法

前述搜索问题讨论了树状结构的状态空间搜索，除根节点其余节点有且只有一个父节点，对状态空间节点进行扩展时子节点只会生成一次，且放入 OPEN 表中的节点不会有重复。如果将状态空间从树状结构推广到有向图结构，状态空间子节点会存在多个父节点，对状态空间某个节点进行扩展时由于搜索路径不同而被多次扩展，从而使放入 OPEN 表中的节点出现重复，重复的节点导致冗余的搜索，更严重会使搜索过程陷入无效循环而无解，对有向图结构采用择优搜索时需要对其进行改进，该搜索称为图的有序搜索。

图的有序搜索基本步骤为：当搜索生成一个节点时，比较该节点与已生成所有节点的状态，如果该节点为已生成节点表示找到一条新的路径，更进一步如果该路径使得节点估值更小，将搜索路径指示该节点与原父节点的指针，修改为沿着新路径指向新的父节点；如果该节点为未知节点或者为已知节点但是路径估值大，则保留该节点的原搜索路径。

在图的有序搜索算法中，如果基于估价函数 $f(n) = g(n) + h(n)$ 来开展全局择优搜索，同时挖掘特定问题的启发信息和经验知识，通过减少搜索空间得到问题解，则被称为 A 搜索算法。其基本搜索方法为：设计高效求解问题的启发函数 $h(n)$ 和估价函数 $f(n)$，按照 $f(n)$ 的大小来排列待扩展节点的次序，选择 $f(n)$ 值最小代价者进行扩展，利用 OPEN 表和 CLOSED 表记录对应的节点信息，得到问题解时能够获得该问题详尽的搜索路径。

如果图的有序搜索算法采用最优估价函数 $f^*(n) = g^*(n) + h^*(n)$，其中 $g^*(n)$ 表示从根节点 S_0 到当前节点 S_n 所走最短路径耗费代价，$h^*(n)$ 表示从当前节点 S_n 到达目标节点 S_g 的最短路径耗费代价，$f^*(n)$ 表示从根节点 $S_0 \rightarrow$ 经过当前节点 $S_n \rightarrow$ 到达目标节点 S_g 的最短路径代价和，如果 $h(n) \leqslant h^*(n)$，则该算法称为 A^* 搜索算法，与 A 搜索算法相比较，在 A^* 搜索算法中运用了较多的启发信息和较强的搜索策略。

对一个特定的存在解的问题，图的有序搜索算法中 A 搜索算法和 A^* 搜索算法均能找到该问题的解，不同点在于 A 搜索算法能找到问题的解，不一定是最优解，但是 A^* 搜索算法不仅能找到问题的解，而且能找到问题的最优解；同时 A 搜索算法在求解的过程中更加关注求解效率，但是 A^* 搜索算法更加关注找到问题的最优解及求解路径，即使在搜索过程中会牺牲一定的搜索效率。

图的有序搜索算法中 A^* 搜索算法具有可采纳性、单调性和信息性等相关特征。

(1) 若任意搜索算法在最短路径能找到问题的解，表示该搜索算法是可采纳的。对于有限图和无限图，只要从根节点 S_0 到目标节点 S_g 的路径是存在的，则 A^* 搜索算法会在有限步数内终止并找到最优解，因此 A^* 搜索算法具有可采纳性。

(2) 由于 A^* 搜索算法在扩展子节点时需事先检查是否在 OPEN 表或 CLOSED 表

中，并存在修改指向父节点指针的状态增加搜索代价，需要对 A^* 搜索算法的启发函数 $h^*(n)$ 引入单调性限制，对应的搜索算法局部是可采纳的，能够从父节点沿着 $h^*(n)$ 代价值递减方向进行扩展子节点，使得引入单调性启发的 A^* 搜索算法具有更高的搜索效率。

(3) 对启发式搜索算法，影响搜索效率关键在于启发函数，启发函数 $h^*(n)$ 在估价函数 $f^*(n)$ 中所占比重越大，其具有的启发信息和知识经验越多，使得搜索时扩展子节点数目越少，提高了搜索效率。若对于同一搜索空间采用 A^* 搜索算法，当 $h_1^*(n) < h_2^*(n)$ 时，表明第二种 A^* 搜索算法比第一种 A^* 搜索算法具有更多启发信息，但是同时更多的启发信息意味着更多的计算信息和更加复杂的路径选择。

课 后 习 题

1. 什么是搜索技术？
2. 搜索技术与人工智能的关系是什么？
3. 什么是状态空间搜索技术？
4. 盲目搜索与启发式搜索的区别和优缺点是什么？
5. 编写 A 算法与 A^* 程序，解九宫格问题。

第6章 人工神经网络

在运用人工手段模仿人类智能行为的研究上有两种主导思想，即结构主义和功能主义。功能主义成了传统人工智能理论的研究基础，而结构主义从分析人脑神经网络的微观结构入手，抓住人脑结构的主要特征，即简单的非线性神经元之间复杂而又灵活的连接关系，深刻揭示了人脑认识过程，创立了人工神经网络 (artificial neural network, ANN) 的理论。人工神经网络在工程与学术界也常直接简称为神经网络或类神经网络。

最近十多年来，人工神经网络的研究工作不断深入，已经取得了很大的进展，其在模式识别、智能机器人、自动控制、预测估计、生物、医学、经济等领域已成功地解决了许多现代计算机难以解决的实际问题，表现出了良好的智能特性。

本章首先介绍了人工神经网络的概念、发展历程，然后介绍了人工神经网络的基本原理以及常用的几种人工神经网络模型和算法。

6.1 人工神经网络概述

人工神经网络起源于 20 世纪 40 年代，是在现代神经生物学基础上提出的一种生物过程的模拟。人工神经网络基于信息处理的视角对人脑神经元网络进行抽象和简化，运用大量的处理部件包含神经元节点进行互联，建立模拟人脑智能的网络系统，从而模拟人类大脑的思维方式和行为方式；人工神经网络是一种并行信息分布式处理的数学模型，反映了人脑在信息处理、学习、模式分类等方面的基本特征。

目前神经网络的研究主要分为理论研究和应用研究两类。理论研究从模型和算法出发，深入研究神经网络的鲁棒性、稳定性等方面问题，开发新的神经网络算法与模型，如非线性神经网络等。应用研究则通过选用合适的神经网络模型和算法，构成实际应用系统，用以解决生产生活中的具体问题。

6.1.1 人工神经网络发展史

(1) 萌芽期 (20 世纪 40 年代)

1943 年，心理学家 McCulloch 和数学家 Pitts 借鉴神经细胞生物过程建立了脑神经细胞动作模型，即首次提出了神经元的 M-P 模型。M-P 模型工作原理是：对神经元信号进行输入加权求和，并与阈值进行比较决定是否输出。该模型证明了神经网络可以用于算数计算和逻辑函数。1949 年，心理学家 Hebb 对神经元连接强度进行了分析，提出了神经元突触可变的假说，即 Hebb 学习规则。

(2) 第一高潮期 (1950~1968 年)

1958 年，康奈尔航空实验室 (Cornell Aeronautical Laboratory) 的 Rosenblatt 发明了一种称为感知器的神经网络，其能够应用于电子线路模拟，标志着神经网络进入新阶段；1960 年，斯坦福大学的 Widrow 和 Hoff 开发了自适应线性神经网络，即 Widrow 和

Hoff 学习规则, 并将其应用在电路硬件设计上; 1963 年, Steinbuch 提出了称为学习矩阵的二进制联想网络, 能够对新知识进行网络学习。

(3) 低潮期 (1969~1982 年)

受冯·诺依曼式计算机发展和神经网络研究水平限制, 加上 1969 年 Minsky 和 Paper 从数学的角度证明了单层神经网络功能有限, 神经网络在世界范围内陷入低迷期, 仅少数学者继续研究; 1974 年哈佛大学的 Werbos 提出了著名的 BP 神经网络学习算法; 1976 年 Grossberg 教授受人类视觉系统生理学研究启发, 提出了具有自组织和自稳定特性的自适应共振理论。

(4) 第二高潮期 (1983~1986 年)

1982 年, 生物物理学家 Hopfield 引入能量函数的概念, 提出了一种新颖的神经网络即 Hopfield 神经网络, 包括用于联想记忆的离散 Hopfield 神经网络和用于求解最优化问题的连续 Hopfield 神经网络, 采用全互联型神经网络解决了旅行商路径优化问题, 取得突破性成果, 促进了神经网络的发展; 1986 年 Hinton 和 Sejnowski 首次提出 "隐单元" 概念并设计了包含可见层和隐层的全连接反馈神经网络, 通过增加层数来提高神经网络的灵活性。

(5) 新连接机制期 (1986 年至今)

1986 年, Rumelhart、Hinton 和 Williams 发表文章*Learning representations by back-propagating errors*, 重新报道了 BP 神经网络学习算法, 通过引入可微分非线性神经元解决多层神经网络的学习训练问题; 1988 年, Broomhead 和 Lowe 引入径向基函数形成了径向基神经网络 (RBF), 标志着神经网络真正走向实用化。

2006 年, Hinton 和 Salakhutdinov 在*Science*期刊发表关于深度学习的文章*Reducing the dimensionality of data with neural networks*, 提出构建含有多隐层的机器学习架构模型, 通过对大规模数据进行训练得到具有代表性的特征信息, 打破了传统神经网络对层数的限制, 掀起了深度学习在学术界和工业界的研究热潮。

随着神经网络从理论研究向实际应用不断拓展, 出现了以神经网络芯片和神经计算机为代表的热点应用, 在智能语音识别、指纹识别、图像处理、控制优化、网络通信、经济分析等方面取得深入发展。

6.1.2　人工神经网络特点

人工神经网络能够模拟人脑神经元的活动过程, 通过节点连接权组成网状拓扑结构, 实现对信息的加工、处理、存储以及搜索等过程。概括起来, 神经网络具有以下基本特点。

(1) 大规模并行协同处理能力: 神经网络由很多处理单元并联组合而成, 每个神经元功能结构简单, 但大量简单神经元构成的整体却具有很强的处理能力, 与人类大脑类似, 神经元不但结构是并行的, 其处理信息的顺序也是并行的, 神经网络可以具有多个输入和输出, 适合于多变量系统, 其并行协同处理能力能够提高工作速度。

(2) 联想记忆能力和容错能力: 神经网络将处理的信息存储在神经元权值中使其具有联想记忆能力, 同时信息被分布式存储在整个网络中, 而不仅是某一存储单元, 每个神经元连接对网络整体功能影响微小，部分节点被破坏不参与运算对整体不会造成重大影响，使得神经网络具有极强的容错能力。

(3) 自适应自学习能力：神经网络基于实际数据并对其进行学习训练，获得网络的权值和结构，寻找输入和输出之间的内在关系，而非依据对问题的经验知识和规则进行求解，网络对输入的未知数据能够进行有效处理，体现了神经网络的泛化能力、自学习能力以及环境的自适应能力。

(4) 高度非线性动力系统：非线性作为自然界普遍特征，人工神经元处于抑制或激活的行为，数学上可描述为非线性人工神经网络，大量神经元的信息可输入单一神经元并通过并行网络产生输出，网络之间彼此相互制约和相互影响，同时凭借其神经元无限性可趋近任何非线性的映射，实现输入状态到输出状态的非线性映射。

6.2　人工神经网络基本原理

神经细胞是构成神经元的基本单元，简称为神经元，大脑可以视作由 1000 多亿个神经元交织在一起的网状结构，其结构如图 6-1 所示，主要由细胞体、树突、轴突和突触构成。其中细胞体是神经元的主体，由细胞核、细胞质和细胞膜构成；树突是细胞体外延的突起神经纤维，用于接收来自其他神经元的信号；轴突是细胞体伸出的一条突起，用于传出细胞体产生的信号；突触是用于神经元之间连接的接口。

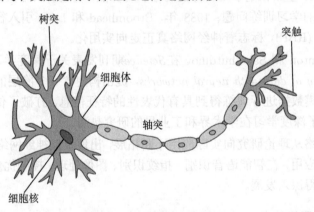

图 6-1　生物神经元结构图

人工神经网络是以人工神经元为节点，用有向加权弧连接起来的有向图，其中人工神经元是对生物神经元的模拟，而有向弧则是对轴突、突触、树突的模拟，从而实现对人类脑神经系统结构和功能的模拟。人工神经网络包含八个要素：一组处理单元、处理单元的激活状态、每个处理单元的输出函数、处理单元之间的连接模式、传递规则、把处理单元的输入及当前状态结合起来产生激活规则、通过经验修改联结强度的学习规则、系统运行的环境。

6.2.1　神经元数学模型

人工神经网络是由神经元模型相互连接，具有并行处理信息能力的分布式网络结构，每个神经元能与其他神经元进行连接并称其为激励函数，同时神经元存在多重输出连接时具有对应的权重系数，基于不同的网络连接方式具有不同的激励函数和权重值。人工神经网络作为一种逻辑策略的表达，可以表征为自然界算法或者函数的逼近，通过大量神经元组合而成的复杂系统行为，达到处理信息的目的。

目前提出了多种神经元模型，最早提出且影响最大的为 M-P 模型，该模型基于 6 点假定进行描述：① 每个神经元都是一个多输入单输出的信息处理单元；② 神经元输入分兴奋性输入和抑制性输入两种类型；③ 神经元具有空间整合特性和阈值特性；④ 神经元输入与输出间有固定的时滞，主要取决于突触延搁；⑤ 忽略时间整合作用和不应期；⑥ 神经元本身是非时变的，即其突触时延和突触强度均为常数。

简单的神经元是一种多输入单输出的非线性模型，其基本结构如图 6-2 所示。

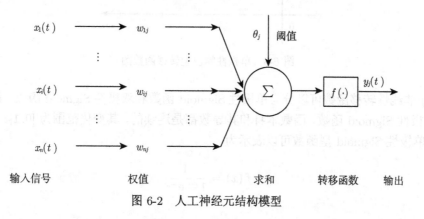

图 6-2 人工神经元结构模型

令 $x_i(t)$ 表示 t 时刻神经元 j 接收神经元 i 的信息，$y_j(t)$ 表示 t 时刻神经元 j 的输出信息，则神经元 j 的输出可表示为

$$y_j(t) = f\left(\left[\sum_{i=1}^{n} w_{ij} x_i (t - \tau_{ij})\right] - \theta_j\right) \tag{6-1}$$

式中，τ_{ij} 为神经元输入输出间突触时延；w_{ij} 为神经元 i 到神经元 j 的突触连接系数或权重；θ_j 为神经元 j 的阈值；$f(\cdot)$ 为神经元转移函数。

6.2.2 人工神经元转移函数

人工神经元选取不同的转移函数和数学模型，使神经元具有不同的信息处理特征，从而影响神经元输入和激活状态之间的关系，因此神经元可以通过改变转移函数来改变信息处理方式，从而进一步影响着人工神经网络的性能。

人工神经元转移函数有以下几种形式：阈值型转移函数、非线性转移函数、分段线性转移函数、高斯型转移函数和概率型转移函数等。

(1) 阈值型转移函数采用单位阶跃函数，为神经元模型中最简单的一种阈值函数，又可分为单极性阈值型转移函数和双极性阈值型转移函数。如图 6-3 所示，单极性阈值型

转移函数可以表示为

$$f(x) = \begin{cases} 1, & x \geqslant 0 \\ 0, & x < 0 \end{cases} \tag{6-2}$$

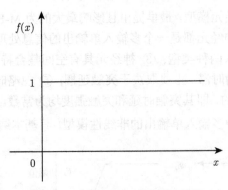

图 6-3　单极性阈值型转移函数图

(2) 非线性转移函数可以分为单极性 Sigmoid 函数和双极性 Sigmoid 函数,其中常用的是单极性 Sigmoid 函数,函数本身和其导数都是连续的,其变化范围为 $[0,1]$。如图 6-4 所示,单极性 Sigmoid 型函数可以表示为

$$f(x) = \frac{1}{1 + \mathrm{e}^{-x}} \tag{6-3}$$

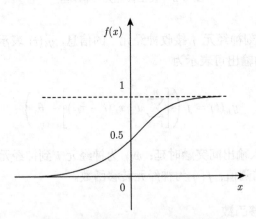

图 6-4　单极性 Sigmoid 转移函数图

(3) 分段线性转移函数其特点在于神经元输入输出满足线性关系,又可以分为线性转移函数、饱和线性转移函数、对称饱和线性转移函数。如图 6-5 所示,饱和线性转移函数可以表示为

$$f(x) = \begin{cases} 0, & x < 0 \\ x, & 0 \leqslant x \leqslant 1 \\ 1, & x > 1 \end{cases} \tag{6-4}$$

(4) 高斯型转移函数是一种非线性函数。如图 6-6 所示，采用 σ 来描述高斯函数宽度，其高斯型转移函数可以表示为

$$f\left(x\right) = \mathrm{e}^{-\left(x^2/\sigma^2\right)} \tag{6-5}$$

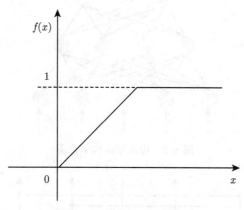

图 6-5　饱和线性转移函数图

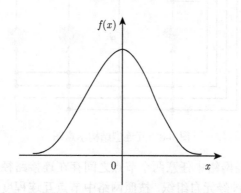

图 6-6　高斯型转移函数图

(5) 概率型转移函数表示神经元的输入和输出之间是不确定关系，可用一个随机函数来描述概率。令 T 为一随机变量，神经元输出为 1 的概率为

$$P(1) = \frac{1}{1 + \mathrm{e}^{-x/T}} \tag{6-6}$$

6.2.3　人工神经网络分类

人工神经网络是由大量神经元互联的复杂系统，不同的互联模式影响网络性质和功能，可以按照不同的方法进行分类。

1) 按拓扑结构分类

按照网络连接的拓扑结构可以分为层次型结构和互连型结构，如图 6-7 和图 6-8 所示。

(1) 层次型结构神经网络按照神经元功能可以分为包含输入层、隐层和输出层在内的若干层，外界信息通过输入层神经元传递到神经网络的中间各隐层神经元，隐层作为神

经网络内部信息处理层将信息最后传递到输出层神经元，实现外界信息从输入层经过隐层到输出层的传输过程。

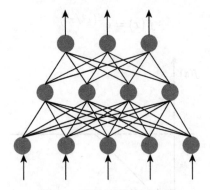

图 6-7   层次型结构示意图

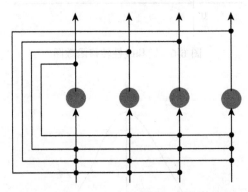

图 6-8   互连型结构示意图

(2) 互连型结构神经网络中任意两个节点之间存在连接路径，可以在同层内引入神经元侧向作用实现各层神经元自组织，按照网络中节点互连程度可以划分为全互连型结构、局部互连型结构以及稀疏连接型结构。

2) 按信息传递方向分类

按照神经网络内部信息传递方向分为前馈型网络和反馈型网络，如图 6-9 和图 6-10所示。

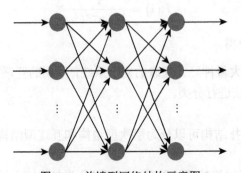

图 6-9   前馈型网络结构示意图

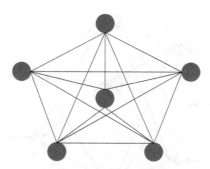

图 6-10 反馈型网络结构示意图

(1) 前馈型网络有输入层、隐层、输出层三层，信息处理方向为输入层到隐层再到输出层。由输入层负责接收来自外部的信息，由隐层和输出层负责信息处理并最后由输出层向外界传递信息，信息处理方向必须是层级传递，不存在反馈网络和越级传递，BP 神经网络为典型的前馈型网络。

(2) 反馈型网络中每一个节点都表示一个计算单元且均具有信息处理能力，同一时间接收外加输入和其他各节点的反馈输入，每一个节点也都直接向外部输出，能够用一个无向的完备图表示，Hopfield 网络为典型的反馈型网络。

6.3 人工神经网络主要算法

6.3.1 BP 神经网络

BP 神经网络在 1986 年由 Rumelhart 和 McClelland 提出，是一种按照误差反向传播算法训练的多层前馈神经网络，从结构上包含输入层、隐层和输出层，层与层之间采用全互连型网络结构而同层网络不连接。BP 神经网络是一种具有多层感知器，并获得广泛应用的神经网络。

BP 神经网络基本思想为：算法包括信号前向传播和误差的反向传播两个过程，从输入到输出的方向计算误差，而从输出到输入的方向调整权值和阈值。前向传播时外界信息通过输入层传入神经网络，经过输入层和输出层之间的若干隐层处理将输出信号传出，比较判断实际输出值和期望输出值之间的误差，如不符合要求则转入误差的反向传播阶段，将误差值通过各隐层向输入层反传，分摊误差给各层并以此为依据调整各层权值，不断调整输入层和隐层节点、隐层节点和输出层节点之间的连接强度。信号前向传播和误差反向传播，经过反复学习训练，直到网络输出误差减少到可接受的范围，停止训练并确定最小误差对应的网络权值和阈值参数。

BP 神经网络其核心是基于梯度下降法使得网络实际输出值和期望输出值误差均方差最小，在多隐层情况下，网络具有很强的非线性映射能力；层数和各层神经元个数可调，具有可变的网络结构，同时输入输出信息存储在网络权值中，个别神经元损坏对整体输出结果影响较小，使得网络具有较好的容错能力。

图 6-11 所示为含有一个隐层的 BP 神经网络结构，第一层为输入层神经元，第二层为隐层神经元，第三层为输出层神经元。

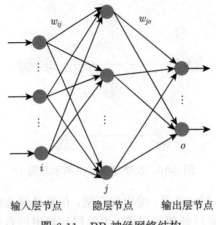

图 6-11　BP 神经网络结构

神经元采用 Sigmoid 函数, 则 BP 神经网络神经元输入输出关系为

$$\text{net}_i = \sum_{j=1}^{n} w_{ji} x_j$$
$$O = f(\text{net}) = \frac{1}{1 + e^{-\text{net}}} \tag{6-7}$$
$$f'(\text{net}) = \frac{e^{-\text{net}}}{(1 + e^{-\text{net}})^2} = O(1 - O)$$

式中, net_i 为神经元的整个网络输入, 是对外部输入信息 x_j 的加权和; O 为神经元采用 Sigmoid 函数激发后的输出。

令整个神经网络期望输出为 Y, 则神经网络关于第 p 个样本的误差测度为

$$E_p = \frac{1}{2} \sum_{j=1}^{m} (y_{pj} - O_{pj})^2 \tag{6-8}$$

神经网络关于整个样本集的误差测度为

$$E = \sum_p E_p \tag{6-9}$$

如果所有输入经过网络计算输出, 满足期望的输出结果, 则学习结束, 误差为指定的允许误差; 否则, 按照对误差进行反向传播过程修改输入层节点 i 到隐层节点 j 的权值 w_{ij} 以及隐层节点 j 到输出层节点 o 的权值 w_{jo}。

隐层与输出层连接示意图如图 6-12 所示。

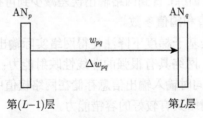

图 6-12　隐层与输出层连接示意图

采用基于梯度下降法来对隐层与输出层连接权值进行修改，其学习算法为

$$w_{pq}(t+1) = w_{pq}(t) + \Delta w_{pq} \tag{6-10}$$

$$\Delta w_{pq} = \alpha \delta_q O_p = \alpha f'(\mathrm{net}_q)(y_q - O_q)O_p = \alpha O_q(1-O_q)(y_q - O_q)O_p \tag{6-11}$$

式中，$w_{pq}(t+1)$、$w_{pq}(t)$ 分别是第 $(t+1)$ 次和第 t 次迭代时从节点 p 到节点 q 的权值；α 为学习速率，$\alpha \in [0,1]$；$\delta_q = -\dfrac{\partial E}{\partial \mathrm{net}_q} = -\dfrac{\partial E}{\partial O_q}\dfrac{\partial O_q}{\partial \mathrm{net}_q} = (y_q - O_q) \cdot f'_n(\mathrm{net}_q)$；$\Delta w_{pq}$ 是权值变化量。

隐层的连接权值修改学习算法依然采用梯度下降法 (图 6-13)，图中 $k-1$ 层与 $k-2$ 层的连接权值为

$$w_{hp}(t+1) = w_{hp}(t) + \Delta w_{pk-1} \tag{6-12}$$

$$\Delta w_{pk-1} = \alpha \delta_{pk-1} O_{hk-2} = \alpha O_{pk-1}(1-O_{pk-1})\left(\sum_{i=1}^{m} w_{pi}\delta_{ik}\right)O_{hk-2} \tag{6-13}$$

式中，$w_{hp}(t+1)$、$w_{hp}(t)$ 分别是第 $(t+1)$ 次和第 t 次迭代时从节点 h 到节点 p 的权值；$\delta_{pk-1} = -\dfrac{\partial E}{\partial \mathrm{net}_{pk-1}} = -\dfrac{\partial E}{\partial O_{pk-1}}\dfrac{\partial O_{pk}}{\partial \mathrm{net}_{pk-1}} = \sum_{i=1}^{m} w_{pi}\delta_{ik} \cdot f'(\mathrm{net}_{pk-1})$；$\Delta w_{pk-1}$ 是权值变化。

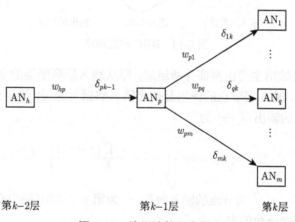

图 6-13　隐层连接示意图

BP 神经网络也具有一些缺陷，例如，对简单问题处理亦需要成百上千次的学习才能收敛，存在多个极值点时采用梯度下降法容易陷入局部极小值，对网络层数和各层神经元缺乏理论指导来确定对应的数目等。因此，如何根据特定问题确定网络结构、加速网络收敛速度以及避免陷入局部极小值需要进一步的研究。目前，已经有研究者采用统计分析、变步长等方法，在改进误差函数、优化权值和阈值选取等方面来改善 BP 神经网络的性能。

6.3.2　RBF 神经网络

多变量差值径向基函数在 1985 年由 Powell 首次提出，并在 1988 年由 Broomhead 和 Lowe 首次将该函数应用到神经网络中，构成 RBF 神经网络。

RBF 神经网络基本思想为：采用以局部分布中心点对称的非线性函数，构成基于 RBF 隐层单元的隐含空间，确定非线性函数中心点后，将输入向量直接映射到隐含空间，而隐含空间到输出层为线性映射，对隐含单元层输出进行线性加权求和可以得到网络输出。

图 6-14 所示为一典型的三层 RBF 神经网络结构，该网络从左到右依次为：第一层为由信号源节点构成的输入层，在此有 n 个输入节点；第二层为含有非线性激活函数的隐层，在此有 p 个隐节点；第三层为对输入进行响应的输出层，在此有 m 个输出节点。

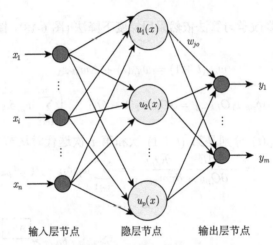

图 6-14　RBF 神经网络

RBF 神经网络输出主要由两部分所组成，即从输入层到隐层的非线性变换和隐层到输出层的线性相加。输入层节点的作用是传递输入数据至隐层，隐层由高斯核函数构成，其第 j 个隐层节点的输出 $u_j(x)$ 为

$$u_j(x) = \exp\left[-\frac{(x - r_j)^{\mathrm{T}}(x - r_j)}{b_j}\right] \tag{6-14}$$

式中，$x = [x_1, x_2, \cdots, x_n]^{\mathrm{T}}$ 为 n 维的输入向量；r_j 为第 j 个 RBF 的中心，$j = (1, 2, \cdots, p)$；b_j 为第 j 非线性变换函数的宽度。

RBF 神经网络输出层第 m 个节点的输出 y_m 可以表示为

$$y_m = \sum_{j=1}^{p} w_{jo} u_j(x) \tag{6-15}$$

式中，w_{jo} 为第 j 个隐节点和第 o 个输出节点之间连接权值。

RBF 神经网络非线性变换函数中心和宽度的训练是其网络设计的重要准则，目前对于中心的训练常采用固定法、随机固定法、Kohonen 中心选择法、K-Means 聚类中心法等，而对于宽度的训练常采用固定法、平均距离法等。

RBF 神经网络与 BP 神经网络都属于典型的前馈神经网络，两相比较具有以下特点。

(1) BP 神经网络从输入层到隐层以及隐层到输出层均采用权值连接，RBF 神经网络从输入层到隐层采用直接连接，而隐层到输出层采用权值连接。

(2) BP 神经网络需要确定的参数主要是连接权值和阈值，RBF 神经网络需要确定的参数主要是非线性变换函数的中心和宽度。

(3) BP 神经网络结构受到权值及阈值的约束，RBF 神经网络可以根据具体的任务描述确定对应的网络拓扑结构。

RBF 神经网络作为一种新颖的前馈式网络，具有最佳逼近和全局优化能力，表现出比 BP 网络更强大的生命力而受到越来越广泛的应用。

6.3.3 Hopfield 神经网络

Hopfield 神经网络是在 1982 年由生物物理学家 Hopfield 提出，从结构上为单层互相连接的反馈型网络，每个神经元地位平等，既是输入也是输出，并与其他神经元进行连接，接收来自其他神经元的网络参数，并将自己处理的结果传递给其他神经元。

Hopfield 神经网络的基本思想为：从网络中随机选取一个神经元，保持神经元的连接权值固定，进行加权求和并计算其下一时刻输出值，基于运行规则不断改变网络状态，引入能量函数概念来表征网络的变化趋势，当能量函数达到极小值时表示网络收敛。

Hopfield 神经网络的核心是一种基于递归的神经网络，网络的状态是随时间的变化而变化的，其具有稳定状态时能量函数最小，但此时获得的极小值有可能是局部极小值而非全局极小值。Hopfield 神经网络模型有离散型和连续型两种，离散型适用于联想记忆，连续型适合处理优化问题。

Hopfield 神经网络较前馈网络复杂，若 Hopfield 神经网络满足以下条件则网络是稳定的：

(1) 权值对称，$w_{ij} = w_{ji}$；

(2) 无自反馈，$w_{ii} = 0$。

图 6-15 所示为一单层的 Hopfield 神经网络，网络由 n 个神经元组成 $[N_1, N_2, \cdots, N_{n-1}, N_n]$，其接收来自外部输入的信号 $[x_1, x_2, \cdots, x_{n-1}, x_n]$，每个神经元与其他神经元的权值为 w_{ij}，其中 $w_{ii} = 0$，在转移函数的作用下进行输出 $[y_1, y_2, \cdots, y_{n-1}, y_n]$，门限值为 $[\theta_1, \theta_2, \cdots, \theta_{n-1}, \theta_n]$。

离散 Hopfield 神经网络网络在外部状态激发下进入动态演变，每个神经元的状态演化规则为

$$y_i^{(k+1)} = \operatorname{sgn}\left(\sum_{\substack{j=1 \\ j \neq i}}^{n} w_{ij} y_i^{(k)} + x_i - \theta_i \right), \quad i = 1, 2, \cdots, n \tag{6-16}$$

式中，$\operatorname{sgn}(\cdot)$ 为状态转移函数，离散 Hopfield 神经网络常采用硬限幅函数或阈值函数：

$$\operatorname{sgn}(f) = \begin{cases} 1, & f \geqslant 0 \\ -1, & f < 0 \end{cases} \tag{6-17}$$

某一时刻只允许一个神经元节点进行更新输出，下一时刻随机选择节点，更新规则按照异步操作进行，称为离散 Hopfield 网络异步随机递归规则。

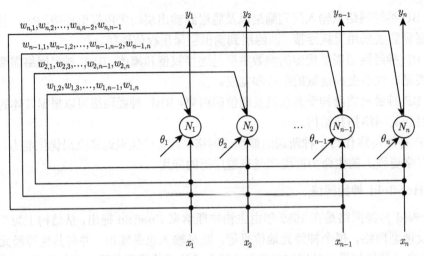

图 6-15   Hopfield 神经网络

为了讨论离散 Hopfield 网络的稳定性，在此引入能量函数 E 来表示：

$$E = -\frac{1}{2} \sum_{i=1}^{n} \sum_{\substack{j=1 \\ i \neq j}}^{n} w_{ij} y_i y_j - \sum_{i=1}^{n} x_i y_i + \sum_{i=1}^{n} \theta_i y_i \tag{6-18}$$

如离散 Hopfield 网络稳定，神经元节点状态发生变化时能量函数减少，则能量变化值 ΔE 可以表示为

$$\Delta E = E(y_i^{(k+1)}) - E(y_i^{(k)}) = -\left(\sum_{\substack{j=1 \\ i \neq j}}^{n} w_{ij} y_i^{(k)} + x_i - \theta_i \right) (y_i^{(k+1)} - y_i^{(k)}) \tag{6-19}$$

可以证明能量变化 $\Delta E \leqslant 0$，因此 Hopfield 神经网络从初始状态开始经过有限步更新会收敛到一个稳定状态，能量函数在演化规则下必可到达极小值 (可能为局部极小值)。以上讨论的是离散的 Hopfield 神经网络，可以将其推广到连续的 Hopfield 神经网络中。

假定在时间连续下，节点具有连续的输出，同时能量函数按时间连续下降，连续 Hopfield 神经网络具有离散模型的相同性质。

连续 Hopfield 网络可以用电子模拟电路来实现：神经元用带有正反向输出端的放大器模拟，采用运算放大器来模拟神经元的转移函数，采用电阻模拟神经元的连接强度，导线电导模拟神经元的突触特性。基于基尔霍夫定律，连续 Hopfield 神经网络对第 i 个神经元其输入输出数学模型可以表示为

$$\begin{cases} C_i \dfrac{\mathrm{d}x_i}{\mathrm{d}t} + \dfrac{x_i}{R_i} = \displaystyle\sum_{j=1}^{n} w_{ij} y_j + I_i \\ y_i = g(x_i) \end{cases} \tag{6-20}$$

式中，x_i 和 y_i 为以电压量表示的神经元 i 输入和输出；C_i 和 R_i 为第 i 个神经元的输入电容和输入电阻；I_i 是偏置电流；$g(\cdot)$ 为第 i 个神经元的转移函数，一般采用 Sigmoid 函数。

上述方程描述了连续 Hopfield 神经网络的演化规则，给定一个神经元初始值通过解微分方程可以获得该神经元 t 时刻的输入和输出值。若这个方程有解，则表示系统状态变化最终会趋于稳定。在对称连接和无自反馈的情况下，定义系统的标准能量函数为

$$E = -\frac{1}{2}\sum_{i=1}\sum_{j=1} w_{ij}y_iy_j - \sum_{i=1} y_iI_i + \sum_{i=1}\frac{1}{R_i}\int_0^{y_i} g^{-1}(y)\mathrm{d}y \tag{6-21}$$

随着时间增长状态变化，系统按能量函数的负梯度方向演变其能量总是降低的，当且仅当网络中所有节点状态不再改变时，能量达到极小值即所求的稳定点。

6.3.4 自组织神经网络

人脑感觉通道上神经元有序排列使其具有可以感受外在刺激的物理特性，低层次神经元是预先排列好而高层次神经元是通过学习自组织形成。基于大脑神经元这一特性，1981年，芬兰赫尔辛基大学的 Kohonen 通过引入 WTA 竞争机制来反映自组织学习的根本特征，提出自组织特征映射模型 (self-organizing feature map, SOM)。SOM 作为一种聚类和高维可视化的无监督学习算法，应用范围已经从语音和图像处理等领域扩展到非线性系统的辨识和机器人控制等方面。

如图 6-16 所示，SOM 神经网络由输入层和竞争层构成，其中输入层负责感知外界信息输入，输入层神经元通过权向量将外界信息汇集到竞争层神经元，竞争层作为模拟相应的大脑皮层开展神经元竞争，使得神经元获得对输入模式的响应机会，神经元只对其邻居神经元具有抑制作用。

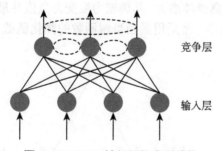

竞争层

输入层

图 6-16 SOM 神经网络典型结构

SOM 神经网络可分为训练和工作两个阶段，其基本原理为：在训练阶段基于特定输入模式对样本进行输入，输出层有节点将对输入模式产生最大响应而成为获胜节点，由于侧向作用获胜节点周围的邻居节点也将产生较大响应，使得获胜节点和其邻居节点与输入节点之间连接权值发生调整，其调整力度依邻域内各节点距获胜节点的距离增大而逐渐衰减；网络训练结束进入工作阶段，可以确定输出层各节点与输入层之间的关系，输入一个模式时输出层能够对该输入进行归类。

SOM 神经网络的神经元有多种排列形式，常见的为一维线阵、二维平面阵和三维栅格阵。如图 6-17(a) 所示，一维线阵作为最简单的自组织网络输出层排列方式，输出层只标出相邻神经元间的侧向连接；二维平面阵作为最典型的自组织网络输出层排列方式，输出层的每个神经元同它周围的其他神经元侧向连接形成棋盘状平面，如图 6-17(b) 所示。

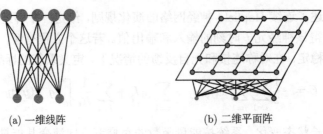

(a) 一维线阵　　　　　　　　　　　　　　　(b) 二维平面阵

图 6-17　SOM 神经网络输出阵列

　　SOM 神经网络对胜者为王的策略加以改进，胜者为王策略中只有竞争获胜的神经元才能调整权向量，而其他任何神经元都无法调整。不同于胜者为王策略，对其他任何神经元都是抑制的，SOM 神经网络中不仅获胜神经元是可以调整权向量的，其邻居神经元也可以按照不同的力度进行调整权向量，邻居神经元调整力度的强弱度量，按照与获胜神经元距离远近由兴奋变为抑制作用，其与胜者为王策略相比主要区别在于调整权向量与侧抑制的方式不同。

　　SOM 神经网络权向量调整是以获胜神经元为中心，在一定半径内的邻居神经元能够按照距离远近不同程度地调整权值。图 6-18 为 SOM 神经网络调整权向量的三种不同函数，图 6-18(a)、(b) 和 (c) 分别称为墨西哥帽函数、大礼帽函数和厨师帽函数。墨西哥帽函数由 Kohonen 提出，获胜神经元具有最大的权值调整力度，而随着邻居神经元与获胜神经元距离越来越远其权值调整力度减弱，当减弱到某一距离其调整力度为零，随着邻居神经元与获胜神经元距离继续增大，其调整力度变为负值并最终回到零值。在 SOM 神经网络权值调整实际应用中，常采用墨西哥帽函数的简化函数，即大礼帽函数和厨师帽函数。

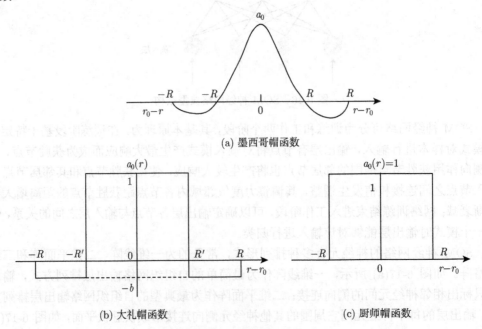

(a) 墨西哥帽函数

(b) 大礼帽函数　　　　　　　　　　　　　(c) 厨师帽函数

图 6-18　三种激励函数

图 6-19 给出了 SOM 神经网络伪代码，其基本步骤如下。

(1) 初始化：对输出层权向量进行归一化处理，建立初始优胜邻域并对学习率赋初值；

(2) 输入样本：训练集中随机选取一个输入模式并进行归一化处理；

(3) 确定获胜节点：计算经归一化的输入样本和经归一化的权向量之间的点积，确定点积最大的为获胜节点；

(4) 定义优胜邻域：以获胜节点为中心确定当前时刻权值调整域，优胜邻域范围随着训练时间逐渐收缩；

(5) 调整权值：基于获胜节点与邻域内节点拓扑距离，对优胜邻域内所有节点权值进行调整；

(6) 结束检查：以学习率是否衰减为零或某个正小数值为条件，判断 SOM 神经网络是否结束学习，若不满足结束条件返回步骤 (2)。

```
Import numpy as np
Ŵⱼ=0.01*np.random.rand() #对输出层各权向量赋小随机数，j=1,2,⋯,m
Normalize(Ŵⱼ)    #进行归一化处理
Init(Nⱼ*(0))    #建立初始优胜邻域Nⱼ*(0)
Init(η(t))    #学习率η赋初始值
While TRUE:
    Init(X̂ᵖ)    #输入归一化样本X̂ᵖ，p∈{1,2,样本P}
    a=np.dot(Ŵⱼ,X̂ᵖ)    #计算X̂ᵖ与Ŵⱼ的点积
    j*=np.argmax(a)+1    #选出点积最大的获胜节点j*
    Define(Nⱼ*(t))    #定义优胜邻域Nⱼ*(t)
    wᵢⱼ(t+1)=wᵢⱼ(t)+η(t,N)*(xᵢᵖ-wᵢⱼ(t))
    #对优胜邻域Nⱼ*(t)内的所有节点调整权值，i=1,2,⋯,n；j∈Nⱼ*(t)
    If η(t)<η_min:
        return
```

图 6-19   SOM 神经网络伪代码

6.4 模糊神经网络

模糊理论和神经网络技术是近几年来人工智能研究较为活跃的两个领域。人工神经网络模拟人脑结构的思维功能，具有较强的自学习和联想功能，人工干预少，精度较高，对专家知识的利用也较好。但缺点是它不能处理和描述模糊信息，不能很好地利用已有的经验知识，特别是学习及问题的求解具有黑箱的特性，其工作不具有可解释性，同时它对样本的要求较高；模糊系统相对于神经网络而言具有推理过程容易理解、专家知识利用较好、对样本的要求较低等优点，但它同时又存在人工干预多、推理速度慢、精度较低等缺点，很难实现自适应学习的功能，而且如何自动生成和调整隶属度函数和模糊规则，是一个棘手的问题。如果将二者有机地结合起来，可起到互补的效果。

模糊神经网络就是模糊理论同神经网络相结合的产物，它汇集了神经网络与模糊理论的优点，集学习、联想、识别、信息处理于一体。

模糊神经网络就是具有模糊权系数或者输入信号是模糊量的神经网络，因此，根据结合方法不同，模糊神经网络有如下三种形式。

(1) 模糊神经系统：神经网络模糊化，其本质上是神经网络。

(2) 神经模糊系统：用神经网络来实现模糊隶属函数、模糊推理，其本质上还是模糊系统。

(3) 模糊神经混合系统：二者的有机结合。

对于第 (1) 种结合方式，即模糊神经系统，根据模糊方式的不同，又可分为三类，第一类是输入、输出信号是模糊数，而网络权值是确定数；第二类是输入、输出信号是确定数，而网络权值是模糊数；第三类是输入、输出信号和网络权值都是模糊数。下面介绍最简单的第一种类型，其结构如图 6-20 所示。

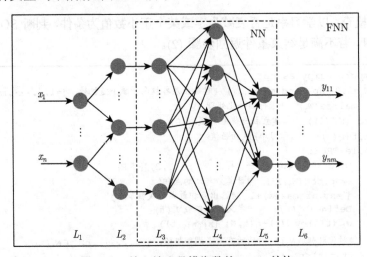

图 6-20 输入输出是模糊数的 FNN 结构

由图 6-20 可以看出，该 FNN 由 6 层构成，分别是输入层 L_1；模糊化层 L_2；L_3、L_4 和 L_5 层则构成一个普通的神经网络 (neural network：NN)；L_6 是 FNN 输出层。

输入层 L_1：设输入向量为 $X = [x_1, x_2, \cdots, x_n]^T$，输入层节点数为 $N_1 = n$，该层的各个节点直接与输入向量的各分量 x_i 连接，它的作用是将输入向量 X 传送到下一层。

模糊化层 L_2：该层的总节点数 $N_2 = \sum_{i=1}^{n} m_i$，被分成 n 组，每组神经元只和一个输入变量相连，每个神经元节点表示一个语言变量值 (或模糊子集)，如 NB、NM、NS、E、PS、PM、PB 等，它的作用是计算各输入分量属于各语言变量值模糊子集的隶属度。若输出隶属函数取高斯函数表示的铃形函数，则有

$$\mu_{ij} = e^{\frac{(x_i - C_{ij})^2}{\sigma_{ij}^2}} \tag{6-22}$$

式中，C_{ij} 为隶属函数的中心；σ_{ij} 为隶属函数的宽度；$i = 1, 2, \cdots, n, n$ 为输入向量的维数；$j = 1, 2, \cdots, m_i, m_i$ 为 X_i 的模糊子集数。

输入层与模糊化层之间的连接权系数取为 1。

L_3、L_4 和 L_5 层：这三层组成一个普通的神经网络，可以采用各种神经网络模型来实

现，如常用的 BP 网络。其中，L_3 和 L_5 层的节点个数由输入、输出层模糊化后决定，L_4 层的节点个数则可以根据具体情况自由选择，但必须满足一定的要求。

输出层 L_6：该层神经元节点个数与前一层完全相同，实现的是归一化计算，因为普通神经网络的输出并不一定是理想的情况，为了满足隶属度的要求，必须对其进行归一化处理，即

$$y_{k,q} = \frac{|o_{k,q}|}{\sum\limits_{q=1}^{m} |o_{k,q}|} \tag{6-23}$$

式中，$o_{k,q}$ 为 NN 的输出；$y_{k,q}$ 为 FNN 的输出；$k = 1, 2, \cdots, n$；$q = 1, 2, \cdots, m$。

对于第 (2) 种结合方式，即神经模糊系统，其核心为模糊神经元，其功能与非模糊神经元类似，但同时有着模糊信息处理能力。与非模糊神经元的区别在于，模糊神经元的输入信息为语言类术语，如"大""小""长""宽"等，其加权输入不同于非模糊神经元的求和方式，而是采用累积运算。同理，模糊神经元亦可对输出结果进行模糊运算。

模糊神经元可以通过"If-Then"语句进行描述，因为此类语句本来就带有模糊性和不确定性；模糊神经元也可以由非模糊神经元模型加权模糊后得到。目前几种常用的模糊神经元有模糊化神经元、去模糊化神经元以及模糊逻辑神经元：其中模糊化神经元的作用是将输入值标准化，其输入可以为任意，包括离散的、确定的、模糊的等，而输出则为标准化的值；去模糊化神经元的作用是将模糊结果以确定性数据输出；模糊逻辑神经元使用频率最高。

具有模糊神经元的 FNN 一般结构如图 6-21 所示。

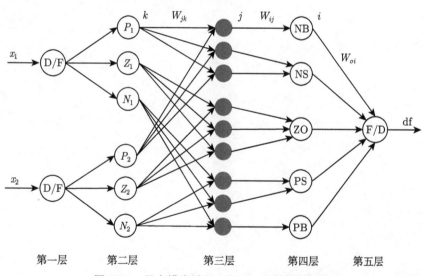

图 6-21　具有模糊神经元的 FNN 结构示意图

第一层主要负责将输入的精确值进行模糊化，从而转化为模糊量；第二层将根据每个模糊子集相应的隶属度函数，计算输入分量属于各语言变量值所对应的模糊集合的隶属度；第三层主要利用模糊规则进行模糊推理，与规则前件所对应的第二层神经元相连；第四层与第三层共同完成模糊推理，计算每个节点与每个规则的激励强度在所有规则的

激励强度上的分量，与规则后件对应的神经元相连；第五层主要完成将模糊推理出来的
输出模糊量进行清晰化，完成运算结果输出。

　　模糊神经网络无论作为逼近器，还是模式存储器，都是需要学习和优化权系数的。学
习算法是模糊神经网络优化权系数的关键。对于模糊神经系统，可采用基于误差的学习
算法，即监视学习算法。对于神经模糊系统，则有模糊 BP 算法、遗传算法等。对于混合
模糊神经混合系统，则比较复杂，目前尚未有合理的算法。

课 后 习 题

1. 什么是神经网络？
2. 主要的神经网络算法有哪些？
3. 给出 BP 算法的训练过程。
4. 编程实现 BP 算法。
5. 模糊神经网络的主要结构有哪些？
6. 查阅资料，并编程实现模糊 BP 算法。

第7章 机器学习

机器学习 (machine learning) 是人工智能中一个重要的研究领域，也是人工智能和神经计算的核心研究课题之一。近年来，随着专家系统的发展，需要系统具有学习能力，促进了机器学习的研究，使之获得了较快的发展，研制出了多种学习系统。

本章将首先介绍机器学习的定义、意义和发展简史，然后讨论机器学习的主要策略和基本结构，最后介绍各种机器学习的方法与技术，包括决策树学习、贝叶斯学习、统计学习、强化学习、深度学习等。

7.1 机器学习概述

机器学习是研究机器模拟人类的学习活动、获取知识和技能的理论和方法，以改善系统性能的学科。机器学习是人工智能应用研究较为重要的分支，它的发展过程大体上可分为以下几个阶段。

第一阶段：神经网络模型研究阶段。20 世纪 50 年代中期到 60 年代中期，属于热烈时期。在这个时期，所研究的是 "没有知识" 的学习，即 "无知" 学习，其研究目标是各类自组织系统和自适应系统，其主要研究方法是不断修改系统的控制参数以改进系统的执行能力，不涉及与具体任务有关的知识。指导该阶段研究的理论基础是早在 20 世纪 40 年代就开始研究的神经网络模型。

第二阶段：符号概念获取研究阶段。20 世纪 60 年代中期至 70 年代中期，称为冷静时期。该阶段的研究目标是模拟人类的概念学习过程，并采用逻辑结构或图结构作为机器内部描述。机器能够采用符号来描述概念 (符号概念获取)，并提出关于学习概念的各种假设。

第三阶段：基于知识的学习系统研究阶段。20 世纪 70 年代中期至 80 年代中期，称为复兴时期。在这个时期，人们从学习单个概念扩展到学习多个概念，探索不同的学习策略和各种学习方法。机器的学习过程一般都建立在大规模的知识库上，实现知识强化学习。令人鼓舞的是，该阶段已开始把学习系统与各种应用结合起来，并取得很大的成功，促进了机器学习的发展，在出现第一个专家学习系统之后，示例归约学习系统成为研究主流，自动知识获取成为机器学习的应用研究目标。

第四阶段：连接学习研究阶段。这一阶段始于 1986 年。一方面，由于神经网络研究的重新兴起，对连接机制学习方法的研究方兴未艾，机器学习的研究已在全世界范围内出现新的高潮，对机器学习的基本理论和综合系统的研究得到加强和发展。另一方面，实验研究和应用研究得到前所未有的重视。人工智能技术和计算机技术快速发展，为机器学习提供了新的更强有力的研究手段和环境。神经网络由于隐节点和反向传播算法的进展，使连接机制学习东山再起，向传统的符号学习发起挑战。

第五阶段：深度学习研究阶段。进入 21 世纪以来，人类在机器学习领域虽然取得了一些突破性的进展，但在寻找最优的特征表达过程中往往需要付出巨大的代价，这也成为抑制机器学习效率进一步提升的一个重要障碍。效率需求在图像识别、语音识别、自然语言处理、机器人学和其他机器学习领域中表现得尤为明显。深度学习 (deep learning) 是机器学习研究的一个新方向，源于对人工神经网络的进一步研究，通常采用包含多个隐含层的深层神经网络结构。深度学习算法不仅在机器学习中比较高效，而且在近年来的云计算、大数据并行处理等研究中，其处理能力已在某些识别任务上达到了几乎和人类相媲美的水平。

7.1.1   机器学习的主要策略

学习是一项复杂的智能活动，学习过程与推理过程是紧密相连的，按照学习中使用推理的多少，机器学习所采用的策略大体上可分为 4 种：机械学习、示教学习、类比学习和示例学习。学习中所用的推理越多，系统的能力越强。

机械学习就是记忆，是最简单的学习策略。这种学习策略不需要任何推理过程。外界输入知识的表示方式与系统内部表示方式完全一致，不需要任何处理与转换。虽然机械学习在方法上看来很简单，但由于计算机的存储容量相当大，检索速度又相当快，而且记忆精确、无丝毫误差，所以也能产生人们难以预料的效果。

比机械学习更复杂的是示教学习策略。对于使用示教学习策略的系统来说，外界输入知识的表达方式与内部表达方式不完全一致，系统在接收外部知识时需要一点推理、翻译和转化工作。

类比学习系统只能得到完成类似任务的有关知识，因此，学习系统必须能够发现当前任务与已知任务的相似之点，由此制定出完成当前任务的方案，因此，比上述两种学习策略需要更多的推理。

采用示例学习策略的计算机系统，事先完全没有完成任务的任何规律性的信息，所得到的只是一些具体的工作例子及工作经验。系统需要对这些例子及经验进行分析、总结和推广，得到完成任务的一般性规律，并在进一步的工作中验证或修改这些规律，因此需要的推理是最多的。

此外，还有基于解释的学习、决策树学习、增强学习和基于神经网络的学习等。

7.1.2   机器学习系统的基本结构

学习系统的基本结构如图 7-1 所示，其中环境向系统的学习部分提供某些信息，学习部分利用这些信息修改知识库，以增进系统执行部分完成任务的效能，执行部分根据知识库完成任务，同时把获得的信息反馈给学习部分。在具体的应用中，环境、知识库和执行部分决定了具体的工作内容，学习部分所需要解决的问题完全由上述 3 部分确定。下面分别叙述这 3 部分对设计学习系统的影响。

影响学习系统设计的最重要的因素是环境向系统提供的信息，或者更具体地说是信息的质量。知识库里存放的是指导执行部分动作的一般原则，但环境向学习系统提供的信息却是各种各样的。如果信息的质量比较高，与一般原则的差别比较小，则学习部分比较容易处理，如果向学习系统提供的信息是杂乱无章的，则学习系统需要在获得足够数据之后，删除不必要的细节，进行总结推广，形成指导动作的一般原则，放入知识库，这样学习部分的任务就比较繁重，设计起来也较为困难。

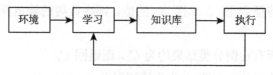

图 7-1 学习系统的基本结构

因为学习系统获得的信息往往是不完全的，所以学习系统所进行的推理并不完全是可靠的，它总结出来的规则可能正确，也可能不正确，这要通过执行效果加以检验。正确的规则能使系统的效能提高，应予保留；不正确的规则应予修改或从数据库中删除。

知识库是影响学习系统设计的第二个因素。知识的表示有多种形式，比如特征向量、一阶谓词逻辑、产生式规则、语义网络和框架等。这些表示方式各有其特点，在选择表示方式时要兼顾以下 4 个方面：① 表达能力强；② 易于推理；③ 容易修改知识库；④ 知识表示易于扩展。对于知识库，最后需要说明的一个问题是学习系统不能在全然没有任何知识的情况下凭空获取知识，每一个学习系统都要求具有某些知识去理解环境提供的信息，分析比较，做出假设，检验并修改这些假设。因此，更确切地说，学习系统是对现有知识的扩展和改进。

7.2 决策树学习

决策是根据信息和评价准则，用科学方法寻找或选取最优处理方案的过程或技术。对于每个事件或决策 (即自然状态)，都可能引出两个或多个事件，导致不同的结果或结论。把这种分支用一棵搜索树表示，称为决策树。

决策树由一系列节点和分支组成，在节点和子节点之间形成分支。节点代表决策或学习过程中所考虑的属性，而不同属性形成不同的分支。为了使用决策树对某一事例进行学习，做出决策，可以利用该事例的属性值并由决策树的树根往下搜索，直至叶节点，此叶节点即包含学习或决策结果。

可以利用多种算法构造决策树，比较流行的有 CLS、ID3、C4.5、CART 和 CHAID 等。下面介绍前面 2 种算法。

1. 决策树学习算法 CLS

概念学习系统 (concept learning system，CLS) 是一种早期的基于决策树的归纳学习系统。

在 CLS 的决策树中，节点对应于待分类对象的属性，由某一节点引出的弧对应于这一属性可能取的值，终叶节点对应于分类的结果。下面考虑如何生成决策树。

一般地，设给定训练集为 TR，TR 的元素由特定向量及其分类结果表示，分类对象的属性表 AttrList 为 $[A_1, A_2, \cdots, A_n]$，全部分类结果构成的集合 Class 为 $\{C_1, C_2, \cdots, C_m\}$，一般地有 $n \geqslant 1$ 和 $m \geqslant 2$。对于每一个属性 A_i，其值域为 ValueType (A_i)。值域可以

是离散的，也可以是连续的。这样，TR 的一个元素就可以表示成为 $< X, C >$，其中 $X = (a_1, a_2, \cdots a_n)$，$a_i$ 对应于实例第 i 个属性的取值，$C \in$ Class 为实例 X 的分类结果。

记 $V(X, A_i)$ 为特征向量 X 属性 A_i 的值，则决策树的构造算法 CLS 可递归描述如下：

(1) 如果 TR 中所有实例分类结果均为 C_i，则返回 C_i；

(2) 从属性表中选择某一属性 A 作为检测属性；

(3) 假定 $|\text{ValueType}(A_i)| = k$，根据 A 取值不同，将 TR 划分为 k 个集 TR$_1$，TR$_2$，$\cdots$ TR$_k$，其中 TR$_i = \{< X, C > \in$ TR 且 $V(X, A)$ 为属性 A 的第 i 个值 $\}$；

(4) 从属性表中去掉已做检验的属性 A；

(5) 对每一个 $i (1 \leqslant i \leqslant k)$，用 TR$_i$ 和新的属性表递归调用 CLS，生成 TR$_i$ 的决策树 DTR$_i$；

(6) 返回以属性 A 为根，以 DTR$_1$，DTR$_2$，$\cdots$，DTR$_k$ 为子树的决策树。

例 7-1　现考虑鸟是否能飞的实例，具体如下所示。

Instance	No. of wings	Broken wings	Living status	Wing area/weight	Fly
1	2	0	alive	2.5	T
2	2	1	alive	2.5	F
3	2	2	alive	2.6	F
4	2	0	alive	3.0	T
5	2	0	dead	3.2	F
6	0	0	alive	0	F
7	1	0	alive	0	F
8	2	0	alive	3.4	T
9	2	0	alive	2.0	F

设属性表为

AttrList = {No.of wings, Broken wings, Status, Area/weight}

各属性的值域分别为

ValueType(No.of wings) = $\{0, 1, 2\}$

ValueType (Broken wings) = $\{0, 1, 2\}$

ValueType (Status) = {alive, dead}

ValueType (Area/weight) $\in [0, 3.4]$

系统分类结果集合为

Class = $\{T, F\}$

训练集为 TR 共有 9 个实例，根据决策树构造算法，TR 的决策树如图 7-2 所示。每个叶子节点表示鸟能 (Yes) 否 (No) 飞行的描述。

从该决策树可以看出：

Fly = (No.of wings = 2) $\wedge$ (Broken wings = 0) $\wedge$ (Status = alive) $\wedge$ (Area/weight $\geqslant$ 2.5)

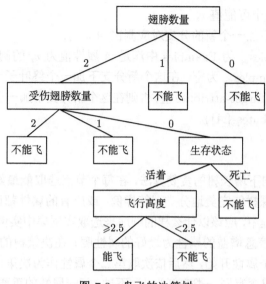

图 7-2　鸟飞的决策树

2. 决策树学习算法 ID3

1979 年，昆兰 (Quinlan) 提出了决策树学习算法 ID3，不仅能方便地表示概念的属性–值的信息结构，而且能够从大量实例数据中有效地生成相应的决策树模型。

决策树学习算法 ID3 通过自顶向下构造决策树来进行学习，构造过程是从 "哪一个属性将在树的根节点被测试" 这个问题开始的。为了回答这个问题，使用统计测试来确定每一个实例属性单独分类训练样例的能力。分类能力最好的属性就被选为树的根节点进行测试。接着为根节点属性的每个可能值产生一个分支，并把训练样例排列到适当的分支 (即样例的该属性值对应的分支) 之下。然后重复整个过程，用每个分支节点关联的训练样例来选取在该点被测试的最佳属性。这就形成了对合格决策树的贪婪搜索，也就是算法从不回溯重新考虑以前的选择。

ID3 算法用三元组表示：ID3(Examples, Target-attribute, Attributes)。其中，Examples 为训练样例集；Target-attribute 为这棵树要预测的目标属性；Attributes 为除了目标属性外学习到的决策树测试的属性列表。目标是返回一棵能正确分类给定 Examples 的决策树。基本的 ID3 算法的具体描述如下。

(1) 创建树的根节点 Root。

(2) 若 Examples 均为正，则返回 label=+ 的单节点树 Root。

(3) 若 Examples 均为反，则返回 label=− 的单节点树 Root。

(4) 若 Attributes 为空，则返回单节点树 Root，label=Examples 中最普遍的 Target-attribute 值。

(5) 否则开始下列过程：

　① A ←Attributes 中分类 Examples 能力最好的属性

　　%具有最高信息增益的属性是最好的属性。

　② Root 的决策属性 ← A。

③ 对于 A 的每个可能值 v_i

(a) 在 Root 下加一个新的分支对应测试 $A = v_i$;

(b) 令 Examples$_{v_i}$ 为 Examples 中满足 A 属性值为 v_i 的例子;

(c) 如果 Examples$_{v_i}$ 为空,在这个新分支下加一个终叶子节点,节点的 label1= Examples 中最普遍的 Target-attribute 值;否则在这个新分支下加一个子树 ID3(Examples, Target-attribute, Attributes-$\{A\}$)。

(6) 结束。

(7) 返回 Root。

ID3 是一种自顶向下增长树的贪婪算法,在每个节点选取能最好地分类样例的属性,继续这个过程直到这棵树能完美地分类训练样例,或所有的属性都已被使用过。

在决策树生成过程中,应该以什么样的顺序来选取实例集中实例的属性进行扩展呢?即如何选择具有最高信息增益的属性为最好的属性呢?在决策树的构造算法中,扩展属性的选取可以从第一个属性开始,然后依次取第二个属性作为决策树的下一层扩展属性,直到某一层所有窗口仅含有同一类实例为止。不过,每一属性的重要性一般是不同的,为了评价属性的重要性,根据检验每一属性所得到信息量的多少,昆兰给出了下面的扩展属性选取方法,其中信息量的多少和信息熵有关。

给定正负实例的子集为 S,构成训练窗口。当决策含有 k 个不同的输出时,S 的熵为

$$\text{Entropy}(S) = \sum_{i=1}^{k} -P_i \log_2(P_i) \tag{7-1}$$

式中,P_i 表示第 i 类输出所占训练窗口中总的输出数量的比例。如果对于布尔型分类 (即只有两类输出),则式 (7-1) 为

$$\text{Entropy}(S) = -\text{POS} \log_2(\text{POS}) - \text{NEG} \log_2(\text{NEG}) \tag{7-2}$$

式中,POS 和 NEG 分别表示 S 中正负实例的比例,并且定义 $0 \log_2(0) = 0$。如果所有的实例都为正实例或负实例,则熵为 0,当 NEG = POS = 0.5 时,熵为 1。

为了检测每个属性的重要性,可以通过每个属性的信息增益 Gain 来评估其重要性。对于属性 A,假设其值域为 $(v_1, v_2, \cdots, v_n)$,则训练实例 S 中属性 A 的信息增益 Gain 可以定义如下:

$$\text{Gain}(S, A) = \text{Entropy}(S) - \sum_{i=1}^{n} \frac{|S_i|}{|S|} \text{Entropy}(S_i) \tag{7-3}$$

式中,S_i 表示 S 中属性 A 的值为 v_i 的子集;$|S_i|$、$|S|$ 表示集合的势,即集合中所含样例数。

建议选取获得信息量最大的属性作为扩展属性。这一启发式规则又称最小熵原理,因为使获得的信息量最大等价于使不确定性 (或无序程度) 最小,即使得熵最小。

例 7-2 对于例 7-1,选取整个训练集为训练窗口,有 3 个正实例,6 个负实例,采用记号 [3+, 6−] 表示总的样本数据,则 S 的熵为

$$\text{Entropy}(S) = -\frac{3}{9} \log_2\left(\frac{3}{9}\right) - \frac{6}{9} \log_2\left(\frac{6}{9}\right) = 0.9179$$

对于例 7-1，计算属性 Living status 的信息增益，该属性的值域为 (alive, dead)：

$$S = [3+, 6-], \quad S_{\text{alive}} = [3+, 5-], \quad S_{\text{dead}} = [0+, 1-]$$

$$\text{Gain}(S, \text{status}) = \text{Entropy}(S) - \sum_{v \in \{\text{alive}, \text{dead}\}} \frac{|S_v|}{|S|} \text{Entropy}(S_v)$$

$$= \text{Entropy}(S) - \frac{|S_{\text{alive}}|}{|S|} \text{Entropy}(S_{\text{alive}}) - \frac{|S_{\text{dead}}|}{|S|} \text{Entropy}(S_{\text{dead}})$$

式中

$$|S_{\text{alive}}| = 8, \quad |S_{\text{dead}}| = 1, \quad |S| = 9$$

$$\text{Entropy}(S_{\text{alive}}) = \text{Entropy}(3+, 5-) = -\frac{3}{8} \log_2(3/8) - \frac{5}{8} \log_2(5/8) = 0.5835$$

$$\text{Entropy}(S_{\text{dead}}) = \text{Entropy}(0+, 1-) = -\frac{0}{1} \log_2(0/1) - \frac{1}{1} \log_2(1/1) = 0$$

因此，有

$$\text{Gain}(S, \text{status}) = 0.9179 - \frac{8}{9} \times 0.5835 = 0.3992$$

同样可以对其他属性进行计算，然后根据最小熵原理，选取信息量最大的属性作为决策树的根节点属性。

ID3 算法的优点是分类和测试速度快，特别适用于大数据库的分类问题。其缺点是：第一，决策树的知识表示不如规则容易理解；第二，两棵决策树是否等价问题是子图匹配问题，是 NP 完全问题；第三，不能处理未知属性值的情况。另外，对噪声问题也没有好的处理方法。

7.3 贝叶斯学习

贝叶斯学习起源于数学家贝叶斯在 1963 年所证明的一个关于贝叶斯定理的特例。假定要估计的模型参数是服从一定分布的随机变量，根据经验给出待估参数的先验分布 (也称为主观分布)，关于这些先验分布的信息被称为先验信息。贝叶斯学习就是利用参数的先验分布，由样本信息求来的后验分布，直接求出总体分布。贝叶斯学习理论使用概率表示所有形式的不确定性，通过概率规则来实现学习和推理过程。

7.3.1 贝叶斯公式的密度函数形式

假设 7.1 随机变量 X 有一个密度函数 $P(X; \theta)$，其中 θ 是一个参数，不同的 θ 对应不同的密度函数。故从贝叶斯观点看，$P(X; \theta)$ 在给定 θ 后是个条件密度函数，因此记为 $P(X|\theta)$ 更恰当一些。这个条件密度能提供我们的有关 θ 的信息就是总体信息。

假设 7.2 当给定 θ 后，从总体 $P(X|\theta)$ 中随机抽取一个样本 $X_1, X_2, \cdots, X_n$，该样本中含有 θ 的有关信息。这种信息就是样本信息。

假设 7.3 对参数 θ 已经积累了很多资料，经过分析、整理和加工，可以获得一些有关 θ 的有用信息，这种信息就是先验信息。

参数 θ 不是永远固定在一个值上，而是一个事先不能确定的量。从贝叶斯观点来看，未知参数 θ 是一个随机变量，而描述这个随机变量的分布可从先验信息中归纳出来，这个分布称为先验分布，其密度函数用 $\pi(\theta)$ 表示：

$$p(x_1, x_2, \cdots, x_n, \theta) = p(x_1, x_2, \cdots, x_n | \theta)\pi(\theta) \tag{7-4}$$

$$\pi(\theta | x_1, x_2, \cdots, x_n) = \frac{p(x_1, x_2, \cdots, x_n, \theta)}{p(x_1, x_2, \cdots, x_n)} = \frac{p(x_1, x_2, \cdots, x_n | \theta)\pi(\theta)}{\int p(x_1, x_2, \cdots, x_n | \theta)\pi(\theta)\mathrm{d}\theta} \tag{7-5}$$

综上所述，人们根据先验信息对参数 θ 已有一个认识，这个认识就是先验分布 $\pi(\theta)$。通过试验，获得样本，从而对 θ 的先验分布进行调整，调整的方法就是使用贝叶斯公式，调整的结果就是后验分布 $\pi(\theta | x_1, x_2, \cdots, x_n)$。后验分布是三种信息的综合。获得后验分布使人们对 θ 的认识又前进一步，可以看出，获得样本的作用是把我们对 θ 的认识由 $\pi(\theta)$ 调整到 $\pi(\theta | x_1, x_2, \cdots, x_n)$。所以对 θ 的统计推断就应建立在后验分布 $\pi(\theta | x_1, x_2, \cdots, x_n)$ 的基础上。

机器学习的任务是在给定训练数据 D 时，确定假设空间 H 中的最佳假设。而求最佳假设的一种方法是把它定义为在给定数据 D 以及 H 中不同假设的先验概率的有关知识下的最可能假设。贝叶斯理论提供了一种计算假设概率的方法，它基于假设的先验概率、给定假设下观察到不同数据的概率以及观察到的数据本身。

7.3.2　贝叶斯法则

贝叶斯定理是贝叶斯学习方法的基础，贝叶斯公式则提供了从先验概率 $P(h)$、$P(D)$ 和 $P(D|h)$ 计算后验概率 $P(h)$ 的方法。$P(h|D)$ 随着 $P(h)$ 和 $P(D|h)$ 的增长而增长，随着 $P(D)$ 的增长而减少，即如果 D 独立于 h 时被观察到的可能性越大，那么 D 对 h 的支持度越小。

有关贝叶斯定理及贝叶斯公式的内容可参考第 4 章相关的知识点，下面进一步介绍相关概念。

极大后验假设：学习器在候选假设集合 H 中寻找给定数据 D 时可能性最大的假设 h，h 被称为极大后验假设 (MAP)，确定 MAP 的方法是用贝叶斯公式计算每个候选假设的后验概率，计算公式如下：

$$h_{\mathrm{MAP}} = \arg\max_{h \in H} P(h|D) = \arg\max_{h \in H} \frac{P(D|h)P(h)}{P(D)} = \arg\max_{h \in H} P(D|h)P(h) \tag{7-6}$$

极大似然假设：在某些情况下，可假定 H 中每个假设有相同的先验概率，这样式 (7-6) 可以进一步简化，只需考虑 $P(D|h)$ 来寻找极大可能假设。$P(D|h)$ 常被称为给定 h 时数据 D 的似然度，而使 $P(D|h)$ 最大的假设被称为极大似然假设 ML：

$$h_{\mathrm{ML}} = \arg\max_{h \in H} P(D|h) \tag{7-7}$$

这里假设空间 H 可扩展为任意的互斥命题集合，只要这些命题的概率之和为 1。

例 7-3　一个医疗诊断问题。有两个可选的假设：患者有癌症、患者无癌症。可用数据来自化验结果：正 ＋ 和负 －。有先验知识：在所有人口中，患病率是 0.008，对确实有病的患者的化验准确率为 98%，对确实无病的患者的化验准确率为 97%。则这种情况可以由以下概率式概括：

$P(\text{cancer}) = 0.008,\ P(\neg\text{cancer}) = 0.992$

$P(+|\text{cancer}) = 0.98,\ P(-|\text{cancer}) = 0.02$

$P(+|\neg\text{cancer}) = 0.03,\ P(-|\neg\text{cancer}) = 0.97$

贝叶斯推理的结果很大程度上依赖于先验概率, 另外不是完全接受或拒绝假设, 只是在观察到较多的数据后增大或减小了假设的可能性。

7.3.3 朴素贝叶斯学习

贝叶斯学习方法中实用性很高的一种为朴素贝叶斯学习器, 常被称为朴素贝叶斯分类器, 在某些领域内其性能可与神经网络和决策树学习相当。

在应用朴素贝叶斯分类器的学习任务中, 每个实例 x 可由属性值的合取描述, 而目标函数 $f(x)$ 从某有限集合 V 中取值。学习器被提供一系列关于目标函数的训练样例以及新实例 (描述为属性值的元组 $< a_1, a_2, \cdots, a_n >$), 然后要求预测新实例的目标值 (或分类) v_{MAP}。

$$v_{\text{MAP}} = \arg\max_{v_j} P(v_j|a_1, a_2, \cdots, a_n) \tag{7-8}$$

使用贝叶斯公式变化式 (7-8):

$$\begin{aligned} v_{\text{MAP}} &= \arg\max_{v_j \in V} \frac{P(a_1, a_2, \cdots, a_n|v_j)P(v_j)}{P(a_1, a_2, \cdots, a_n)} \\ &= \arg\max_{v_j \in V} P(a_1, a_2, \cdots, a_n|v_j)P(v_j) \end{aligned} \tag{7-9}$$

基于训练数据估计式中的两个数据项的值, 估计 $P(v_j)$ 很容易: 计算每个目标值 v_j 出现在训练数据中的频率。估计 $P(a_1, a_2, \cdots, a_n|v_j)$ 遇到数据稀疏问题, 除非有一个非常大的训练数据集, 否则无法获得可靠的估计。朴素贝叶斯分类器引入一个简单的假定避免数据稀疏问题: 在给定目标值时, 属性值之间相互条件独立, 即

$$P(a_1, a_2, \cdots, a_n|v_j) = \prod_i P(a_i|v_j) \tag{7-10}$$

朴素贝叶斯分类器的定义为

$$v_{\text{NB}} = \arg\max_{v_j \in V} P(v_j) \prod_i P(a_i|v_j) \tag{7-11}$$

从训练数据中估计不同 $P(a_i|v_j)$ 项的数量比要估计 $P(a_1, a_2, \cdots, a_n|v_j)$ 项所需的量小得多, 只要条件独立性得到满足, 朴素贝叶斯分类 v_{NB} 等于 MAP 分类, 否则是近似。朴素贝叶斯分类器与前面已介绍的学习方法的一个区别: 没有明确地搜索可能假设空间的过程 (假设的形成不需要搜索, 只是简单地计算训练样例中不同数据组合的出现频率)。

7.3.4 贝叶斯信念网

朴素贝叶斯分类器假定各个属性取值在给定目标值 v 下是条件独立的, 从而化简了最优贝叶斯分类的计算复杂度。但在多数情况下, 这一条件独立假定过于严格。贝叶斯

信念网采用联合概率分布，它允许在变量的子集间定义类条件独立性，它提供因果关系图形。因此，贝叶斯信念网提供了一种中间的方法，它比朴素贝叶斯分类器的限制更少，又比在所有变量中计算条件依赖更可行。

贝叶斯信念网描述了一组变量上的概率分布：考虑一任意的随机变量集合 $(Y_1, Y_2, \cdots, Y_n)$，其中每个 Y_i 可取的值集合为 $V(Y_i)$，变量集合 Y 的联合空间为叉乘 $V(Y_1) \times V(Y_2) \times \cdots \times V(Y_n)$，在此联合空间上的概率分布称为联合概率分布。联合概率分布指定了元组的每个可能的变量约束的概率，贝叶斯信念网则对一组变量描述了联合概率分布。

令 X、Y 和 Z 为 3 个离散值随机变量，当给定 Z 值时，X 服从的概率分布独立于 Y 的值，称 X 在给定 Z 时条件独立于 Y，即

$$(\forall x_i, y_j, z_k)P(X = x_i | Y = y_j | Z = z_k) = P(X = x_i | Z = z_k) \tag{7-12}$$

上式通常简写成 $P(X|Y, Z) = P(X|Z)$。下面等式成立时，称变量集合 $(X_1, X_2, \cdots, X_l)$ 在给定变量集合 $(Z_1, Z_2, \cdots, Z_n)$ 时条件独立于变量集合 $(Y_1, Y_2, \cdots, Y_m)$：

$$P(X_1 X_2 \cdots X_l | Y_1 Y_2 \cdots Y_m, Z_1 Z_2 \cdots Z_n) = P(X_1 X_2 \cdots X_l | Z_1 Z_2 \cdots Z_n) \tag{7-13}$$

条件独立性与朴素贝叶斯分类器之间的关系为

$$\begin{aligned} P(A_1, A_2 | V) &= P(A_1 | A_2, V)P(A_2 | V) \\ &= P(A_1 | V)P(A_2 | V) \end{aligned} \tag{7-14}$$

贝叶斯信念网 (简称贝叶斯网) 表示一组变量的联合概率分布，一般地说，贝叶斯网表示联合概率分布的方法是指定一组条件独立性假定 (有向无环图) 以及一组局部条件概率集合。

联合空间中每个变量在贝叶斯网中表示为一节点。每一变量需要两种类型的信息。

(1) 网络弧表示断言 "此变量在给定其立即前驱时条件独立于其非后继"。当从 Y 到 X 存在一条有向的路径，我们称 X 为 Y 的后继。

(2) 对每个变量有一个条件概率表，它描述了该变量在给定其立即前驱时的概率分布。

对网络变量的元组 $< Y_1, Y_2, \cdots, Y_n >$ 赋以所希望的值 $(y_1, y_2, \cdots, y_n)$ 的联合概率计算公式如下：

$$P(y_1, y_2, \cdots, y_n) = \prod_{i=1}^{n} P(y_i | \text{Parents}(Y_i)) \tag{7-15}$$

式中，Parents (Y_i) 表示网络中 Y_i 的立即前驱的集合。注意 $P(y_i|\text{Parents}(Y_i))$ 的值等于与节点 Y_i 关联的条件概率表中的值。

所有变量的局部条件概率表以及由网络所描述的一组条件独立假定，描述了该网络的整个联合概率分布。

可以用贝叶斯网在给定其他变量的观察值时推理出某些目标变量的值。由于所处理的是随机变量，所以一般不会赋予目标变量一个确切的值。真正需要推理的是目标变量

的概率分布, 它指定了在给予其他变量的观察值条件下, 目标变量取每一个可能值的概率。在网络中所有其他变量都确切知道的情况下, 这一推理步骤很简单。一般来说, 贝叶斯网络可用于在知道某些变量的值或分布时计算网络中另一部分变量的概率分布。

7.4 统 计 学 习

客观世界中存在着无法准确认识, 但可进行观测的事物。"统计"是面对数据而又缺乏理论模型时最有效的、也是唯一的分析手段。传统的统计学所研究的是渐进理论, 是在样本数目趋于无穷大时, 其性能才有理论上的保证。20 世纪 90 年代中期才成熟的统计学习理论, 是在基于经验风险的有关研究基础上发展起来的, 专门针对小样本的统计理论。

统计学习理论为研究有限样本情况下的模式识别、函数拟合和概率密度估计等三种类型的机器学习问题提供了理论框架, 同时为模式识别发展了一种新的分类方法——支持向量机。

7.4.1 机器学习问题表示

已知变量 y 与输入 x 之间存在一定的未知依赖关系, 即联合概率分布 $F(x, y)$。机器学习就是根据独立同分布的 n 个观测样本: $(x_1, y_1), (x_2, y_2), \cdots (x_n, y_n)$, 在一组函数 $\{f(x, w)\}$ 中求一个最优函数 $f(x, w_0)$, 使预测的期望风险 $R(w)$ 最小化。

$$R(w) = \int L(y, f(x, w)) \mathrm{d}F(x, y) \tag{7-16}$$

式中, $L(y, f(x, w))$ 为损失函数, 是由对 y 进行预测而造成的损失; w 为函数的广义参数, 故 $\{f(x, w)\}$ 可表示任何函数集; $F(x, y)$ 为联合分布函数。

1) 三类机器学习问题的损失函数

(1) 模式识别: 输出 y 就是类别。两类输出 $y = \{0, 1\}$, 这时预测函数称为指示函数, 其损失函数定义:

$$L(y, f(x, w)) = \begin{cases} 0, & y = f(x, w) \\ 1, & y \neq f(x, w) \end{cases} \tag{7-17}$$

(2) 函数拟合: y (连续变量) 是 x 的函数, 其损失函数为

$$L(y, f(x, w)) = (y - f(x, w))^2 \tag{7-18}$$

(3) 概率密度估计: 估计的概率密度为 $p(x, y)$, 其损失函数为

$$L(p(x, w)) = -\log_{\mathrm{e}} p(x, w) \tag{7-19}$$

要使期望风险 $R(w)$ 最小化, 依赖概率分布 $F(x, y)$。但在机器学习中, 只有样本信息, 无法直接计算期望风险及其最小化。

2) 经验风险最小化 (empiric risk minimization, ERM)

根据概率论中的大数定理, 用算术平均代替数学期望, 定义了经验风险 $R_{\mathrm{emp}}(w)$:

$$R_{\mathrm{emp}}(w) = \frac{1}{n} \sum_{i=1}^{n} L(y_i, f(x_i, w)) \tag{7-20}$$

用来逼近定义的期望风险 $R(w)$。因为使用训练样本 $(x_1, y_1), (x_2, y_2), \cdots (x_n, y_n)$ (即经验数据) 定义，故称为经验风险。

求经验风险 $R_{\mathrm{emp}}(w)$ 的最小值代替求期望风险 $R(w)$ 的最小值，就是所谓的 ERM 原则。函数拟合中的最小二乘法、概率密度估计中的极大似然法都是在 ERM 原则下得到的。

从期望风险最小化到经验风险最小化并没有可靠的理论依据。概率论中的大数定理只说明样本无限多时 $R_{\mathrm{emp}}(w)$ 在概率意义上趋近于 $R(w)$，并不说二者的 w 最小点为同一个点。而且客观上样本是有限的。有限样本情况下学习精度和推广性之间往往有矛盾，采用复杂的学习机器可使误差更小，但推广性差。

统计学习理论对使用经验风险最小化原则的前提、对解决机器学习问题中的期望风险最小化理论依据进行了研究。

7.4.2   学习过程的一致性条件

一致性是指当样本趋于无穷时，$R_{\mathrm{emp}}(w)$ 的最优值收敛到 $R(w)$ 的最优值。

记 $f(x, w^*)$ 为最优预测函数，由它带来的损失函数为 $L(y, f(x, w^*|n))$，相应的最小经验风险值为 $R_{\mathrm{emp}}(w^*|n)$，记 $R(w^*|n)$ 为在 $L(y, f(x, w^*|n))$ 下的真实 (期望) 风险值。如果下面两式成立，则称这个学习过程是一致的：

$$R(w^*|n) \underset{n \to \infty}{\longrightarrow} R(w_0) \tag{7-21a}$$

$$R_{\mathrm{emp}}(w^*|n) \underset{n \to \infty}{\longrightarrow} R(w_0) \tag{7-21b}$$

式中，$R(w_0) = \inf_{w} R(w)$ 为实际可能的最小风险。

换句话讲，如果经验风险最小化方法能提供一个函数序列 $\{f(x, w)\}$，使得 $R_{\mathrm{emp}}(w)$ 和 $R(w)$ 都收敛于最小可能的风险值 $R(w_0)$，则这个经验风险最小化学习过程是一致的。

这两个条件说明：

(1) 式 (7-21a) 保证了所达到的风险收敛于最好的可能值；

(2) 式 (7-21b) 保证了可以在经验风险的取值基础上估计最小可能的实际风险。

还存在一种可能，预测函数集中有某个特殊的函数满足上述条件。为此定义了非平凡一致性概念，即预测函数集中的所有子集都满足条件。

学习理论关键定理：经验风险最小化一致性的充分和必要条件是经验风险在函数集上，如式 (7-22) 收敛于期望风险：

$$\lim_{n \to \infty} P[\sup_{w} |R(w) - R_{\mathrm{emp}}(w)| > \varepsilon] = 0, \quad \forall \varepsilon > 0 \tag{7-22}$$

式中，P 为概率。这样把一致性问题转化为一致收敛问题。它依赖于预测函数集和样本概率分布。

$R_{\mathrm{emp}}(w)$ 和 $R(w)$ 都是预测函数的函数 (泛函)，目的是通过求经验风险最小化的预测函数来逼近能使期望风险最小化的函数。

关键定理没有给出学习方法，即预测函数集是否能满足一致性的条件。为此定义了一些指标来衡量函数集的性能，最重要的是 VC 维 (Vapnik Chervonenkis dimension)。

7.4.3 函数集的学习性能与 VC 维

1) 指示函数集的熵和生长函数

(1) 指示函数集的熵

设有 n 个训练样本 $Z_n = \{z_i(x_i, y_i), i = 1, 2, \cdots, n\}$。定义 $N(Z_n)$ 为函数集中的函数能对样本分类的数目。

随机熵：定义指示函数集能实现分类组合数的自然对数，称为函数集在样本上的随机熵：

$$H(Z_n) = \ln N(Z_n) \tag{7-23}$$

指示函数集的熵：n 个样本的随机熵的期望值：

$$H(n) = E(\ln N(Z_n)) \tag{7-24}$$

也称 VC 熵，作为衡量函数集分类能力的指标，是函数集的一个特性。

(2) 生长函数 $G(n)$

函数集的生长函数 $G(n)$ 定义为最大随机熵：

$$G(n) = \ln \max_{Z_n} N(Z_n) \tag{7-25}$$

式中，$G(n)$ 反映了函数集把 n 个样本分成两类的最大可能的分法数，二分法的最大数为 2^n。

如果 $G(n) = 2^n$ 成立，就称为具有 n 个样本的集合被指示函数打散 (shattered) 了。

(3) 退火的 VC 熵

其定义为

$$H_{\text{ann}}(n) = \ln E(N(Z_n)) \tag{7-26}$$

VC 熵、退火的 VC 熵与生长函数三者之间的关系为

$$H(n) \leqslant H_{\text{ann}}(n) \leqslant G(n) \leqslant n \ln 2 \tag{7-27}$$

2) 生长函数的性质与 VC 维

由 VC 维的创立者 Vapnik 和 Chervonenkis 在 1968 年发现了下面的规律。

函数集的生长函数或者与样本数成正比，即 $G(n) = n \ln 2$，或者以样本数的某个对数函数为上界，即 $G(n) \leqslant h\left(\ln\left(\frac{n}{h} + 1\right)\right)$，$n > h$，$h$ 是 $G(n)$ 从 "=" 到 "$\leqslant$" 的转折点，即当 $n = h$ 时，$G(h) = h \ln 2$，而 $G(h+1) < (h+1) \ln 2$。

VC 维对于一个指示函数集，表示函数能打散的最大样本数。若其生长函数是线性的，VC 维为无穷大；若以 h 的对数函数为上界，则 VC 维等于 h。

VC 维的直观定义：假设存在一个有 h 个样本的样本集能被一个函数集中的函数按照所有可能的 2^h 种形式分为两类，则此函数集能够把样本数为 h 的样本集打散。也就是

说，如果存在 h 个样本的样本集能够被函数集打散，而不存在有 $h+1$ 个样本能被打散，则函数集的 VC 维就是 h。

指示函数集的 VC 维就是用这个函数集中的函数能够打散的最大的样本数目表示。学习过程一致的充要条件是函数集的 VC 维有限。

7.4.4   推广性的界

根据统计学习理论中关于函数集的推广性的结论，对于函数集 $f(x,a)$，如果损失函数的取值为 0 或 1，则经验风险最小化原则下的学习机器的实际风险由两部分组成，即

$$R(w) \leqslant R_{\text{emp}}(w) + \Phi(h/n) \tag{7-28}$$

式中，$\Phi(h/n)$ 表示置信范围，它不但受置信水平 $1-\eta$ 影响，而且和学习机器的 VC 维 h 及训练样本数 n 有关，计算公式如下：

$$\Phi(h/n) = \sqrt{\frac{h(\ln(2n/h)+1) - \ln(\eta/4)}{n}} \tag{7-29}$$

式 (7-29) 强调随着 n/h 的增加，$\Phi(h/n)$ 单调减少。

经验风险与期望风险之间差距的上界 $\Phi(h/n)$，反映了根据经验风险最小化原则得到的学习机器的推广能力，称为推广性的界。

当 n/h 较小时，置信范围 (或称为 VC 信任) Φ 较大，用经验风险近似真实风险的误差大，用经验风险最小化取得的最优解推广性差。另一方面样本数 n 固定，若 VC 维越高 (复杂性越高)，则置信范围越大，误差越大。

注意：函数的 VC 维是指示函数的性质，用样本数目来表示，不是需要训练样本的数量。为了推广性，训练样本的数量 n 要多得多。

另外，根据统计学习理论中关于函数集的复杂性的结论，VC 维越高置信范围越大，复杂性越高，误差越大。因此在设计分类器时，要使 VC 维尽量小，不用过于复杂的分类器或神经网络。选择模型的过程就是优化置信范围的过程。

综上分析，在有限样本情况下：

(1) 经验风险最小并不一定意味期望风险最小，可通过函数最小化使经验风险收敛于期望风险。函数的重要性质就是 VC 维。

(2) 学习机器的复杂性不但与系统有关，而且与有限的样本有关。即学习精度和推广性之间存在矛盾。因此在模式识别中，为了推广性，人们趋于用线性或分段线性等较简单的分类器。

7.4.5   结构风险最小化

结构风险最小化 (structure risk minimization，SRM) 其理论依据也是 $R(w) \leqslant R_{\text{emp}}(w) + \Phi(h/n)$。把函数集 $S = \{f(x,w), w \in \Omega\}$ 分解为一个函数子集序列：$S_1 \subset S_2 \subset \cdots \subset S_k \subset \cdots \subset S$。各子集按 VC 维的大小排列 $h_1 \leqslant h_2 \leqslant \cdots h_k \leqslant \cdots$，这样在同一个子集中置信范围相同。再在每一个子集中寻找最小经验风险 $R_{\text{emp}}(w)$，通常它随函数集复杂度的增加而减少。选择经验风险与置信范围之和最小的子集，就达到期望风险最小。在这个子集中使经验风险最小的函数就是所求的最优函数。这就称为结构风险最小化原则。

在 SRM 原则下设计分类器的步骤如下。

(1) 模型选择, 选择一个适当的函数子集, 使之对问题有最优的分类能力, 即确定了 $\Phi(h/n)$;

(2) 从子集中选择一个判别函数, 再进行参数估计, 使经验风险最小, 得到最优函数。这也称为有序风险最小化原则。

7.4.6 支持向量机

支持向量机 (support vector machine, SVM) 是由 Vapnik 等根据统计学习理论提出的一种新的机器学习方法, 是以 VC 维理论和结构风险最小化原则为基础的。

1) 支持向量机基本原理

支持向量机包含了三个思想: 最优超平面技术 (控制决策面的推广能力)、软间隔的概念 (允许训练样本的错误) 以及内积核函数思想 (使解平面从线性扩展到非线性)。

支持向量机算法是从线性可分情况下的最优分类面提出的。所谓最优分类面, 就是要求分类面不但能将两类样本点无错误地分开, 而且要使两类的分类空隙最大。

多维空间中线性判别函数的一般形式为 $g(x) = wx + b$, 分类面方程是 $wx + b = 0$, 将判别函数进行归一化, 使两类所有样本都满足 $|g(x)| \geqslant 1$, 此时离分类面最近的样本的 $|g(x)| = 1$, 而要求分类面对所有样本都能正确分类, 即要求它满足

$$y_i(w \cdot x_i + b) \geqslant 1, \quad i = 1, 2, \cdots, n \tag{7-30}$$

式中, 使等号成立的那些样本就称为支持向量 (support vectors)。此时分类间隔等于 $2/\|w\|$, 使间隔最大等价于使 $\|w\|^2/2$ 最小。满足式 (7-30), 且使函数 $\Phi(w) = \|w\|^2/2$ 最小的分类面就是最优分类面。

当样本不能被线性分类器分开时, 线性 SVM 算法没有可行解, 表现为对偶问题的目标函数值可以是无穷大。为了在样本线性不可分时构造最优超平面, Cortes 和 Vapnik 提出软间隔的概念, 引入非负松弛变量集合 $\xi = (\xi_1, \xi_2, \cdots, \xi_n)$, 希望在错误最小的情况下将样本分离。这样分类超平面的最优化问题为

$$\min_{w,b,\xi} \frac{1}{2} w^{\mathrm{T}} \bullet w + C \sum_{i=1}^{n} \xi_i \tag{7-31}$$

式中, C 是一个常数, 称为惩罚因子, 它表征了对错误的惩罚程度。这样得到的最优解决定的最优超平面称为软间隔超平面 (或广义最优超平面)。在这种情况下要满足

$$y_i(w \cdot x_i + b) \geqslant 1 - \xi_i, \quad \xi_i \geqslant 0, \quad i = 1, 2, \cdots, n \tag{7-32}$$

对于非线性问题, 可通过非线性变换转化为某个高维空间中的线性问题, 在变换空间求最优分类面, 即采用适当的核函数 $K(x_i, x_j)$, 并使 $K(x_i, x_j) = \phi(x_i) \cdot \phi(x_j)$, 把优化

问题中的所有点积运算都用核函数运算代替，就得到最一般形式的支持向量机算法：

$$\max \sum_{i=1}^{n} \alpha_i - \frac{1}{2} \sum_{i,j=1}^{n} \alpha_i \alpha_j y_i y_j \phi(x_i) \cdot \phi(x_j) = \max \sum_{i=1}^{n} \alpha_i - \frac{1}{2} \sum_{i,j=1}^{n} \alpha_i \alpha_j y_i y_j K(x_i, x_j)$$

$$\text{s.t.} \quad 0 \leqslant \alpha_i \leqslant C, \quad i = 1, 2, \cdots, n, \quad \sum_{i=1}^{n} \alpha_i y_i = 0$$

$$(7\text{-}33)$$

而相应的判别函数为

$$f(x) = \text{sgn} \left[\sum_{i=1}^{n} \alpha_i^* y_i K(x_i, x) + b^* \right] \tag{7-34}$$

2) 核函数及参数选择

核函数一般有多项式核、高斯径向基核、指数径向基核、多隐藏层感知核、傅里叶级数核、样条核、B 样条核等。目前主要使用的核函数主要有以下三类。

(1) 多项式形式核函数：

$$K(x, x_i) = [(x \cdot x_i) + 1]^d \tag{7-35}$$

此时支持向量机为一个 d 阶多项式分类器。

(2) 径向基形式核函数：

$$K(x, x_i) = \exp \left\{ -\frac{\|x - x_i\|^2}{\sigma^2} \right\} \tag{7-36}$$

此时支持向量机是一种径向基分类器。

(3) S 形核函数：

$$K(x, x_i) = \tanh(\gamma(x \cdot x_i) + c) \tag{7-37}$$

式中，γ 和 c 为参数。此时支持向量机是一个两层的感知器网络，但是其网络的权值、隐层节点数目都是由算法自动确定而不像传统的感知器网络那样凭借经验确定。

目前，核函数种类以及核参数的选择依据尚没有定论，一般情况下都是凭经验选取。值得一提的是，由于径向基核函数对应的特征空间是无穷维的，有限的样本在该特征空间中肯定是线性可分的，因此径向基核是使用最普遍的核函数。

支持向量机训练过程可用图 7-3 表示。

与其他传统的机器学习方法相比，支持向量机主要有以下几个方面的特点。

(1) 以严格的数学理论 (统计学习理论) 为基础，克服了传统神经网络学习中靠经验和启发的先验知识等缺点。

(2) 采用了结构风险最小化原则，克服了传统神经网络中只靠经验风险最小化来估计函数的缺点，提高了置信水平，克服了过学习等问题，使学习器有良好的泛化能力。

(3) 通过求解凸二次规划问题，可以得到全局的最优解，而不是传统神经网络学习中的局部最优解，保证了解的有效性。

(4) 用内积的回旋巧妙地构造核函数，克服了特征空间中的维数灾难问题，通过非线性映射，只需在原空间中计算样本数据与支持向量的内积，而不需要知道非线性映射的显性表达形式。

(5) 成功地解决了小样本学习问题, 克服了传统上需要以样本数目无穷多为假设条件来推导各种算法的缺点, 得到了小样本条件下的全局最优解。

(6) 引入 VC 维的概念, 使网络的收敛速度、样本被错分的界和风险泛函得到了控制。

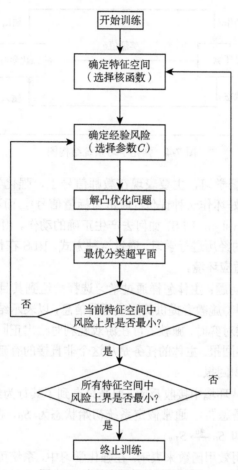

图 7-3 支持向量机的训练过程

7.5 强 化 学 习

强化学习是指从环境状态到动作映射的学习, 以使动作从环境中获得的累积奖赏值最大。该方法不同于监督学习技术那样通过正例、反例来告知采取何种行为, 而是通过试错 (trial-and-error) 的方法来发现最优行为策略。它是从控制论、统计学、心理学等相关学科发展而来, 最早可以追溯到巴甫洛夫的条件反射实验。但直到 20 世纪 80 年代末 ~90 年代初强化学习技术才在人工智能、机器学习和自动控制等领域得到广泛研究和应用。

7.5.1 强化学习概述

强化学习作为一种重要的机器学习方法, 是一种以环境给予的奖惩作为反馈重新输入学习系统中来调整机器动作的方法，它主要包含四个元素：Agent(主体)、环境状态、行动、奖励。强化学习的目标就是通过 Agent 在环境中不断的尝试、出错并优化的学习方法，得到从环境状态到动作的最佳映射，其结构如图 7-4 所示。

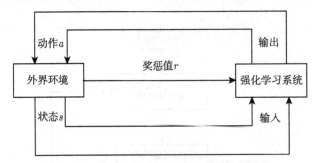

图 7-4   强化学习系统结构图

强化学习不同于监督学习，主要表现在教师信号上，强化学习中由环境提供的强化信号是对产生动作的好坏作一种评价 (通常为标量信号)，而不是告诉强化学习系统 (reinforcement learning system, RLS) 如何去产生正确的动作。由于外部环境提供的信息很少，RLS 必须靠自身的经历进行学习，通过这种方式，RLS 在行动–评价的环境中获得知识，改进行动方案以适应环境。

强化学习要解决的问题：主体怎样通过学习选择能达到其目标的最优动作。当主体在其环境中做出每个动作，施教者提供奖励或惩罚信息，以表示结果状态的正确与否。例如，在训练主体进行棋类对弈时，施教者可在游戏胜利时给出正回报，在游戏失败时给出负回报，其他时候给出零回报。主体的任务是从这个非直接的有延迟的回报中学习，以便后续动作产生最大的累积回报。

强化学习假定系统从环境中接收反应，但是只有到了其行为结束后 (即终止状态) 才能确定其状况 (奖励还是惩罚)。通常假定系统初始状态为 S_0，在执行动作 (假定为 a_0) 后，系统到达状态 S_1，即 $S_0 \xrightarrow{a_0} S_1$。

对系统的奖励可以用效用函数来表示。在强化学习中，系统可以是主动的，也可以是被动的。被动学习是指系统试图通过自身在不同环境中的感受来学习其效用函数。而主动学习是指系统能够根据自己学习到的知识，推出在未知环境中的效用函数。

对于效用函数，可以定义为："一个序列的效用是累积在该序列状态中的奖励之和。"静态效用函数值比较难以得到，因为这需要大量的实验。强化学习的关键是给定训练序列，更新效用值。

关于效用函数的计算，可以这样考虑：如果系统达到了目标状态，效用值应最高 (设为 1)，对于其他状态的静态效用函数的计算，可以通过下例简单说明。

例 7-4   效用函数计算。假设系统通过状态 S_2，从初始状态 S_1 到达了目标状态 S_7(见下表)。现在重复试验，统计 S_2 被访问的次数。假设在 100 次试验中，S_2 被访问了 5 次，则状态 S_2 的效用函数可以定义为 5/100=0.05。此时效用函数可以这样理解：根据效用函数，表示系统以等概率的方式从一个状态转换到其邻接状态 (不允许斜方向移动)，例如，系统可以从 S_1 以 0.5 的概率移动到 S_2 或者 S_6，如果系统在 S_5，它可以以 0.25 的

概率分别移动到 S_2、S_4、S_6 和 S_8。

S_3	S_4	S_7（目标状态）
S_2	S_5	S_8
S_1（起始状态）	S_6	S_9

7.5.2　Q 学习

Q 学习是一种基于时差策略的强化学习，它是指在给定的状态下，在执行完某个动作后期望得到的效用函数，该函数为动作–值函数。在 Q 学习中，动作–值函数表示为 $Q(a,i)$，它表示在状态 i 执行动作 a 的值，也称 Q 值。在 Q 学习中，使用 Q 值代替效用值，效用值和 Q 值之间的关系如下：

$$U(i) = \max_a Q(a,i) \tag{7-38}$$

在强化学习中，Q 值起着非常重要的作用。

第一，与条件–动作规则类似，它们都可以不需要使用模型就可以做出决策；

第二，与条件–动作不同的是，Q 值可以直接从环境的反馈中学习获得。

同效用函数一样，对于 Q 值可以有下面的方程：

$$U(a,i) = R(i) + \sum_{\forall j} M_{ij}^a \max_{a'} Q(a',j) \tag{7-39}$$

式中，a' 是下一个状态 j 采取的动作；M_{ij}^a 表示在状态 i 执行动作 a 达到状态 j 的概率；$k(i)$ 是状态 i 时的奖励。

对应的时差方程为

$$Q(a,i) \leftarrow Q(a,i) + \alpha[R(i) + \gamma \max_{a'} Q(a',j) - Q(a,i)] \tag{7-40}$$

式中，α 为学习率；γ 为折扣因子。学习率 α 越大，保留之前训练的效果就越少。折扣因子 γ 越大，$\max\limits_{a'} Q(a',j)$ 所起到的作用就越大。

7.5.3　强化学习存在的问题

强化学习方法作为一种机器学习的方法，在实际中取得了很多应用，如博弈、机器人控制等。虽然强化学习存在不少优点，但是它也存在一些问题。

(1) 概括问题。典型的强化学习方法，如 Q 学习，都假定状态空间是有限的，且允许用状态–动作记录其 Q 值。而许多实际的问题，往往对应的状态空间很大，甚至状态是连续的；或者状态空间不很大，但是动作很多。另外，对于某些问题，不同的状态可能具有某种共性，从而对应于这些状态的最优动作是一样的。因而，在强化学习中研究状态–动作的概括表示是很有意义的。

(2) 动态和不确定环境。强化学习通过与环境的试探性交互，获取环境状态信息和增强信号来进行学习，这使得能否准确地观察到状态信息成为影响系统学习性能的关键。然而，许多实际问题的环境往往含有大量的噪声，无法准确地获取环境的状态信息，就可能无法使强化学习算法收敛，如 Q 值摇摆不定。

(3) 当状态空间较大时，算法收敛前的实验次数可能要求很多。

(4) 大多数强化学习模型针对的是单目标学习问题的决策策略，难以适应多目标学习，难以适应多目标多策略的学习要求。

(5) 许多问题面临的是动态变化的环境，其问题求解目标本身可能也会发生变化。一旦目标发生变化，已学习到的策略有可能变得无用，整个学习过程要从头开始。

7.6 深度学习

7.6.1 深度学习概述

1) 深度学习的定义

深度学习算法是一类基于生物学对人脑进一步认识，将神经中枢–大脑的工作原理设计成一个不断迭代、不断抽象的过程，以便得到最优数据特征表示的机器学习算法。该算法从原始信号开始，先做低层抽象，然后逐渐向高层抽象迭代，由此组成深度学习算法的基本框架。

2) 深度学习的基本思想

假设系统 S 有 n 层 $(S_1, S_2, \cdots, S_n)$，它的输入是 I，输出是 O，表示为 $I \Rightarrow S_1 \Rightarrow S_2 \Rightarrow \cdots \Rightarrow S_n \Rightarrow O$。如果调整系统中参数，使得它的输出 O 等于输入 I，那么就可以自动地获得输入 I 的一系列层次特征，即 $S_1, S_2, \cdots, S_n$。通过这种方式，就可以实现对输入信息进行分级表达了。输出严格地等于输入的要求太严格，可以要求输入与输出的差别尽可能地小。上述就是深度学习的基本思想。

3) 深度学习的一般特点

(1) 使用多重非线性变换对数据进行多层抽象。该类算法采用级联模式的多层非线性处理单元来组织特征提取以及特征转换。在这种级联模型中，后继层的数据输入由其前一层的输出数据充当。按学习类型，该类算法又可归为有监督学习、无监督学习两种。

(2) 以寻求更适合的概念表示方法为目标。这类算法通过建立更好的模型来学习数据表示方法。对于学习所用的概念特征值或者说数据的表示，一般采用多层结构进行组织，这也是该类算法的一个特色。高层的特征值由低层特征值通过推演归纳得到，由此组成了一个层次分明的数据特征或者抽象概念的表示结构，在这种特征值的层次结构中，每一层的特征数据对应着相关整体知识或者概念在不同程度或层次上的抽象。

(3) 形成一类具有代表性的特征表示学习方法。在大规模无标识的数据背景下，一个观测值可以使用多种方式来表示，如一幅图像、人脸识别数据、面部表情数据等，而某些特定的表示方法可以让机器学习算法学习起来更加容易。所以，深度学习算法的研究也可以看作在概念表示基础上，对更广泛的机器学习方法的研究。

7.6.2 深度学习与神经网络

深度学习与传统人工神经网络模型有十分密切的关系。许多成功的深度学习方法都涉及了人工神经网络，所以，不少研究者认为深度学习就是传统人工神经网络的一种发展和延伸。

2006 年, 加拿大多伦多大学的 Hinton 提出了两个观点:

(1) 多隐含层的人工神经网络具有非常突出的特征学习能力。如果用机器学习算法得到的特征来刻画数据, 可以更加深层次地描述数据的本质特征, 在可视化或分类应用中非常有效。

(2) 深度神经网络在训练上存在一定难度, 但这些可以通过逐层预训练 (layer-wise pre-training) 来有效克服。

这些思想促进了机器学习的发展, 开启了深度学习在学术界和工业界的研究与应用热潮。

7.6.3 深度学习的常用模型

实际应用中, 用于深度学习的层次结构通常由人工神经网络和复杂的概念公式集合组成。在某些情形下, 也采用一些适用于深度生成模式的隐性变量方法, 如深度信念网络、深度玻尔兹曼机等。目前已有多种深度学习框架, 如深度神经网络、卷积神经网络和深度概念网络。

深度神经网络是一种具备至少一个隐层的神经网络。与浅层神经网络类似, 深度神经网络也能够为复杂非线性系统提供建模, 但多出的层次为模型提供了更高的抽象层次, 因而提高了模型的能力。此外, 深度神经网络通常都是前馈神经网络。

常见的深度学习模型包含以下几类。

1) 自动编码器

自动编码器 (auto encoder, AE) 是一种尽可能复现输入信号的神经网络, 是 Hinton 等继基于逐层贪婪无监督训练算法的深度信念网络后提出来的又一种深度学习算法模型。AE 的基本单元有编码器和解码器; 编码器是将输入映射到隐层的映射函数, 解码器是将隐层表示映射回对输入的一个重构。

设定自编码网络一个训练样本 $x = \{x^1, x^2, \cdots, x^t\}$, 编码激活函数和解码激活函数分别为 S_f 和 S_g:

$$h = f_\theta(x) = S_f(b + Wx) \tag{7-41}$$

$$y = g_\theta(h) = S_g(d + W^T h) \tag{7-42}$$

其训练机制就是通过最小化训练样本 D_n 的重构误差来得到参数 θ, 也就是最小化目标函数:

$$J_{AE}(\theta) = \sum_{x \in D_n} L(x, g(f(x))) \tag{7-43}$$

式中, $\theta = \{W, b, W^T, d\}$, b 和 d 是编码器和解码器的偏置向量, W 和 W^T 是编码器和解码器的权重矩阵; S_f 和 S_g 通常采用 Sigmoid 函数; $L(x, y)$ 是重构误差函数, 表示 y 和 x 的接近程度, 当 S_g 为 Sigmoid 函数时, 其定义为 $L(x, y) = \sum_{i=1}^{n} (x_i \ln y_i + (1 - x_i) \ln(1 - y_i))$。

经过上面的训练, 可以得到很多层的编码。每一层都会得到原始输入的不同表达, 而且越来越抽象, 就像人的视觉系统一样。上面介绍的自动编码器能够获得代表输入的特征, 这个特征可以最大程度上代表原输入信号, 但还不能用来分类数据, 它只是学会了如何重构或复现它的输入。或者说，它只是学习。为了实现分类，可以在最后一个编码器的后面添加一个分类器 (如 BP 神经网络、SVM 等)，然后通过标准的多层神经网络的监督训练方法 (梯度下降法) 去训练这个分类器。对于具有多个隐含层的非线性自编码网络，如果初始权重选得好，运用梯度下降法可以达到很好的训练结果。

2) 受限玻尔兹曼机

受限玻尔兹曼机 (RBM) 是一类可通过输入数据集学习概率分布的随机生成神经网络，是玻尔兹曼机的一种变体，但限定模型必须为二分图。模型中包含：可视层，对应输入参数，用于表示观测数据；隐含层，可视为一组特征提取器，对应训练结果，该层被训练发觉在可视层表现出来的高阶数据相关性；每条边必须分别连接一个可视单元和一个隐含层单元，为两层之间的连接权值。

受限玻尔兹曼机大量应用在降维、分类、协同过滤、特征学习和主题建模等方面。根据任务的不同，受限玻尔兹曼机可以使用监督学习或无监督学习的方法进行训练。

训练 RBM，目的就是要获得最优的权值矩阵，最常用的方法是最初由 Hinton 在训练 "专家乘积" 中提出的被称为对比分歧 (contrast divergence，CD) 算法。对比分歧提供了一种最大似然的近似，被理想地用于学习 RBM 的权值训练。该算法在梯度下降的过程中使用吉布斯采样完成对权重的更新，与训练前馈神经网络中使用反向传播算法类似。

针对 一个样本的单步对比分歧算法步骤如下。

Step1：取一个训练样本 v，计算隐层节点的概率，在此基础上从这一概率分布中获取一个隐层节点激活向量的样本 h。

Step2：计算 v 和 h 的外积，称为 "正梯度"。

Step3：从 h 获取一个重构的可视层节点的激活向量样本 v'，此后从 v' 再次获得一个隐层节点的激活向量样本 h'。

Step4：计算 v' 和 h' 的外积，称为 "负梯度"。

Step5：使用正梯度和负梯度的差，以一定的学习率更新权值 w_{ij}。

深度玻尔兹曼机 (deep Boltzmann machine，DBM) 就是把隐含层的层数增加，可以看作多个 RBM 堆砌，并可使用梯度下降法和反向传播算法进行优化。

3) 深度信念网络

深度信念网络 (deep belief networks，DBN) 是一个贝叶斯概率生成模型，由多层随机隐变量组成。上面的两层具有无向对称连接，下面的层得到来自上一层的自顶向下的有向连接，底层单元构成可视层。也可以这样理解，深度信念网络就是在靠近可视层的部分使用贝叶斯信念网络 (即有向图模型)，并在最远离可见层的部分使用受限玻尔兹曼机的复合结构，也常被视为多层简单学习模型组合而成的复合模型。

深度信念网络可以作为深度神经网络的预训练部分，并为网络提供初始权重，再使用反向传播或者其他判定算法作为调优的手段。这在训练数据较为缺乏时很有价值，因为不恰当的初始化权重会显著影响最终模型的性能，而预训练获得的权重在权值空间中比随机权重更接近最优的权重。这不仅提升了模型的性能，也加快了调优阶段的收敛速度。

深度信念网络中的内部层都是典型的 RBM，可以使用高效的无监督逐层训练方法进行训练。当单层 RBM 被训练完毕后，另一层 RBM 可被堆叠在已经训练完成的 RBM 上，形成一个多层模型。每次堆叠时，原有的多层网络输入层被初始化为训练样本，权重为先前训练得到的权重，该网络的输出作为后续 RBM 的输入，新的 RBM 重复先前的单层训练过程，整个过程可以持续进行，直到达到某个期望的终止条件。

尽管对比分歧对最大似然的近似十分粗略，即对比分歧并不在任何函数的梯度方向上，但经验结果证实该方法是训练深度结构的一种有效的方法。

4) 卷积神经网络

卷积神经网络 (convolutional neural network, CNN) 在本质上是一种输入到输出的映射。1984 年日本学者 Fukushima 基于感受野概念提出神经认知机，这是 CNN 的第一个实现网络，也是感受野概念在人工神经网络领域的首次应用。受视觉系统结构的启示，当具有相同参数的神经元应用前一层的不同位置时，就可以获取一种变换不变性特征。1998 年，纽约大学的 LeCun 等根据这个思想，使用 BP 算法设计并训练了 CNN。

CNN 是一种特殊的深层神经网络模型，其特殊性主要体现在两个方面：一是它的神经元间的连接是非全连接的；二是同一层中神经元之间的连接采用权值共享的方式。CNN 的基本结构包括两层，即特征提取层和特征映射层。特征提取层中，每个神经元的输入与前一层的局部接受域相连，并提取该局部的特征。一旦该局部特征被提取后，它与其他特征间的位置关系也随之确定下来；每一个特征提取层后都紧跟着一个计算层，对局部特征求加权平均值与二次提取，这种特有的两次特征提取结构使网络对平移、比例缩放、倾斜或者其他形式的变形具有高度不变性。计算层由多个特征映射组成，每个特征映射是一个平面，平面上采用权值共享技术，显著减少了网络的训练参数，使神经网络的结构变得更简单，适应性更强。并且，在很多情况下，有标签的数据是很稀少的，但正如前面所述，作为神经网络的一个典型，CNN 也存在局部性、层次深等深度网络具有的特点。CNN 的结构使得其处理过的数据中有较强的局部性和位移不变性。基于此，CNN 被广泛应用于人脸检测、文献识别、手写字体识别、语音检测等领域。

CNN 也存在一些不足之处，例如，由于网络的参数较多，训练速度慢，计算成本高，如何有效地提高 CNN 的收敛速度成为今后的一个研究方向。另外，研究 CNN 的每一层特征之间的关系对于优化网络的结构有很大帮助。

课 后 习 题

1. 简介决策树学习的结构。
2. 决策树学习的主要学习算法为何？
3. 增强学习有何特点？学习自动机的学习模式为何？
4. 什么是 Q 学习？它有何优缺点？
5. 什么是深度学习？它有何特点？
6. 深度学习存在哪几种常用模型？

第8章 进化计算与群体智能

进化计算 (evolutionary computation) 是人工智能中涉及组合优化问题的一个子域。其算法是受生物进化过程中"优胜劣汰"的自然选择机制和遗传信息的传递规律的影响，通过程序迭代模拟这一过程，把要解决的问题看作环境，在一些可能的解组成的种群中，通过自然演化寻求最优解。进化计算有着极为广泛的应用，如模式识别、图像处理、经济管理、机械制造等。

群体智能 (swarm intelligence) 作为一个新兴领域，自从 20 世纪 80 年代出现以来，引起了多个学科领域研究人员的关注，已经成为人工智能以及经济、社会、生物等交叉学科的热点。群体智能利用群体优势，在没有集中控制，不提供全局模型的前提下，为寻找复杂问题解决方案提供了新的思路。

对群体智能的定义进行扩展，可以将其分为以下两大类：一是由一组简单智能体 (agent) 涌现出来的集体的智能 (collective intelligence)，以蚁群优化算法 (ant colony optimization，ACO) 和蚂蚁聚类算法等为代表；二是把群体中的成员看作粒子，而不是智能体，以粒子群优化算法 (particle swarm optimization，PSO) 为代表。群体智能是对生物群体的一种软仿生，即有别于传统的对生物个体结构的仿生。

进化计算和群体智能算法都是人类受自然启发而提出来的搜索技术和优化算法，这两类算法有很多相似之处，如迭代计算、个体与群体的关系等，因此有些学者将群体智能看作进化计算的一个分支。但是，从二者的起源和本质来看，进化计算和群体智能算法是两类不同的智能计算方法。

本章主要介绍进化计算中的两类典型算法——遗传算法和进化策略，以及群体智能中的两类典型算法——蚁群算法和粒子群优化算法。

8.1 遗 传 算 法

8.1.1 遗传算法概述

遗传算法 (genetic algorithm，GA) 的概念最早是由 Michigan 大学的霍兰 (Holland) 教授的学生 Bagley 在其博士论文中提出来的，他发表了遗传算法应用方面的第一篇论文，从而创立了自适应遗传算法的概念。后来霍兰教授开始对遗传算法的机理进行系统化的研究，1975 年他出版了第一本系统论述遗传算法和人工自适应系统的专著《自然系统和人工系统的自适应性》，奠定了遗传算法的理论基础。因此，霍兰教授被称为"遗传算法之父"。

遗传算法是对达尔文生物进化理论的简单模拟，其遵循"适者生存""优胜劣汰"的原理。生物的进化过程主要是通过染色体之间的交叉和变异完成的，而遗传算法则是从代表问题可能潜在的解集的一个种群 (population) 开始的。一个种群则由经过基因编码

的一定数目的个体 (individual) 组成。每个个体实际上是染色体 (chromosome) 带有特征的实体。染色体作为遗传物质的主要载体，即多个基因的集合，其内部表现 (即基因型) 是某种基因组合，它决定了个体的性状的外部表现。

遗传算法首先进行编码工作，然后从代表问题可能潜在解集的一个种群开始进行进化求解。初代种群 (编码集合) 产生后，按照优胜劣汰的原则，根据个体适应度大小挑选 (选择) 个体，进行复制、交叉、变异，产生出代表新的解集的群体，再对其进行挑选以及一系列遗传操作，如此往复，逐代演化产生出越来越好的近似解。

上述过程将导致种群像自然进化一样，后代种群比前代更加适应环境，末代种群中的最优个体经过解码 (从基因到性状的映射)，最终得到的结果可以作为问题近似最优解。

遗传算法其本质是一种高效、并行、全局搜索的方法，它能在搜索过程中自动获取和积累有关搜索空间的知识，并自适应地控制搜索过程以求得最优解。所以遗传算法的求解过程，是一个不断重复的过程，其流程如图 8-1 所示。

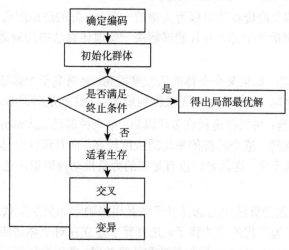

图 8-1　遗传算法流程图

自遗传算法被提出以来，其得到了广泛的应用，特别是在函数优化、生产调度、模式识别、自适应控制等领域，遗传算法更是发挥了重要的作用，显著提高了问题求解的效率。遗传算法作为一种实用、高效、性能强的优化技术，发展极为迅速，是当前 "软计算" 领域的重要研究课题，受到国内外学者的高度重视。

8.1.2　遗传算法原理

遗传算法的应用很多，如八数码问题、TSP 等。对于一个具体的问题，运用遗传算法求解，首先对问题进行分析，然后需要解决编码、群体初始化、个体评价、遗传算子、控制参数的选择这五个问题。

1) 编码

编码是指将问题的解空间转换成遗传算法所能处理的搜索空间。进行遗传算法求解前，必须对问题的解空间进行编码，以使它能够被遗传算法的算子操作。例如，用遗传算法进行模式识别，将样品标识后，各个样品的特征及所属于的类别构成了聚类问题的解空间。

编码是应用遗传算法时要解决的首要问题，也是关键问题。它决定了个体的染色体中基因的排列次序，也决定了遗传空间到解空间的解码方法。编码的方法也会影响遗传算子 (选择、交叉、变异) 的计算方法。好的编码方法能够显著提高遗传算法的效率。常用的一些编码方法有二进制编码、符号编码、浮点数编码等。

2) 群体初始化

在问题的解空间内随机产生 N 个初始串结构数据，每个串结构数据成为一个个体，N 个个体组成一个群体，进行群体初始化，遗传算法以该群体作为初始迭代点。

3) 个体评价

在大自然中，适应环境的个体会存活下来，而不适应的将会被淘汰。在遗传算法中，适应性函数则起到了环境的作用，个体适应度决定了它继续繁衍还是消亡。通过适应度函数的判断，适应度高的个体更可能被保留下来。

适应度函数是整个遗传算法中极为关键的一部分。好的适应度函数能够指导我们从非最优的个体进化到最优个体，并且能够解决一些遗传算法中的问题，如过早收敛与过慢结束的矛盾。

(1) 过早收敛问题：如果某个个体的适应度很高，显著高于个体适应度平均值，它将得到更多的机会被复制，所以有可能无法得到最优解，这就是所谓的过早收敛问题。

(2) 过慢结束问题：如果在迭代许多代以后，整个种群已经大部分收敛，但是还没有得到稳定的全局最优解。整个种群的平均适应度较高，而且最优个体的适应度与全体适应度平均值间的差别不大，这就导致没有足够的力量推动种群遗传进化找到最优解。

4) 遗传算子

(1) 选择算子：遗传算法中的选择算子就是用来确定如何从父代群体中按照某种方法，选择哪些个体作为子代的遗传算子。选择算子建立在对个体适应度进行评价的基础上，目的是避免基因损失，提高全局收敛性和计算效率。常用选择算子的一些操作方法有赌轮选择法、排序选择法、最优保存法等。

(2) 交叉算子：在选择算子之后，便开始交叉算子，在进化算法中，交叉是遗传算法所独有的方法，用于保留原始性特征。交叉算子模仿自然界有性繁殖的基因重组过程，其作用在于将原有的优良基因遗传给下一代，并包含更复杂的新个体。

(3) 变异算子：在交叉算子完成之后，会加入变异算子，因为在遗传算法中，由于算法执行过程中的收敛现象，可能使整个种群的染色体上的某位或某几位都收敛到固定值。如果整个种群所有的染色体中有 n 位取值相同，那么单纯的交叉算子所能够达到的搜索空间只占整个搜索空间的 $\left(\dfrac{1}{2}\right)^n$，显著降低了搜索能力。变异算子与生物学中的遗传变异很吻合，在遗传算法中引入变异算子来产生新的个体。

5) 控制参数的选择

在遗传算法的运行过程中，存在着对其性能产生重大影响的一组参数，这组参数在初始阶段和群体进化过程中需要合理地选择和控制，以使遗传算法以最佳的搜索轨迹达到最优解。主要参数有染色体位串长度 L、群体规模 N、交叉概率 P_c 和变异概率 P_m。

(1) 位串长度 L

位串长度的选择取决于特定问题解的精度。要求精度越高,位串越长,但需要更多的计算时间。为了提高运行效率,可采用变长位串的编码方法。

(2) 群体规模 N

大群体含有较多的模式,为遗传算法提供了足够的模式采样容量,可以改善遗传算法的搜索质量,防止成熟前收敛。但是大群体增加了个体适应性的评价计算量,从而降低了收敛速度。一般情况下专家建议 $N = 20 \sim 200$。

(3) 交叉概率 P_c

交叉概率控制着交叉算子使用的频率,在每一代新的群体中,需要对 $P_c \cdot N$ 个个体的染色体结构进行交叉操作。交叉概率越高群体中结构的引入就越快,已获得的优良基因结果的丢失速度也相应地提高了,而交叉概率太低则可能导致搜索阻滞。一般取 $P_c = 0.6 \sim 1.0$。

(4) 变异概率 P_m

变异操作是保持群体多样性的手段。交叉结束后,中间群体中的全部个体位串上的每位基因值按变异概率 P_m 随机改变,因此每代中大约发生 $P_m \cdot N \cdot L$ 次变异。变异概率太小,可能使某些基因位过早地丢失信息而无法恢复;而变异概率过高,则遗传算法将变成随机搜索。一般取 $P_m = 0.005 \sim 0.05$。

实际上,上述参数与问题的类型有着直接的关系。问题的目标函数越复杂,参数选择就越困难。从理论上讲,不存在一组适应于所有问题的最佳参数值,随着问题特征的变化,有效参数的差异往往非常显著。如何设定遗传算法的控制参数,以使遗传算法的性能得到改善,还需要结合实际问题深入研究。

8.1.3　遗传算法优缺点

1) 优点

相对于传统方法,遗传算法的优点如下。

(1) 以决策变量的编码作为运算对象:传统的优化算法往往直接利用决策变量的实际值本身进行优化计算,但遗传算法不是直接以决策变量的值,而是以决策变量的某种形式的编码为运算对象,从而可以很方便地引入和应用遗传操作算子。

(2) 直接以目标函数值作为搜索信息:传统的优化算法往往不只需要目标函数值,还需要目标函数的导数等其他信息。这样对许多目标函数是无法求导或很难求导的函数,遗传算法就比较方便。

(3) 同时进行解空间的多点搜索:传统的优化算法往往从解空间的一个初始点开始搜索,这样容易陷入局部极值点。遗传算法进行群体搜索,而且在搜索的过程中引入遗传运算,使群体又可以不断进化。这些是遗传算法所特有的一种隐含并行性。

(4) 使用概率搜索技术:遗传算法属于一种自适应概率搜索技术,其选择、交叉、变异等运算都是以一种概率的方式来进行的,从而增加了其搜索过程的灵活性。实践和理论都已证明了在一定条件下遗传算法总是以概率 1 收敛于问题的最优解。

2) 缺点

遗传算法也存在一些缺点,主要包括如下。

(1) 遗传算法的编程实现比较复杂，首先需要对问题进行编码，找到最优解之后还需要对问题进行解码。

(2) 遗传算法的三个算子的实现有许多参数，如交叉概率和变异概率，这些参数的选择严重影响解的品质，而目前这些参数的选择大部分是依靠经验。

(3) 没有能够及时利用网络的反馈信息，故算法的搜索速度比较慢，要得到较精确的解需要较多的训练时间。

(4) 算法对初始种群的选择有一定的依赖性，这可以结合一些启发算法进行改进。

(5) 算法的并行机制的潜在能力没有得到充分的利用，这也是当前遗传算法的一个研究热点方向。

8.1.4　遗传算法举例

下面结合一个函数优化问题，进行具体说明。该优化问题如下所示，要求精度为小数点后 4 位，其函数曲线如图 8-2 所示。

$$\max \quad f(x_1, x_2) = 21.5 + x_1 \cdot \sin(4\pi x_1) + x_2 \cdot \sin(20\pi x_2)$$
$$\text{s.t.} \quad -3.0 \leqslant x_1 \leqslant 12.1, \quad 4.1 \leqslant x_2 \leqslant 5.8$$

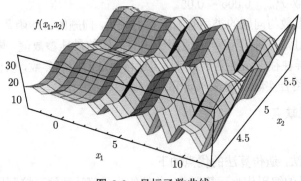

图 8-2　目标函数曲线

1) 编码

使用遗传算法进行编码，这里采用二进制编码法，根据变量要求的精度以及取值范围 (a_j, b_j)，可以计算其对应编码的长度 (m_j)：

$$2^{m_j - 1} < (b_j - a_j) \times 10^5 \leqslant 2^{m_j} - 1 \tag{8-1}$$

二进制编码对应的实数变量计算公式如下：

$$x_j = a_j + \text{decimal}(\text{substring}_j) \times \frac{b_j - a_j}{2^{m_j} - 1} \tag{8-2}$$

可知变量 x_1 对应的编码长度为 $x_1 : (12.1 - (-3.0)) \times 10^4 = 151000$，$2^{17} \leqslant 151000 \leqslant 2^{18}$，即 $m_1 = 18\text{bit}$，同理，可得变量 x_2 对应的编码长度为 $m_2 = 15\text{bit}$，则整个染色体长度为 $m = m_1 + m_2 = 33\text{bit}$，染色体的结构如图 8-3 所示。

$$\begin{array}{c} \overset{\longleftarrow\quad 33\text{bit}\quad\longrightarrow}{} \\ v_j: \underset{x_1}{\underbrace{000001010100101001}} \; \underset{x_2}{\underbrace{101111011111110}} \\ \overset{\longleftarrow 18\text{bit}\longrightarrow}{} \quad \overset{\longleftarrow 15\text{bit}\longrightarrow}{} \end{array}$$

图 8-3 染色体结构

图 8.3 所示的染色体对应的变量实数值为

$$x_1 = -3.0 + 5417 \times \frac{(12.1 - (-3.0))}{2^{18} - 1} = -2.6871, \ x_2 = 4.1 + 24318 \times \frac{(5.8 - 4.1)}{2^{15} - 1} = 5.3617$$

2) 产生初始种群

设种群个数为 10，产生初始种群，如图 8-4 所示。

$$
\begin{aligned}
v_1 &= [000001010100101001101111011111110] = [x_1 \ x_2] = [-2.687969 \ 5.361653] \\
v_2 &= [001110101110011000000010101001000] = [x_1 \ x_2] = [0.474101 \ 4.170144] \\
v_3 &= [111000111000001000010101001000110] = [x_1 \ x_2] = [10.419457 \ 4.661461] \\
v_4 &= [100110110100101010000000010111001] = [x_1 \ x_2] = [6.159951 \ 4.109598] \\
v_5 &= [000010111101100010001110001101000] = [x_1 \ x_2] = [-2.301286 \ 4.477282] \\
v_6 &= [111110101011011000000010110011001] = [x_1 \ x_2] = [11.788084 \ 4.174346] \\
v_7 &= [110100010011110001001100111101101] = [x_1 \ x_2] = [9.342067 \ 5.121702] \\
v_8 &= [001011010100001100010110011001100] = [x_1 \ x_2] = [-0.330256 \ 4.694977] \\
v_9 &= [111110001011101100011101000111101] = [x_1 \ x_2] = [11.671267 \ 4.873501] \\
v_{10} &= [111101001110101010000010101101010] = [x_1 \ x_2] = [11.446273 \ 4.171908]
\end{aligned}
$$

图 8-4 初始种群

3) 评估

接着进行个体评估，这里的适应性函数就是目标函数，如图 8-5 所示。

$$\text{eval}(v_1) = f(-2.687969, 5.361653) = 19.805119$$

$$\text{eval}(v_2) = f(0.474101, 4.170144) = 17.370896$$

$$\text{eval}(v_3) = f(10.419457, 4.661461) = 9.590546$$

$$\text{eval}(v_4) = f(6.159951, 4.109598) = 29.406122$$

$$\text{eval}(v_5) = f(-2.301286, 4.477282) = 15.686091$$

$$\text{eval}(v_6) = f(11.788084, 4.174346) = 11.900541$$

$$\text{eval}(v_7) = f(9.342067, 5.121702) = 17.958717$$

$$\text{eval}(v_8) = f(-0.330256, 4.694977) = 19.763190$$

$$\text{eval}(v_9) = f(11.671267, 4.873501) = 26.401669$$

$$\text{eval}(v_{10}) = f(11.446273, 4.171908) = 10.252480$$

图 8-5 个体适应度评估

4) 选择

这里利用轮盘赌进行个体选择，具体步骤如下。

Step1：计算总的适应度值：

$$F = \sum_{k=1}^{10} \mathrm{eval}(v_k) = 178.135372$$

Step2：计算每个染色体的选择概率：

$p_1 = 0.111180, \quad p_2 = 0.097515, \quad p_3 = 0.053839, \quad p_4 = 0.165077$

$p_5 = 0.088057, \quad p_6 = 0.066806, \quad p_7 = 0.100815, \quad p_8 = 0.110945$

$p_9 = 0.148211, \quad p_{10} = 1.000000$

Step3：计算每个染色体的累积概率：

$q_1 = 0.111180, \quad q_2 = 0.208695, \quad q_3 = 0.262534, \quad q_4 = 0.427611$

$q_5 = 0.515668, \quad q_6 = 0.582475, \quad q_7 = 0.683290, \quad q_8 = 0.794234$

$q_9 = 0.942446, \quad q_{10} = 1.000000$

Step4：产生 10 个 $[0, 1]$ 的随机数，并与每个染色体的累积概率进行比较，如果这个随机数在某个染色体的累积概率范围，表示该染色被选择，例如，$q_3 < r_1 = 0.301432 \leqslant q_4$，表示染色体 v_4 被选择，从而得到新的种群，如图 8-6 所示。

$$
\begin{aligned}
v_1' &= [1001101101001011010000000010111001] & (v_4) \\
v_2' &= [1001101101001011010000000010111001] & (v_4) \\
v_3' &= [0010110101000011000101100110011001100] & (v_8) \\
v_4' &= [1111100010111011000111010001111101] & (v_9) \\
v_5' &= [1001101101001011010000000010111001] & (v_4) \\
v_6' &= [1101000100111100010011001101101101] & (v_7) \\
v_7' &= [1001101101001011010000000010111001] & (v_2) \\
v_8' &= [1001101101001011010000000010111001] & (v_4) \\
v_9' &= [0000010101001010011011110111111110] & (v_1) \\
v_{10}' &= [0011101011001100000010101001000] & (v_2)
\end{aligned}
$$

图 8-6　产生新种群

5) 交叉

进行交叉操作，这里采用 1 点交叉法，随机选择一个基因位 (这里是第 17 位)，进行交叉操作，如图 8-7 所示。

$v_1 = [1001101101001011010000000010111001]$

$v_2 = [0011101011001100000010101001000]$

$c_1 = [1001101101001011000000010101001000]$

$c_2 = [0011101011001100010000000010111001]$

图 8-7　交叉操作示例

6) 变异

进行变异操作，随机选择一个或者多个基因，如果它们的变异概率大于设定值，则进行变异操作，即 0 变为 1，1 变为 0，如图 8-8 所示。

v_1=[1001101101001011010000000010111001]

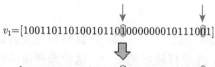

c_1=[1001101101001011000000000010111011]

图 8-8 变异操作示例

经过上述操作，我们得到下一代染色体，如图 8-9 所示。

v_1'=[1001101101001011010000000010111001], $f(6.159951,4.109598)=29.406122$
v_2'=[1001101101001011010000000010111001], $f(6.159951,4.109598)=29.406122$
v_3'=[0010110101000011000101100110011100], $f(-0.330256,4.694977)=19.763190$
v_4'=[1111100010111011000111010001111101], $f(11.907206,4.873501)=5.702781$
v_5'=[1001101101001011010000000010111001], $f(8.024130,4.170248)=19.91025$
v_6'=[1101000100111111000100110011101101], $f(9.34067,5.121702)=17.958717$
v_7'=[1001101101001011010000000010111001], $f(6.159951,4.109598)=29.406122$
v_8'=[1001101101001011010000000010111001], $f(6.159951,4.109598)=29.406122$
v_9'=[0000010101001010011011110111111110], $f(-2.687969,5.361653)=19.805199$
v_{10}'=[0011101011100110000000101010010000], $f(0.474101,4.170248)=17.370896$

图 8-9 下一代染色体

重复上述过程，当迭代次数达到最大迭代次数设定值时，停止迭代，输出最终结果：$x_1^* = 11.6228, x_2^* = 5.6243, f(x_1^*, x_2^*) = 38.7375$。

8.2 进化策略

8.2.1 进化策略概述

德国科学家 Rechenberg 提出，既然生物过程已经有进化优化，并且进化本身就是一个生物过程，那么进化必然也能优化其本身。基于这一思想，Rechenberg 在 20 世纪 60 年代首次提出了进化策略 (evolutionary strategies，ES) 算法，Schwefel 对 ES 进行了进一步发展，并将 Rechenberg 的算法付诸实践，取得了良好的效果。

进化策略是一种模仿自然进化原理以求解参数优化问题的算法。进化策略同时考虑基因型和显型，其重点在于个体显型表现。每个个体由其基因建造块和一组对其所在环境个体表现建模的策略参数表示。进化包括基因型特征的进化和策略参数的进化，其中基因型特征的进化由策略参数控制。

进化策略计算函数最优值对求解的函数性质没有特别要求，采用有指导的搜索方式，指导执行搜索的依据是适应度，在适应度的驱动下，使算法逐步逼近目标值。进化策略在搜索过程中，借助重组、变异、选择等操作，体现“适者生存，劣者淘汰”的自然选择规律，无须添加任何额外的作用，就能使群体的品质不断得到改进，具有自适应环境的能力。进化策略直接在解空间上进行操作，它强调进化过程中从父代到子代行为的自适应性和多样性。

目前，进化策略已广泛应用于处理各种优化问题，如数值优化问题、神经网络的训练与设计、系统识别、机器人控制和机器学习等。

8.2.2　(1+1)-ES 算法

早期的进化策略的种群只包含一个个体, 并且只使用变异操作。在每一代中, 变异后的个体与其父代进行比较, 并选择较好的一个, 这种选择策略被称为 (1+1)-ES 或二元进化策略。具体描述如下。

1) 初始化种群

在问题的可行解空间中随机生成 1 个个体, 构成第 1 代群体的父代。初始群体包括 λ 个个体向量 $X_i(i = 1, 2, \cdots, \lambda)$。个体向量构成如下:

$$X_i^j = \mathrm{Random}(K), \quad j = 1, 2, \cdots, n \tag{8-3}$$

式中, n 表示个体基因个数; $\mathrm{Random}(K)$ 表示在可行域中按均匀分布的概率随机产生一个实数。

2) 变异

父代个体 X_i 变异产生 1 个子代 X_i', 种群数变为 2, 则

$$X'^j_i = X_i^j + N(0, \sigma), \quad j = 1, 2, \cdots, n \tag{8-4}$$

式中, $N(0, \sigma)$ 是高斯随机变量, 其均值为 0, 标准差为 σ。

3) 选择

父代个体与子代个体的基因不同, 因此对环境的适应性也不同。计算 2 个个体即 X_i 和 X_i' 的适应值 $f(X_i)$ 和 $f(X_i')$。将适应度欠佳的个体舍弃, 适应度较佳的个体作为下一代的父代个体。如果终止条件满足, 则算法结束。否则回到上一步。

把这种算法用于函数优化时, 有两个缺点:

(1) 每维分量的标准方差 (步长) σ 是一个常数, 因此收敛速度较慢;

(2) 点到点搜索的脆性特征, 极容易使搜索过程停留在某个局部最优点。

8.2.3　进化策略算法演变

早期的 (1+1)-ES 没有体现出群体的作用, 仅仅是单个个体在进化, 因而具有一定的局限性。1975 年, Rechenberg 提出了多群体下的进化策略算法 $(\mu + 1)$-ES。

在这种进化策略中, 父代有 μ 个个体 $(\mu > 1)$, 又引进了重组 (recombination) 算子, 使父代个体可以重组出新的个体。在执行重组操作时, 从 μ 个父代个体中随机选择两个个体, 即

$$(X^1, \sigma^1) = ((x_1^1, x_2^1, \cdots, x_n^1), (\sigma_1^1, \sigma_2^1, \cdots, \sigma_n^1)) \tag{8-5}$$

$$(X^2, \sigma^2) = ((x_1^2, x_2^2, \cdots, x_n^2), (\sigma_1^2, \sigma_2^2, \cdots, \sigma_n^2)) \tag{8-6}$$

然后从这两个个体中组合出如下新个体:

$$(X, \sigma) = ((x_1^{t_1}, x_2^{t_2}, \cdots, x_n^{t_n}), (\sigma_1^{t_1}, \sigma_2^{t_2}, \cdots, \sigma_n^{t_n})) \tag{8-7}$$

式中, $t_j = 1$ 或 2, $j = 1, 2, \cdots, n$。

对产生的新个体进行变异操作, 变异的方式及 σ 的调整方式与二元进化策略相同。突变后的新个体与父代 μ 个个体中最差的一个进行比较, 若优于父代最差个体, 则用新个体代替最差个体, 否则淘汰新个体。

$(\mu+1)$-ES 和 $(1+1)$-ES 都只产生一个新的个体。$(\mu+1)$-ES 比 $(1+1)$-ES 有了明显的改进, 它的特点如下:

(1) 体现了群体的概念, 包含了 μ 个个体;

(2) 引入重组算子, 它相当于遗传算法中的交换算子, 可以从父代继承信息生成新的个体。

尽管 $(\mu+1)$-ES 由于变异算子缺乏自适应机制而显得先天不足, 但这是第一个基于种群的进化策略, 可用于多处理机下的异步并行计算, 并引入了交叉算子, 为促进进化策略的发展奠定了基础。

Schwefel 在 1975 年提出了 $(\mu+\lambda)$-ES, 随后又提出了 (μ,λ)-ES。$(\mu+\lambda)$-ES 和 (μ,λ)-ES 都由 μ 个个体组成父代群体, 通过重组和变异操作产生 λ 个子代个体。这两种进化策略的差别在于下一代群体的组成上。

(1) $(\mu+\lambda)$-ES 是从 μ 个父代个体和新生成的 λ 个子代个体 (共 $\mu+\lambda$ 个个体) 中选择出最优的 μ 个个体作为下一代群体, 属于精英保留型。

(2) (μ,λ)-ES 仅仅是从新生成的 λ 个子代个体中选择出最优的 μ 个个体作为下一代群体, 这时要求 $\lambda > \mu$。(μ,λ)-ES 只是从子代中进行选择, 每一个个体的生命周期仅限于一代, 无论其父代个体多么优秀, 都将被 "抛弃"。

$(\mu+\lambda)$-ES 和 (μ,λ)-ES 都是采用了变异、重组、选择算子, 其中重组算子类似于 $(\mu+1)$-ES, 而变异算子有了新的发展, 标准差 σ 采用自适应调整方式, 如下所示:

$$\sigma_i' = \sigma_i \cdot \exp(\tau_1 \cdot N(0,1) + \tau_2 \cdot N_i(0,1)) \tag{8-8}$$

式中, $N(0,1)$ 为具有期望值为 0, 标准方差为 1 的正态分布随机变量; τ_1 为标准向量 σ 的整体步长参数; τ_2 为 σ 的每个分量 σ_i 的步长参数。

$(\mu+\lambda)$-ES 和 (μ,λ)-ES 算法可以描述如下。

Step1: 初始化种群: 在问题的可行解空间中随机生成 μ 个个体, 构成第 1 代群体的父代。

Step2: 重组: 进化策略中的重组算子相当于遗传算法中的交叉算子, 它们都是以两个父代个体为基础进行信息交换。进化策略中, 重组方式常用以下三种。

(1) 离散重组。先随机选择两个父代个体, 然后将其分量进行随机交换, 构成子代新个体的各个分量, 从而得出新个体。

(2) 中值重组。这种重组方式也是先随机选择两个父代个体, 然后将父代个体各分量的平均值作为子代新个体的分量, 构成新个体。

(3) 混杂重组。这种重组方式的特点在于父代个体的选择上。混杂重组时先随机选择一个固定的父代个体, 然后针对子代个体每个分量再从父代群体中随机选择第二个父代个体。也就是说, 第二个父代个体是经常变化的。至于父代两个个体的组合方式, 既可以采用离散方式, 也可以采用中值方式, 甚至可以把中值重组中的 1/2 改为 $[0,1]$ 的任一权值。

Step3：变异：变异比较简单，就是在每个分量上面加上基于零均值，某一方差的高斯分布的变化产生新的个体。这个某一方差就是变异程度。

Step4：选择：在 λ 个个体中 ((μ,λ)-ES 算法) 或者 $\mu+\lambda$ 个个体中 ($(\mu+\lambda)$-ES 算法) 选择适应度较强的 μ 个个体成为下一代的父辈个体。如果终止条件满足，则算法结束。否则回到 Step2。

8.2.4　一般进化策略算法

进化策略的一般算法可以描述如下。

Step1：初始化。对于每个个体，其基因型被初始化以满足问题边界约束，同时初始化策略参数。

Step2：交叉。子代由两个及两个以上的亲代通过交叉算子得到。

Step3：变异。子代进行变异，其变异步长由自适应策略参数决定。

Step4：评估。通过一个绝对适应度函数来决定个体基因型所表示的解的质量。

Step5：选择。选择算子在进化策略中用于两种目的。首先，选择亲代以重组；其次，决定何种子代可以生存以产生下一代。

Step6：回到 Step2，直到达到收敛。

一般进化策略的伪代码如图 8-10 所示。

```
设计数器t=0;
初始化策略参数:
产生并初始化具有μ个个体的种群ℓ(t);
for每个个体xᵢ(t)∈ℓ(t) do
    计算适应度f(xᵢ(t));
end
while 停止条件（s）非真 do
    for i=1,2,…,λ do
        随机选择 ρ≥2个亲代;
        通过应用亲代基因型和策略参数上的交叉算子产生子代;
        变异子代策略参数和基因型;
        计算子代适应度;
    end
    选择新的种群ℓ(t+1);
    t=t+1;
end
```

图 8-10　一般进化策略算法框架

8.3　蚁群算法

8.3.1　蚁群算法概述

蚁群算法，又称蚂蚁算法，它是由 Dorigo 于 1992 年在其博士论文中提出的，灵感来源于蚂蚁在寻找食物过程中发现路径的行为。

大多数蚂蚁是社会性昆虫，以 30 万至上百万不等的群落大小群居。蚂蚁等群居性昆虫群体所呈现的复杂行为给人类带来很大启发，很多研究开始关注这些行为。通常所研究的蚂蚁行为包括觅食行为、劳动力分配、墓地组织、育雏和建巢等。其中，首个被生态学家研究的行为就是蚁群的觅食模型。

研究发现，单个蚂蚁的行为比较简单，但是蚁群整体却可以体现一些智能的行为。蚁群可以在不同的环境下，总能找到最短到达食物源的路径。这是因为蚁群内的蚂蚁可以通过某种信息机制实现信息的传递，蚂蚁会在其经过的路径上释放一种称为信息素的物质，蚁群内的蚂蚁对信息素具有感知能力，它们会沿着信息素浓度较高路径行走，而每只路过的蚂蚁都会在路上留下信息素，这就形成一种类似正反馈的机制，这样经过一段时间后，整个蚁群就会沿着最短路径到达食物源了。受这些研究和观察的启示，各种蚂蚁觅食行为的算法模型被提出，涌现出一批相关算法和应用，这些算法被归类为蚁群优化元启发算法。

蚁群算法应用于解决优化问题的基本思路为：用蚂蚁的行走路径表示待优化问题的可行解，整个蚂蚁群体的所有路径构成待优化问题的解空间。路径较短的蚂蚁释放的信息素量较多，随着时间的推进，较短的路径上累积的信息素浓度逐渐增高，选择该路径的蚂蚁个数也越来越多。最终，整个蚂蚁会在正反馈的作用下集中到最佳的路径上，此时对应的便是待优化问题的最优解。这种算法具有分布计算、信息正反馈和启发式搜索的特征，本质上是一种启发式全局优化算法。

8.3.2 蚁群算法基本原理

在介绍蚁群算法之前，介绍一下双桥实验。为了研究蚂蚁的觅食行为，Deneubourg 等通过双桥实验 (图 8-11(a))，建立了一种描述其行为的形式化模型。建模过程中，他们假设每只蚂蚁分泌等量的信息素并且不考虑信息素的挥发。Pasteels 等通过实验得出蚂蚁在 $t+1$ 时刻选择路径 A 的概率为

$$P_A(t+1) = \frac{(c+n_A(t))^\alpha}{(c+n_A(t))^\alpha + (c+n_B(t))^\alpha} = 1 - P_B(t+1) \tag{8-9}$$

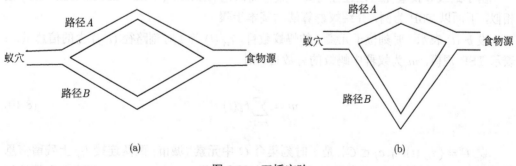

(a)   (b)

图 8-11　双桥实验

式中, $n_A(t)$、$n_B(t)$ 分别表示在 t 时刻路径 A 和路径 B 上经过的蚂蚁的数量; c 代表未开发路径 (不含信息素的路径分支) 对蚂蚁的吸引度; α 表示蚂蚁选择路径的过程中受信息素影响的程度。实验表明, 当 $\alpha \approx 2, c \approx 20$ 时, 该概率模型与实际情况相符。

Gross 等对双桥实验进行了扩展, 让桥的其中一个分支比另一个分支长 (图 8-11(b)), 实验结果表明, 实验初期, 蚂蚁以大致相等的概率随机选择任一路径。经过一段时间后, 越来越多的蚂蚁选择较短的路径。

通过对真实蚂蚁的研究发现, 对短路径的突然选择可以被解释为自催化 (正反馈) 和路径差异效应。

尽管蚁群表现出复杂的自适应行为, 但是每只蚂蚁的行为都非常简单。一只蚂蚁可以被看作一个刺激–反应感知体: 蚂蚁感知信息素的浓度, 然后基于信息素的刺激作出行为选择。

人工蚁群算法是对真实蚂蚁行为进行建模, 人工蚂蚁主要包括三种简单行为。

(1) 蚂蚁的记忆行为。一只蚂蚁搜索过的路径在下次搜索时就不再被该蚂蚁选择, 因此在蚁群算法中建立禁忌表进行模拟。

(2) 蚂蚁利用信息素进行相互通信。蚂蚁在所选择的路径上会释放一种信息素的物质, 当其他蚂蚁进行路径选择时, 会根据路径上的信息素浓度进行选择, 这样信息素就成为蚂蚁之间进行通信的介质。

(3) 蚂蚁的集群活动。通过一只蚂蚁的运动很难达到食物源, 但整个蚁群进行搜索就完全不同。当某些路径上通过的蚂蚁越来越多时, 路径上留下的信息素数量也就越多, 导致信息素强度增大, 蚂蚁选择该路径的概率随之增加, 从而进一步增加该路径的信息素强度, 而通过的蚂蚁比较少的路径上的信息素会随着时间的推移而挥发, 从而变得越来越少。

可见, 蚁群算法是模拟蚂蚁觅食的原理设计出的一种群体智能算法。蚂蚁在觅食过程中, 是以信息素作为介质间接进行信息交流, 当蚂蚁从食物源走到蚁穴, 或者从蚁穴走到食物源时, 都会在经过的路径上释放信息素, 从而形成了一条含有信息素的路径, 蚂蚁可以感觉出路径上信息素浓度的大小, 并且以较高的概率选择信息素浓度较高的路径。

8.3.3 蚁群算法基本步骤

由于蚂蚁寻找最优路径过程与经典旅行商问题 (traveling salesman problem, TSP) 很相似, 下面以 TSP 为例, 介绍蚁群算法的基本步骤。

设 $b_i(t)$ 表示 t 时刻位于元素 i 的蚂蚁数目, $\tau_{ij}(t)$ 为 t 时刻路径 (i, j) 上的信息量, n 表示 TSP 规模, m 为蚁群中蚂蚁的总数目, 则

$$m = \sum_{i=1}^{n} b_i(t) \tag{8-10}$$

设 $\Gamma = \{\tau_{ij}(t) | c_i, c_j \subset C\}$ 是 t 时刻集合 C 中元素 (城市) 两两连接 l_{ij} 上残留信息量的集合。在初始时刻, 各条路径上信息量相等, 并设 $\tau_{ij}(0) = \text{const}$, 基本蚁群算法的寻优是通过有向图 $g = (C, L, \Gamma)$ 实现的。

蚂蚁 $k(k = 1, 2, \cdots, m)$ 在运动过程中，根据各条路径上的信息量决定其转移方向。这里用禁忌表 $tabu_k$ $(k = 1, 2, \cdots, m)$ 来记录蚂蚁 k 当前所走过的城市，集合随着 $tabu_k$ 进化过程作动态调整。

在搜索过程中，蚂蚁根据各条路径上的信息量及路径的启发信息来计算状态转移概率。则在 t 时刻蚂蚁 k 由元素 (城市)i 转移到元素 (城市)j 的状态转移概率 $p_{ij}^k(t)$ 可根据式 (8-11) 计算：

$$p_{ij}^k(t) = \begin{cases} \dfrac{[\tau_{ij}(t)]^\alpha \cdot [\eta_{ik}(t)]^\beta}{\sum\limits_{s \subset \text{allowed}_k} [\tau_{is}(t)]^\alpha \cdot [\eta_{is}(t)]^\beta}, & j \in \text{allowed}_k \\ 0, & \text{其他} \end{cases} \tag{8-11}$$

式中，$\text{allowed}_k = \{C - tabu_k\}$ 表示蚂蚁 k 下一步允许选择的城市；α 为信息启发式因子，表示轨迹的相对重要性，反映了蚂蚁在运动过程中所积累的信息在蚂蚁运动时所起的作用，其值越大，则该蚂蚁越倾向于选择其他蚂蚁经过的路径，蚂蚁之间协作性越强；β 为期望启发式因子，表示能见度的相对重要性，反映了蚂蚁在运动过程中启发信息在蚂蚁选择路径中的受重视程度，其值越大，则该状态转移概率越接近于贪心规则；$\eta_{ij}(t)$ 为启发函数，其表达式如下：

$$\eta_{ij}(t) = \frac{1}{d_{ij}} \tag{8-12}$$

式中，d_{ij} 表示相邻两个城市之间的距离。对蚂蚁 k 而言，d_{ij} 越小，则 $\eta_{ij}(t)$ 越大，$p_{ij}^k(t)$ 也就越大。显然，该启发函数表示蚂蚁从元素 (城市) i 转移到元素 (城市) j 的期望程度。

为了避免残留信息素过多引起残留信息淹没启发信息，在每只蚂蚁走完一步或者完成对所有 n 个城市的遍历 (即一个循环结束) 后，要对残留信息进行更新处理。这种更新策略模仿了人类大脑记忆的特点，在新信息不断存入大脑的同时，存储在大脑中的旧信息随着时间的推移逐渐淡化，甚至忘记。由此，$t + n$ 时刻在路径 (i, j) 上的信息量可按如下规则进行调整：

$$\tau_{ij}(t + n) = (1 - \rho) \cdot \tau_{ij}(t) + \Delta\tau_{ij}(t) \tag{8-13}$$

$$\Delta\tau_{ij}(t) = \sum_{k=1}^m \Delta\tau_{ij}^k(t) \tag{8-14}$$

式中，ρ 表示信息素挥发系数，则 $1 - \rho$ 表示信息素残留因子，为了防止信息的无限积累，ρ 的取值范围为 $\rho \subset [0, 1)$；$\Delta\tau_{ij}(t)$ 表示本次循环中路径 (i, j) 上的信息素增量，初始时刻 $\Delta\tau_{ij}(0) = 0$；$\Delta\tau_{ij}^k(t)$ 表示第 k 只蚂蚁在本次循环中留在路径 (i, j) 上的信息量。

根据信息素更新策略的不同，Dorigo 提出了三种不同的基本蚁群算法模型，分别称为 Ant-Cycle 模型、Ant-Quantity 模型及 Ant-Density 模型，其差别在于 $\Delta\tau_{ij}^k(t)$ 求法的不同。

在 Ant-Cycle 模型中：

$$\Delta\tau_{ij}^{k}(t) = \begin{cases} \dfrac{Q}{L_k}, & \text{蚂蚁} k \text{在} t \text{和} t+1 \text{时刻经过边}(i,j) \\ 0, & \text{其他} \end{cases} \tag{8-15}$$

式中，Q 表示信息素强度，它在一定程度上影响算法的收敛速度；L_k 表示第 k 只蚂蚁在本次循环中所走路径的总长度。

在 Ant-Quantity 模型中：

$$\Delta\tau_{ij}^{k}(t) = \begin{cases} \dfrac{Q}{d_{ij}}, & \text{蚂蚁} k \text{在} t \text{和} t+1 \text{时刻经过边}(i,j) \\ 0, & \text{其他} \end{cases} \tag{8-16}$$

在 Ant-Density 模型中：

$$\Delta\tau_{ij}^{k}(t) = \begin{cases} Q, & \text{蚂蚁} k \text{在} t \text{和} t+1 \text{时刻经过边}(i,j) \\ 0, & \text{其他} \end{cases} \tag{8-17}$$

区别：式 (8-16) 和式 (8-17) 中利用的是局部信息，即蚂蚁完成一步后更新路径上的信息素；而式 (8-15) 中利用的是整体信息，即蚂蚁完成一个循环后更新所有路径上的信息素，在求解 TSP 时性能较好，因此通常采用式 (8-15) 作为蚁群算法的基本模型。

蚁群算法实现步骤如下。

Step1：初始化阶段。令当前循环次数 $N_c = 0$，时间 $t = 0$；令各路径上的初始化信息素量 $\tau_{ij}(0)$ 为一个常量，信息素增量 $\Delta\tau_{ij}(t) = 0$；设置最大循环次数 $\mathrm{NC_{max}}$，将 m 只蚂蚁置于 n 个顶点 (城市) 上。初始化 d_{ij}、α、β 等参数。

Step2：循环阶段。如果 $N_c < \mathrm{NC_{max}}$，则循环继续，否则结束循环。

Step3：每只蚂蚁 k 按式 (8-11) 移动至下一个顶点 j，$j \in \mathrm{allowed}_k$。

Step4：更新禁忌表。将每只蚂蚁上一步走过的城市添加到该蚂蚁的禁忌表中。

Step5：根据式 (8-13) 更新每条路径上的信息素量。

Step6：$N_c = N_c + 1$，返回到 Step2。

Step7：循环结束，算法终止并输出最短路径。

8.3.4　蚁群算法优缺点

1) 蚁群算法特点

与其他优化算法相比，蚁群算法具有以下几个特点。

(1) 采用正反馈机制，使得搜索过程不断收敛，最终逼近最优解。

(2) 每个个体可以通过释放信息素来改变周围的环境，且每个个体能够感知周围环境的实时变化，个体间通过环境进行间接通信。

(3) 搜索过程采用分布式计算方式，多个个体同时进行并行计算，显著提高了算法的计算能力和运行效率。

(4) 启发式的概率搜索方式不容易陷入局部最优，易于寻找到全局最优解。

2) 蚁群算法优点

(1) 蚁群算法与其他启发式算法相比，在求解性能上，具有很强的鲁棒性 (对基本蚁群算法模型稍加修改，便可以应用于其他问题) 和搜索较好解的能力。

(2) 蚁群算法是一种基于种群的进化算法，具有本质并行性，易于并行实现。

(3) 蚁群算法很容易与多种启发式算法结合，以改善算法性能。

3) 蚁群算法存在的问题

蚁群算法在 TSP 应用中取得了良好的效果，但是也存在一些不足。

(1) 如果参数 α 和 β 设置不当，将会导致求解速度很慢且所得解的质量特别差。

(2) 基本蚁群算法计算量大，求解所需时间较长。

(3) 基本蚁群算法中理论上要求所有的蚂蚁选择同一路线，该路线即为所求的最优线路；但在实际计算中，在给定一定循环数的条件下很难达到这种情况。另外，在其他的实际应用中，如图像处理中寻求最优模版问题，我们并不要求所有的蚂蚁都找到最优模版，而只需要一只找到最优模版即可。如果要求所有的蚂蚁都找到最优模版，反而影响了计算效率。

(4) 蚁群算法收敛速度慢、易陷入局部最优解。蚁群算法中初始信息素匮乏。蚁群算法一般需要较长的搜索时间，其复杂度可以反映这一点；而且该方法容易出现停滞现象，即搜索进行到一定程度后，所有个体发现的解完全一致，不能对解空间进一步进行搜索，不利于发现更好的解。

8.4 粒子群优化算法

8.4.1 粒子群优化算法概述

粒子群优化算法 (particle swarm optimization，PSO)，属于群体智能算法的一种，是由美国社会心理学家 Kennedy 和电气工程师 Eberhart 在 1995 年提出，其基本思想是受对鸟类群体行为进行建模与仿真的研究结果的启发。该算法主要对 Heppner 的模拟鸟群的模型进行修正，以使粒子能够飞向解空间，并在最好解处降落，从而得到了粒子群优化算法。

同遗传算法类似，粒子群优化算法也是一种基于群体迭代的优化算法，但没有遗传算法所采用的交叉以及变异操作，而是粒子在解空间追随最优的粒子进行搜索。PSO 的优势在于简单、容易实现、无须梯度信息、参数少，其天然的实数编码特点特别适合于处理实优化问题。同时粒子群优化算法又有深刻的智能背景，既适合科学研究，又特别适合工程应用。

8.4.2 PSO 基本工作原理

PSO 的基本过程为：用随机解初始化一群随机粒子，然后通过迭代找到最优解。在每一次迭代中，粒子通过跟踪两个极值来更新自己：第一个就是粒子本身所找到的最优解，这个解称为个体极值；另一个极值是整个种群目前找到的最优解，这个极值是全局极值。另外也可以不用整个种群而只是用其中一部分作为粒子的邻居，那么在所有邻居中的极值就是局部极值。

假设在一个 D 维的目标搜索空间中，由 N 个粒子组成一个群落，则有如下。

第 i 个粒子的位置：

$$x_i = (x_{i1}, x_{i2}, \cdots, x_{iD}) \tag{8-18}$$

第 i 个粒子的速度：

$$v_i = (v_{i1}, v_{i2}, \cdots, v_{id}, \cdots, v_{iD}), \quad 1 \leqslant i \leqslant N; 1 \leqslant d \leqslant D \tag{8-19}$$

第 i 个粒子迄今为止搜索到的最优位置称为个体极值，记为

$$p_{\text{best}} = (p_{i1}, p_{i2}, \cdots, p_{iD}) \tag{8-20}$$

整个粒子群迄今为止搜索到的最优位置为全局极值，记为

$$g_{\text{best}} = (p_{g1}, p_{g2}, \cdots, p_{gD}) \tag{8-21}$$

在找到这两个最优值时，粒子根据如下的公式来更新自己的速度和位置：

$$v_{id} = \omega v_{id} + c_1 r_1 (p_{id} - x_{id}) + c_2 r_2 (p_{gd} - x_{id}) \tag{8-22}$$

$$x_{id} = x_{id} + v_{id} \tag{8-23}$$

式中，c_1 和 c_2 为学习因子，也称加速常数，分别调节向 p_{best} 和 g_{best} 方向飞行的最大步长，决定粒子个体经验和群体经验对粒子运行轨迹的影响，反映了粒子群之间的信息交流；ω 为惯性因子；r_1 和 r_2 为 $[0,1]$ 范围内的均匀随机数，用于增加粒子飞行的随机性；v_{id} 是粒子的速度，$v_{id} \in [-v_{\max}, +v_{\max}]$，$v_{\max}$ 是常数，由用户设定用来限制粒子的速度。

式 (8-22) 由三部分组成，第一部分为"惯性"或"动量"部分，反映了粒子的运动"习惯"，代表粒子有维持自己先前速度的趋势；第二部分为"认知"部分，反映了粒子对自身历史经验的记忆或回忆，代表粒子有向自身历史最佳位置逼近的趋势；第三部分为"社会"部分，反映了粒子间协同合作与知识共享的群体历史经验，代表粒子有向群体或邻域历史最佳位置逼近的趋势。

迭代终止条件：一般设为最大迭代次数 $T_{\max}$、计算精度 ε 或最优解的最大停滞步数 Δt。

标准 PSO 的流程如图 8-12 所示，具体包括如下步骤。

Step1：初始化一群粒子，包括随即位置和速度。

Step2：评价每个粒子的适应度。

Step3：对每个粒子，将其适应值与其经过的最好位置 p_{best} 作比较，如果较好，将其作为当前的最好位置 p_{best}。

Step4：对每个粒子，将其适应值与其经过的最好位置 g_{best} 作比较，如果较好，则将其作为当前的最好位置 g_{best}。

Step5：根据式 (8-22) 和式 (8-23) 调整粒子速度和位置。

Step6：如果满足结束条件退出，否则返回 Step2。

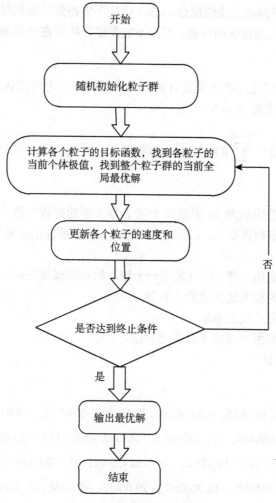

图 8-12　标准 PSO 流程图

8.4.3　PSO 优缺点

PSO 的优点如下：

(1) 采用实数编码，易于描述，易于理解；

(2) 对优化问题定义的连续性无特殊要求；

(3) 只有非常少的参数需要调整；

(4) 算法实现简单，速度快；

(5) 相对于其他演化算法，只需要较小的演化群体；

(6) 算法易于收敛；

(7) 无集中控制约束，不会因个体的故障影响整个问题的求解，确保了系统具备很强的鲁棒性。

PSO 的缺点如下：

(1) 对于有多个局部极值点的函数，容易陷入局部极值点中，得不到正确的结果；

(2) 由于缺乏精密搜索方法的配合，PSO 往往不能得到精确的结果；

(3) PSO 提供了全局搜索的可能，但并不能严格证明它在全局最优点上的收敛性。

8.4.4　应用举例

这里仍然以函数优化问题为例进行说明：求解以下的无约束优化问题 (Rosenbrock 函数)，其中，问题的维数 $N = 5$。

$$\min f(x) = \sum_{i=1}^{N-1} [(1-x_i)^2 + 100(x_{i+1} - x_i^2)^2], \quad x \in [-30, 30]^N \tag{8-24}$$

具体步骤如下。

编码：因为问题的维数为 5，所以每个粒子为 5 维的实数向量。

初始化范围：根据问题要求，设定为 $[-30, 30]$。根据前面的参数分析，可以将最大速度设定为 $V_{\max} = 60$。

种群大小：为了说明方便，这里采用一个较小的种群规模，$m = 5$。

停止准则：设定为最大迭代次数 100 次。

惯性权重：采用固定权重 0.5。

邻域拓扑结构：采用全局粒子群优化算法。

算法执行的过程如下。

1) 初始化位置

$$x_1^0 = (-15.061812, -23.799465, 25.508911, 4.867607, -4.6115036)$$
$$x_2^0 = (29.855438, -25.405956, 6.2448387, 10.079713, -26.621386)$$
$$x_3^0 = (23.805588, 19.57822, -8.61554, 9.441231, -29.898735)$$
$$x_4^0 = (7.1804657, -13.258207, -29.63405, -27.048172, 2.24227979)$$
$$x_5^0 = (-4.7385902, -17.732449, -24.78365, -3.8092823, 4.3552284)$$

2) 初始化速度

$$v_1^0 = (-5.2273927, 15.964569, -11.821243, 42.65571, -48.36218)$$
$$v_2^0 = (-0.42986897, -0.5701652, -18.416643, -51.86605, -33.90133)$$
$$v_3^0 = (13.069403, -48.511078, 28.80003, -8.051167, -28.049505)$$
$$v_4^0 = (-8.85361, 12.998845, -13.325946, 18.722532, -26.033237)$$
$$v_5^0 = (-5.7461033, -7.451118, 29.135513, -14.144024, -41.325256)$$

3) 计算适应值

各个粒子的初始适应值如下：

$$f_1^0 = 7.733296E7$$
$$f_2^0 = 1.26632864E8$$

$$f_3^0 = 4.7132888\text{E}7$$
$$f_4^0 = 1.39781552\text{E}8$$
$$f_5^0 = 4.98773\text{E}7$$

可见, 此时取得最好解的是粒子 3。

4) 更新粒子位置

经过一次迭代后粒子的位置变化为

$$x_1^1 = (2.4265985, 29.665405, 18.387815, 29.660393, -39.97371)$$
$$x_2^1 = (22.56745, -3.999012, -19.23571, -16.373426, -45.417023)$$
$$x_3^1 = (30.34029, -4.6773186, 5.7844753, 5.4156475, -43.92349)$$
$$x_4^1 = (2.7943296, 19.942759, -24.861498, 16.060974, -57.757202)$$
$$x_5^1 = (27.509708, 28.379063, 13.016331, 11.539068, -53.676777)$$

第一次迭代后, 各个粒子的适应值为

$$f_1^1 = 1.68403632\text{E}8$$
$$f_2^1 = 5.122986\text{E}7$$
$$f_3^1 = 8.6243528\text{E}7$$
$$f_4^1 = 6.4084752\text{E}7$$
$$f_5^1 = 1.21824928\text{E}8$$

此时取得最好解的是粒子 2。

5) 迭代结果

100 次迭代后, 粒子的位置及适应值如下:

$$x_1^{100} = (0.83243910, 0.71345127, 0.4540729, 0.19283025, -0.01689619)$$
$$x_2^{100} = (0.7039059, 0.75927746, 0.42355448, 0.20572342, 1.0952349)$$
$$x_3^{100} = (0.8442569, 0.6770473, 0.45867932, 0.19491772, 0.016728058)$$
$$x_4^{100} = (0.8238968, 0.67699957, 0.45485318, 0.1967013, 0.015787406)$$
$$x_5^{100} = (0.8273693, 0.6775995, 0.45461038, 0.19740629, 0.01580313)$$
$$f_1^{100} = 1.7138834$$
$$f_2^{100} = 121.33863$$
$$f_3^{100} = 1.2665054$$
$$f_4^{100} = 1.1421927$$
$$f_5^{100} = 1.1444693$$

此时取得最好解的是粒子 4。

课 后 习 题

1. 进化计算与群体智能的关系是什么？
2. 进化计算的主要方法有哪些？
3. 群体智能的主要方法有哪些？
4. 遗传算法的基本步骤有哪些？
5. 进化策略与遗传算法的主要区别是什么？
6. 蚁群算法的基本原理是什么？
7. 粒子群优化算法的基本原理是什么？

第 9 章　分布式人工智能

人工智能在各个方面都发挥出了不可替代的作用，解决了很多复杂困难的问题，为人类的生产和生活提供了诸多便利。但是，随着计算机技术和人工智能的发展，集中式系统已不能完全适应复杂大系统研究的发展需要，分布式人工智能 (distributed artificial intelligence, DAI) 应运而生，其研究目标是要建立一个由多个子系统构成的协作系统，各个子系统间协同工作，实现对特定问题进行求解。

分布式人工智能研究分为两个基本研究领域：分布式问题求解 (distributed problems solving, DPS) 和多智能体系统 (multiple agent systems, MAS)。早期的研究人员主要从事 DPS 研究，即如何构造分布式系统来求解特定的问题。MAS 研究是基于理性 Agent 的假设，与协调一组半自治 Agent 的智能行为有关，研究重点在于 Agent 以及 Agent 之间的交互。目前，MAS 是 DAI 研究的主要方面，解决知识与行为的社会性问题，而 DPS 则更面向实际应用问题。

本章主要介绍分布式人工智能的特点及其研究与发展、智能体 (agent) 的基本概念、Agent 的模型与结构、多 Agent 学习、多 Agent 协调等相关内容。

9.1　分布式人工智能概述

9.1.1　分布式人工智能的特点

分布式人工智能是人工智能、分布式计算、并行处理、计算机网络和通信技术交叉发展的产物，是人工智能研究的一个重要分支，在 20 世纪 70 年代后期出现，反映了整个人工智能研究对于集体行为和社会性因素的重视，是对人工智能研究中遇到的问题不断深入的必然结果，其产生的原因主要在于：① 单个智能系统的资源是有限的，根据 Simon 的有限理性理论需要构造智能系统的组织；② 人类的智能不仅表现在单个人的智能行为之中，更表现在人类社会中的各种组织以致整个社会的智能行为之中，DAI 的结构比传统 AI 更能体现人类智能的特点；③ 现实世界存在大量的分布式系统，各种软硬件研究成果特别是计算机网络为 DAI 系统的实现提供了必要支持。

分布式人工智能具有以下特点。

(1) 分布性。整个系统所包含的数据、知识、控制逻辑等信息都是分布存在的，系统中的节点和路径能够实现并行工作，显著提高了子系统的求解效率。

(2) 连接性。在问题求解过程中，各个子系统和求解机构通过计算机网络相互连接，降低了求解问题通信代价和求解代价。

(3) 协作性。各子系统协调工作，能够求解单个机构难以解决或者无法解决的困难问题。多领域专家可以协作求解单领域或单个专家无法解决的问题，提高求解能力，扩大应用领域。

(4) 开放性。通过网络互联和系统的分布，便于扩充系统规模，使系统具有比单个系统广大得多的开放性和灵活性。

(5) 容错性。系统具有较多的冗余处理节点、通信路径和知识，能够使系统在出现故障时，积极降低响应速度或求解精度，以保持系统正常工作，提高工作可靠性。

(6) 独立性。通过任务求解规约将系统划分为几个相对独立的子系统，从而降低求解问题的复杂性，同时降低了各个处理节点的复杂性。

在分布式人工智能系统中，把待解决的问题分解为一些子任务，并为每个子任务设计一个问题求解的任务执行子系统。通过交互作用策略，把系统设计集成为一个统一的整体。每个系统不能在环境中单独存在，而要与多个智能子系统在同一环境中协同工作。因此，分布式人工智能系统一般应具有如下几大特性。

(1) 适应性。逻辑的、语义的、时间的和空间的分布性使 DAI 系统对不同的环境能提供各种选择的余地，并具有更大的适应能力。

(2) 低成本。DAI 系统具有很高的性价比，因为 DAI 系统可以包含许多低成本的简单计算机系统。如果通信代价很高，具有分布的感知或传感的集中式智能系统比分布式智能系统昂贵得多。

(3) 高效率。并行处理可提高计算与推理的速度。

(4) 自治性。出于局部控制和保护的目的，DAI 系统中的单元之间是隔离的。

(5) 可靠性。由于采用了冗余、互检等技术，DAI 系统比集中式系统更可靠。

9.1.2   分布式人工智能的研究与发展

分布式人工智能主要研究在逻辑上或物理上分散的智能系统如何并行地、相互协作地进行问题求解，其主要研究内容包括以下几个方面。

1) 任务的描述、分解与分配

任务描述不仅是系统设计者的指南，还应使系统能以此进行推理，从而能够动态调整。对任务的描述要求定义问题的范围，明确已知条件及未知条件，以便将问题形式化地表示。目前，关于任务的描述大多数采用人工的方式，任务自动描述将是一个研究的重点。

任务的分解是指将任务逐步分解为较小的、需要较少的知识和资源即可解决或特定智能子系统能胜任的子任务。任务分解需考虑抽象层次、独立性、冗余度、资源最小化和依功能/生产划分等几个方面问题，即任务的分解依据主要包括：① 抽象层次，不同抽象层次的子任务应由递阶系统中不同控制层次的组织分别完成；② 协调能力，任务的分解要使子任务的完成者能控制完成任务的过程，协调关系明确简单；③ 独立性，子任务间的相互控制的依赖性要小；④ 冗余性，划分冗余的子任务以提高可靠性、降低不确定性；⑤ 资源需求，任务分解应按资源需求尽量少的原则，等等。

任务分配是指在不同子系统之间分配不同的任务，它属于元级问题。任务分配通常采用的原则有：① 避免瓶颈，任务分配应避免关键的资源超负荷；② 能力匹配，任务分配应考虑智能子系统在能力上的匹配，包括专业、知识的相关性等；③ 复合角色，为了系统柔性及一致性考虑，有时将不同的任务分配给同一个智能子系统；④ 冗余分配，具有不确定性的任务应进行冗余分配，以降低不确定性，提高可靠性；⑤ 资源消耗，按关键资源消耗最小的原则进行任务分配。

任务分配有固定分配与自适应分配之分，固定分配是采用一种固定分配方法在子系统之间进行任务分配，具有简单、直接的优点，但是对任务的不确定性缺乏应对。自适应分配则是在任务的执行过程中，根据任务执行的具体情况进行动态分配，相对比较复杂，但是灵活性好，适应性强。常用的自适应分配方法主要有图形匹配法、单层网络法、分布式拍卖法、动态搜寻法、自组织神经网络法等。

2) 交互与通信

交互是分布式人工智能的基本概念，对交互单元和交互模型的选择产生了交互语言和协议。通信是智能子系统之间的语言行为，将通信与交互放在一个以表示知识和交流知识为目标的框架里可以作为一个统一体进行描述。通信要解决的主要问题是：通信时表达什么信息？如何在交互语言中表示这些信息？与哪个 (些) 个体进行通信？通信的结果是什么？

为了解决在通信表达什么信息、如何表达的问题，需要制定一定的标准 —— 交互语言。例如，合同网协议 (contract net protocol, CNP) 用几种类似框架的结构分别表示任务发布、投标、中标等不同类型的信息。

3) 协调一致的行为

协调一致的行为，就是通常理解的各智能子系统之间的协作机制，这是分布式人工智能中最关键的问题，已有大量的研究，可从组织结构、相关最小化、集中/分布规划、增加相互了解、通信管理、资源管理和自适应等方面进行研究。这里有两个不同的概念，即一致性与协调性。一致性描述系统行为的总体特性，而协调性表示子系统之间行为、交互的模式。

(1) 系统的一致性可以从以下四个方面来衡量：① 求解质量，系统寻求问题答案的能力，解的质量；② 效率，系统实现目标的总体效率；③ 清晰度，系统自身行为表示的清晰程度；④ 性能渐降性，局部发生故障或遇到不确定因素影响时，系统的可靠性适度地下降。

(2) 系统的协调性表示系统在实现基本目标的过程中，避免 "额外行为" 的范围，"额外行为" 指为完成任务而进行的同步及调整等间接行为。

实现系统一致性及合作的基本困难在于不采用集中控制。仅通过局部控制实现全局或局部的一致性是 DAI 研究人员致力解决的基本问题。

4) 冲突消解

当系统中多个子系统利益和目标出现冲突，如何进行协调解决是 DAI 的核心问题之一。冲突消解方法与采用的组织结构有很大关系，是当前的研究热点。在基于产生式规则的推理系统中常用的冲突消解方法主要有深度策略、宽度策略、中间结局分析策略等。

5) 实现的语言、框架和环境

系统实现平台包含基于对象的并发程序设计系统、黑板框架、集成系统和实验测试床等类型。目前，仿真实验平台比较多，如美国圣塔菲研究所为某些复杂系统的研究专门开发了一个公共的建模仿真平台 ——Swarm。

目前，分布式人工智能还有很多方面需要开展深入研究，主要包括：通用的 DAI 算法、新的 DAI 应用系统开发、任务自动描述与分解、新的协作机制、智能行为的建模及识别技术，等等。这些问题并不是相互孤立的，而是相互关联，一个问题的解决有可能促进其他问题的解决。

近年来，因为多智能体系统更能体现人类的社会智能，具有更大的灵活性和适应性，因此也更适合开放、动态的实际环境，越来越受到研究人员的重视，逐渐成为分布式人工智能的一个热点。

对于 Agent 和多智能体系统的研究主要集中在以下几个方面：Agent 的模型与结构、Agent 的学习、多 Agent 之间的交互与协调、多 Agent 系统的应用研究等。

9.2　Agent 简介

9.2.1　Agent 的基本概念

Agent 的这个概念来源于人们对人工智能的认识：人工智能的最终目标就是要实现具有智能的能够代替人类来处理事物的 "代理"。Agent 的英文本意就是 "代理人" "代理商" 之意，在人工智能的研究中，常翻译为 "智能体" "独立体" "自主体" "本体" 等。对于 Agent 的精确定义比较困难，因为这个词汇在计算机领域中使用太多，而不同的研究者根据自己的研究背景和研究领域对于其理解又各不相同。Hewitt 指出：什么是 Agent 对于基于 Agent 的计算来说是个尴尬的问题，就像人工智能主流研究中什么是智能这个问题一样。因为虽然 Agent 这个词被广泛地使用在相关领域中，却很难找到一个大家都能接受的定义。下面是几种具有代表性的 Agent 定义形式。

Minsky 在 1986 年出版的《思维的社会》中首次提出了 Agent 的概念，认为社会中的某些个体经过协商可求得问题的解，这个个体即为 Agent。他认为 Agent 是具有技能的个体，Agent 应具有社会交互性和智能性。

Nwawa 对于 Agent 的定义描述如下：Agent 是一种可以根据用户的利益完成某些任务的软件和 (或) 硬件实体。如果可以选择，我们宁愿说它是一种元术语，或者是一个类，其中还包括许多特定的 Agent 类型，这样问题就可以转变为对这些 Agent 的定义了。

MIT 软件研究小组的 Maes 认为 Agent 是一类嵌入复杂、动态中的计算系统，它可以感知、作用于环境，并且希望通过动作的执行实现一定的目标或任务。

英国赫瑞-瓦特大学的 Lane 在普遍意义基础上给出 Agent 的定义：Agent 是一个具有控制问题求解机理的计算单元，它可以是一个机器人、一个专家系统、一个过程、一个计算模块或一个求解单元等。

上述定义一般称为 Agent 的弱定义。一些学者特别是来自 AI 界的研究人员认为：Agent 除了具备自治、自主等基本特性之外，还应该具备一些通常人类才具有的能力，如精神状态、感情等，这就是 Agent 的强定义。例如，Shoham 曾给 Agent 下了一个 "高层次" 的强定义：如果一个实体的状态可被包含了诸如知识 (knowledge)、信念 (belief)、承诺 (commitment)、愿望 (intention) 和能力 (capability) 等精神状态时，该实体就是 Agent，该定义可简单地理解为：Agent 就是那些具有某类知识，并且具有能力、有愿望并可做到

其能做成的事情的 "计算实体"。

关于 Agent 的定义还有很多种，但这些定义或解释大都来源于定义者设计和开发的 Agent 实例，从各自的实际需要反映了 Agent 的不同侧面和特征。Russell 等指出：Agent 定义是一个分析系统的工具，而不是用来将世界分为 Agent 和非 Agent 两大类。

Agent 概念最初提出是用来泛指具有自适应和自治能力的软硬件、自然物或人造物，但不同领域的学者根据自己的理解与需要赋予了 Agent 不同的属性。虽然对 Agent 定义的争论到目前为止还没停止，但普遍认为 Agent 具有拟人的智能特性，其主要特性概括如下。

(1) 自治能力 (autonomy)：Agent 能够在没有他人或其他 Agent 的直接干预下运行，具有控制其自身行为和内部状态的能力。

(2) 社交能力 (social ability)：Agent 具有借助某种 Agent 通信语言与其他 Agent 或环境进行交互的能力。

(3) 反应能力 (reactivity)：Agent 能够感知它所处的环境，能够对环境的变化做出及时而适当的反应，并通过行为改变环境。

(4) 主动性 (pro-activeness)：Agent 不仅是对所处的环境做出简单的响应，更重要的是采取积极主动的目标驱动的行为。

(5) 推理能力 (reasoning)：Agent 可以根据其当前的知识和经验，以理性的、可再生的方式推理或推测。

(6) 规划能力 (planning)：根据目标、环境等的要求，Agent 应该至少对自己的短期行为做出规划。虽然 Agent 设计人员可以提供一些常见情况的处理策略。但这些策略不可能覆盖 Agent 将遇到的所有情况。所以，Agent 应该有生成规划的能力。

(7) 学习和适应能力 (learning and adaptability)：Agent 可以根据过去的经验积累知识，并且修改其行为以适应新的环境。

9.2.2　Agent 的模型与结构

1)Agent 模型

目前关于 Agent 模型的研究方法主要有基于逻辑和基于对策论的两大流派：① 基于逻辑的研究方法。该方法以多模态逻辑作为工具，从思维的角度引入各种不同的 "模态算子" 来研究 Agent 的各种思维属性，刻画信念、意图、承诺等高级认知结构和理性行为，通过传统的符号推理，来描述和构建 Agent。比较有影响的工作有 Cohen 和 Levesque 的 Intention 理论、Rao 和 Georgeff 的 BDI(belief–desire–intention) 模型。② 基于对策论方法。该方法采用了研究人类社会交互的最佳数学工具 —— 对策论和决策论方法。Agent 行为决策的依据是：一个合理的行动是 "使期望效用最优化" 的行动，这就是 "效用理性"，理性就是在给定约束条件下最大化自身的效用。20 世纪 80 年代中后期，Rosenschein 等开始进行 Agent 目标冲突时的交互研究，并运用对策论建立了 Agent 的静态交互模型。此后，Rosenschein 及其学生继续采用动态规划等最优化技术研究多 Agent 协商、规划等问题。近年来，许多学者运用模糊数学、神经网络、遗传算法等技术研究在 Agent 目标冲突的前提下的 Agent 建模和合作问题。

　　逻辑学方法可以较好地刻画 Agent 的理性、结构、行为、运作过程，较好地体现了 Agent 的自治、主动、反应、面向目标和环境等特性，生动地说明了 Agent "曾经做过……" "希望做……" 以及 "怎么做……"，因此比较容易理解和接受。对策论方法则用包括各种最优化方法、智能计算方法在内的数学手段描述 Agent 的结构、模型和理性行为，利用目标、约束等表达式给 Agent "圈定" 应达目标和可行区域，用数学工具求出精确决策和动作。这两种方法都有各自的局限性：多模态逻辑无法定量分析高级认知结构，而对策论难以直接刻画 "信念" "意图" 等高级认知结构。

　　从概念的角度看，逻辑的方法实现了理性的推理，对策论方法通过最优化效用而实现了理性的决策。从技术的角度看，使用符号推理的逻辑理性无法使效用最优化，而使用数值分析的决策论却忽略了推理环节。对于多数 Agent 来说，既需要进行合乎逻辑的符号推理，也需要效用最大的合理决策。就 Agent 理论整体来说，需要融合这两种方法的研究成果，弥补彼此的缺陷。

　　由于 Agent 技术正处于发展之中，各种模型都有待于不断地完善。一般来说，无论采用何种模型，都可以将 Agent 视为以下三个基本部分组成，如图 9-1 所示。即每个 Agent 都有自己的内部状态，每个 Agent 都有一个感知器来感知环境，即根据环境的状态来改变自己的结构和状态等。同时，每个 Agent 都有一个效应器来作用于环境，即用来改变环境的状态。

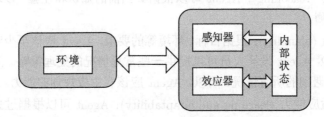

图 9-1　Agent 通用模型

2)Agent 体系结构

　　Agent 的体系结构主要研究如何用软件或硬件的方式实现 Agent。MAS 研究中有以下 3 种典型的 Agent 结构。

(1) 认知型 (cognitive)Agent

　　又称慎思型 (deliberative)Agent，是一个显示的符号模型，包括环境和智能行为的逻辑推理能力。它保持了经典人工智能的传统，是一个基于知识的系统。环境模型一般是预先实现的，形成主要部件——知识库。采用这种结构的 Agent 面临如下两个问题：一是转换问题，即如何在一定的时间内将现实世界翻译成一个准确的、合适的符号描述；二是表示/推理问题，即如何用符号表示复杂的现实世界中的实体和过程，以及如何让 Agent 在一定的时间内根据这些信息进行推理做出决策。认知型 Agent 的结构框图如图 9-2 所示。

　　Agent 通过传感器接收外界环境的信息，根据内部状态进行信息融合，产生修改当前状态的描述。然后，在知识库的支持下制定规划，形成一系列动作，通过效应器对环境发生作用。这类 Agent 的特点是：智能程度高，但求解速度慢。一个典型的例子是，1988

年 Bratman 等研制的 IRMA(intelligent resource bounded machine architecture) 系统。

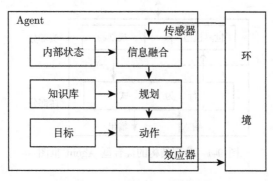

图 9-2 认知型 Agent 结构框图

(2) 反应型 (reactive)Agent

这是一种不包含用符号表示的世界模型,并且不使用复杂的符号推理的 Agent。图 9-3 给出了反应型 Agent 的结构框图。

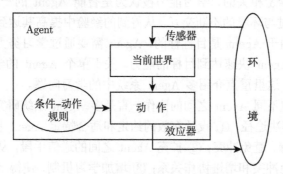

图 9-3 反应型 Agent 结构框图

图中,条件–动作规则使 Agent 将感知与动作连接起来,其中方块表示 Agent 决策过程的当前的内部状态,椭圆表示过程中所用的背景信息。这类 Agent 的特点是:智能程度低,系统不灵活,但求解速度快。应用这种方法的一个成功例子是 Brooks 的 "机器虫"。

(3) 混合型 (hybrid)Agent

前面我们讨论了 Agent 的慎思结构和反应结构,它们反映了传统人工智能和基于行为的人工智能的特点。无论纯粹的慎思结构还是纯粹的反应结构都不是构造 Agent 的最佳方式。于是,人们提出混合结构的 Agent 系统,试图以此来融合经典和非经典的人工智能。最显然的方式就是在一个 Agent 中包含两个 (或多个) 子系统:一个是慎思子系统,含有用符号表示的世界模型,并用主流人工智能中提出的方法生成规划和决策;另一个是反应子系统,用来不经过复杂的推理就对环境中出现的事件进行反应推理。一般情况下,反应子系统要比慎思子系统有更高的优先级,以保证整个系统能对重要事件立即做出反应。

目前混合型 Agent 主要采用分层体系结构 (layered architecture),如图 9-4 所示,典型应用系统有 Touring Machine 和 INTERRAP。

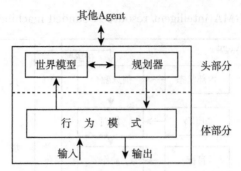

图 9-4　分层结构的混合型 Agent 框图

9.3　多 Agent 学习

9.3.1　多 Agent 学习概述

学习和智能是紧密相关的，学习能力被认为是智能 Agent 的一项非常重要的能力，学习是指 Agent 通过与环境的不断交互，从得到的经验中提高其达到目标的能力或未来累积回报的过程。由于 Agent 是目标性的，Agent 需要通过学习努力适应从感知到行动的映射，从而提高 Agent 快速达到目标的能力。关于单个 Agent 的学习概念，可以参考第 7 章的有关内容，这里重点介绍多 Agent 系统中的学习问题。

如何有效地实现不同 Agent 之间的协作一直是多 Agent 系统研究中广泛关注的困难问题，通常有三种解决途径：① 设计有效的约定和适合特定 Agent 社会的法律，从而规范 Agent 的行为选择，避免冲突；② 扩充 Agent 之间的通信手段，从而使 Agent 之间能通过必要的交流避免冲突和增进协作关系；③ 增加学习机制，使得 Agent 能够在执行过程中学习，在交互中学习。可见，为多 Agent 系统增加学习机制是有效地实现协作的一种重要途径。

然而，在多 Agent 环境中，Agent 的学习比其他简单环境下的学习更加困难，学习的复杂性来源于在环境中执行行动的其他 Agent。一个 Agent 没有能力对其他 Agent 的行为进行控制，它们各自有自己的目标。在多 Agent 系统中，Agent 必须与其他 Agent 交互，Agent 为了处理这种情形，它们必须有适应其他 Agent 的能力。而且，在多 Agent 系统实际应用中，必须强调包括 Agent 本身和其他 Agent 带来的限制，Agent 必须通过有效的学习来克服自身和它们的同伴或对手带来的限制。

因此，多 Agent 系统学习一般具有以下特点。

(1) 交互性：与单个 Agent 学习不同，多 Agent 系统中的学习还涉及由学习与交互间关系而产生的问题。对于两个有交互的 Agent，当它们进行信息交换或者它们共享的环境发生变化时，将显著影响它们各自的学习。当然学习反过来也会对交互产生显著影响。

(2) 动态性：多 Agent 系统学习的复杂性一个重要的原因就是不仅单个 Agent 在学习的过程中状态会发生动态变化，而且 Agent 所处的环境、与其交互的其他 Agent 的状态都处于动态变化中。

(3) 并发性: 系统中多个 Agent 的学习过程是同时进行的, 即多 Agent 处于并发学习状态。这种情况下, 单个 Agent 学习过程的收敛速度和学习效果都可能受到影响。

可以看出, 多 Agent 学习与单个 Agent 的学习有显著不同, 包括学习的环境、目标等多个方面, 多 Agent 学习不仅是单 Agent 学习的简单扩充, 有时候多 Agent 的学习目标甚至会与其中某个个体 Agent 相冲突。

根据学习过程是否集中, 可以将多 Agent 系统学习分为两大类: 集中式学习 (centralized learning) 和非集中式学习 (decentralized learning)。集中式学习是指学习过程完全由一个 Agent 来完成, 其间不需要与其他 Agent 交互, 也就是说, 进行集中式学习的学习者的行为是完全独立于其他学习者的。非集中式学习是指多个 Agent 致力于同一个学习过程, 也就是说, 学习过程的活动分别是由不同的 Agent 同时完成的, 每个 Agent 完成其中的特定活动。

根据学习过程的反馈情况, 可以将多 Agent 系统学习分为三大类: 监督学习、无监督学习和强化学习。其中, 强化学习是从环境状态到行为映射的学习, 以使 Agent 的累积奖赏值最大。采用强化学习机制的 Agent 通过尝试来选择具有最大累积奖赏值的行为策略, 这意味着系统设计者只需给出最终需要实现的目标, 而不需要指出如何去达到目标。正因为具有以上的特性, 强化学习成为多 Agent 学习的核心技术之一。强化学习的主要算法有: TD 算法、Q 学习算法、Sarsa 算法、Monte-Carlo 方法等。本章将简单介绍在多 Agent 系统中常用的多 Agent-Q 学习算法。

9.3.2 多 Agent-Q 学习算法

多 Agent-Q 学习是一种交互式强化学习, 通过交互有效的协同完成任务。传统的多 Agent-Q 学习, 采用随机对策和贪婪 ε 策略进行学习。其中, 第 i 个 Agent 的 Q 函数与状态和联合行为向量 $a = (a^1, a^2, \cdots, a^n)$ 有关, 奖赏函数由单 Agent 的 $R : S \times a \rightarrow R$ 改为联合奖赏函数 $R_i : S \times a_1 \times \cdots \times a_n \rightarrow R$; 状态转移函数也由原来单 Agent 的: $P : S \times A \rightarrow \mathrm{PD}(S)$ 改为 $P : S \times A_1 \times \cdots \times A_n \rightarrow \mathrm{PD}(S)$, A_i 是一组对 Agent_i 有效的行为集。其 Q 值定义为

$$Q_{t+1}^i(s', a) = (1 - \alpha)Q_t^i(s', a) + \alpha[r_t^i + \beta V^i(s_{t+1})] \tag{9-1}$$

式中, $V^i(s_{t+1})$ 是一个状态值函数, 即

$$V^i(s_{t+1}) = \max f^i(Q_t^i(s_{t+1}, a)) \tag{9-2}$$

上述公式的关键因素是学习策略, 即行为 a 的选择方式和函数 $V^i(s_{t+1})$ 的定义。不同的选择 (决定) 方式会产生不同的多 Agent 学习算法。

目前, 传统的多 Agent-Q 学习存在以下几个问题。

(1) 维数膨胀问题。在多 Agent 系统中, Agent 不仅需要了解环境, 还需要了解其他 Agent 的可能的动作, 这在规模小些的系统中还可以实现, 一旦系统中 Agent 的数量增大或者在环境每种状态下每个 Agent 可选择的动作数增加, 都会使 Agent 的状态–动作对空间呈指数增长。

(2)Agent 学习性能差的问题。在多 Agent 系统中所有 Agent 同时学习, 学习参数的

维数不断扩张, 会导致 Agent 的学习速度慢与收敛性差等问题, 甚至会导致算法不收敛, 因而得不到最优策略。

(3) 多 Agent 间的交互与合作问题。在多 Agent 系统应用中, Agent 的交互行为是必不可少的, 在求解过程中, Agent 之间需要进行知识、意图等思维状态的交换, 需要 Agent 共同规划、共同执行。另外, Agent 间的实时交互在实时系统控制中也非常重要。

针对上述问题, 研究人员提出了基于降维的多 Agent-Q 学习方法、基于聚类分析的多 Agent 强化学习方法等多种改进措施。

9.4　多 Agent 协调

9.4.1　基本概念

多 Agent 是以人类社会为范例进行研究的, 在人类社会中, 人与人之间的交互与协调无处不在。同样, 在开放、动态的多 Agent 环境下, 具有不同目标的多个 Agent 必须对其目标、资源的使用进行协调, 这是多 Agent 系统的问题求解能力和效率得以保障的必要条件。例如, 在出现资源冲突时, 若没有很好地进行协调, 就有可能出现死锁现象。而在另一种情况下, 即单个 Agent 无法独立完成目标, 需要其他 Agent 的帮助, 这时就需要协作。

这里需要注意区分三个不同的概念, 那就是协调、协作和协商。

(1) 协调 (coordination): Malone 认为 Coordination 要解决的两个基本问题是紧缺资源的分配和中间结果的通信。Mintzberg 指出存在三类基本的协调过程: ① 相互调整 (mutual adjustment), 当两个 Agent 有共同目标并且共享资源情况下的协调; ② 直接监督 (direct supervision), 两个或更多个 Agent 间存在控制关系的情况; ③ 标准化 (standardization), 对应情况下必须遵守的标准过程。在这三种基本协调过程的基础上, 我们可以构造更为复杂的协调机制, 目前使用较多的是层次结构 (hierarchies) 和市场机制 (markets)。

(2) 协作 (cooperation): 在多 Agent 系统中, 从完全合作 (fully cooperation) 到对立 (antagonistic), Agent 间存在着不同程度的合作, 较少合作的同时也意味着较小的通信代价。在分布式问题求解协作 (cooperative distributed problem solving, CDPS) 研究中, Agent 间是完全合作的, 而在 MAS 的实际应用中则存在 Agent 间的目标有冲突的情况, 如会议调度等问题。

(3) 协商 (negotiation): Negotiation 在人类社会的个体交往中充当着重要角色, 人们借此过程化解彼此的冲突。Durfee 等定义 Negotiation 是 Agent 间通过传递结构化消息, 减少相互关于某个观点或计划的不一致性和不确定性的过程。

从上述概念可以看出, 协作是协调的特例, 而协商则是具体实现协调的一种策略, 它采用的是一种交互的方法。而协调则是一个针对所有多 Agent 系统中 Agent 之间的交互、协作以及冲突消解等问题的更加广泛的概念。

多 Agent 协调的典型方法主要有合同网模型、基于对策论的协商、部分全局规划、FA/C(functionally accurate/cooperative) 法等。本章将给出基于合同网模型的协调过程。

9.4.2 合同网模型

合同网 (contract net) 模型是 Smith 提出的一种用于分布式问题求解的高级通信和控制协议，是最广泛使用和最有影响的多 Agent 协同模型。Agent 之间通信经常建立在约定的消息格式上，实际的合同网系统提供一种合同协议，规定任务指派和有关 Agent 的角色，图 9-5 给出了合同网系统中节点的结构。

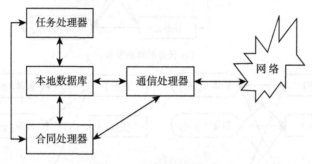

图 9-5   合同网节点结构

从图 9-5 可以看出，本地数据库包括与节点有关的知识库、协作协商的当前状态和问题求解过程的信息。另外三个部件利用本地知识库执行它们的任务。通信处理器与其他节点进行通信，节点仅仅通过该部件直接与网络相接。合同处理器判断投标所提供的任务，发送应用和完成合同。最后，合同处理器执行全部节点的协调。任务处理器的任务是实际处理任务赋予它的处理和求解。它从合同处理器接受所要求解的任务，利用本地数据库进行求解，并将结果送到合同处理器。

合同网的工作原理如图 9-6 所示，其基本思想是任务的解耦–任务的发布–任务的协商–任务的耦合，最终得到复杂任务的控制决策结果，以较低消耗满足系统在特定情况下的运行需求。

在合同网模型中，任务 Agent 负责任务的解耦、发布和任务耦合，资源 Agent 负责子任务的协商，保证任务的正常运行。其中，资源 Agent 之间满足对等关系，既是子任务的管理者，又是子任务的接收者，通过直接或间接的交互通信最终实现复杂任务的求解。

合同网的交互协商过程如图 9-7 所示，具体步骤如下。

(1) 任务 Agent 发出任务信息 CFP，将自己的任务或不能完成的任务用招标的信息向资源 Agent 发布，等待资源 Agent 的反应信息，包括"投标""拒绝"和"不明"，直至任务信息截止时间。

(2) 资源 Agent 根据任务要求和自己的状态进行投标，此时，资源 Agent 等待任务 Agent 的反应时间，包括"拒绝"和"请求"，同时资源 Agent 可以向其他任务 Agent 发送任务的请求信息。

(3) 任务 Agent 对任务的请求决策处理，选择能够满足任务需求的最佳资源 Agent，并发送任务执行邀请。参与者在接收到执行邀请后，如果向任务 Agent 发送接受任务邀请的信息，则任务 Agent 发出任务执行"接受"确认信息，向其他发送任务请求的资源 Agent 发送"拒绝"信息。

(4) 执行任务的资源 Agent 向任务 Agent 提交任务的反馈信息，实现任务 Agent 对任务的监督和管理。

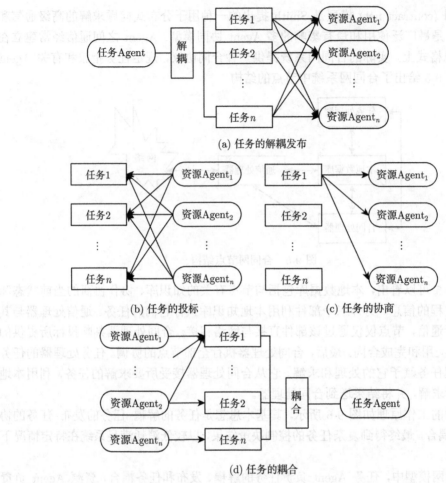

(a) 任务的解耦发布

(b) 任务的投标   (c) 任务的协商

(d) 任务的耦合

图 9-6   合同网的工作原理

传统的合同网模型可以成功地解决一个任务在多个 Agent 之间的分配问题,其相关理论和方法得到了广泛应用。但是,在多 Agent 系统中,随着任务复杂性和系统环境不确定性的增加,传统的合同网模型在应用过程中矛盾越来越突出,严重地影响了协作效率,这些不足主要表现在以下几个方面。

(1) 任务发布阶段信息通信量大,资源消耗大。在传统的合同网模型中,任务 Agent 采用广播的方式将任务信息发送给系统中的所有 Agent,这种不对招标范围进行限制的运作方式不仅浪费了标书,导致系统中 Agent 通信负担过重,甚至可能造成系统的堵塞。

(2) 任务协商阶段计算量大,效率低。在任务协商阶段,任务 Agent 需要多次与执行任务的资源 Agent 交互通信,并通过能力匹配才能完成合同的确认。这一过程会加大系统的计算量,导致系统响应时间变慢。一旦出现所有执行 Agent 状态信息获取失败等情况,将导致任务无法顺利执行,协商成功率显著降低。

(3) 任务的耦合阶段,容易出现流标现象。管理者在接收到所有投标后,经过评估,未发现合适的 Agent 或者各个投标者在规定的时限内不能完成任务，则此次任务出现流标现象。

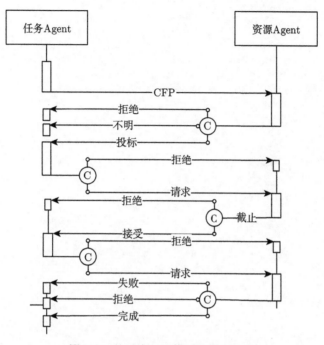

图 9-7 基于合同网模型的协商过程

(4) 应用范围具有一定的局限性。传统的合同网模型特别适合应用于单任务、单中标者的招投标场景，对于诸如电力系统等大规模复杂系统，因其运行工况和系统状态复杂多变、子系统众多，传统合同网模型将难以实现有效的协商。

课 后 习 题

1. 分布式人工智能有什么特点？它主要的研究内容有哪些？
2. 产生式规则推理系统冲突消解的常用方法有哪些？请举例说明。
3. 智能体的基本结构有哪些？
4. 多 Agent 学习与单 Agent 学习的区别是什么？
5. 多 Agent Q 学习的基本原理是什么？
6. 简单概括合同网模型的基本流程。
7. 复杂系统多 Agent 建模的核心思想是什么？

第二部分

智能机器人

第二暗代

普检八器人

第 10 章　智能机器人概述

机器人技术作为 20 世纪人类最伟大的发明之一，自 20 世纪 60 年代初问世以来，目前已成为家喻户晓的大明星，它发展迅速，在促进工业生产和提高生活品质等方面占据着极其重要的地位，并发挥着积极的作用。随着科学技术的发展和人们对机器人性能要求的不断提高，机器人已经从早期简单的工业机器人发展到配备多种传感器与通信设备的智能机器人，其应用范围也从简单的工业生产扩展到家庭服务、灾难搜救、医疗诊治、海洋勘测、太空探索等多个方面。

机器人学是一门高度交叉的学科，涉及机械、电子、计算机、自动控制、人工智能、生物及人类学等众多领域。机器人技术是多种学科综合发展的成果，代表高技术前沿。智能机器人是机器人领域一个重要的研究分支，也是当前研究热点。

本章重点介绍了机器人的发展简史、机器人分类、机器人定义和主要特征等内容，在此基础上，介绍了智能机器人的基本概念、关键技术及其发展与展望。

10.1　机器人发展简史

1. 古代机器人

机器人概念其实很早就已出现，自古以来就有不少科学家和能工巧匠制造出了一些具有人类特点和模拟动物特征的机器人雏形。

在中国，据《列子·汤问篇》中记载西周时期能工巧匠偃师已造出能歌善舞的伶人；《墨经》记载春秋时鲁班研制了一种木鸟，空中飞行 "三日而不下"(图 10-1(a))；东汉科学家张衡发明了地动仪 (图 10-1(b)) 和计里鼓车 (图 10-1(c))。三国时期魏国马钧利用差动齿轮原理制成了指南车 (图 10-1(d))。三国时期诸葛亮研制的木牛流马，运载粮草，巧胜司马懿。宋代沈括《梦溪笔谈》记载了一个 "自动木人抓老鼠" 的故事，木人 "身高三尺，能左手扼鼠，右手持铁简毙之，动作灵巧"。

在国外，1662 年，日本的竹田近江用钟表技术发明了自动机器玩偶，并在大阪演出。1737 年，法国发明家雅克·沃康松 (Jacques Vaucanson) 制造了一发条鸭子，它可以像真的鸭子一样拍动翅膀，站立坐下，喝水，吃玉米粒，甚至模仿鸭子的叫声。它最 "神奇" 的地方在于会排便。机器 "鸭子" 将玉米粒吞下 "消化" 一会儿后，绿色的 "粪便" 就从尾端被排出来。1768~1774 年，瑞士钟表匠德罗兹父子三人合作制作出三个真人大小的机器人 —— 写字偶人、绘画偶人和弹风琴偶人，他们创造的自动玩偶是利用齿轮和发条原理而制成的 (图 10-2(a))，这三台国宝级机器人至今还保存在瑞士纳切特市艺术和历史博物馆内。18 世纪末，日本若井源大卫门和源信制造出端茶玩偶，双手捧茶盘，放茶杯于盘上，便自动前行端给客人，客人喝完茶放回茶杯便又自动回到原位置 (图 10-2(b))。

进入 20 世纪后，机器人的研究与开发得到了更多人的关心与支持，一些实用化的机器人相继问世。1927 年,美国西屋公司工程师温兹利制造了第一个机器人 "电报箱",并在纽约举行的世界博览会上展出。

但是这些都还不是真正意义上的现代机器人,直到世界上第一台工业机器人 (可编程、圆坐标) 在美国诞生,标志着机器人发展新纪元的到来。

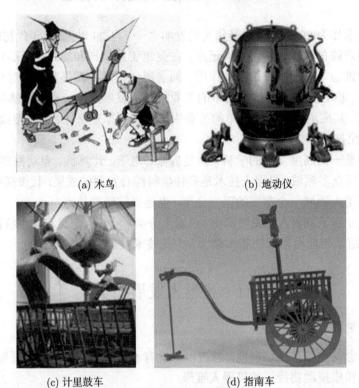

(a) 木鸟   (b) 地动仪

(c) 计里鼓车   (d) 指南车

图 10-1   中国古代机器人

(a) 瑞士自动写字、弹琴玩偶   (b) 日本自动端茶玩偶

图 10-2   外国古代机器人

2. 现代机器人

现代机器人研究始于 20 世纪中期。20 世纪工业机器人的出现使机器人成为现实。

20 世纪 40 年代,美国建立了原子能实验室,实验室的恶劣环境要求某些操作机械代替人处理放射性物质。在这一需求背景下,美国橡树岭国家实验室研制了"遥控操纵器",用于放射性材料的生产和处理,1947 年又改进为电动伺服方式,从动部分可以跟随主动部分运动,称为"主从机械手"(master-slave manipulator),这是世界上第一台主从遥控机器人。

大批量生产的迫切需求推动了自动化技术的发展,其结果之一便是数控机床的诞生(美国麻省理工学院于 1952 年成功研制了世界上第一台数控铣床)。与数控机床相关的控制、机械零件的研究又为机器人的开发奠定了基础。

1954 年,美国人乔治·德沃尔 (George Devol) 研制出第一台电子可编程序工业机器人 —— 可编程关节传送装置。1959 年,美国 Unimation 公司根据 Devol 的专利生产出第一台真正意义上的工业机器人 (图 10-3),1969 年通用汽车公司用 21 台工业机器人组成轿车自动焊接生产线。

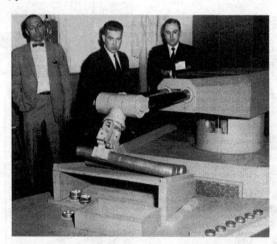

图 10-3　世界上第一台工业机器人

20 世纪 70 年代,机器人产业得到蓬勃发展,机器人技术发展成为专门学科 —— 机器人学,机器人应用领域进一步扩大。大规模集成电路和计算机的发展使其性能大大提高,成本不断下降。

20 世纪 80 年代,不同结构、不同控制方法和不同用途的工业机器人在发达国家进入了实用化普及阶段。随着传感技术和智能技术的发展,已经进入智能机器人研究阶段。

3. 机器人发展简史

1) 国外

(1) 1920 年,捷克作家 Karel Capek,剧本 *Rossum's Universal Robots*,引入名词 Robota。

(2) 1946 年,George Devol 开发出磁盘控制器 Eckert;Mauchley 在 UPenn 建造了 ENIAC 计算机。

(3) 1952 年,第一台数控机床在 MIT 诞生。

(4) 1954 年,George Devol 开发了第一台可编程机器人。

(5) 1958 年，Unimation 公司成立，出现了最早的工业机器人。

(6) 1968 年，第一台智能机器人 Shakey 在斯坦福研究所诞生 (图 10-4)。

(7) 1977 年，ASEA 公司研发成功两种微机控制电动工业机器人。

(8) 1984 年，约瑟夫·恩格尔伯格 (Joseph Engelberger) 开始研发服务机器人 Help-Mate(图 10-5)。

(9) 1986 年，Brooks 开始研究基于行为的机器人。

(10) 1988 年，日本东京电力公司开发出具有自主越障功能的巡检机器人。

(11) 1999 年，日本索尼公司推出了犬型宠物机器人 "爱宝" (图 10-6)。

(12) 2010 年，日本高仿人形机器人 Geminoid-F 诞生。

(13) 2014 年，德国 Festo 研制出机器袋鼠。

(14) 2017 年，波士顿动力学工程公司公布了两轮人形机器人 Handle(图 10-7)。

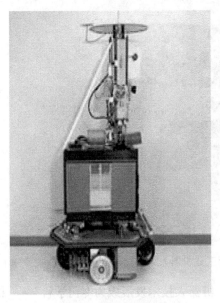
图 10-4　机器人 Shakey

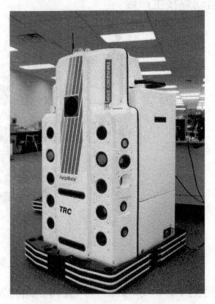
图 10-5　机器人 HelpMate

图 10-6　机器人 "爱宝"

图 10-7　机器人 Handle

2) 国内

(1) 20 世纪 80 年代，国家把工业机器人开发列入 "七五" 计划。

(2) 1986 年，实施 863 计划，发展智能机器人。

(3) 1993 年，北京机械工业自动化研究所研制成功喷涂机器人。

(4) 1994 年，中国科学院沈阳自动化研究所等单位研制成功我国第一台无缆水下机器人 "探索者"（图 10-8）。

(5) 1998 年，上海未来伙伴推出我国第一台教育机器人。

(6) 2001 年，苏州科沃斯推出国内首款扫地机器人 "地宝"。

(7) 2004 年，北京航空航天大学和中国科学院自动化研究所研制成功我国第一条机器鱼（图 10-9）。

(8) 2008 年，深圳大疆第一款无人机面市（图 10-10）。

(9) 2014 年，由天津大学等单位研制的 "妙手 S" 机器人首次用于临床。

图 10-8　我国第一台无缆水下机器人 "探索者"　　　图 10-9　我国第一条机器鱼

图 10-10　深圳大疆无人机

(10) 2017 年，国家统计局数据显示，这一年我国工业机器人累计生产超过 13 万套。

4. 机器人研究现状

20 世纪 70 年代很多大学开设了机器人课程，开展机器人研究。例如，美国的麻省理工学院、斯坦福大学、卡内基·梅隆大学、康奈尔大学、普渡大学等都是研究机器人的著名大学，美国、日本、英国和瑞典等开设了机器人学学位。

许多国家成立了机器人协会，有关机器人领域的国际会议每年都有很多，包括：① ICRA：IEEE International Conference on Robotics and Automation，即 IEEE 机器人和自动化国际会议；② IROS：IEEE\RSJ International Conference on Intelligent Robots and Systems，即 IEEE\RSJ 智能机器人与系统国际会议；③ ROBIO：IEEE International

Conference on Robotics and Biomimetics，即 IEEE 机器人学和仿生学国际会议等。国际机器人学术期刊包括 *Autonomous Robots*、*Journal of Mechanisms and Robotics*、*International Journal of Robotics Research* 等。

我国机器人技术起步于 20 世纪 70 年代末 80 年代初，90 年代中期 6000m 深水机器人实验成功，现在在步行机器人、精密装备机器人、多自由度关节机器人等方面与国际先进差距正在缩小，其中部分技术领先。

国内机器人研究机构主要有哈尔滨工业大学的机器人技术与系统国家重点实验室、北京航空航天大学机器人研究所、中国科学院沈阳自动化研究所的机器人学国家重点实验室、上海交通大学系统控制与信息处理教育部重点实验室、清华大学智能技术与系统国家重点实验室等。

当前，随着我国劳动力成本快速上涨，人口红利逐渐消失，生产方式向柔性、智能、精细等方面转变，构建以智能制造为根本特征的新型制造体系迫在眉睫，对工业机器人的需求将呈现大幅增长的趋势。与此同时，老龄化社会服务、医疗康复、救灾救援、公共安全、教育娱乐、重大科学研究等领域对服务机器人的需求也呈现出快速增长的趋势。"十三五" 时期是我国机器人产业发展的关键时期，截至 2018 年，共有 85 所本科院校开设机器人工程专业，进行机器人专门人才培养。

10.2 机器人分类

机器人具有很多分类方法，目前国际上没有统一的分类标准，按不同的标准具有不同的分类，常见的有按发展程度分类、按负载能力分类、按开发内容和目的分类、按应用领域分类等。

10.2.1 按发展程度分类

(1) 第一代机器人 (first generation robots)：可编程、示教再现工业机器人。

这类机器人具备可编程、示教再现等功能，目前已经商品化、实用化，如喷涂机器人等。所谓示教，即由人教机器人运动的轨迹、停留点位、停留时间，机器人依照人教的行为、顺序、速度重复运动，即再现。

(2) 第二代机器人 (second generation robots)：低级智能机器人。

这类机器人一般装备一定的传感装置，能获取作业环境、操作对象的简单信息，通过计算机处理、分析，能做出简单推理，对动作进行反馈，如焊接机器人，如果采用示教方法控制焊枪运行，要求焊接位置非常准确，由于受热等其他原因，被焊接位置易变形，因此，需要机器人能利用传感器感知焊缝位置，反馈控制修正焊枪位置偏差，自动跟踪焊缝。

(3) 第三代机器人 (third generation robots)：高级智能机器人。

这类机器人具有高度自适应能力，具有多种感知功能，可进行复杂的逻辑思维、判断决策，在作业环境中可独立行动；既可以感知自身状态 (位置、自身是否有故障等)，又可以感知外界状态 (道路、协作机器人的距离、相互作用力等)，然后根据内外信息综合处理，进行逻辑推理、判断、决策，在变化的内、外环境中自主决定自身行为。第三代机器人代表了机器人的发展方向。

10.2.2 按负载能力分类

根据负载能力，机器人可以分为如下几种：

(1) 超大型机器人：负载能力 1000kg 以上。

(2) 大型机器人：负载能力 100~1000kg；作业空间 10m²。

(3) 中型机器人：负载能力 10~100kg；作业空间 1~10m²。

(4) 小型机器人：负载能力 0.1~10kg；作业空间 0.1~1m²。

(5) 超小型机器人：负载能力 0.1kg 以下；作业空间 0.1m² 以下。

10.2.3 按开发内容和目的分类

根据开发的内容和目的，机器人可以分为工业机器人和服务机器人两大类。

1) 工业机器人 (industrial robot)

工业机器人是面向工业领域的多关节机械手或多自由度的机器装置，它能自动执行工作，是靠自身动力和控制能力来实现各种功能的一种机器。工业机器人由主体、驱动系统和控制系统三个基本部分组成。主体即机座和执行机构，包括臂部、腕部和手部，有的机器人还有行走机构。大多数工业机器人有 3~6 个运动自由度，其中腕部通常有 1~3 个运动自由度；驱动系统包括动力装置和传动机构，用以使执行机构产生相应的动作；控制系统是按照输入的程序对驱动系统和执行机构发出指令信号，并进行控制。

工业机器人按臂部的运动形式又可细分为直角坐标型机器人、圆柱坐标型机器人、球坐标型机器人和关节型机器人等几大类。

常见的工业机器人包括焊接机器人 (图 10-11)，装配机器人 (图 10-12)，喷漆机器人，搬运、码垛机器人，浇铸机器人等。

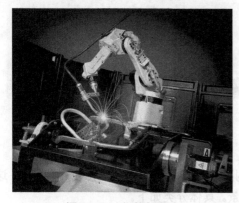

图 10-11　焊接机器人　　　　　图 10-12　装配机器人

2) 服务机器人 (service robot)

不同国家对服务机器人的认识不同，严格来讲，服务机器人并没有国际上普遍认同的定义。如何将其与其他类型机器人特别是工业用操纵机器人划定界限仍然存有争议。不过，国际机器人联合会 (International Federation of Robotics, IFR) 给出了一个初步定义：服务机器人是指这样一类机器人，通过半自主或完全自主运作，为人类健康或设备良好状态提供有帮助的服务，但不包含工业性操作。根据这项定义，工业用操纵机器人如果被应用于非制造业，也被认为是服务机器人。

　　服务机器人又可以分为专业领域服务机器人和个人/家庭服务机器人，服务机器人的应用范围很广，主要从事维护保养、修理、运输、清洗、保安、救援、监护等工作，如爬缆索机器人 (图 10-13)、餐厅服务机器人 (图 10-14)、擦窗机器人、放牧机器人 (图 10-15) 和太空探测机器人 (图 10-16) 等。

　　工业机器人需求增长有限，而服务机器人是未来发展方向，目前服务机器人正朝向家庭化、智能化和模块化方向发展。

图 10-13　爬缆索机器人

图 10-14　餐厅服务机器人

图 10-15　放牧机器人

图 10-16　太空探测机器人

10.2.4　按应用领域分类

　　根据应用领域的不同，机器人可以分为工业机器人、农业机器人、服务机器人等，这里的工业机器人、服务机器人是指其应用的背景。具体分类如下。

　　(1) 工业机器人：弧焊机器人、点焊机器人、装配机器人、喷涂机器人、搬运机器人、抛光机器人、切割机器人、数控机器人。

　　(2) 农业机器人：嫁接机器人、采摘机器人、移栽机器人、施肥机器人、喷药机器人、除草机器人、收割机器人、果实分拣机器人、自动挤奶机器人。

　　(3) 服务机器人：礼仪接待机器人、医用辅助机器人、助残机器人 (导盲)、清洗机器人、建筑机器人。

(4) 特种机器人：排爆机器人 (图 10-17)、水下机器人、空间机器人、微型机器人。图 10-18 所示为日本立命馆大学研发的医用微型机器人，其直径为 1cm、长为 2cm、质量仅为 5g。该机器人可以到达人体内患病处，前端镊子提取组织样本，微型相机抓拍图片，特殊注射器散发药物，医生可以控制其运动，并能与其他医疗器械配套使用。

图 10-17 排爆机器人

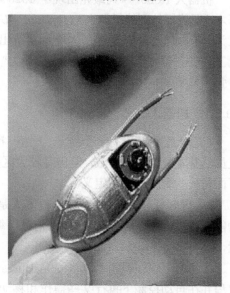

图 10-18 医用微型机器人

(5) 拟人机器人：模仿人的动作、表情，具备一定智能。由于拟人机器人最符合人们心中的机器人形象，因此一直是研究的热点。目前拟人机器人种类繁多，主要包括高仿人形机器人 (如日本美女机器人 Geminoid-F，见图 10-19)、多功能人形机器人 (如法国 Aldebaran 公司研制的机器人 Nao，见图 10-20)、生化机器人等。

图 10-19 机器人 Geminoid-F

图 10-20 机器人 Nao

综合以上分析，可以看出，机器人未来的发展方向以服务机器人为主，智能型机器人将是重要的研究目标。

10.3   机器人定义和主要特征

机器人 Robot 一词最先出现于 1920 年捷克作家卡雷尔·卡佩克 (Karel Capek) 所写剧本《罗萨姆的万能机器人》(*Rossum's Universal Robots*)，剧中人造劳动者取名 Robota，意为 "苦力" "奴隶"。反映了人类希望造出和自己一样具有思考和劳动能力的机器代替自己工作的愿望 ("懒惰是人类前进的动力")，实际上代表了人类了解自身、重塑自身的一种强烈愿望。

10.3.1   机器人定义

机器人至今还没有一个统一、严格、准确的定义，不同国家、不同领域对机器人的定义虽然基本原则大体一致，但仍有较大区别。机器人仍在发展中，其内涵也在不断扩展。下面是一些有代表性的定义。

(1) 国际标准化组织 (ISO)：机器人是一种自动的、位置可控的、具有编程能力的多功能机械手，可具有几个轴，能够借助可编程序操作处理各种材料、零件、工具和专用装置，以执行种种任务。

(2) 美国国家标准局 (National Bureau of Standards, NBS)：机器人是一种能够进行编程并在自动控制下执行某些操作和移动作业任务的机械装置。

(3) 美国机器人工业协会 (Robotic Industries Association, RIA)：机器人是一种用于移动各种材料、零件、工具或专用的装置，可通过可编程序动作来执行种种任务的、具有编程能力的多功能机械手。

(4) 日本工业机器人协会 (Japan Industrial Robot Association, JIRA)：工业机器人是一种装备有记忆装置和末端执行器的、能够转动并通过自动完成各种移动来代替人类劳动的通用机械。

(5) 英国机器人协会 (British Robot Association, BRA)：机器人是一种可重复编程的装置，用以加工和搬运零件、工具、特殊的加工器具，通过可变的程序流程以完成特定的加工任务。

(6) 维基百科：机器人是自动控制机器的俗称，自动控制机器包括一切模拟人类行为或思想以及模拟其他生物的机械。

10.3.2   机器人主要特征

根据机器人的定义，可以看出机器人一般具有如下主要特征。

(1) 机器人的动作具有类似人或其他生物某些器官 (肢体、感官等) 的功能。

(2) 机器人具有通用性，工作种类多样，动作程序灵活易变，是柔性加工的主要组成部分。

(3) 机器人具有不同程度的智能，如记忆、感知、推理、决策、学习等。

(4) 机器人具有独立性，完整的机器人系统在工作中可以不依赖于人的干预。

10.3.3 机器人优缺点

随着社会的发展, 机器人逐渐成为生产、生活中一个重要的组成部分, 机器人代替人类完成某些工作, 具备以下几个方面的优势。

(1) 提高生产率、安全性、效率、产品质量和产品一致性。

(2) 可以在危险或者不良的环境下工作, 可以不知疲倦、不知厌烦地持续工作, 这些工作属于 3D(Dirty、Dull、Dangerous) 类型。

(3) 除了发生故障或磨损外, 始终如一地保持精确度, 而且一般具有比人高很多的精确度。

(4) 具有某些人类所不具有的能力, 如大力气、高速度等。

(5) 可以同时响应多个激励或处理多项任务。

同样, 机器人也存在一些缺点, 具体如下。

(1) 带来经济和社会问题, 如工人失业, 人工情绪上的不满与怨恨等。

(2) 缺乏应急能力。

(3) 在很多方面具有局限性。如自由度、灵巧度、传感器能力、视觉系统、实时响应能力都还存在局限性, 有些方面不如人类。

(4) 费用开销大。包括设备费、安装费等, 还有配套设备、培训、编程等费用。

如何处理人类与机器人的关系一直是机器人领域热门话题。1942 年, 科学家兼作家阿西莫夫 (Asimov) 在短篇小说 *Run Around* 一书中提出机器人三定律。

第一定律: 机器人不危害人类, 不允许看人受害而袖手旁观。

第二定律: 绝对服从人类, 除非与第一条矛盾。

第三定律: 保护自身不受害, 除非与第一、第二条矛盾。

这三条定律, 给机器人社会赋予了新的伦理性, 并使得机器人更易于为人类社会接受。

2017 年 10 月 26 日, 沙特阿拉伯授予美国汉森机器人公司生产的机器人索菲亚 (图 10-21) 公民身份。作为史上首个获得公民身份的机器人, 索菲亚当天在沙特说, 它希望用人工智能 "帮助人类过上更美好的生活", 人类不用害怕机器人, "你们对我好, 我也会对你们好"。随着社会的进步, 人类完全有理由相信, 像其他科技发明一样, 机器人应该成为人类的好助手和朋友。

图 10-21 史上首个获得公民身份的机器人索菲亚

10.4　智能机器人

10.4.1　智能机器人概念

尽管目前在工业上运行的 90%以上的机器人都谈不上有什么智能,机器人执行的许多任务也根本不需要运用传感器。但是,随着机器人技术的迅速发展,对机器人的功能提出了更高的要求,具备不同智能程度的智能机器人逐渐成为研究的热点。

到目前为止,在世界范围内还没有一个统一的智能机器人定义。大多数专家认为智能机器人至少要具备以下三个要素:一是感觉要素,用来认识周围环境状态;二是运动要素,对外界做出反应性动作;三是思考要素,根据感觉要素所得到的信息,思考出采用什么样的动作。

根据上述要素,可以给出一个智能机器人的简单定义,即智能机器人是把感知、规划、决策、行动各模块有机结合的智能系统或装置。一般情况下,如果不作特殊说明,智能机器人就是指智能移动机器人,主要由四部分构成,即感知系统、控制系统、运动系统和通信系统。

智能机器人系统典型框图如图 10-22 所示。

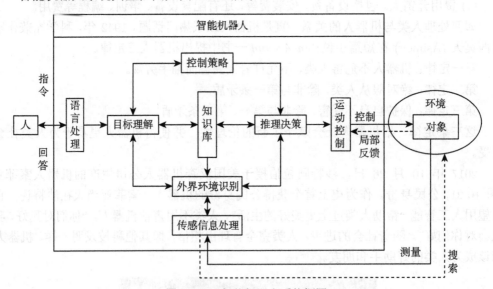

图 10-22　智能机器人系统框图

由图 10-22 可以看出,智能机器人的控制系统包括两个主要部分,即以知识为基础的知识决策系统和信号识别与处理系统。目前,智能机器人已在自主系统和柔性加工系统等领域得到日益广泛的应用,故又被称为自主机器人,它可以在不确定情况下自主实现一定的目标或者保持一定的行为,具备从感知到行动的智能判断能力,其组成结构如图 10-23 所示。

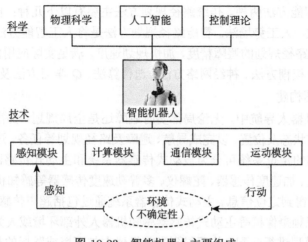

图 10-23 智能机器人主要组成

10.4.2 智能机器人关键技术

随着社会发展的需要和机器人应用领域的扩大，人们对智能机器人的要求也越来越高。智能机器人包括多个模块，如感知模块、运动模块、计算模块等，智能机器人与各种科学技术密切相关，包括人工智能、控制理论、物理科学等，主要涉及以下关键技术。

1) 传感器及多传感器信息融合

机器人所用的传感器有很多种，根据不同用途分为内部传感器和外部传感器两大类。内部传感器用来检测机器人组成部件的内部状态，包括位置、角度传感器，速度、加速度传感器等。外部传感器包括视觉、触觉、力觉、接近觉以及角度传感器。

多传感器信息融合就是指综合来自多个传感器的感知数据，以产生更可靠、更准确或更全面的信息。经过融合的多传感器系统能够更加完善、精确地反映检测对象的特性，消除信息的不确定性，提高信息的可靠性。融合后的多传感器信息具有以下特性：冗余性、互补性、实时性和低成本性。目前多传感器信息融合方法主要有贝叶斯估计、D-S 证据理论、卡尔曼滤波、神经网络等。

2) 导航与路径规划

在机器人系统中，自主导航是一项核心技术，是机器人研究领域的重点和难点问题。导航的基本任务有三点：① 基于环境理解的全局定位，通过环境中景物的理解，识别人为路标或具体的实物，以完成对机器人的定位，为路径规划提供素材；② 目标识别和障碍物检测，实时对障碍物或特定目标进行检测和识别，提高控制系统的稳定性；③ 安全保护，能对机器人工作环境中出现的障碍和移动物体作出分析并避免对机器人造成损伤。

机器人有多种导航方式，根据环境信息的完整程度、导航指示信号类型等因素的不同，可以分为基于地图的导航、基于创建地图的导航和无地图的导航三类。根据导航采用的硬件的不同，可将导航系统分为视觉导航和非视觉传感器组合导航。

路径规划技术是机器人研究领域的一个重要分支。最优路径规划就是依据某个或某些优化准则 (如工作代价最小、行走路线最短、行走时间最短等)，在机器人工作空间中找到一条从起始状态到目标状态、可以避开障碍物的最优路径。路径规划方法大致可以分为传统方法和智能方法两种。传统路径规划方法主要有以下几种：自由空间法、图搜索法、栅格解耦法、人工势场法。智能路径规划方法是将人工智能方法应用到路径规划中，来提高机器人路径规划的避障精度，加快规划速度，满足实际应用的需要，其中应用较多的算法主要有模糊方法、神经网络方法、遗传算法、Q 学习方法及混合算法等。

3) 定位与地图构建

在自主移动机器人导航中，无论局部实时避障还是全局规划，都需要精确知道机器人或障碍物的当前状态及位置，以完成导航、避障及路径规划等任务，这就是机器人的定位问题。比较成熟的定位系统可分为被动式传感器系统和主动式传感器系统。被动式传感器系统通过码盘、加速度传感器、陀螺仪、多普勒速度传感器等感知机器人自身运动状态，经过累积计算得到定位信息。主动式传感器系统通过包括超声传感器、红外传感器、激光测距仪以及视频摄像机等主动式传感器感知机器人外部环境或人为设置的路标，与系统预先设定的模型进行匹配，从而得到当前机器人与环境或路标的相对位置，获得定位信息。

机器人地图创建是指在机器人定位的基础上，将局部或者以机器人为中心的观测数据转换为全局的地图，机器人定位的准确性直接决定了机器人建图的精确度。地图的表示方式大致可分为三类：栅格表示、几何信息表示和拓扑图表示。栅格地图表示法即将整个环境分为若干相同大小的栅格，对于每个栅格指出其中是否存在障碍物。几何信息地图表示法是指机器人收集对环境的感知信息，从中提取更为抽象的几何特征，如线段或曲线，使用这些几何信息描述环境。拓扑地图表示法是指将环境表示为一张拓扑意义中的图 (graph)，图中的节点对应于环境中的一个特征状态、地点，如果节点间存在直接连接的路径，则相当于图中连接节点的弧。这三种地图表示法各有优缺点。

对于已知环境中的机器人自主定位和已知机器人位置的地图创建已经有了一些实用的解决方法。然而在很多环境中机器人不能利用全局定位系统进行定位，而且事先获取机器人工作环境的地图很困难，甚至是不可能的。这时机器人需要在自身位置不确定的条件下，在完全未知环境中创建地图，同时利用地图进行自主定位和导航，这就是移动机器人的同时定位与地图创建 (simultaneous location and mapping，SLAM) 问题，被认为是实现真正全自主移动机器人的关键。

4) 机器人视觉

视觉系统是智能机器人的重要组成部分，一般由摄像机、图像采集卡和计算机组成。机器人视觉系统的工作包括图像的获取、图像的处理和分析、输出和显示，核心任务是特征提取、图像分割和图像辨识。而如何精确高效地处理视觉信息是视觉系统的关键问题。

目前视觉信息处理逐步细化，包括视觉信息的压缩和滤波、环境和障碍物检测、特定环境标志的识别、三维信息感知与处理等。其中环境和障碍物检测是视觉信息处理中最重要也是最困难的过程。机器人视觉是其智能化最重要的标志之一，对机器人智能及控制都具有非常重要的意义。

5) 智能控制

随着机器人技术的发展，对于无法精确解析建模的物理对象以及信息不足的病态过程,传统控制理论暴露出缺点,近年来许多学者提出了各种不同的机器人智能控制方法。机器人的智能控制方法有模糊控制、神经网络控制、智能控制技术的融合 (如模糊控制和变结构控制的融合、模糊控制和神经网络控制的融合) 等。

智能控制方法提高了机器人的速度及精度,但是也有其自身的局限性,例如,机器人模糊控制中的规则库如果很庞大,推理过程的时间就会过长;如果规则库很简单,控制的精确性又会受到限制,而且模糊控制规则的获取比较困难。神经网络的隐层数量和隐层内神经元数的合理确定仍是目前神经网络在控制方面所遇到的问题,另外神经网络易陷于局部极小值等问题,都是智能控制设计中要解决的问题。

6) 人机接口技术

智能机器人的研究目标并不是完全取代人,复杂的智能机器人系统仅仅依靠计算机来控制目前是有一定困难的,即使可以做到,也由于缺乏对环境的适应能力而并不实用。智能机器人系统还不能完全排斥人的作用,而是需要借助人机协调来实现系统控制。因此,设计良好的人机接口就成为智能机器人研究的重点问题之一。

人机接口技术是研究如何使人方便自然地与机器人交流。为了实现这一目标,除了要求机器人有一个友好的、灵活方便的人机界面之外,还要求机器人能够看懂文字、听懂语言、说话表达,甚至能够进行不同语言之间的翻译,而这些功能的实现又依赖于知识表示方法的研究。因此,研究人机接口技术既有巨大的应用价值,又有基础理论意义。另外,人机接口装置和交互技术、监控技术、远程操作技术、通信技术等也是人机接口技术的重要组成部分,其中远程操作技术是一个重要的研究方向。

7) 多机器人协作技术

多机器人系统相比于单机器人系统具有更好的鲁棒性、容错性、并行性、灵活性和可扩展性等特征,随着智能机器人技术的不断发展,多机器人协作系统的研究引起了日益广泛的重视。如何实现机器人个体之间的协作是多机器人系统中一个非常重要的问题。

多机器人系统的协作机制与系统的体系结构、感知通信、学习优化等有密切的关系,其目的是能使得系统中的信息、知识、意图、规划、动作实现交互协调,最终达到协作,从而提高多机器人系统的整体性能。

10.4.3 智能机器人发展与展望

机器人的智能从无到有、从低级到高级,并随着科学技术的进步而不断深入发展。随着计算机技术、网络技术、人工智能、新材料和 MEMS 技术的发展,机器人智能化、网络化、微型化的发展趋势已凸显出来。

1) 网络机器人

网络技术的发展拓宽了智能机器人的应用范围,将网络技术和机器人技术融合产生了网络机器人。网络机器人是一种将不同类型的机器人通过网络协作协调起来实现以单体形式不能完成的服务的机器人。在由网络机器人组成的系统中,包含以下要素:至少包含一台智能机器人,系统通过网络能够与环境中的传感器和人进行协作,环境中装有各种传感器和传动器,人和机器人能够进行交互。

利用网络机器人,可以进行远程控制和操作,代替人在遥远的地方工作。利用网络机器人,外科专家可以在异地为患者实施疑难手术。2001 年,身在美国纽约的外科医生雅克·马雷斯科成功地利用机器人为躺在法国东北部城市的一位女性患者做了胆囊摘除手术,这是网络机器人成功应用的一个范例。在国内,北京航空航天大学、清华大学和海军总医院共同开发的遥控操作远程医用机器人系统可以在异地为患者实施开颅手术。

2) 微型机器人

微型机器人是微电子机械系统的一个重要分支,由于它能进入人类和宏观机器人所不及的狭小空间内作业,近几十年来受到了广泛的关注。例如,美国哥伦比亚大学科学家成功研制出一种由 DNA 分子构成的 "纳米蜘蛛" 微型机器人(图 10-24(a)),它们能够跟随 DNA 的运行轨迹自由地行走、移动、转向以及停止,并且它们能够自由地在二维物体的表面行走。这种 "纳米蜘蛛" 机器人仅有 4nm 长,比人类头发直径的十万分之一还小。飞利浦研究部门于 2008 年发布了一款胶囊机器人——"iPill"(图 10-24(b)),其主要用于电子控制给药。荷兰戴夫特技术大学研发小组发明出一种飞行昆虫机器人——"DelFlyMicro"(图 10-24(c)),这种机器人只有 3g 重、10cm 长,飞行速度却可以达到 18km/h,另外还可配备无线摄像机。

(a) 纳米蜘蛛   (b) iPill   (c) DelFlyMicro

图 10-24   微型机器人

微型机器人的发展依赖于微加工工艺、微传感器、微驱动器和微结构的发展。另外,微型机器人研究还需重点考虑:能源供给问题、可靠性和安全性问题、高度自主控制问题等。

日本东京工业大学的一名教授对微型和超微型机构尺寸作了一个基本的定义:1～100mm 机构尺寸为小型机构,0.01～1mm 为微型机构,10μm 以下为超微型机构。

3) 仿生机器人

仿生机器人是仿生学在机器人科学中的应用,在军事侦察、作战、电子干扰及反恐救援等场合有广泛的应用,已成为机器人研究的热点之一。按照研究领域,可分为结构仿生、材料仿生、控制仿生等。

结构仿生机器人主要有仿蛇机器人、仿鱼机器人、仿昆虫机器人和仿腿式机器人等,如著名的大狗机器人(Big Dog)(图 10-25),由波士顿动力学工程公司(Boston Dynamics)专门为美国军队研究设计,与以往各种机器人不同的是,"大狗" 并不依靠轮子行进,而是通过其身下的四条 "铁腿",它不仅可以跋山涉水,还可以承载较重负荷的货物,而且这种机械狗可能比人类都跑得快。

材料仿生是指从生物功能的角度来考虑材料的设计与制作,对生物体材料构造与形成过程的研究及仿生,使材料具有特殊的强度、韧性以及一些类生物特性,并应用于机器人的设计与制作之中，从而有效地提高机器人的相关性能。

图 10-25 大狗机器人

控制仿生是指从控制方法上模仿生物的行为、神经系统等，进行机器人的控制、多机器人协作等，如基于行为的机器人控制、基于生物刺激神经网络的机器人导航、基于蜂群算法的群机器人控制等。

仿生机器人的研发是一个极其复杂的系统工程，是仿生技术、微机电技术、通信技术、控制技术的高度融合。

4) 高智能机器人

美国著名的科普作家阿西莫夫曾设想机器人具有这样的数学天赋："能像小学生背乘法口诀一样来心算三重积分，做张量分析题如同吃点心一样轻巧"。智能机器人研究人员一直在试图研究出更高智能的机器人，具有跟人类一样的智能。

随着计算机技术的发展和机器学习等人工智能技术的突破，更多高智能机器人被不断开发出来，例如，1997 年，IBM 公司开发的名为"深蓝"的 RS/6000SP 超级计算机打败了国际象棋之王 —— 卡斯帕罗夫，显示了大型计算机的威力。"深蓝"重达 1.4t，有 32 个节点，每个节点有 8 块专门为进行国际象棋对弈设计的处理器，平均运算速度为每秒 200 万步。如果将"深蓝"这样的计算机体积缩小到相当小，就可以直接放入机器人的脑中，实现机器人的智能推理。2016 年 3 月，谷歌 (Google) 旗下 DeepMind 团队开发的 AlphaGo 以 4:1 的总比分战胜世界围棋冠军、职业九段选手李世石。2017 年 10 月 19 日，谷歌旗下的 DeepMind 团队公布了进化后的最强版 AlphaGo 版本，代号 AlphaGo Zero。AlphaGo Zero 经过短短三天的自我训练之后，就轻松击败了与李世石对战的那版 AlphaGo，而且是 100 场对决无一败绩。

综上所述，智能机器人总的发展趋势是：在横向上，应用面越来越宽，更多地是面向非工业应用；在纵向上，机器人的种类会越来越多，机器人逻辑分析能力、运动能力等各方面都将得到加强，机器人会更加聪明、更加灵活、功能更加多样化。其他方面，机器人的语言交流功能将越来越完美、自我故障修复能力越来越强大、体内能量储存越来越大等。

课后习题

1. 智能机器人的具体含义和主要组成部分是什么？
2. 机器人的分类方法有哪些？
3. 智能机器人的关键技术有哪些？
4. 机器人三定律是谁提出来的，具体内容是什么？
5. 介绍服务机器人的定义及与工业机器人的区别。
6. 机器人的整体发展趋势如何？

第11章 机器人感知

智能机器人包括三大核心技术模块，即感知模块、交互模块和运动控制模块，其中感知模块借助于各种传感器，如陀螺仪、激光雷达、相机等，相当于人的眼、耳、鼻、皮肤等，实现机器人对内部和外部信息的感知。没有感知模块的机器人充其量还只是一种机器设备，只能诠释机器人中的前两个字 —— 机器。将听觉、视觉、嗅觉、触觉等感知技术加入机器人，强化在非结构环境下的适应能力，使传感器获取的数据形成完整的系统，是智能机器人领域研究的重点和难点。

机器人感知，属于机器感知 (machine perception) 研究范畴，主要研究如何用机器或计算机模拟、延伸和扩展人的感知或认知能力，包括机器视觉、机器听觉、机器触觉等。计算机视觉 (computer vision)、模式 (文字、图像、声音等) 识别 (pattern recognition)、自然语言理解 (natural language understanding) 等，都是人工智能领域的重要研究内容，也是在机器感知或机器认知方面高智能水平的计算机应用。

本章主要介绍机器人常见的传感器、机器人视觉和听觉相关基础理论，最后介绍多传感器信息融合相关知识。

11.1 机器人传感器

现代机器人起源于 20 世纪 50 年代，随着机器人向带有感觉和智能化方向发展，机器人传感器应用越来越多。机器人传感器是一类具有特定用途的传感器，它正在逐步发展成为一门涉及材料学、生理学、生物物理学、微电子机械学、计算机技术、测控技术和机器人学等多学科综合的新学科。

对机器人来说，无论同外部环境进行交互，还是感知自身的姿态，都需要传感器来获取相应信息。如果从拟人角度看，机器人的视觉、力觉、触觉最为重要，且早已进入实用阶段，而听觉也有较大进展，其他还有嗅觉、味觉、滑觉等多种传感器，目前机器人传感器产业逐渐形成一定规模。

机器人传感器在机器人的控制中起了非常重要的作用，通过传感器提供的信息，机器人不仅可以对自身的姿态、速度、加速度等进行控制，还可以模拟人类的知觉功能和反应能力。

根据检测对象的不同，可将机器人传感器分为内部传感器和外部传感器。

11.1.1 内部传感器

内部传感器是用来检测机器人本身状态的传感器，多为检测位置和角度的传感器。内部传感器和电机、轴等机械部件或机械结构如手臂 (arm)、手腕 (wrist) 等安装在一起，用于检测机器人自身的运动、位置和姿态等信息，并控制机器人在规定位置、轨迹、速度、加速度和受力状态下工作，实现伺服控制。

近年来机器人中大量采用以交流永磁电动机为主的交流伺服系统, 对应位置、速度等状态的测量则大量应用各种类型的光电编码器、磁编码器和旋转变压器作为传感器。

1) 位置 (位移) 传感器

(1) 直线移动传感器

直线移动传感器有电位计式传感器和可调变压器两种。最常见的电位计式传感器是直线式传感器。

当负载无穷大时, 电位计的输出电压 u_1 和两端电阻成正比, 即

$$u_1 = \frac{R_1}{R_1 + R_2} U \tag{11-1}$$

式中, U 为电源电压; R_1 是电位计滑块至终点间的电阻值; $R_1 + R_2$ 是电位计总阻值。

(2) 角位移传感器

角位移传感器有电位计式、可调变压器及光电编码器三种。其中, 光电编码器是角度传感器, 它能够采用 TTL 二进制码提供轴的角度位置。光电编码器有增量式和绝对式两种。增量式编码器一般用于零位不确定的位置伺服控制, 绝对式编码器能够得到对应于编码器初始锁定位置的驱动轴瞬时角度值。

2) 速度传感器

速度传感器有测量平移和旋转运动速度两种, 但大多数情况下, 只限于测量旋转速度。

(1) 光电脉冲式转速传感器

光电脉冲式转速传感器利用位移的导数, 特别是光电方法让光照射旋转圆盘, 检测出旋转频率和脉冲数目, 以求出旋转角度。旋转圆盘利用其圆盘制成有缝隙, 通过两个光电二极管辨别出角速度, 即转速。

(2) 测速发电机 (直流和交流)

测速发电机的绕组和磁路经精确设计, 其输出电动势 E 和转速 n 呈线性关系, 即

$$E = Kn \tag{11-2}$$

式中, K 是常数。

改变旋转方向时输出电动势的极性即相应改变。在被测机构与测速发电机同轴连接时, 只要检测出输出电动势, 就能获得被测机构的转速。

3) 加速度传感器

加速度传感器通常由质量块、阻尼器、弹性元件、敏感元件和适调电路等部分组成。传感器在加速过程中, 通过对质量块所受惯性力的测量, 利用牛顿第二定律获得加速度值。根据传感器敏感元件的不同, 常见的加速度传感器包括电容式、电感式、应变式、压阻式、压电式等。

(1) 应变仪

应变仪即伸缩测量仪, 也是一种应力传感器, 用于加速度测量, 普遍应用于测量工业机器人的动态控制信号, 也有用于测量机械结构的变形。

(2) 压电加速度计

压电加速度计属压电式加速度传感器, 它也属于惯性式传感器。它是利用某些物质如石英晶体的压电效应, 在加速度计受振时, 质量块加在压电元件上的力也随之变化。若被测振动频率远低于加速度计的固有频率, 则力的变化与被测加速度成正比。

4) 力觉传感器

机器人力觉感知是机器人完成接触性作业任务 (抓取、研磨、装配等) 的保障。力觉传感器用于测量施加到机器人上沿直角坐标系三个参考轴方向上的分力或分力矩。现有的力觉传感器采用不同的变送器, 如压电元件等。

力觉传感器主要类型有金属电阻型力觉传感器、半导体型力觉传感器、转矩传感器、腕力传感器以及其他磁性、压电式和利用弦振动原理制作的力觉传感器等。

11.1.2 外部传感器

外部传感器是用来检测机器人所处环境 (如是什么物体, 离物体的距离有多远等) 及状况 (如抓取的物体是否滑落) 的传感器。

外部传感器主要分为两类: 视觉传感器和非视觉传感器。视觉传感器又包括单点视觉传感器、线阵视觉传感器、平面视觉传感器和立体视觉传感器; 非视觉传感器包括接近度传感器、触觉传感器、滑觉传感器、压觉传感器、声觉传感器等。

1) 视觉传感器

视觉传感器是应用最广泛的机器人外传感器之一, 它使机器人具有像人一样的视觉功能, 主要是模仿人眼而设计出人造光学眼睛。

常见的视觉传感器主要有 CCD 和 CMOS 两种, 它们都是通过接收外界的激励而产生响应, 然后把模拟的响应转换为电信号, 从而获取客观世界的图像。

CCD 与 CMOS 传感器都是利用感光二极管进行光电转换, 将图像转化为数字数据, 主要差异是数字数据传送方式不同。CCD 传感器中每一行中每一个像素的电荷数据会依次传送到下一个像素中, 由最底端部分输出, 再经由传感器边缘的放大器进行放大输出; 而在 CMOS 传感器中, 每一个像素都会连接一个放大器和 A/D 转换电路, 用类似内存电路的方式将数据输出。

2) 接近度传感器

机器人在实际工作过程中, 往往需要感知正在接近或即将接触的物体, 因此, 我们需要知道物体在机器人工作场地内存在位置的先验信息并进行适当的轨迹规划, 以便做出降速、回避、跟踪等反应。接近度传感器就是机器人在几毫米至几十毫米距离内检测物体对象的传感器。

接近度传感器分为无源传感器和有源传感器, 因此除自然信号源外, 还可能需要人工信号的发送器和接收器。

(1) 触须传感器

触须传感器由采样卡实时记录位置敏感探测器 (position sensitive detector, PSD) 输出信号 (人工触须根部由物体接触所产生的微小位移), 以此来判断接触物的位置、轮廓。微小位移量的大小、变化的速率表征了目标物的位置、距离、角度位置等信息。

传感器的触须常用形状记忆合金制作，使其能够承受较大弯曲而不产生永久性形变，在长度上由粗到细以提高灵敏度。接近触须根部的位置有一遮光片，其正对光源中心的位置开一透光小孔，作为二维 PSD 的检测光源。触须根部所固连的弹性元件起到触须复位的作用，当触须传感器与待测物体不接触时，触须传感器会自动回复到初始位置。触须传感器结构如图 11-1 所示。

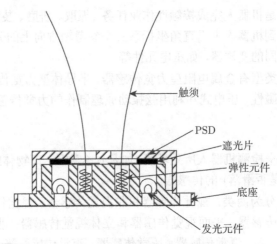

图 11-1   触须传感器结构

与光源位置正对的为二维 PSD 传感器用来检测由触须弯曲在遮光片平面所产生的 X、Y 向的位移量大小。当触须传感器扫描待测物体表面时，PSD 实时获取触须所产生的形变量，并由主机完成信号的分析。

(2) 超声波接近度传感器

超声波对液体、固体的穿透本领很大，尤其是在不透明的固体中，可穿透几十米的深度。超声波碰到杂质或分界面会产生显著反射形成反射回波，碰到活动物体能产生多普勒效应。因此，以超声波为原理的传感器广泛应用在监测、机器人防撞及防盗报警等相关领域。

超声波接近度传感器用于检测物体的存在和测量距离。传感器测量出超声波从物体发射经反射回到该物体的时间。这种传感器不能用于测量小于某一定值 (30~50cm) 的距离，一般用在移动机器人上，也可用于大型机器人的夹手上。

(3) 红外线接近度传感器

红外线接近度传感器由于其体积很小 (通常几立方厘米) 而被广泛安装于机器人夹手上。虽然它很容易测出工作区域内是否存在物体，但是要测量出准确距离却非常困难。

3) 触觉传感器和压觉传感器

触觉是检测夹持器与对象物之间有无接触及接触的部位和形状，其传感器信号多为开关信号。压觉是检测夹持物与对象物之间的力感觉，即接触力的大小和分布，其传感器信号多为模拟信号。

触觉传感器和压觉传感器具有相同的组成形式，主要由三部分组成：触觉表面、转换介质、控制和接口电路。触觉表面与对象物直接接触，转换介质将触觉表面传递来的力或位移转换为可检测的电信号,控制和接口电路按照一定方式收集电信号,并传送到处理装置。

4) 滑觉传感器

滑觉传感器用于检测物体的滑动以防止被抓取的对象物从机器人手中滑落。当要求机器人抓住特性未知的物体时,必须确定最适当的握力值,所以要求检测出握力不够时所产生的物体滑动信号。通常有两种检测方式:① 检测手爪和对象物之间产生滑移时的振动;② 检测手爪和对象物之间产生滑移时的相对位移。

目前有利用光学系统的滑觉传感器和利用晶体接收器的滑觉传感器,后者的检测灵敏度与滑动方向无关。

11.2　图像处理与机器人视觉

11.2.1　图像处理基础

人类可获信息的 75%以上为视觉 (图像) 信息,俗话说 "百闻不如一见",说明视觉 (图像) 信息的重要性。

1) 图像的一般表示

图像是对客观存在的物体的一种相似性的生动模仿或描述,或者说图像是客观对象的一种可视表示,它包含了被描述对象的有关信息。模拟图像是空间坐标和亮度 (或色彩) 都连续变化的图像;数字图像是空间坐标和亮度 (或色彩) 均不连续的、用离散数字 (一般是整数) 表示的图像。

任何一幅图像都可看作由无数个很小的光点组成的光强度集合,因此用数学方法描述一幅图像时,常考虑它的点的性质。一幅图像所包含的信息首先表现为光的强度,即一幅图像可看作空间各个坐标点上的光强度 I 的集合,其普遍数学表达式为

$$I = f(x, y, z, \lambda, t) \tag{11-3}$$

式中, (x, y, z) 为空间坐标; λ 为波长; t 为时间; I 为光点 (x, y, z) 的强度 (幅度)。式 (11-3) 表示一幅运动的 (t)、彩色/多光谱的 (λ)、立体的 (x, y, z) 图像。对于静止图像,则与时间 t 无关;对于单色图像 (也称灰度图像),则波长 λ 为一常数;对于平面图像,则与坐标 z 无关。即静止图像 $I = f(x, y, z, \lambda)$、灰度图像 $I = f(x, y, z, t)$、平面图像 $I = f(x, y, \lambda, t)$,而对于平面上的静止灰度图像,其数学表达式可以简化为 $I = f(x, y)$。对于表示图像的强度函数 $f(x, y)$,根据它所代表的物理内容,应具有如下特点。

(1) 空间有界。因为人的视野有限,人们看到一幅图像应该是空间有界的,或在实际应用中要表示的一幅图像的大小也应该是有限的,即对于图像 $f(x, y)$ 应该有 $L_x^- \leqslant x \leqslant L_x^+, L_y^- \leqslant y \leqslant L_y^+$ 。

(2) 幅度 (强度) 有限。作为图像的幅度 (光强度) 的量度函数, $f(x, y)$ 应该是非负的,而且是一个有限值,即对于所有的 x, y 都有 $0 \leqslant f(x, y) \leqslant B_m$,其中 B_m 为有限值。

所以,我们处理的平面图像是一个二元、有界、非负的连续 (指模拟图像) 函数,其具有良好的可分析特性,即可以对其进行微分、积分,也可以进行傅里叶变换等各种变换。

2) 数字图像简介

数字图像由连续的模拟图像采样和量化而得。组成数字图像的基本单位是像素，所以数字图像是像素的集合。像素为元素的矩阵，像素的值代表图像在该位置的亮度，称为图像的灰度值。数字图像像素具有整数坐标和整数灰度值。

一幅 (帧) 数字图像可用图 11-2 所示模型描述。

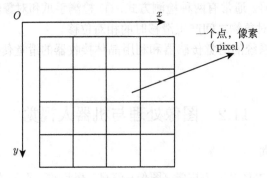

图 11-2　数字图像模型

其对应的矩阵模型为

$$\begin{bmatrix} f_{11} & f_{12} & \cdots & f_{1N} \\ f_{21} & f_{22} & \cdots & f_{2N} \\ \vdots & \vdots & & \vdots \\ f_{N1} & f_{N2} & \cdots & f_{NN} \end{bmatrix} \tag{11-4}$$

式中，f_{ij} 代表在坐标 (i,j) 处的像素色彩或灰度值。

数字图像主要由采样点数和灰度级决定。采样点数和灰度级也决定了图像的数据量和图像分辨率。为了便于处理，实际应用中总将图像采样为 $N \times N$ 的方阵，同时将 N 置为 2 的整数次幂，即 $N = 2^n$。量化后的灰度级也取为 $K = 2^k$，这一幅数字图像的数据量即为

$$b = N^2 K \,(\text{bit}) \tag{11-5}$$

或

$$B = N^2 K/8 \,(\text{Byte}) \tag{11-6}$$

数字图像空间分辨率由采样点数 (N) 决定。当灰度级 (K) 一定时，采样点数越多，图像的空间分辨率就越高，图像质量就越好。当 N 减少时，图像中就会出现块状效应，因为此时像素块面积增大。

图像幅度分辨率由量化级数即灰度级决定。当采样点数 (N) 一定时，灰度级 (K) 越多，图像幅度分辨率就越高，图像质量就越好。当灰度级 K 减少时，图像中就会出现虚假轮廓，图像质量就下降。

常见的图像模式包括灰度图像、二值图像和彩色图像。

(1) 灰度图像可由黑白照片数字化得到，或从彩色图像进行去色处理得到 (256 灰度级)。

(2) 二值图像是灰度图像经过二值化处理后的结果，共两个灰度级，只需用 1bit 表示。

(3) 彩色图像，其数据不仅包含亮度信息，还要包含颜色信息。彩色的表示方法是多样化的。最常见的为三基色模型——RGB(red/green/blue，红绿蓝)，通过 RGB 三基色可以混合成任意颜色。

3) 数字图像处理的基本步骤

数字图像处理技术在广义上是指各种与数字图像处理有关的技术的总称，目前主要指应用数字计算机和数字系统对数字图像进行加工处理的技术，基本步骤如下。

Step1：图像信息的获取

首先要获得能用计算机和数字系统处理的数字图像，其方法包括直接用数码照相机、数码摄像机等输入设备来产生，或利用扫描仪等转换设备，将照片等模拟图像变成数字图像，这就是图像数字化，包括两个主要步骤。

(1) 采样 —— 对连续变化图像在空间坐标上作离散化的过程，称为对图像进行采样。选取的采样点常称为像素 (像元、样本)。数字化采样一般是按正方形点阵取样的，除此之外还有三角形点阵、正六角形点阵等，如图 11-3 所示。

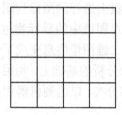 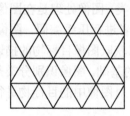 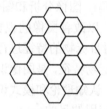

(a) 正方形点阵　　　　　　　(b) 三角形点阵　　　　　　　(c) 正六角形点阵

图 11-3　数字图像采样点阵

(2) 量化 —— 采样后的图像被分割成空间上离散的像素，但其灰度是连续的，还不能用计算机处理。将像素灰度转换成离散的整数值的过程称为量化。

量化分为均匀量化和非均匀量化。均匀量化：将每个像素的幅度与一组判决电平作比较，如果该像素幅度落在两个判决电平之间，就将该幅度用某一对应固定电平来表示。非均匀量化有两种情况：第一种是基于人的视觉特性要求；第二种是根据亮度值出现的概率分布。

量化和采样是图像数字化不可或缺的两个操作，二者紧密相关，同时完成。采样是空间上的离散化，而量化是灰度上的离散化。

采样间隔越大，所得图像像素数越少，空间分辨率低，质量差；采样间隔越小，所得图像像素数越多，空间分辨率越高，质量越好，但数据量越大。

Step2：图像信息的存储

数字图像在计算机中的存储格式多种多样，每一种文件格式都包括一个头文件和一个数据文件，头文件的格式由制作图像的公司规定，一般包括文件类型、制作时间、文件大小、制作人及版本号等，文件制作时还涉及图像的压缩和存储效率等。下面介绍常见的几种文件格式。

(1) BMP 文件。不经过压缩直接按位存盘的文件格式，称为位图 (bit map)。扩展名为 bmp。

(2) GIF 文件。GIF(graphic interchange format) 是由 CompuServe 公司设计和开发的文件存储格式，用于存储图形，也可以用来存储 256 色图像。扩展名为 gif。

(3) TIFF 文件。TIFF(tagged image file format) 是相对经典、功能很强的图像文件存储格式，扩展名为 tif 或 tiff。

(4) JPEG 文件。由 (国际) 联合图像专家组 (Joint Photographic Experts Group) 提出的静止图像压缩标准文件格式，是面向常规彩色图像及其他静止图像的一种压缩标准。扩展名为 jpg 或 jpeg。

(5) DICOM 文件。DICOM(digital imaging and communications in medicine) 是医学图像文件存储格式，是为各类医学图像数据的存档、传输和共享而起草和颁布的。DICOM 格式支持几乎所有的医学数字成像设备，如 CT、MR、DR、超声、内窥镜、电子显微镜等，成为现代医学图像存储传输技术和医学影像学的主要组成部分。常见扩展名为 DCM。

Step3：图像信息的处理

广义地讲，图像信息的处理包括图像处理 (图像变换、图像增强、图像恢复、图像压缩编码)、图像分析和图像识别分类。图像处理是在图像的像素级上进行的图像到图像的处理，以改善图像的视觉效果或者进行压缩编码。图像分析是对图像中的目标物进行检测，对目标物的特征进行测量，以获取图像目标物的描述。它将二维图像信息变成了一维的目标物特征，是图像识别分类的基础。图像识别分类是在图像分析的基础上，利用人工智能、认知理论和模式识别技术，对图像中的目标物进行识别和分类，以达到机器识别或实际应用的目的。

可以看出，常说的图像处理是上述三个层次中最基础的部分，也是最重要的操作步骤，其对机器人视觉感知具有重要的意义。

Step4：图像信息的传输

由于图像信息量很大，图像信息传输中要解决的主要问题就是传输信道和数据量的矛盾问题。一方面要改善传输信道，提高传输速率；另一方面就要对传输的图像信息进行压缩编码，以减少描述图像信息的数据量。

Step5：图像的输出和显示

图像处理的目的就是改善图像的视觉效果或进行机器识别分类，最终都要提供给人去理解。因此必须通过可视的方法进行输出和显示，包括硬复制 (如照相、打印、扫描) 和软复制 (如显示器显示) 等。

11.2.2　图像处理的常用方法

图像处理和分析所涉及的知识种类多样，具体的方法种类繁多，但从研究内容和方法上主要可以分为以下几个方面。

1) 图像变换

为了便于在频域对图像进行更有效的处理，需要对图像信息进行变换。根据图像的特点，一般采用正交变换，诸如几何变换、傅里叶变换、沃尔什-阿达马变换、离散余弦变换、K-L 变换、小波变换等，以改变图像的表示域和图像数据的排列形式，有利于图像增强或压缩编码。

(1) 几何变换

图像几何变换就是建立一幅图像与其变换后的图像中所有各点之间的映射关系，其通用数学表示方式为

$$[u,v] = [X(x,y), Y(x,y)] \tag{11-7}$$

式中，$[u,v]$ 为变换后图像像素的笛卡儿坐标；(x,y) 为原始图像中像素的笛卡儿坐标；$X(x,y)$、$Y(x,y)$ 分别定义了在水平和垂直两个方向上的空间变换的映射函数。这样就得到了原始图像和变换后图像的像素的对应关系。例如，旋转变换，将输入图像绕笛卡儿坐标系的原点逆时针旋转 θ 角，则变换后图像坐标为

$$\begin{bmatrix} u \\ v \end{bmatrix} = \begin{bmatrix} \cos\theta & -\sin\theta \\ \sin\theta & \cos\theta \end{bmatrix} \begin{bmatrix} x \\ y \end{bmatrix} \tag{11-8}$$

图像旋转变换的示例如图 11-4 所示。

原图

旋转30°的图像

图 11-4　图像旋转变换

(2) 离散傅里叶变换

离散傅里叶变换是将图像从空间域转换到频率域，其逆变换是将图像从频率域转换到空间域。其物理意义是将图像的灰度分布函数变换为图像的频率分布函数，逆变换是将图像的频率分布函数变换为灰度分布函数。利用计算机对变换后的信号进行频域处理，比在空域中直接处理更加方便，如图 11-5 所示。

原图
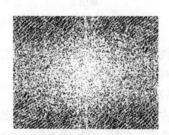
傅里叶变换频谱图

图 11-5　图像傅里叶变换

2) 图像增强

图像增强是增强图像中的有用信息, 削弱干扰和噪声, 提高图像的清晰度, 突出图像中所感兴趣的部分。一方面用以改善人们的视觉效果; 另一方面便于人或机器分析理解图像内容。它主要包括对比度增强、图像平滑、锐化、同态增晰、彩色增强等。

(1) 图像的对比度增强

在图像的成像过程中, 由于环境限制等因素的影响, 生成的图像往往对比度不足, 造成图像的视觉效果差。对此, 可采用图像灰度值变换的方法, 即改变图像像素的灰度值, 以改变图像灰度的动态范围, 增强图像的对比度。

设原图像为 $f(m,n)$, 处理后为 $g(m,n)$, 则对比度增强可表示为

$$g(m,n) = T[f(m,n)] \tag{11-9}$$

式中, $T[\cdot]$ 为增强图像和原图像的灰度变换关系 (函数)。

在曝光不足或者曝光过度的情况下, 图像的灰度值会局限在一个较小的范围内, 或虽然曝光充分, 但图像中我们感兴趣部分的灰度值分布范围小、层次少, 此时的图像可能是一个模糊、灰度层次不清楚的图像。利用灰度的线性或分段线性变换, 就可以扩展图像的动态范围, 或增强图像的对比度。

设原图像灰度取值 $f(m,n) \in [a,b]$, 线性变换后的取值 $g(m,n) \in [c,d]$, 则变换关系式为

$$g(m,n) = c + k[f(m,n) - a] \tag{11-10}$$

式中, $k = \dfrac{d-c}{b-a}$ 为变换函数的斜率。如图 11-6 所示, $k < 0$ 的情况下, 变换后的图像灰度值会反转, 即原来亮的变暗, 原来暗的变亮。

原图   灰度反转图

图 11-6 图像灰度反转示例

除采用线性变换外, 也可以采用非线性变换来增强图像的对比度。常用的灰度非线性变换方法有对数变换和指数变换。

(2) 图像平滑

噪声反映在图像中, 会使原本均匀和连续变化的灰度值突然变大或变小, 形成一些虚假的边缘或轮廓。减弱、抑制或消除这类噪声而改善图像质量的方法称为图像平滑。图像平滑既可以在空 (间) 域进行, 也可以在频 (率) 域进行。

① 邻域平均法。邻域平均法是空域平滑法的一种，原理是对含噪图像 $f(m,n)$ 的每个像素点取一邻域 S，用 S 中所包含像素的灰度平均值来代替该点的灰度值。即

$$g(m,n) = \frac{1}{N} \sum_{(i,j) \in S} f(i,j) \tag{11-11}$$

式中，S 为不包括本点 (m,n) 的邻域中各像素点的集合；N 为 S 中像素的个数。常用的邻域为 4 邻域和 8 邻域，如图 11-7 所示。

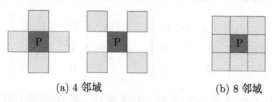

(a) 4 邻域   (b) 8 邻域

图 11-7 图像邻域表示

邻域平均法可以削弱噪声，并且 N 值越大，噪声削弱的程度会越强，但这里的平均法会引起失真，具体表现为图像中目标物的边缘或者细节变模糊。

② 中值滤波法。在含噪图像中，噪声往往以孤立点的形式出现，尤其是干扰脉冲和椒盐噪声。这些噪声所占的像素数很少，而图像则是由像素数目较多、面积较大的小块组成。基于这一事实，可采用中值滤波方法来消除噪声，同时避免采用平均滤波时带来的目标边缘模糊的问题。

中值滤波的原理是：对一个窗口 (记为 W) 内的所有像素灰度值进行排序，取排序结果的中间值作为 W 中心点处像素的灰度值。用公式表示为

$$g(m,n) = \text{med}\{f(m-i,n-j),(i,j) \in W\} \tag{11-12}$$

式中，$\text{med}\{\cdot\}$ 表示去中间值。通常 W 内像素个数选为奇数，以保证有一个中间值，而若 W 内像素值选为偶数时，则取中间的两个值的平均值作为中值。

中值滤波的关键是选择合适的窗口形状和大小，因为不同形状和大小的滤波窗会带来不同的滤波效果。一般要根据噪声和图像中目标物细节的情况来选择。常用的中值滤波窗口有线状、十字形、X 状、方形、菱形和圆形等。

3) 图像分割

图像分割是数字图像处理中的关键技术之一。图像分割是指根据选定的特征将图像划分成若干个有意义的部分，这些选定的特征包括图像的边缘、区域等，这是进一步进行图像识别、分析和理解的基础。它主要包括边缘检测、基于灰度的门限分割、区域分割多种方法。

(1) 边缘检测

边缘是周围像素灰度有阶跃变化或屋顶变化的像素集合。边缘检测的基本思想是先检测图像中的边缘点，再按一定策略连接成轮廓，从而形成边缘图像。梯度算子法是边缘点检测的常用方法。梯度算子的检测过程如图 11-8 所示。

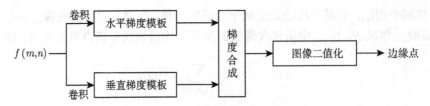

图 11-8　梯度算子检测过程

Roberts 梯度算子的水平和垂直方向模板分别为

$$W_{\mathrm{h}} = \begin{bmatrix} -1 & 0 & 0 \\ 0 & 1 & 0 \\ 0 & 0 & 0 \end{bmatrix}, \quad W_{\mathrm{v}} = \begin{bmatrix} 0 & -1 & 0 \\ 1 & 0 & 0 \\ 0 & 0 & 0 \end{bmatrix} \tag{11-13}$$

Roberts 算子利用 4 个像素点求差分，方法简单，其缺点是对噪声敏感，该方法常用于不含噪声的图像边缘点检测，如图 11-9 所示。

原图　　　　　　　　　　　Roberts算子边缘检测图

图 11-9　Roberts 算子边缘检测示例

Prewitt 算子在检测时同时具有噪声抑制作用。其水平和垂直梯度模板分别为

$$W_{\mathrm{h}} = \frac{1}{3} \begin{bmatrix} -1 & 0 & 1 \\ -1 & 0 & 1 \\ -1 & 0 & 1 \end{bmatrix}, \quad W_{\mathrm{v}} = \frac{1}{3} \begin{bmatrix} -1 & -1 & -1 \\ 0 & 0 & 0 \\ 1 & 1 & 1 \end{bmatrix} \tag{11-14}$$

Prewitt 算子检测效果如图 11-10 所示。

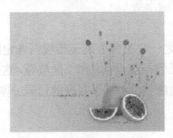
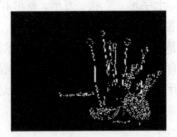

原图　　　　　　　　　　　Prewitt算子边缘检测图

图 11-10　Prewitt 算子边缘检测示例

(2) 基于灰度的门限分割

灰度门限分割的关键在于选取门限 T。设一幅图像由目标物和背景两部分构成。若已知图像中目标物和背景像素出现的先验概率 (其出现像素占图像个数比例) 分别为 p_1 和 p_2，且有 $p_1 + p_2 = 1$，设置灰度门限 T 可以将目标物和背景分开，即如果 $f(m, n) > T$，则 $(m, n) \in$ 目标物。如果 $f(m, n) \leqslant T$，则 $(m, n) \in$ 背景。

当两个区域的先验概率相等，即 $p_1 = p_2$ 时，最优阈值就是 2 个区域灰度均值的平均值，即

$$T_{\mathrm{opt}} = \frac{1}{2}(\mu_1 + \mu_2) \tag{11-15}$$

式中，μ_1、μ_2 分别为背景区域和目标物区域的平均灰度值。灰度门限最优阈值分割示例如图 11-11 所示。

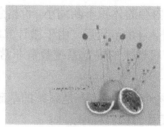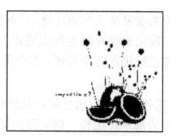

原图   灰度门限最优阈值分割

图 11-11 基于灰度门限最优阈值分割示例

11.2.3 机器人视觉

1) 概述

机器人视觉，是指不仅要把视觉信息作为输入，而且要对这些信息进行处理，进而提取出有用的信息提供给机器人。可以看出，机器人视觉是机器视觉 (计算机视觉) 在机器人中的一个具体应用。

机器视觉，就是用机器代替人眼来做测量和判断。机器视觉系统是通过图像摄取装置将被摄取目标转换成图像信号，传送给专用的图像处理系统，得到被摄目标的形态信息，根据像素分布和亮度、颜色等信息，转变成数字化信号；图像系统对这些信号进行各种运算来抽取目标的特征，进而根据判别的结果来控制现场的设备动作。

机器视觉要达到的三个基本目的：

(1) 根据一幅或多幅二维投影图像计算出观察点到目标物体的距离；

(2) 根据一幅或多幅二维投影图像计算出目标物体的运动参数；

(3) 根据一幅或多幅二维投影图像计算出目标物体的表面物理特性。

要达到的最终目的是实现对于三维景物世界的理解，即实现人的视觉系统的某些功能。机器视觉与图像处理、模式识别和人工智能的关系如图 11-12 所示。

从 20 世纪 60 年代开始，人们着手研究机器视觉系统。一开始，视觉系统只能识别平面上的类似积木的物体。到了 70 年代，已经可以认识某些加工部件，也能认识室内的桌子、电话等物品了。当时的研究工作虽然进展很快，但却无法用于实际。这是因为视觉

系统的信息量极大，处理这些信息的硬件系统十分庞大，花费的时间也很长。

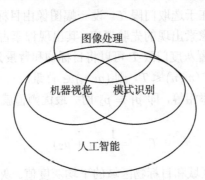

图 11-12　机器视觉与图像处理、模式识别和人工智能的关系

随着大规模集成电路技术的发展，计算机内存的体积不断缩小，价格急剧下降，运算速度不断提高，视觉系统开始走向实用化。进入 80 年代后，由于微计算机的飞速发展，实用的视觉系统已经进入各个领域，其中用于机器人的视觉系统数量非常多。

2) 组成

机器 (人) 视觉系统一般包括硬件和软件两个部分，前者是系统的基础，后者主要包括实现图像处理的基本算法和一些实现人机交互的接口程序。

一个典型的机器视觉系统包括光源、镜头、视觉传感器、图像采集卡、图像处理系统等。

(1) 光源

照明是影响机器视觉系统输入的重要因素，它直接影响输入数据的质量和应用效果。常用的可见光源有白炽灯、日光灯、钠光灯等，但是不够稳定。环境光有可能对图像质量产生影响，所以可采用加防护屏的方法减少环境光的影响。

(2) 镜头

镜头的选择应注意焦距、目标高度、影像高度、放大倍数、工作距离等参数，薄透镜是镜头的理想模型，在通常使用中，会忽略厚度对透镜的影响，可简化许多计算公式。

(3) 视觉传感器

图像采集是机器 (人) 视觉系统中重要的一部分，图像采集就是指机器人视觉系统获取数字图像的过程，目前用于获取图像的视觉传感器主要有 CCD 和 CMOS 两种。

(4) 图像采集卡

图像采集卡直接决定了摄像头的接口：黑白、彩色、模拟、数字等。比较典型的是PCI 或 AGP 兼容的捕获卡，可以将图像迅速地传送到计算机存储器进行处理。有些采集卡有内置的多路开关。例如，可以连接 8 个不同的摄像机，然后告诉采集卡采用哪一个摄像机抓拍到的信息。有些采集卡有内置的数字输入以触发采集卡进行捕捉，当采集卡抓拍图像时，数字输出口就会触发闸门。

(5) 图像处理系统

图像处理系统的作用是执行图像处理及分析软件，调用根据检测功能特殊设计的一系列图像处理及分析算法模块，对图像数据进行复杂的计算和处理，最终得到系统设计所需要的信息，然后通过与之相连的外部设备以各种形式输出检测结果。

3) 应用

机器人视觉的应用领域主要有以下几方面。

(1) 为机器人的动作控制提供视觉反馈。其功能为识别物体、确定物体的位置和方向及为机器人的运动轨迹的自适应控制提供视觉反馈。

(2) 移动式机器人的视觉导航。其功能是利用视觉信息跟踪路径、检测障碍物及识别路标或环境，以确定机器人所在方位等。

(3) 其他功能，包括代替或帮助人工对质量控制、安全检查进行所需要的视觉检验等。

11.3 语音识别与机器人听觉

听觉是人类获取环境信息的一种重要方式，是人类仅次于视觉的重要感觉通道，在人类生活中起着重要的作用。在人类的听觉系统形成中，外界声波通过介质传到外耳道，再传到鼓膜。鼓膜振动，通过听小骨放大之后传到内耳，刺激耳蜗内的纤毛细胞，也称听觉感受器，产生神经冲动。神经冲动沿着听神经传到大脑皮层的听觉中枢，形成听觉。

在机器人对环境的感知过程中，听觉同样至关重要。人们常常把语音识别比作"机器的听觉系统"。与机器人进行语音交流，让机器人明白你说什么，这是人们长期以来梦寐以求的事情，这需要用到语音识别。语音识别就是让机器通过识别和理解过程把语音信号转变为相应的文本或命令的技术。

11.3.1 语音识别技术简介

机器人通过声音传感器获取到由环境中的声波产生的电信号，并经过采样转为数字信号后，便是对这一信号所包含的信息进行处理，即语音识别。

语音识别系统主要包含特征提取、声学模型、语言模型及字典与解码四大部分，此外为了更有效地提取特征往往还需要对所采集到的声音信号进行滤波、分帧等音频数据预处理工作，从而将需要分析的音频信号从原始信号中恰当地提取出来。语音识别系统工作过程如图 11-13 所示。

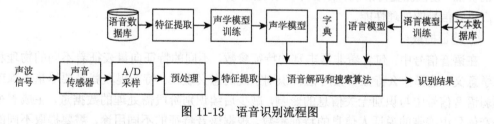

图 11-13　语音识别流程图

其中，特征提取工作将声音信号从时域转换到频域，为声学模型提供合适的特征向量；声学模型中再根据声学特性计算每一个特征向量在声学特征上的得分；而语言模型则根据语言学相关的理论，计算该声音信号对应可能词组序列的概率；最后根据已有的字典，对词组序列进行解码，得到最后可能的文本表示。

下面对各部分工作进行详细介绍。

1) 预处理

在对语音信号进行分析和处理之前, 必须对其进行预加重、分帧、加窗等预处理操作。这些操作的目的是消除因为人类发声器官本身和由于采集语音信号的设备所带来的混叠、高次谐波失真等因素, 对语音信号质量的影响, 尽可能保证后续语音处理得到的信号更均匀、平滑, 为信号参数提取提供优质的参数, 提高语音处理质量。常见预处理包含以下几个方面。

(1) 预加重

语音信号的平均功率谱受声门激励和口鼻辐射的影响, 高频端大约在 800Hz 以上按 6dB/oct(倍频程) 衰减, 频率越高相应的成分越小, 为此在对语音信号进行分析之前要对其高频部分加以提升。通常的措施是用数字滤波器实现预加重。

(2) 分帧

贯穿于语音分析全过程的是 "短时分析技术"。语音信号具有时变特性, 但是在一个短时间范围内 (一般认为在 10~30ms 的短时间内), 其特性基本保持不变即相对稳定, 因而可以将其看作一个准稳态过程, 即语音信号具有短时平稳性。所以任何语音信号的分析和处理必须建立在 "短时" 的基础上, 即进行 "短时分析", 将语音信号分段来分析其特征参数, 其中每一段称为一 "帧", 帧长一般取为 10~30ms。这样, 对于整体的语音信号来讲, 分析出的是由每一帧特征参数组成的特征参数时间序列。

(3) 加窗

由于语音信号具有短时平稳性, 我们可以对信号进行分帧处理。紧接着还要对其加窗处理。加窗的目的是可以人为对抽样附近的语音波形加以强调而对波形的其余部分加以减弱。对语音信号的各个短段进行处理, 实际上就是对各个短段进行某种变换或施以某种运算。用得最多的三种窗函数是矩形窗、汉明 (Hamming) 窗和汉宁 (Hanning) 窗。

(4) 端点检测

在语音信号中, 短时能量和短时过零率通常表示为以帧为单位的信号能量和过零率。端点检测主要是为了自动检测出语音的起始点及结束点。采用双门限比较法来进行端点检测比较常用。双门限比较法以短时能量 E 和短时平均过零率 Z 作为特征, 结合 Z 和 E 的优点, 使检测更为准确, 有效降低系统的处理时间, 能排除无声段的噪声干扰, 从而提高语音信号的处理性能。

2) 特征提取

在语音信号中, 包含着非常丰富的特征参数, 不同的特征向量表征着不同的物理和声学意义。选择什么特征参数对语音识别系统的意义重大。特征提取就是要尽量去除或削弱语音信号中与识别无关信息的影响, 减少后续识别阶段需处理的数据量, 生成表征语音信号中携带的说话人信息的特征参数。根据语音特征的不同用途, 需要提取不同的特征参数, 从而保证识别的准确率。

常用的语音特征参数有: 线性预测倒谱系数 (linear prediction cepstrum coefficient, LPCC) 和梅尔频率倒谱系数 (Mel frequency cepstral coefficient, MFCC)。LPCC 参数是根据声管模型建立的特征参数, 主要反映声道响应。MFCC 参数是基于人的听觉特性, 利用人听觉的临界带效应, 在 Mel 标度频域提取出来的倒谱特征参数。

人耳分辨声音频率的过程就像一种取对数的操作。例如, 在 Mel 频域内, 人对音调的感知能力为线性关系, 如果两段语音的 Mel 频率差两倍, 则人在感知上也差两倍。

3) 声学模型、语言模型及字典

声学模型是对声学、语音学、环境的变量、说话人性别、口音等的差异的知识表示, 是语音识别中的重要组成部分。声学模型的输入是特征提取步骤中所获取的特征。声学模型的任务是计算给模型产生语音波形的概率, 它占据着语音识别大部分的计算开销, 决定着语音识别系统的性能。传统的语音识别系统普遍采用的是基于 GMM-HMM 的声学模型, 其中 GMM(Gaussian mixture model, 高斯混合模型) 用于对语音声学特征的分布进行建模, HMM(hidden Markov model, 隐马尔可夫模型) 则用于对语音信号的时序性进行建模。2006 年深度学习兴起以后, 深度神经网络 (deep neural network, DNN) 逐渐被应用于语音声学模型。基于 DNN-HMM 的语音声学模型开始取代 GMM-HMM 成为主流的声学模型。

语言模型可以对一段文本的概率进行估计, 对信息检索、机器翻译、语音识别等任务有着重要的作用。要判断一段文字是不是一句自然语言, 可以通过确定这段文字的概率分布来表示其存在的可能性。语言模型中的词是有顺序的, 给定 m 个词, 看这句话是不是一句合理的自然语言, 关键是看这些词的排列顺序是不是正确的。语言模型分为统计语言模型和神经网络语言模型, 其中, 统计语言模型的基本思想是计算条件概率, 而神经网络语言模型则是通过建立神经网络模型求解概率。

字典包含了从单词到音素之间的映射, 其作用是用来连接声学模型和语言模型, 它包含系统所能处理的单词的集合, 并标明了其发音。通过发音字典得到声学模型的建模单元与语言模型建模单元间的映射关系, 从而把声学模型和语言模型连接起来, 组成一个搜索的状态空间, 用于解码器进行解码工作。

11.3.2 语音识别常用算法

常用的语音识别算法如 DTW(dynamic time warping, 动态时间规整) 算法、基于 HMM 的语音识别算法、基于深度学习的语音识别算法等, 下面简要介绍前两种。

1)DTW 算法

该算法主要用于孤词识别, 用来识别一些特别的指令, 效果比较好, 这种方法是在基于动态规划的算法基础上发展而来, 解决了发音长短不一的模板匹配问题, 是语音识别中出现较早、较为经典的一种算法。

在该算法中, 首先通过 VAD (voice activity detection, 话音激活检测) 算法去截取包含待识别语音内容的片段, 其核心通常是采用双门限端点检测的技术。下一步需要寻找一个特征矢量, 常采用 MFCC 这个参数作为特征矢量。一般的谱分析都是采用频谱, 或者小波 (为了去解决加性噪声的滤波问题), 或者倒谱、阶次谱 (为了特定的需求所构建的谱方法)。

然后以同样的方法计算需要识别的语音文件其语音段的 MFCC, 然后对模版与识别文件进行 "比对", 这里的比对方法就是 DTW 算法, 我们经常把整个语音识别算法称为 DTW 语音识别, 但实际上, DTW 主要是应用在两个 MFCC 的比对上。这是一种基于距离的比对，也可以认为是一种基于有导师学习的聚类方法。

DTW 算法的原理图如图 11-14 所示，把测试模板 T 的各个帧号 $n = 1, 2, \cdots, N$ 在一个二维直角坐标系中的横轴上标出，把参考模板 R 的各帧 $m = 1, 2, \cdots, M$ 在纵轴上标出，通过这些表示帧号的整数坐标画出一些纵横线即可形成一个网格，网格中的每一个交叉点 (t_i, r_j) 表示测试模式中某一帧与训练模式中某一帧的交汇。

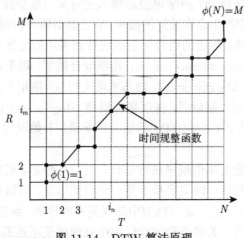

图 11-14　DTW 算法原理

DTW 算法分两步进行，一是计算两个模式各帧之间的距离，即求出帧匹配距离矩阵，二是在帧匹配距离矩阵中找出一条最佳路径。搜索这条路径的过程可以描述如下。

搜索从 $(1, 1)$ 点出发，对于局部路径约束如图 11-15 所示。

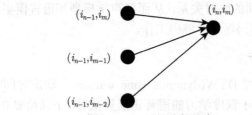

图 11-15　局部路径约束

图中，点 (i_n, i_m) 可达到的前一个格点只可能是 (i_{n-1}, i_m)、(i_{n-1}, i_{m-1}) 和 (i_{n-1}, i_{m-2})。那么 (i_n, i_m) 一定选择这三个距离中的最小者所对应的点作为其前续格点，这时该路径的累积距离为

$$D(i_n, i_m) = D(T(i_n), R(i_m)) + \min\{D(i_{n-1}, i_m), D(i_{n-1}, i_{m-1}), D(i_{n-1}, i_{m-2})\} \quad (11\text{-}16)$$

这样从点 $(1, 1)$ 出发，令 $D(1, 1) = 0$ 开始搜索，反复递推，直到点 (N, M) 就可以得到最优路径，而且 $D(N, M)$ 就是最佳匹配路径所对应的匹配距离。在进行语音识别时，将测试模板与所有参考模板进行匹配，得到的最小匹配距离 $D_{\min}(N, M)$ 所对应语音即为识别结果。

2) HMM

HMM 作为一种统计分析模型，是现代语音识别系统的基础框架，由 CMU 和 IBM

的研究人员在 20 世纪 70 年代提出。基于 HMM 的大词汇量连续语音识别系统结构如图 11-16 所示。

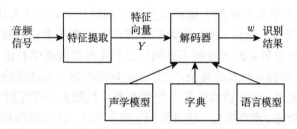

图 11-16　基于 HMM 的大词汇量连续语音识别系统

首先，输入计算机的音频波形经过特征提取转换为特定长度的声学特征向量 Y，接着解码器通过解码算法寻找最有可能生成 Y 的词序列：$w_{1:L} = w_1, w_2, \cdots, w_L$。从数学角度来讲，解码器是用来求解使得后验概率 $P(w|Y)$ 最大所对应的参数 w。即

$$w_{\text{best}} = \arg\max\{P(w|Y)\} \tag{11-17}$$

然而对 $P(w|Y)$ 直接建模十分困难，所以由贝叶斯定理将式 (11-17) 转换为

$$w_{\text{best}} = \arg\max\{P(Y|w)P(w)/P(Y)\} \tag{11-18}$$

由于观测概率 $P(Y)$ 在给定观测序列的情况下是常数，对式 (11-18) 进一步简化：

$$w_{\text{best}} = \arg\max\{P(Y|w)P(w)\} \tag{11-19}$$

式中，先验概率 $P(w)$ 由语言模型确定；似然概率 $P(Y|w)$ 由声学模型确定。子词是声学模型基本的声学单元，在英语中为音素，如单词 bat 由/b/、/æ/、/t/三个音素组成；在汉语中为声母、韵母。

以英语识别为例，对于一个特定的单词 w，相应的声学模型是由多个音素模型所得到的多个音素通过查找发音字典并根据语法规则拼接而成。这些音素模型的参数 (如发射概率、转移概率等) 是由包括语音波形及对应的翻译文本所组成的数据集训练估计得到。语言模型一般是一个 N 元文法模型，其中每一个单词出现的概率只与前 $N-1$ 个单词有关，N 元文法模型的参数是通过计算训练文本语料库 N 元组的概率得到的。

传统解码器对给定的话语句子使用动态剪枝算法 (如 Viterbi 算法) 搜索最优的词序列，而现代解码器使用带权有限状态转化器完成解码过程 (当前流行的语音识别工具包 Kaldi 便是基于此方法实现)。

3) DTW 算法与 HMM 方法比较

DTW 算法由于没有一个有效地用统计方法进行训练的框架，也不容易将底层和顶层的各种知识用到语音识别算法中，因此在解决大词汇量、连续语音、非特定人语音识别问题时较之 HMM 算法相形见绌。HMM 是一种用参数表示的、用于描述随机过程统计特性的概率模型。而对于孤立词识别，HMM 算法和 DTW 算法在相同条件下，识别效果相差不大，但是 DTW 算法比 HMM 算法要简单得多。

11.3.3　机器人听觉系统

智能机器人的听觉系统和视觉系统一样，将是重点研究的领域，毕竟 "耳听八方，眼观六路"，听觉有着先天优势。

机器人听觉技术主要研究如下几个方面的内容。

1) 研究如何建立仿真听觉系统

1543 年，著名医学家安德烈·维萨里发表了划时代的著作《人体的构造》，向世人介绍了耳朵的解剖结构。随后，很多著名科学家都为人类听觉认知领域的发展尽了一份力。1961 年，物理学家贝克西因发现了耳蜗兴奋的生理机制而荣获诺贝尔生理学或医学奖。显然，机器人必须拥有仿真的耳朵，这样才能解决机器人自动适应环境及与人类的自然交流问题。通俗来说，建立仿真听觉系统就是要让机器人 "听得到"。想要达成这一目标，必须解决远程拾音、声音定位、语音增强、噪声处理、语音识别和声纹识别等众多技术问题。

2) 研究解决听觉智能的问题

也就是让机器人 "听得懂"。我们人类的听觉系统是和神经紧密相连的，而且大脑中还有专门的区域 —— 语言中枢，负责处理声音信号。显然，机器人也需要这种中枢，很多语音识别系统的开发厂商，包括苹果公司、谷歌公司和中国的百度、科大讯飞等企业也都希望建立这种听觉中枢系统。

3) 研究解决自动对话的问题

也就是让机器人 "说得出"。机器人不同于其他设备，不能听到或听懂了之后却一直默不作声。人机对话自然也属于声学领域。不过，人类的发声系统结构复杂，科学家至今仍没有完全掌握其机理。目前，这方面的研究主要在语音合成技术上进步比较大，但是离我们的目标依然很远。我们希望机器人说出的话能带有语调和情感，现在看来，要实现这一点难度还有些大。

11.4　多源信息融合

多源信息融合技术是近年来十分热门的研究课题，它结合了控制论、信号处理、人工智能、概率和统计等方面的理论和方法，为机器人在各种复杂的、动态的、不确定或未知的环境中稳定、可靠的工作提供了一种技术解决途径。

11.4.1　信息融合基本概念

信息融合又称为数据融合或多源信息融合，目前没有严格的定义，根据国内外研究成果，多源信息融合比较确切的定义可概括为：充分利用不同时间与空间的多传感器数据资源，如传感器、数据库、知识库和人类本身获取有关信息，采用计算机技术对按时间序列获得的多传感器观测数据，在一定准则下进行分析、综合、支配和使用，获得对被测对象的一致性解释与描述，进而实现相应的决策和估计，使系统获得比它的各组成部分更充分的信息。

根据信息融合的定义，信息融合技术包括以下几个方面的核心内容。

(1) 信息融合是在几个层次上完成对多源信息处理的过程，其中每一个层次都具有不同级别的信息抽象。

(2) 信息融合包括探测、互联、相关、估计以及信息组合。

(3) 信息融合的结果包括较低层次上的状态估计和身份估计，以及较高层次上的整个战术态势估计。

因此，多传感器是信息融合的硬件基础，多源信息是信息融合的加工对象，协调优化和综合处理是信息融合技术的核心。

11.4.2 多源信息融合的主要方法

1) 随机类方法

(1) 加权平均法

信号级融合方法最简单、最直观的方法是加权平均法，该方法将一组传感器提供的冗余信息进行加权平均，结果作为融合值，是一种直接对数据源进行操作的方法。

(2) 贝叶斯估计法

贝叶斯估计法是融合适用于测量结果具有正态分布或具有可加高斯噪声的系统。它首先对各传感器信息进行相容性分析，删除可信度低的错误信息，在假定已知相应的先验概率的前提下，根据贝叶斯规则获得每个输出假设的概率。当传感器组的观测坐标一致时，可以直接对传感器的数据进行融合，但大多数情况下，传感器测量数据要以间接方式采用贝叶斯估计法进行数据融合。

(3) 卡尔曼滤波法

卡尔曼滤波 (Kalman filtering，KF) 主要用于实时融合动态的低层次冗余传感器数据，它是在线性状态空间表示的基础上对有噪声的输入和观测信号进行处理，以求取系统状态或真实信号。该方法用测量模型的统计特性递推，以此决定统计意义下的最优融合。如果系统具有线性动力学模型，且系统与传感器的误差符合高斯白噪声模型，则卡尔曼滤波将为融合数据提供唯一统计意义下的最优估计。

卡尔曼滤波的递推特性使系统处理不需要大量的数据存储和计算，但如果采用单一的卡尔曼滤波器对多传感器组合系统进行数据统计，会产生很多问题，例如，信息大量冗余时，计算量将以滤波器维数的三次方剧增，运算时间显著加长；传感器子系统的增加使故障概率随之增加，在某一系统出现故障而没有来得及被检测出时，故障会污染整个系统，使可靠性降低。

(4) D-S 证据推理法

D-S(Dempster-Shafer) 证据推理是贝叶斯推理的扩充，它采用概率区间和不确定区间来确定多证据下假设的似然函数，也能计算任一假设为真条件下的似然函数值。其三个基本要点是：基本概率赋值函数、信任函数和似然函数。

利用证据组合算法可获知所有传感器在不同时刻对各特征的信任函数，信任度最大的即为信息融合过程最终判定的环境特征。

D-S 证据推理的缺点是一般情况下计算量非常大，且要求合并的证据相互独立，这在实际应用中很难满足。同时，D-S 理论只积累单独的信息源，而当事件合并后，时间权重与信任度之间存在不合理关系。

(5) 产生式规则

产生式规则采用符号表示目标特征和相应传感器信息之间的联系，与每一个规则相联系的置信因子表示它的不确定性程度。当在同一个逻辑推理过程中，2 个或多个规则形成一个联合规则时，可以产生融合。应用产生式规则进行融合的主要问题是每个规则的置信因子的定义与系统中其他规则的置信因子相关，如果系统中引入新的传感器，需要加入相应的附加规则。

2) 人工智能方法

(1) 模糊逻辑推理

模糊逻辑是多值逻辑，通过指定一个 0~1 的实数表示真实度，相当于隐含算子的前提，允许将多个传感器信息融合过程中的不确定性直接表示在推理过程中。如果采用某种系统化的方法对融合过程中的不确定性进行推理建模，则可以产生一致性模糊推理。

与概率统计方法相比，模糊逻辑推理存在许多优点，它在一定程度上克服了概率论所面临的问题，它对信息的表示和处理更加接近人类的思维方式，它一般比较适合于在高层次上的应用 (如决策)，但是，模糊逻辑推理本身还不够成熟和系统化。此外，由于模糊逻辑推理对信息的描述存在很大的主观因素，所以，信息的表示和处理缺乏客观性。

(2) 人工神经网络法

人工神经网络是基于现代神经生物学和认知科学在信息处理领域应用的研究成果。应用于信息融合的历史并不长，但具有大规模并行模拟处理、连续时间动力学和网络全局作用等特点，有很强的容错性以及自学习、自组织及自适应能力，能够模拟复杂的非线性映射。人工神经网络的这些特性和强大的非线性处理能力，恰好满足了多传感器数据融合技术处理的要求。

11.4.3　信息融合技术在机器人中的应用

多源信息融合作为一种可消除系统的不确定因素、提供准确的观测结果和综合信息的智能化数据处理技术，已在军事、工业监控、智能检测、机器人、图像分析、自动目标识别等领域获得普遍关注和广泛应用。

在机器人领域，目前，多源信息融合主要应用在移动机器人和遥控操作机器人上，因为这些机器人通常工作在动态、不确定与非结构化的环境中 (如太空探测机器人和灾难救援机器人等)，这些高度不确定的环境要求机器人具有高度的自治能力和对环境的感知能力，而多源信息融合技术正是提高机器人系统感知能力的有效方法。实践证明：采用单个传感器的机器人不具有完整、可靠地感知外部环境的能力。

智能机器人应采用多个传感器，并利用这些传感器的冗余和互补的特性来获得机器人外部环境动态变化的、比较完整的信息，并对外部环境变化做出实时的响应。目前，机器人学界提出向非结构化环境进军，其关键技术之一就是多传感器系统和数据融合。

课 后 习 题

1. 机器人传感器主要有哪些？
2. 机器人传感器有什么特点？
3. 数字图像的大小由什么决定？
4. 数字图像处理的基本步骤有哪些？
5. 阐述机器视觉与图像处理的关系。

6. 阐述语音识别的基本流程。
7. 阐述语音识别中 DTW 算法的主要步骤。
8. 信息融合技术在机器人中的主要作用有哪些?
9. 简单介绍主要的基于人工智能方法的信息融合技术。

第12章　机器人定位与建图

随着机器人技术、计算机技术、传感网络技术以及智能控制技术等学科的飞速发展，移动机器人的应用环境日趋复杂，如航空航天、军事侦察、自动化生产、物流装备、医疗互助、危险区域探测以及灾变救援等。移动机器人定位 (localization) 作为关键技术之一获得了广泛关注，其能够说明 "在什么位置或区域移动机器人发生了什么事件"。机器人的地图是它所处环境的模型，我们称建立一个地图的过程为地图构建 (mapping)，简称建图。移动机器人定位与建图问题是紧密相关的，地图 (环境模型) 的准确性依赖于定位精度，而定位的实现又离不开环境模型。

本章主要介绍移动机器人常用的定位和建图方法，在此基础上简单介绍机器人同时定位与建图 (simultaneous localization and mapping，SLAM) 技术。

12.1　机器人定位技术

当前，移动机器人的应用领域和范围不断扩展，其中定位技术提供了重要支持。近年来，移动机器人定位技术在技术手段、定位精度、可用性等方面均取得质的飞越，并且从航海、航天、航空、测绘、军事、自然灾害预防等 "高大上" 的领域逐步渗透到日常生产生活中，如人员搜寻、位置查找、交通管理、车辆导航等。

12.1.1　经典定位方法

移动机器人经典定位技术有：室外卫星定位、无线局域网定位、无线射频定位、超声波定位、红外线定位以及超宽带定位等，其基本的定位结构包括移动机器人、基站及标签，如图 12-1 所示。

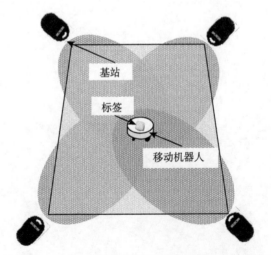

图 12-1　移动机器人经典定位技术基本结构示意图

1) 室外卫星定位

卫星定位系统是移动机器人室外常用的定位方法。卫星定位系统通常主要由空间卫星星座、接收器、监控中心组成，其中卫星星座由分布在轨道的多颗卫星构成，主要负责提供导航电文信息；接收器的作用是对接收卫星星座的导航电文信息进行定位解算；监控中心主要任务是向卫星注入导航数据和控制指令。通过在移动机器人上安装接收器，并通过测量接收器与卫星星座之间的卫星信号，计算接收器与卫星星座之间的伪距，进而利用定位解算算法即可获得移动机器人位置参数。

2) 无线局域网定位

无线局域网是一种基于以太网或令牌网络的无线通信方式，无线局域网中应用最为广泛的是 Wi-Fi 技术，能够屏蔽终端差异性使用 Wi-Fi 无线进行互联，提供机器人导航、位置以及管理等相关服务。其基本原理为：利用无线网卡和无线接入点所具备的射频信号强度测量功能，通过接收机模块对 Wi-Fi 信号进行检测，几何距离相似的机器人可以接收到强度相似的信号。因此为了提高移动机器人 Wi-Fi 定位精度，可以将其定位分为两个阶段：离线训练阶段和在线定位阶段。在离线训练阶段，测量移动机器人接收机在不同距离下 Wi-Fi 信号值，在定位空间建立基于几何距离和 Wi-Fi 信号的映射库；而在线定位阶段，当移动机器人运行到某一位置获得 Wi-Fi 信号值时，根据在离线训练阶段建立的映射库可以获得该 Wi-Fi 值对应的几何距离，基于多组几何距离值建立方程求解即可获得移动机器人的位置。

3) 无线射频定位

无线射频技术主要利用射频信号和空间耦合传输特性，来实现对物体的识别和定位，系统主要由标签、读写器和时间同步器等硬件组成。无线射频技术主要采用读写器和安装在目标物上的标签，利用射频信号将标签信息传输到读写器中，通过射频信号自动识别目标对象并交换数据，属于一种非接触测量。具体实施方法为：在室内环境安装读写器，并在移动机器人机身安装无源标签，当移动机器人运行过程中读卡器可以发现一定范围内的无源标签，移动机器人可以利用该信息执行导航定位任务。但是对于移动机器人无线射频定位，在近距离或者视距环境下定位效果较好，在远距离或者非视距环境效果很差，而且当射频标签被覆盖或者被遮挡，则无线射频定位系统将无法工作。因此，标签和读写器的部署策略将严重影响移动机器人定位精度，可以通过在室内密集部署来提高移动机器人无线射频定位性能。

4) 超声波定位

超声波定位技术主要是利用反射式测距原理，通过发射超声波并接收由被移动机器人反射产生的回波，根据发生波与回波的时间差，结合超声波传播速度计算超声波发生装置与移动机器人之间的距离，当获得三组或者三组以上不在同一方向的距离参数时，可以计算获得超声波定位技术下的移动机器人位置。超声波定位系统结构简单，但多径效应明显且在空气中衰减严重，单独采用超声波定位系统定位精度不高，通常需要采用其他技术与超声波技术相结合：一种是利用超声波与射频技术相结合，利用射频信号先激活电子标签，而后使其接收超声波信号，利用时间差的方法测距；另一种是利用多超声波传感器，在定位空间四周部署四个超声波传感器，利用多组超声波测距参数来提高移动机器人定位精度。

　　5) 红外线定位

　　红外线是一种波长介于微波与可见光之间的电磁波, 红外定位系统主要由红外线发射器和红外线接收器组成, 红外线接收器安装在移动机器人机身上, 红外线发射器则固定在室内环境中。红外线光源发射器用来发射经过调制编码后的红外光束, 接收器用来接收并解码红外光束, 通过测量得到移动机器人与红外线发射器之间的距离值, 从而解算出移动机器人位置。红外线定位在视距环境下具有较高定位精度, 但是红外信号传输距离短且无法穿透障碍物, 其他光源也会影响红外线正常传播。因此, 可以采用多组红外线发射器和接收器来构建红外织网, 通过红外信号交叉组成探测信号网覆盖待定位空间, 完成基于红外线技术的移动机器人精确定位。

　　6) 超宽带定位

　　超宽带定位技术是近年来兴起的一种定位技术, 作为一种无载波通信技术, 其工作频带在 3.1~10.6GHz, 利用纳秒级或纳秒级以下非正弦波窄脉冲传输数据。其定位原理为: 在定位空间安装多组超宽带基站, 与安装在移动机器人机身的定位标签进行脉冲信号通信, 采用到达时间差原理, 首先需要网络有线连接对多组超宽带基站进行时间同步, 然后基于到达时间差信号对移动机器人位置进行解算。超宽带定位技术具有传输速率高、抗干扰性好及多径分辨能力强等优点, 目前在室内移动目标或者机器人定位中可以达到分米级的定位精度。超宽带定位技术对时间同步要求极高, 且覆盖距离小同时硬件成本很高, 适合于小范围高精度的移动机器人定位场合。

12.1.2　机器人无线定位算法

　　移动机器人无线定位中根据是否利用节点间距离或者角度信息, 可以分为非测距定位算法和基于测距定位算法, 其基本定位算法结构图如图 12-2 所示。

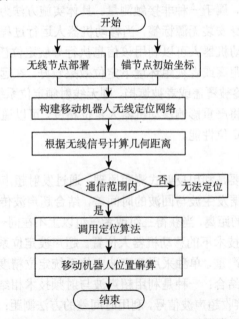

图 12-2　移动机器人无线定位算法结构图

非测距定位算法由于其无线测距信息计算量低, 适用于一些定位精度低的场合; 而基于测距定位算法主要通过测量无线锚节点和移动节点之间的无线信号, 包括信号接收强度指示 (received signal strength indicator, RSSI)、信号到达时间 (time of arrival, TOA)、信号到达时间差 (time difference of arrival, TDOA) 及信号到达角度 (angle of arrival, AOA), 来对移动机器人位置进行精确求解。

1) 基于非测距无线定位

基于非测距定位的经典方法, 目前主要有质心定位、DV-HOP 定位与 APIT 定位等算法。

(1) 质心定位算法

质心定位算法原理为: 未知节点被包围在 k 个锚节点所组成的多边形中, 通过计算多边形的质心来近似确定未知节点的待测位置, 具体计算过程如下。

假设锚节点 A、B、C 三点对应的坐标分别为 (x_1, y_1)、(x_2, y_2) 和 (x_3, y_3), 未知节点 D 的坐标为 (x, y), 基于质心算法, 其未知节点 D 的坐标可以表示为

$$\begin{cases} x = \dfrac{x_1 + x_2 + x_3}{3} \\ y = \dfrac{y_1 + y_2 + y_3}{3} \end{cases} \tag{12-1}$$

该算法只有当未知节点位于多边形的质心位置时才会获得较好的定位精度, 在靠近锚节点的位置及边界位置会引起很大的误差。

质心定位算法作为一种不要测量距离的定位算法, 主要依靠的是将锚节点的坐标信息发送给未知节点, 未知节点通过邻居锚节点组成多边形, 根据求得的多边形的质心来估算自己的位置。因此, 相同通信范围内锚节点数量越多, 估算出的未知节点的位置就会越准确, 但锚节点数量越多也会增加与未知节点间的通信次数, 增加无线定位系统的负担。

如图 12-3 所示, 三角形为锚节点, 圆代表未知节点, 十字代表估算出的节点位置, 可见: 锚节点的分布也影响着定位的精确度, A 中的锚节点分布比较偏向一边, 所以定位误差比较大, 而 B 中, 锚节点分布均匀, 定位相对准确些。

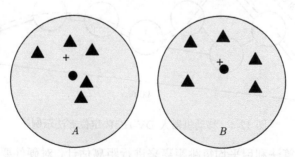

图 12-3　无线锚节点分布影响定位精度

由以上分析可知, 质心定位算法虽然简单, 但精确度也易受锚节点数量和分布的影响。为了提高精确度, 可以采用加权质心算法, 其基本思想是: 通过锚节点与未知节点之

间的几何关系来确定一个加权值，利用加权值来体现不同锚节点对未知节点坐标的影响力，将加权值代入公式中来影响每个锚节点在定位中占有的地位，从而改善移动机器人的定位性能，计算公式如下：

$$\begin{cases} x = \dfrac{\dfrac{x_1}{d_1+d_2} + \dfrac{x_2}{d_2+d_3} + \dfrac{x_3}{d_3+d_1}}{\dfrac{1}{d_1+d_2} + \dfrac{1}{d_2+d_3} + \dfrac{1}{d_3+d_1}} \\[4em] y = \dfrac{\dfrac{y_1}{d_1+d_2} + \dfrac{y_2}{d_2+d_3} + \dfrac{y_3}{d_3+d_1}}{\dfrac{1}{d_1+d_2} + \dfrac{1}{d_2+d_3} + \dfrac{1}{d_3+d_1}} \end{cases} \tag{12-2}$$

式中，d_1、d_2 和 d_3 分别代表锚节点到未知节点的几何距离，其几何距离可以通过无线测距手段获得。

(2) DV-HOP 定位算法

DV-HOP 定位算法原理：不需要节点间测距参数，通过其多跳信息进行未知节点定位。首先在获得未知节点与锚节点最小跳数的基础上，估算出无线传感网中每跳路由距离，然后利用最小跳数与平均每跳路由距离乘积得到未知节点与锚节点之间的几何距离，最后通过定位算法解算得到未知节点的坐标。

如图 12-4 所示，图中共有 9 个节点，构成一个传感器网络，L_1, L_2, L_3 为参考节点，其余为未知节点，对 A 节点进行定位。DV-HOP 定位算法分为三个步骤：① 锚节点以洪泛方式广播包含位置和跳数初始值的信标，邻居锚节点接收并保存同一锚节点所有信标中最小跳数信标，并且跳数加 1 进行转发；② 基于无线锚节点平均每跳距离，建立未知节点与锚节点之间的跳数与距离转换模型，通过网络拓扑结构计算未知节点与对应锚节点之间的几何距离；③ 基于锚节点确定的坐标参数，结合未知节点与锚节点间距离，进行未知节点的坐标估算。

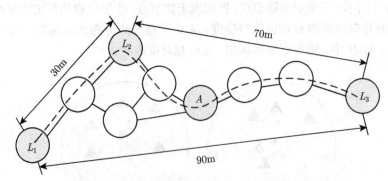

图 12-4　移动机器人 DV-HOP 定位算法示例

DV-HOP 定位算法利用平均每跳距离来进行距离估计，对硬件要求低，但是利用跳段距离代替直线距离存在一定误差。

(3) APIT 定位算法

近似三角形内点测试 (approximate point-in-triangulation test，APIT) 定位算法的基

本思想：选取未知节点三个邻居锚节点组成三角形，测试该未知节点是否在三角形内并对三角形内的组合进行标记，选取该未知节点与其他邻居锚节点组成三角形，并继续进行测试，直到穷尽所有三角形组合，得到满足要求的三角形重叠区域，对未知节点坐标进行估算。

如图 12-5 所示，三个锚节点组成包含未知节点的三角形区域，对未知节点进行移动，并基于信号强度特性，判断该未知节点是远离或者靠近该锚节点，模拟三角形内点测试法来确定未知节点位置。未知节点 M 在三角形内移动，没有同时远离或者接近三个锚节点 A、B、C 时，表明未知节点在三角形内；未知节点移动时，同时远离或者接近三个锚节点 A、B、C 时，表明未知节点在三角形外。

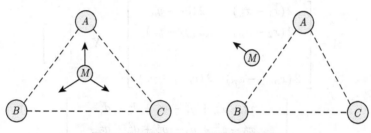

图 12-5 无线 APIT 定位算法测试图

APIT 定位算法主要包括以下步骤：① 未知节点采集邻居锚节点的位置、标识号及信号强度信息，相邻节点共享接收到的锚节点信息；② 对未知节点采集的锚节点组成不同的三角形，测试该未知节点是否在三角形内部，直到穷尽所有三角形，并将包含未知节点的三角形区域进行存储；③ 计算包含未知节点的所有三角形的重叠区域，计算重叠区域质心并作为未知节点的坐标。

APIT 定位算法中当未知节点在测试三角形边上会出现测试错误，以无线信号强度作为判断依据会增大无线节点能耗，较低的锚节点覆盖率会影响未知节点定位精度甚至无法定位，同时未知节点与锚节点信息采集过程中会造成通信开销和计算量增加。

2) 基于测距无线定位

基于测距的无线定位算法，目前主要有最小二乘法、卡尔曼滤波法等。

(1) 最小二乘法

最小二乘法是移动机器人无线定位中常用的方法，主要采用基于 RSSI、TOA、TDOA或者 AOA 测距中的一种进行锚节点到未知节点几何距离测量，并通过联立方程组进行未知节点坐标求解，能够使得无线定位解算误差平方和最小。具体计算过程如下。

令无线锚节点坐标为 $(x_1, y_1), (x_2, y_2), \cdots, (x_n, y_n)$，而未知节点坐标为 (x, y)，基于无线 TOA 测距未知节点与锚节点之间几何距离为 $d_1, d_2, \cdots, d_n$，则可以联立方程组为

$$\begin{cases} (x-x_1)^2 + (y-y_1)^2 = d_1^2 \\ (x-x_2)^2 + (y-y_2)^2 = d_2^2 \\ \vdots \\ (x-x_n)^2 + (y-y_n)^2 = d_n^2 \end{cases} \tag{12-3}$$

方程组第 n 个方程依次减去前面的 $n-1$ 个方程可得

$$\begin{cases} x_1^2 - x_n^2 - 2\left(x_1 - x_n\right)x + y_1^2 - y_n^2 - 2\left(y_1 - y_n\right)y = d_1^2 - d_n^2 \\ x_2^2 - x_n^2 - 2\left(x_2 - x_n\right)x + y_2^2 - y_n^2 - 2\left(y_2 - y_n\right)y = d_2^2 - d_n^2 \\ \quad\quad\quad\vdots \\ x_{n-1}^2 - x_n^2 - 2\left(x_{n-1} - x_n\right)x + y_{n-1}^2 - y_n^2 - 2\left(y_{n-1} - y_n\right)y = d_{n-1}^2 - d_n^2 \end{cases} \tag{12-4}$$

式 (12-4) 可以写成矩阵的形式：

$$AX = b \tag{12-5}$$

式中：

$$A = \begin{bmatrix} 2\left(x_1 - x_n\right) & 2\left(y_1 - y_n\right) \\ 2\left(x_2 - x_n\right) & 2\left(y_2 - y_n\right) \\ \vdots & \vdots \\ 2\left(x_{n-1} - x_n\right) & 2\left(y_{n-1} - y_n\right) \end{bmatrix}, \quad X = \begin{bmatrix} x \\ y \end{bmatrix},$$

$$b = \begin{bmatrix} x_1^2 - x_n^2 + y_1^2 - y_n^2 + d_n^2 - d_1^2 \\ x_2^2 - x_n^2 + y_2^2 - y_n^2 + d_n^2 - d_2^2 \\ \vdots \\ x_{n-1}^2 - x_n^2 + y_{n-1}^2 - y_n^2 + d_n^2 - d_{n-1}^2 \end{bmatrix}$$

利用最小二乘法求解可得

$$X = \left(A^{\mathrm{T}}A\right)^{-1} A^{\mathrm{T}}b \tag{12-6}$$

(2) 卡尔曼滤波法

移动机器人定位首要问题是对检测的信号进行估计，由于移动机器人运动状态是时变的，且无线信号容易被噪声污染，要实现对移动机器人动态精确跟踪需要采用智能融合算法。

卡尔曼滤波利用线性的系统状态方程和观测方程得到一个全局最优的状态估计。线性离散时间系统可以用如下状态方程和观测方程表示：

$$X_k = F_k X_{k-1} + \omega_k \tag{12-7}$$

$$Z_k = H_k X_{k-1} + v_k \tag{12-8}$$

式中，X_k 是定位系统状态向量；Z_k 是定位系统观测序列；ω_k 是过程噪声序列，满足高斯白噪声 $N(0, Q_k)$；v_k 是观测噪声序列，满足高斯白噪声 $N(0, R_k)$；F_k 是定位系统状态转移矩阵；H_k 是定位系统观测矩阵。

卡尔曼滤波只要给定初始状态 $\widehat{X}_0$、协方差矩阵 P_0 及 k 时刻的观测值 Z_k，就可以利用递归方程计算出 k 时刻的系统状态估计 $\widehat{X}_k$。运用 $k-1$ 时刻状态估计 $\widehat{X}_{k-1}$ 和协方差矩阵 P_{k-1} 来预测 k 时刻的状态估计值 $\widehat{X}_k^-$ 和协方差矩阵 P_k^-，可以表示为

$$\widehat{X}_k^- = F_k \widehat{X}_{k-1} \tag{12-9}$$

$$P_k^- = F_k P_{k-1} F_k^{\mathrm{T}} + Q_k \tag{12-10}$$

根据预测的协方差矩阵 P_k^- 和观测噪声协方差矩阵 R_k 计算卡尔曼增益:

$$K_k = P_k^- H_k^{\mathrm{T}} (H_k P_k^- H_k^{\mathrm{T}} + R_k)^{-1} \tag{12-11}$$

根据预测的状态估计 $\widehat{X}_k^-$ 和实际观测值 Z_k 修正系统的状态估计 $\widehat{X}_k$,计算相应的协方差矩阵 P_k:

$$\widehat{X}_k = X_k^- + K_k(Z_k - H_k \widehat{X}_k^-) \tag{12-12}$$

$$P_k = (I - K_k H_k) P_k^- \tag{12-13}$$

卡尔曼滤波器递推不需要处理庞大的数据和计算,但是卡尔曼滤波需要机器人严格的运动学模型,由于机器人运动为非线性系统,其滤波无法用解析式表示,随着时间推移最优解是无法实现的,因此对于非线性移动机器人定位系统,可以采用扩展卡尔曼滤波和无迹卡尔曼滤波。

12.2 机器人地图构建

为了使移动机器人能够在未知的环境中有效地运转,移动机器人必须学会绘制或表述该环境的地图。如果机器人的位置是已知的,那么机器人就可以利用传感器对环境中的障碍物、标志物等进行观测,并在地图上描述出来,这就是地图构建 (mapping)。

12.2.1 地图模型

为了帮助机器人建立一张地图,首先需要确定地图模型,常见的地图模型有尺度地图、拓扑地图和语义地图。

1) 尺度地图 (metric map)

如图 12-6 所示,在尺度地图中,位置表示一个坐标值,这是地图最基本的形式。

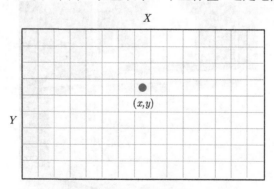

图 12-6　尺度地图

2) 拓扑地图 (topological map)

如图 12-7 所示,在拓扑地图中,位置表示为节点,它们的连接表示为弧。精确的坐标在这种地图上并不重要,重要的是节点之间的连接。在图 12-7 中,左边的拓扑图和右边的拓扑图是等价的,弧被用来表述节点间的连接代价或是限制条件。

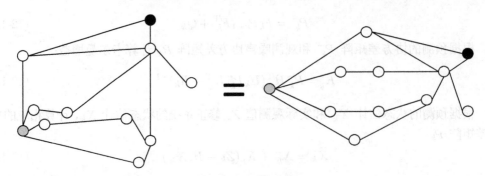

图 12-7　拓扑地图

3) 语义地图 (semantic map)

　　随着机器人研究取得的卓越进展，可以预见在不远的未来，机器人可以适应更加复杂的未知环境，可以实现更高级的人机交互，从而在日常生活中帮助或替代人们完成不同的任务，如房屋清洁、安保、护理等。传统的地图形式，如栅格地图和拓扑地图可以满足机器人的基础功能 (如导航、定位、路径规划等)，但是这些地图形式不包含环境的高层次语义信息，而这些信息对于机器人更充分地理解环境、执行更高级的人机交互任务都是至关重要的。

　　为了解决这个问题，近年来国内外的许多研究机构、学者都投入到机器人语义地图创建技术的研究中，由于不同方法所使用的技术与要解决的问题不同，所以不同研究者对 "语义地图" 的定义与理解也不尽相同。通常是在传统的地图构建技术基础上增添语义信息，形成语义地图。例如，有的学者提出基于 QR code(quick response code) 标签的 3 级室内环境地图，即通过在物品上粘贴基于 QR code 技术的自相似二维人工物标 (图 12-8)，从而准确快捷地获得物品的功能信息，同时构建语义地图；有的学者利用深度学习技术，对机器人三维点云进行语义划分，从而建立语义地图 (图 12-9)。

图 12-8　基于 QR code 技术的二维人工物标

图 12-9　基于深度学习和三维点云的房间语义地图

12.2.2　基于距离测量的地图构建算法

下面以基于距离测量的地图构建为例，简单介绍机器人建图的基本过程。

这里以栅格地图为模型，栅格的每个元素可以用一个相应的占据变量描述，这里的"占据"被定义在有两个可能状态的概率空间内："空闲"及"被占据"。因此占据随机变量有两个可能取值：0 和 1。栅格地图就是占据变量组成的数组，如图 12-10 所示。

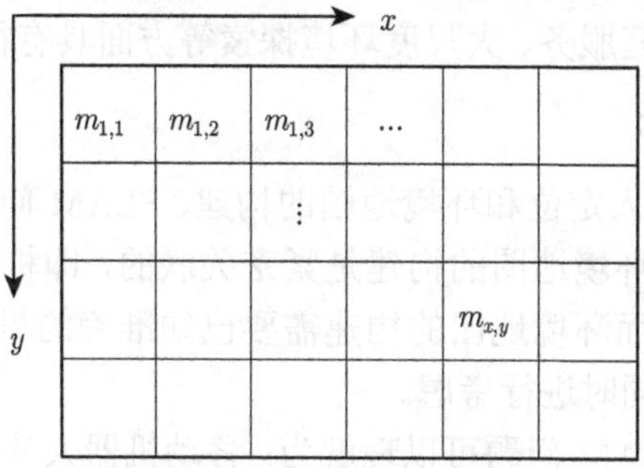

图 12-10　二维栅格地图

机器人永远无法对周围的环境有确定的认知，因此我们用占据的概率标记而非二值占据变量本身。因此，可以使用贝叶斯滤波器算法构建栅格地图。

利用一个距离传感器构建地图，传感器提供距离信息，在地图上，每个栅格只有两种可能的测量结果。当栅格可以被光线通过，意味着它是一个自由的空间。如果栅格被光线击中，这意味着它被某些东西占据了。我们用变量 z 表示栅格被占据状态，用 "0" 代表空闲，"1" 代表被占据，即 $z \sim \{\,0, 1\,\}$。

考虑测量概率模型 $p(z|m_{x,y})$。给定每个栅格的占据状态，测量只有四种可能的条件概率：在 m 为 1 的条件下 z 也为 1 的概率为 $p(z=1|m_{x,y}=1)$，即我们对一个被占据的栅格获得测量结果为占据的概率；在给定 m 为 1 下 z 为 0 的概率，即我们对一个被占据的栅格获得的测量结果为自由的概率。当 m 为 0 时我们也可以用同样方法定义概率，即

$$
\begin{aligned}
&p(z=1|m_{x,y}=1)\\
&p(z=0|m_{x,y}=1)=1-p(z=1|m_{x,y}=1)\\
&p(z=1|m_{x,y}=0)\\
&p(z=0|m_{x,y}=0)=1-p(z=1|m_{x,y}=0)
\end{aligned} \tag{12-14}
$$

这样在贝叶斯框架下可以根据传感器数据更新每个栅格的占据概率。如果我们对栅

格有一些先验信息，根据贝叶斯法则，我们也可将它们考虑进来，即

$$p(m_{x,y}|z) = \frac{p(z|m_{x,y})p(m_{x,y})}{p(z)} \tag{12-15}$$

式中，$p(m_{x,y})$ 表示先验地图；$p(m_{x,y}|z)$ 表示后验地图；$p(z)$ 表示获得的证据。

12.3　机器人同时定位与建图

移动机器人构建环境地图需要自身的位置信息，而确定自己的位置又必须依赖于环境地图，所以定位和建图问题是一个"鸡和蛋"的问题。当机器人一开始就处于没有地图的环境或不知道自己的位置时，机器人必须同时进行定位和地图构建，这就是著名的SLAM 问题，最先是由 Smith、Self 和 Cheeseman 在 1988 年提出来的，被认为是实现真正全自主移动机器人的关键。

机器人 SLAM 问题研究具有重要的理论价值和实用意义，如果机器人知道精确的环境地图及自身的位姿，那么就可以利用这两者进行有效的避障、导航、路径规划等，在机器人自主航行、机器人家庭服务、大尺度环境探索等方面具有很好的应用前景。

12.3.1　SLAM 基本概念

相比于独立进行机器人定位和环境地图的构建，SLAM 问题的复杂度要大得多。该问题中，机器人的定位和环境地图的构建是紧密关联的，即机器人的定位过程也需要已知准确的环境地图信息，而环境地图的构建需要已知准确的机器人位置信息，上述两者均不能单独地实现，需要同时进行考虑。

总之，移动机器人 SLAM 问题可以理解为：移动机器人从任意的位置开始进行持续的运动，利用本身位姿的估计信息以及对环境的观测信息，以递进的方式进行地图的构建，并利用获取的环境地图信息不断地更新自身的定位信息的过程。定位与递增式地图构建相辅相成，而并非是单独的两个过程。其过程描述如图 12-11 所示。

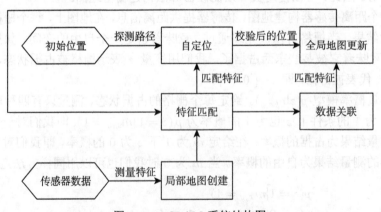

图 12-11　SLAM 系统结构图

当前 SLAM 问题的解决方案可以分成两种：一种为以概率模型为基础的方法，另外一种为以非概率模型为基础的方法。许多以卡尔曼滤波 (KF) 为基础的方案属于概率模型方法；非概率模型方案有扫描匹配、数据关联 (data association) 和模糊逻辑等。

下面分别介绍基于扩展卡尔曼滤波 (extended Kalman filter，EKF) 的 SLAM 方法和基于粒子滤波器 (particle filter，PF) 的 FastSLAM 算法。

12.3.2 基于 EKF 的 SLAM 方法

1) 扩展卡尔曼滤波

卡尔曼滤波方法是一个以均方误差的最小值为预测的标准，寻找一个递推估计的算法，是一个最优化自回归数据处理算法。其中心思想是：根据传感器与系统控制量的情况，使用前一时刻的预测值和当前时刻的观测值来修正对状态变量的预测。

卡尔曼滤波近年来越来越多地被应用于计算机图像处理中，如人脸识别、图像分割、图像边缘检测等，并且它在移动机器人导航、目标跟踪、机器人联合搜救，以及国防上的炮弹定位等领域都有着广泛的应用。但是在现实生活中很难找到符合卡尔曼滤波的线性数学模型，卡尔曼滤波是用线性随机差分方程描述的离散时间过程，所以卡尔曼滤波算法不能直接应用在实际问题中。

为了解决上述问题，人们提出了一些近似方法。其中，扩展卡尔曼滤波算法是一种比较有效的方法，并受到广泛的应用。扩展卡尔曼滤波器将卡尔曼滤波器的均值和协方差线性化了。一个非线性离散系统的数学模型的一般形式可以表示为

$$\begin{cases} x_k = f_k(x_{k-1}, \omega_{k-1}) \\ z_k = h_k(x_k, v_k) \end{cases} \tag{12-16}$$

式中，第一个公式为系统的状态更新方程，x_k 为第 k 时刻系统的状态向量；ω_{k-1} 为第 $k-1$ 时刻系统过程的平稳噪声序列；f_k 为系统状态转移函数，是状态 x_{k-1} 的非线性 (或线性) 函数。第二个公式为系统的观测方程，z_k 为系统的观测向量；v_k 为观测的平稳噪声序列；h_k 为系统观测函数，是状态 x_k 的非线性 (或线性) 函数。

在扩展卡尔曼滤波理论中，必须将非线性系统线性化，从而将卡尔曼滤波应用到非线性系统中。将系统状态转移函数和观测函数在该时刻指定状态 $\hat{x}_k$ 处进行泰勒级数展开，并把二次及以上的项舍去，得到

$$\begin{cases} f_k(x_k) \approx f_k(\hat{x}_k) + A_k(x_k - \hat{x}_k) \\ g_k(x_k) \approx g_k(\hat{x}_{k|k-1}) + C_k(x_k - \hat{x}_{k|k-1}) \end{cases} \tag{12-17}$$

式中

$$A_k = \left[\frac{\partial f_k}{\partial x_k}(\hat{x}_k)\right], \quad C_k = \left[\frac{\partial g_k}{\partial x_k}(\hat{x}_{k|k-1})\right] \tag{12-18}$$

再根据传统的卡尔曼滤波理论，可得到扩展卡尔曼滤波算法递推公式：

$$\begin{cases} P_{k,k-1} = A_{k-1}P_{k-1,k-1}A_{k-1}^{\mathrm{T}} + H_{k-1}(\hat{x}_{k-1})Q_{k-1}H_{k-1}^{\mathrm{T}}(\hat{x}_{k-1}) \\ \hat{x}_{k|k-1} = f_{k-1}(\hat{x}_{k-1}) \\ G_k = P_{k,k-1}C_k \cdot (C_k P_{k,k-1}C_{k-1}^{\mathrm{T}} + R_k)^{-1} \\ P_{k,k} = (I - G_k C_k)P_{k,k-1} \\ \hat{x}_{k|k} = \hat{x}_{k|k-1} + G_k(z_k - g_k(\hat{x}_{k|k-1})) \end{cases} \tag{12-19}$$

式中，Q_{k-1} 为状态误差协方差阵；R_k 为观测误差协方差阵；G_k 为卡尔曼增益矩阵；$\hat{x}_{k|k-1}$ 为状态的先验预测值；$\hat{x}_{k|k}$ 为修正后的状态值。

扩展卡尔曼滤波实际上是利用上一时刻的状态估计值来预测当前时刻的状态，利用观测值进行修正，其算法简单，计算量小。但扩展卡尔曼滤波使用了泰勒级数展开，只保留了一次项，因此该算法得到的结果并不是最优估计，总会存在一些系统误差。

2) 标准 EKF-SLAM 算法

标准 EKF-SLAM 算法可以描述为：机器人从未知环境中的一个初始位置开始移动，根据当前系统状态信息，通过机器人运动模型和控制信息预测下一时刻系统状态信息。在机器人运动过程中，根据传感器观测到的信息对预测信息不断地进行修正，从而获得较为准确的自身定位、环境地图信息。

标准 EKF-SLAM 算法主要由位置估计、观测方程预测、特征匹配和位置预测四个阶段组成。

(1) 位置估计

在 k 时刻，移动机器人根据它在 $k-1$ 时刻的估计位置信息及 k 时刻的控制状态向量来预测移动机器人在当前时刻的状态。在这里，我们设移动机器人在 $k-1$ 时刻的位置信息向量由 $X = [x_{k-1,k-1}, y_{k-1,k-1}, \theta_{k-1,k-1}]^{\mathrm{T}}$ 表示，其中 $x_{k-1,k-1}, y_{k-1,k-1}, \theta_{k-1,k-1}$ 分别为移动机器人在 x、y 和 θ 方向的位置坐标；$R_{k-1,k-1}$ 表示协方差矩阵，根据 $k-1$ 时刻的里程数据 $\Delta X = [\Delta x, \Delta y, \Delta \theta]^{\mathrm{T}}$，得 k 时刻移动机器人的位置预测为

$$X_{k,k-1} = X_{k-1,k-1} + \Delta X$$
$$R_{k,k-1} = R_{k-1,k-1} + Q_k$$
$$Q_k = \Delta X \begin{bmatrix} \omega_x & 0 & 0 \\ 0 & \omega_y & 0 \\ 0 & 0 & \omega_\theta \end{bmatrix} \tag{12-20}$$

式中，ω_x、ω_y、ω_θ 分别为 x、y、θ 方向的协方差。

(2) 观测方程预测

提取原始传感器数据的特征向量，机器人每观测一次都会获得一个特征向量。在这里，我们用 M_k 代表 k 时刻所有特征向量的集合。然后，依据移动机器人的位置状态向量，估计出新的观测预测为

$$M_{k,k-1} = LX_{k,k-1} \tag{12-21}$$

式中，L 为环境地图与激光测距仪等传感器观测值之间坐标的映射关系。

(3) 特征匹配

使用观测到的 $M_{k,k-1}$ 的实际值，对预测值进行修正，即 $N_{k,k-1} = \overline{M}_{k,k-1} - M_{k,k-1}$ 的过程称为特征匹配。然后根据实际情况确定一个门限值，用数据关联方法进行标志物的关联。

(4) 位置预测

利用上面的机器人位置预测及观测方程来修正机器人的状态向量，在这个过程中移

动机器人位置更新方程为

$$X_{k,k} = X_{k,k-1} + K_{k,k-1}N_{k,k-1} = X_{k,k-1} + K_{k,k-1}(\overline{M}_{k,k-1} - M_{k,k-1}) \tag{12-22}$$

式中，$K_{k,k-1}$ 为卡尔曼增益。

12.3.3 基于 PF 的 FastSLAM 方法

1) 标准粒子滤波

PF 的基本思想是用一批有相应权值的离散任意采样点来预测状态变量的后验概率密度函数，这些采样点就是粒子，根据这些粒子及其权值可以计算出状态变量的预测值。在粒子数目非常多的情况下，粒子滤波算法可以近似于最优贝叶斯估计 (optimal Bayesian estimation)。

为了便于介绍 PF 方法，令 $\{x_{0:k}^i, w_k^i\}_{i=1}^N$ 代表后验概率密度 $p(x_{0:k}|z_{1:k})$ 的堆积采样集，$x_{0:k} = \{x_j, j = 0, 1, 2, \cdots, k\}$ 为所采样本，这里称为粒子。$\{w_k^i, i = 1, 2, \cdots, N\}$ 为与粒子对应的权值集，并且这些值都要进行归一化处理，得到的结果符合公式 $\sum\limits_{i=1}^N w_k^i = 1$。从而，在时刻 k 的状态变量的后验概率密度可以表示为

$$p(x_{0:k}|z_{1:k}) = \sum_{i=1}^N w_k^i \delta(x_{0:k} - x_{0:k}^i) \tag{12-23}$$

式中，δ 是一个狄拉克 (Dirac) 函数。w_k^i 修正方法如下：

$$w_k^i = w_{k-1}^i \frac{p(z_k|x_k^i)p(x_k^i|x_{k-1}^i)}{q(x_k^i|x_{k-1}^i, z_k)} \tag{12-24}$$

式中，q 为重要性密度，可以写为

$$q(x_k|x_{0:k-1}, z_{1:k}) = q(x_k|x_{k-1}, z_k) \tag{12-25}$$

式 (12-25) 表明，重要密度仅仅依赖于 x_{k-1} 和 z_k。因此可以通过扩展已有样本集 $x_{0:k-1}^i \sim q(x_{0:k-1}|z_{1:k-1})$，来获得新的状态 $x_k^i \sim q(x_k|x_{0:k-1}, z_{1:k})$ 的样本分布 $x_{0:k}^i \sim q(x_{0:k}|z_{1:k})$。最后，后验滤波估计可以近似写为

$$p(x_i|z_{1:k}) = \sum_{i=1}^{N_i} w_k^i \delta(x_k - x_k^i) \tag{12-26}$$

在 $N_i \to \infty$ 的情况下，式 (12-26) 最近似于实际的后验概率密度 $p(x_i|z_{1:k})$。

2) FastSLAM 算法

一般 FastSLAM 方法中，计算概率形式的观测状态向量和控制状态向量的公式如下：

$$\begin{aligned} p(Z(k)|X_r(k), X_n(k), n(k)) &= h(X_r(k), X_n(k)) + v(k) \\ p(X_r(k)|\mu(k), X_r(k-1)) &= f(\mu(k), X_r(k-1)) + \omega(k) \end{aligned} \tag{12-27}$$

式中，f 和 h 为非线性函数；$Z(k)$、$\mu(k)$ 为 k 时刻机器人的观测值和运动值；$X_r(k)$ 为 k 时刻机器人位置；$X_n(k)$ 为 $n(k)$ 路标的信息；$v(k)$ 和 $\omega(k)$ 为高斯噪声，其协方差为 $R(k)$ 和 $Q(k)$。

SLAM 算法通常采用下列联合概率分别代表构建的地图 $X_n(k)$ 和机器人当前的位置 $X_r(k)$：

$$p(X_r(k), X_n(k)|Z^k, \mu^k) \tag{12-28}$$

式中，$Z^k = Z(1), Z(2), \cdots, Z(k)$、$\mu^k = \mu(1), \mu(2), \cdots, \mu(k)$ 分别为机器人序列的观测值和运动值；$X_n(k)$ 为环境地图，$X_n(k) = X_1(k), X_2(k), \cdots, X_n(k)$（$n$ 为环境中路标的数目，路标标记用 n^k 表示，$n^k = n(1), n(2), \cdots, n(k)$）；$X_r(k) = X_r(1), X_r(2), \cdots, X_r(k)$ 为机器人的位置。

FastSLAM 算法是一种使用粒子滤波器进行 SLAM 的方法，该算法的中心步骤就是用后验概率密度来预测标志物位置 $X_n(k)$ 和机器人的位置 $X_r(k)$，计算公式如下：

$$\begin{aligned}
&p(X_r(k), X_n(k)|Z^k, \mu^k, n^k)\\
&= p(X_r(k)|Z^k, \mu^k, n^k) \prod_{n=1}^{N} p(X_n(k)|X_r(k), Z^k, \mu^k, n^k)
\end{aligned} \tag{12-29}$$

FastSLAM 将同时定位与地图构建分成两部分：机器人运动轨迹预测和标志物位置的预测，因此我们可以对这两部分进行单独求解。FastSLAM 采用粒子滤波器来估计机器人运动轨迹状态向量 $p(X_r(k)|Z^k, \mu^k, n^k)$，假设计算过程中有 M 个粒子，每个粒子都代表了机器人的一个可能的位置；采用 EKF 对标志物位置 $p(X_n(k)|X_r(k), Z^k, \mu^k, n^k)$ 进行预测。这样，在 FastSLAM 中，机器人的可能运动轨迹和粒子数目相同，并且每条轨迹包含 EKF 的个数与标志物的个数相同。

假定机器人的控制状态变量 $p(X_r(k)|\mu(k), X_r(k-1))$ 和传感器的观测状态变量 $p(Z(k)|X_r(k), X_n(k), n(k))$ 是已知的，并且在 SLAM 开始之前就已经设定了机器人的运动轨迹。由于机器人的位置没有办法简单地由后验概率分布 $p(X_r(k)|Z^k, \mu^k, n^k)$ 求得，所以可以利用重要性重采样 SIR(sampling importance resampling) 来进行 SLAM，这个算法的核心思想为：首先对假定的轨迹分布进行采样，计算它与实际概率分布间的差值，这个差值就是样本的权重。然后根据这个权重对样本集进行重采样，权重大的粒子被留下来，权重小的粒子被淘汰，从而得到新的样本集合。重要性重采样方法是迭代进行的，直至采样得到的样本集合的概率分布接近实际的概率分布。

以粒子滤波算法为基础的 FastSLAM 方法采用重要性重采样的方法，用粒子滤波器预测机器人位置，并且每个粒子中用卡尔曼滤波器来预测标志物位置，该算法的计算过程主要分为以下几步。

(1) 假设 SLAM 过程中有 M 个粒子，在单个粒子中都使用控制状态向量来估计 $p(X_r(k)|\mu(k), X_r(k-1))$，以获得当前机器人的位置。

(2) 在机器人位置已知的情况下，通过传感器观测标志物的位置并利用 EKF 算法更新标志物的位置。

(3) 计算步骤 (1) 中得到的机器人的估计位置和前面设定的机器人的可能位置的差值, 这个差值就是粒子的权重。

(4) 根据步骤 (3) 中计算得到的粒子的权值, 根据重采样的原则, 得到新的粒子集合。

课后习题

1. 机器人定位技术有哪些? 各有什么优缺点?
2. 编程实现质心定位算法。
3. 机器人常用地图模型有哪些?
4. 机器人语义地图主要作用有哪些?
5. 机器人 SLAM 的定义和常用方法有哪些?
6. 编程实现 EKF-SLAM 算法和 FastSLAM 算法。

第13章 机器人导航

机器人集成了感知环境、决策规划、控制执行等多种功能，帮助人类在一些特殊场合或者对人自身健康有害的环境中工作，在军事领域、航天领域、服务领域都具有广泛的应用。机器人导航作为移动机器人关键技术之一，是指机器人在规定的条件、规定的时间、按照设定的精度、沿着设定的航线，基于机器人自身的执行机构引起的或由外力引起的运动，机器人能够从起始点移动到目的地。由于移动机器人工作环境的不确定性以及任务的复杂性，机器人导航一直是机器人研究领域的热点和难点问题。

本章主要介绍机器人导航的基础知识，包括机器人导航坐标系等，然后分别介绍经典的机器人导航方法和几种常用的智能导航方法。

13.1 机器人导航概述

实践表明，让计算机在智力测试或者下棋中展现出一个成年人的水平是相对容易的，但是要让计算机有如一岁小孩般的感知和行动能力却是相当困难的。在机器人系统中，自主导航是一项核心技术，是赋予机器人感知和行动能力的关键。

导航是指移动机器人通过传感器感知环境和自身状态，实现在有障碍物的环境中面向目标的自主运动。在导航任务中，移动机器人需要通过一定的检测手段获取移动机器人在空间中的位置、方向以及所处环境的信息，继而采用合适的算法对所获取的信息进行处理并建立导航模型。

牛津大学的 Leonard 和 Durrant-Whyte 归纳出移动机器人导航需要解决的三个主要问题：① 我现在何处？② 我要往何处？③ 我如何到达该处？其中，问题①主要是移动机器人定位问题，问题②和问题③主要是移动机器人路径规划和导航问题。这里要注意导航和路径规划是两个不同的概念，路径规划是解决寻找机器人运动路径的问题，而导航是要解决如何引导机器人到达目的地的问题。

根据导航指示信号类型、导航策略等因素的不同，移动机器人的导航方式可分为基于环境信息的地图模型匹配导航、基于路标导航、基于视觉导航以及基于非视觉传感器导航等。

根据对环境是否提前感知，导航可以分为在已知环境中导航和未知环境中导航。已知环境下，移动机器人知道所处工作环境中包括目标点的位置和方向、障碍物的位置和方向等所有信息；而未知环境下，移动机器人完全不知所处工作环境的信息，通常只知道目标点的方向和位置，其他障碍物的信息未知。相对于移动机器人在已知环境下的运动，在未知环境下移动机器人，如何进行自身定位和导航，是移动机器人研究领域的热点和难点问题。

根据移动机器人导航时环境结构特征，导航又可以分为结构化场景导航和非结构化场景导航；根据移动机器人导航的环境，还可以将导航分为室内导航和室外导航；根据移动机器人导航中是否需要对环境地图进行建模，可以将导航分为无地图的导航和有地图的导航。

13.2 机器人导航基础知识

13.2.1 机器人坐标系

以移动机器人导航为例，对移动机器人进行导航计算，首先要选定一个参考坐标系，才能知晓移动机器人的地理位置及其航向与水平姿态。因此，在讨论移动机器人相对于地面运动状态，确定其位置信息时，首先必须建立相对应的参考坐标系。

描述移动机器人相对运动时有五种常用的坐标系，分别是地心惯性坐标系 (i 系)、地球坐标系 (e 系)、地理坐标系 (t 系)、载体坐标系 (b 系) 和导航坐标系 (n 系)，如图 13-1 所示。

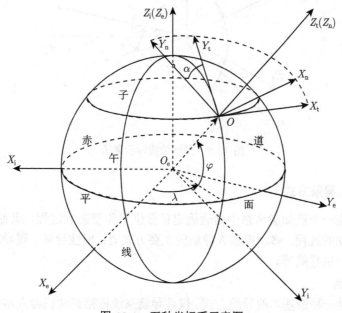

图 13-1　五种坐标系示意图

(1) 地心惯性坐标系 $(O_eX_iY_iZ_i)$。地心惯性坐标系作为测量物体运动信息的参考基准，以地球中心为原点，三轴指向不随地球自转发生变化。

(2) 地球坐标系 $(O_eX_eY_eZ_e)$。地球坐标系是以参考椭球面为基准面建立起来的坐标系，以地球中心为坐标原点，三轴随着地球自转不断旋转变化。

(3) 地理坐标系 $(OX_tY_tZ_t)$。地理坐标系原点为移动机器人所在点，坐标轴 X_t、Y_t、Z_t 分别指向地球正东方向、地理正北方向和天向，称为“东–北–天”坐标系。

(4) 载体坐标系 $(OX_bY_bZ_b)$。载体坐标系通常固连于运动载体，以载体质心为坐标原点，以载体纵轴 (侧倾轴) 为 Y_b 轴且向前为正，以载体横轴 (俯仰轴) 作为 X_b 轴且向右为正，Z_b 轴 (偏航轴) 沿竖轴向上。

(5) 导航坐标系 $(OX_nY_nZ_n)$。导航坐标系作为导航计算的基准，不同机器人不同的任务可以根据需要使用不同的导航坐标系，当导航坐标系与前述定义的地理坐标系重合时可称为指北方位系统。

移动机器人在运动过程中除了位置发生变化，其姿态也会发生变化。沿 Z 轴方向看，绕 Z 轴逆时针做旋转运动是偏航运动，旋转角度称为偏航角；沿 X 轴方向看，绕 X 轴逆时针方向做旋转运动是俯仰运动，旋转角度称为俯仰角；沿 Y 轴方向看，绕 Y 轴逆时针方向做旋转运动是横滚运动，旋转角度称为横滚角。

如图 13-2 所示，移动机器人载体坐标系 $(OX_bY_bZ_b)$ 分别绕机身纵轴、竖轴、横轴做三次基本旋转后即与地理坐标系（"东–北–天"）重合，产生三个姿态角度：偏航角 θ、俯仰角 β 和横滚角 φ。

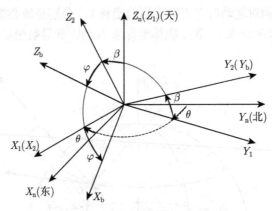

图 13-2　坐标轴旋转示意图

13.2.2　机器人导航方式

导航就是在一个已知参考系中精确确定目标位置和姿态的过程，或者在起始点和目的地间进行机动的过程。移动机器人导航的主要方式有：惯性导航、磁导航、视觉导航、光反射导航及卫星导航等。

1) 惯性导航

惯性导航是一种最基本的导航方式。惯性导航系统依据移动机器人本身的惯性信息，利用陀螺仪、加速度计等惯性敏感元件，能够提供移动机器人线加速度、角速度等多种运动信息，结合移动机器人初始惯性信息，如初始速度、位置、姿态等，通过高速积分即可获得移动机器人的实时速度与位置，不需要任何外来信息，属于自主导航。

2) 磁导航

磁导航技术基于预埋导线中的交变信号产生的磁场，不同的安装方式、磁道形状及电流大小会产生不同的磁场强度，安装在移动机器人机身的磁传感器运动过程中会接收不同的磁场强度，通过检测磁场的变化获得移动机器人当前所处路径，从而能够引导移动机器人按照一定的路线进行运动。

磁导航是目前自动导引车 (automated guided vehicle，AGV) 的主要导航方式。AGV 是移动机器人中的一种，是自动化物流运输系统、柔性生产组织系统的核心关键设备。这种导航方式要在 AGV 运行路径上开出深度为 10mm 左右、宽 5mm 左右的沟槽，在其中埋入导线，然后在导线上通以 5~30 kHz 的交变电流，在导线周围产生磁场。AGV 上左右对称安装了 2 只磁传感器用于检测磁场强度，引导 AGV 车辆沿所埋设的路径行驶。这种导航方式的 AGV 缺乏柔性，在原有路径上放置一个障碍物，该 AGV 就无法完成简单的避障动作。

3) 视觉导航

视觉导航主要是对移动机器人安装视觉传感器来拍摄周围环境局部图像，对图像进行预处理、目标提取、目标跟踪、数据融合等处理，通过与事先存储的固定标志物图像信息进行比对，从而获得移动机器人当前时刻位置，同时可以结合视觉信息进行移动机器人的避障，实现移动机器人局部路径的优化。

有研究人员利用傅里叶变换处理机器人全方位图像，并将关键位置的图像经傅里叶变换所得的数据存储起来作为机器人定位的参考点，以后机器人所拍摄的图像经变换后与之相对照，从而得知机器人当前位置，完成导航。

4) 光反射导航

光反射导航主要是利用激光或红外传感器进行工作。激光传感具有光束窄、平行性好、散射小、测距方向分辨率高等优点，但是容易受到环境因素干扰；而红外传感具有灵敏度高、结构简单、成本低等优点，但其距离分辨率低。移动机器人通过测量光信号从发出到接收的时间计算出自身与前方的距离，从而计算出移动机器人在当前坐标系下的位置和方向，实现移动机器人的导航。

激光全局定位系统一般由激光器旋转机构、反射镜、光电接收装置和数据采集与传输装置等部分组成。工作时，激光经过旋转镜面机构向外发射，当扫描到由后向反射器构成的合作路标时，反射光经光电转换器接收并处理作为检测信号，启动数据采集程序读取旋转机构的码盘数据 (目标的测量角度值)，然后通过通信模块传递到上位机进行数据处理，根据已知路标的位置和检测到的信息，就可以计算出传感器当前在路标坐标系下的位置和方向，从而达到进一步导航定位的目的，其组成如图 13-3 所示。

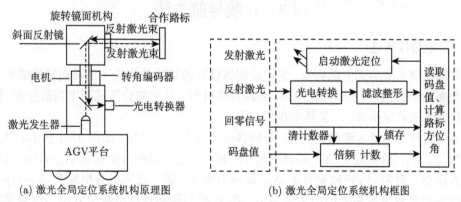

(a) 激光全局定位系统机构原理图   (b) 激光全局定位系统机构框图

图 13-3　激光导航系统组成

5) 卫星导航

卫星导航是指从卫星上连续发射无线电信号，为地面、海洋、空中和空间用户进行导航定位。世界四大卫星导航系统分别是美国的全球定位系统、俄罗斯的格洛纳斯导航系统 (GLONASS)、欧洲航天局的伽利略卫星导航系统 (GALILEO) 和中国的北斗卫星导航系统。

美国的全球定位系统 (global positioning system，GPS)，是 20 世纪 70 年代由美国陆海空三军联合研制的新一代空间卫星导航定位系统。其主要目的是为陆、海、空三大领域提供实时、全天候和全球性的导航服务，并用于情报收集、核爆监测和应急通信等军事目的。经过 20 余年的研究实验，耗资 300 亿美元，到 1994 年 3 月，24 颗 GPS 卫星星座已布设完成，全球覆盖率高达 98%。

GPS 由三部分组成：空间部分 ——GPS 星座；地面控制部分 —— 地面监控系统；用户设备部分 ——GPS 信号接收机。GPS 的空间部分由 24 颗工作卫星组成，它位于距地表 20 200km 的上空，均匀分布在 6 个轨道面上 (每个轨道面 4 颗)，轨道倾角为 55°。地面控制部分由 1 个主控站、5 个全球监测站和 3 个地面控制站组成。监测站将取得的卫星观测数据传送到主控站。主控站从各监测站收集跟踪数据，计算出卫星的轨道和时钟参数，然后将结果送到 3 个地面控制站。地面控制站在每颗卫星运行至其上空时，把这些导航数据及主控站指令注入卫星。GPS 信号接收机的结构分为天线单元和接收单元两部分，信号接收机一般采用机内和机外两种直流电源。

北斗卫星导航系统 (Beidou navigation satellite system，BDS) 是中国自行研制的全球卫星导航系统，是继美国全球定位系统、俄罗斯格洛纳斯导航系统之后第三个成熟的卫星导航系统。BDS 和 GPS、GLONASS、GALILEO 是联合国全球卫星导航系统国际委员会认可的供应商。

北斗卫星导航系统由空间段、地面段和用户段三部分组成，可在全球范围内全天候、全天时为各类用户提供高精度、高可靠定位、导航、授时服务，并具有短报文通信能力，已经初步具备区域导航、定位和授时能力，定位精度 10m，测速精度 0.2m/s，授时精度 10ns。

13.3　传统导航方法

13.3.1　航位推算法

移动机器人安装光电编码器，光电编码器读取的脉冲数将轮子的转动转换成相应的移动距离，结合方位传感器测量航向，实现移动机器人从已知位置推断出当前位置，称为移动机器人的航位推算法，其基本步骤如下。

首先将移动机器人建模为刚体，分析移动机器人运动过程，如图 13-4 所示。以水平向右为 X_G 轴，以垂直于 X_G 轴向上为 Y_G 轴，建立全局参考坐标系 $X_G O Y_G$；以移动机器人运动方向为 X_R，以垂直于 X_R 轴向上为 Y_R 轴，建立机身坐标系 $X_R O Y_R$，全局坐标系与机身坐标系之间的角度为 α，在 k 时刻移动目标机身位置由二维向量表示 $X(k) = \begin{bmatrix} x(k) & y(k) \end{bmatrix}^T$。

令移动机器人在平面内匀速运动速度为 $v(k)$，基于运动学建模，在 $k+1$ 时刻移动机器人位置 $X(k+1)$ 为

$$X(k+1) = \begin{bmatrix} x(k+1) \\ y(k+1) \\ \alpha(k+1) \end{bmatrix} = \begin{bmatrix} x(k) + \Delta T v(k) \cos \alpha(k) \\ y(k) + \Delta T v(k) \sin \alpha(k) \\ \alpha(k) + \Delta \alpha(k) \end{bmatrix} + \xi \qquad (13\text{-}1)$$

式中，$v(k)\cos\alpha(k)$ 为横坐标速度分量；$v(k)\sin\alpha(k)$ 为纵坐标速度分量；ΔT 为采样时间；ξ 为过程噪声。

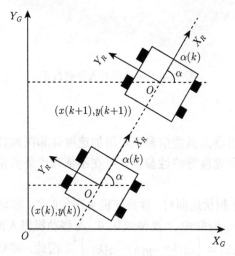

图 13-4　移动机器人运动学建模

移动机器人航位推算法实现简单，系统成本较低，可以提供短航时精确定位，但是由于移动机器人轮子打滑等原因，其转动不可能总是精确地转化为线性位移，存在距离误差、转动误差和漂移误差等，移动机器人位置是按时间对位移增量积分，从而在长航时不可避免会引入累计误差，如图 13-5 所示。

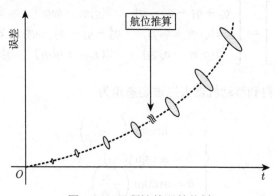

图 13-5　里程计的误差传播

因此，移动机器人采用基于光电编码器和方向传感器的航位推算法，必须用其他定位机制不断予以更新，以消除或减小误差，否则机器人在长时间运行中不能保持有意义的位置估计，如图 13-6 所示。一种方式是移动机器人安装其他的传感器来校正定位误差，尽管增加了系统的复杂度和硬件成本，但是可以有效地减少累计误差；另一种方式是建立精确的误差模型，同时采用滤波算法来对移动机器人进行导航计算，这种方式一定程度上增加了移动机器人导航算法的复杂度。

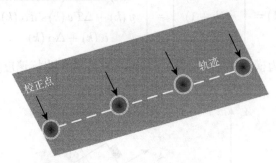

图 13-6　移动机器人导航校正

13.3.2　惯性导航法

惯性导航基于移动机器人惯性信息，采用加速度计和陀螺仪等惯性敏感元件，获得移动机器人线加速度和角速度等惯性参量，可在不依赖于外界信息的情况下，对移动机器人进行动态跟踪。

当移动机器人运行在起伏地面时，容易使机身产生倾斜，移动机器人在起伏地面存在 3 个姿态角，即横滚角 φ、俯仰角 β 及偏航角 θ，而移动机器人的机身倾斜角度 (φ,β,θ) 将影响三维位置输出 $X(k) = \begin{bmatrix} x(k) & y(k) & z(k) \end{bmatrix}^{\mathrm{T}}$。因此，需要采用四元数法对机器人姿态进行求解。单位四元数用 Q 表示，即

$$Q(q_0,q_1,q_2,q_3) = q_0 + q_1 i + q_2 j + q_3 k \tag{13-2}$$

对式 (13-2) 进行求解，其姿态变换矩阵为

$$\begin{bmatrix} C_{11} & C_{12} & C_{13} \\ C_{21} & C_{22} & C_{23} \\ C_{31} & C_{32} & C_{33} \end{bmatrix} = \begin{bmatrix} q_0^2 + q_1^2 - q_2^2 - q_3^2 & 2(q_1 q_2 - q_0 q_3) & 2(q_1 q_3 + q_0 q_2) \\ 2(q_1 q_2 + q_0 q_3) & q_0^2 - q_1^2 + q_2^2 - q_3^2 & 2(q_2 q_3 - q_0 q_1) \\ 2(q_1 q_3 - q_0 q_2) & 2(q_2 q_3 + q_0 q_1) & q_0^2 - q_1^2 - q_2^2 + q_3^2 \end{bmatrix} \tag{13-3}$$

由式 (13-3) 可以得到移动机器人三维姿态角为

$$\begin{cases} \varphi = \arctan\left(-\dfrac{C_{13}}{C_{33}}\right) \\ \beta = \arcsin(C_{23}) \\ \theta = \arctan\left(\dfrac{C_{21}}{C_{22}}\right) \end{cases} \tag{13-4}$$

在求得移动目标姿态变换矩阵后，可得到移动机器人比力方程为

$$f^n = \dot{V}_{\mathrm{e}}^n + (2\omega_{\mathrm{ie}}^n + \omega_{\mathrm{en}}^n) \times V_{\mathrm{e}}^n - g^n \tag{13-5}$$

式中：f^n 为东–北–天分力；V_{e}^n 为东–北–天的速度分量；ω_{ie}^n 为地球坐标系相对惯性坐标系的旋转角速率；ω_{en}^n 为导航坐标系相对地球坐标系的旋转角速率；g^n 是重力加速度。

由于移动机器人作为运动载体,其姿态角度变化将影响位置测量值,因此,以移动机器人 Z 轴坐标来分析姿态角对位置的影响。令移动机器人与 XOY 平面的夹角为俯仰角 β,与 YOZ 平面的夹角为横滚角 φ,移动机器人机身高度为 h_1,测量单元到机身质心高度为 h_2,移动机器人中心宽度为 l_1,考虑水平面的起伏变化等因素,经俯仰角和横滚角补偿后,移动机器人 Z 轴坐标 (z) 为

$$z = (h_1 + h_2)\cos\beta - l_1\tan\varphi \tag{13-6}$$

由式 (13-6) 可知,俯仰角 β 及横滚角 φ 容易对移动机器人 Z 轴坐标产生误差,同时影响 X 和 Y 轴的坐标值。

由移动机器人姿态角度引起的误差无法通过滤波方法消除,因此需要对其姿态角度进行建模。不同坐标系间的姿态角度关系可以通过旋转实现,绕 X、Y 及 Z 轴旋转 β、φ 和 θ 角度,其旋转变换矩阵 $\mathrm{Rot}(X,\beta)$、$\mathrm{Rot}(Y,\varphi)$ 和 $\mathrm{Rot}(Z,\theta)$ 为

$$\mathrm{Rot}(X,\beta) = \begin{bmatrix} 1 & 0 & 0 \\ 0 & \cos\beta & \sin\beta \\ 0 & -\sin\beta & \cos\beta \end{bmatrix} \tag{13-7}$$

$$\mathrm{Rot}(Y,\varphi) = \begin{bmatrix} \cos\varphi & 0 & -\sin\varphi \\ 0 & 1 & 0 \\ \sin\varphi & 0 & \cos\varphi \end{bmatrix} \tag{13-8}$$

$$\mathrm{Rot}(Z,\theta) = \begin{bmatrix} \cos\theta & -\sin\theta & 0 \\ \sin\theta & \cos\theta & 0 \\ 0 & 0 & 1 \end{bmatrix} \tag{13-9}$$

基于坐标旋转关系,依次绕 Z、X 和 Y 轴旋转后可消除相关误差,其旋转矩阵为

$$C = \mathrm{Rot}(Y,\varphi)\mathrm{Rot}(X,\beta)\mathrm{Rot}(Z,\theta) \tag{13-10}$$

13.3.3 人工势场法

人工势场法是一种基于虚拟力场的机器人导航方法,是由美国斯坦福大学的 Khatib 最早提出的。它的基本原理是:在机器人所处的工作空间中,设置一个人工势场。当机器人在其中运行时,会受到两种力的作用:目标的引力作用和障碍物的斥力作用。目标的引力使得机器人不断靠近目标,障碍物的斥力则使得机器人远离障碍物,通过这两种力的共同作用,来控制机器人朝着某个方向运动,并最终到达目标点。

利用人工势场法进行机器人导航,首先在机器人运动的环境中创建一个势场,记为 U,这个势场主要分为两个部分:一个是由目标位置产生的引力场,它的方向指向目标位置;另一个是由障碍物产生的斥力场,方向背离障碍物。整个势能 U 是引力部分和斥力部分势能的叠加。移动机器人在势场合力的作用下,绕开运动线路上的障碍物,向目标移动。其受力结构如图 13-7 所示。

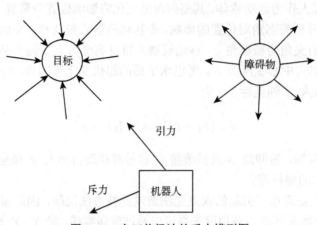

图 13-7   人工势场法的受力模型图

图 13-7 中所示目标点产生的引力场在整个机器人工作环境中有效，而障碍物产生的斥力场则仅在其周围一定范围内有效。

人工势场法可以采用不同表达形式的势场函数，常用的势场法是梯度势场法，其基本原理介绍如下。

在任意一个状态下，机器人的位姿用 q 表示，势场用 $U(q)$ 表示，目标状态位姿用 q_g 表示，并定义和目标相关联的吸引势 $U_{\text{att}}(q)$ 及和障碍物相关联的排斥势 $U_{\text{rep}}(q)$。那么，位姿空间中某一位姿的势能场可以表示为

$$U_q = U_{\text{att}}(q) + U_{\text{rep}}(q) \tag{13-11}$$

对于位姿空间中的每一个位姿，U_q 都必须是可微分的。那么，移动机器人所受到的虚拟力为目标位姿的吸引力和障碍物的斥力的合力，按照势场力的定义，势场力是势场函数的梯度函数，如下所示：

$$
\begin{aligned}
F_{\text{att}}(q) &= -\text{grad}\left[U_{\text{att}}(q)\right] \\
F_{\text{rep}}(q) &= -\text{grad}\left[U_{\text{rep}}(q)\right] \\
F_{\text{sum}}(q) &= -\nabla U(q) = -\text{grad}\left[U_{\text{att}}(q)\right] - \text{grad}\left[U_{\text{rep}}(q)\right]
\end{aligned}
\tag{13-12}
$$

式中，$\nabla U(q)$ 表示 U 在 q 处的梯度，它是一个向量，其方向是位姿 q 所处势场变化率最大的方向。那么，对于二维空间中的位姿力 $q(x, y)$ 来说，有

$$\nabla U_q = \begin{bmatrix} \dfrac{\partial U}{\partial x} \\[2mm] \dfrac{\partial U}{\partial y} \end{bmatrix} \tag{13-13}$$

对于势场 $U(q)$ 的定义方式可以有很多种，对于吸引势 $U_{\text{att}}(q)$ 和排斥势 $U_{\text{rep}}(q)$，最常用的定义为静电场势场模型：

$$U_{\text{att}}(X) = \frac{1}{2} K_{\text{att}}(X - X_g)^2 \tag{13-14}$$

$$U_{\rm rep}(X) = \begin{cases} \dfrac{1}{2} K_{\rm rep} \left(\dfrac{1}{X - X_o} - \dfrac{1}{\rho_o} \right)^2, & X - X_o \leqslant \rho_o \\ 0, & X - X_o > \rho_o \end{cases} \tag{13-15}$$

式中，$K_{\rm att}$ 为引力增益系数；$K_{\rm rep}$ 为斥力增益系数；X_g 为目标点的位置；X_o 为障碍物的位置；X 为机器人当前的位置；$X - X_g$ 为机器人与目标点之间的距离；$X - X_o$ 为机器人到障碍物之间的距离；ρ_o 为障碍物的影响距离。

由上述公式可得到引力和斥力的公式如下：

$$F_{\rm att}(X) = -\nabla U_{\rm att}(X) = -K_{\rm att}(X - X_g)$$

$$\begin{aligned} F_{\rm req} &= -\nabla U_{\rm req}(X) \\ &= \begin{cases} K_{\rm rep} \left(\dfrac{1}{X - X_o} - \dfrac{1}{\rho_o} \right) \dfrac{1}{(X - X_o)^2} \dfrac{\partial (X - X_o)}{\partial X}, & X - X_o \leqslant \rho_o \\ 0, & X - X_o > \rho_o \end{cases} \end{aligned} \tag{13-16}$$

则机器人所受到的合力为

$$F_{\rm sum}(q) = F_{\rm att}(q) + F_{\rm rep}(q) \tag{13-17}$$

在势场中，机器人在地图上运动并始终受到来到目标节点的引力作用，目标节点决定了机器人的整体运动方向，当机器人运动到障碍物节点的作用区间后会受到斥力作用，机器人在引力和斥力的合力作用下避开障碍到达目的地。

人工势场法实际上是将障碍物分布情况及其形状位置的信息反映在环境中每一点的势场值中，即势场反映了环境的拓扑结构。

人工势场法的主要特点是：机器人的运动是由机器人当前位置所承受的势场及其梯度方向所决定的，故它与其他的路径规划方法相比具有计算量小、实时性好的优点。

虽然人工势场法在数学描述上简洁、美观，在机器人中得到广泛应用，但传统的势场法也存在一些问题，主要包括如下。

(1) 当物体离目标点比较远时，引力将变得特别大，相对较小的斥力在甚至可以忽略的情况下，物体路径上可能会碰到障碍物。

(2) 当目标点附近有障碍物时，斥力将非常大，引力相对较小，物体很难到达目标点。

(3) 在某个点，引力和斥力刚好大小相等，方向相反，则物体容易陷入局部最优解或振荡。

近几年来对势场法进行的研究大多是集中在如何解决上述几个问题上的，并取得了一些进展，下面进行简单介绍。

1) 目标不可达问题的改进

在实际环境中，往往至少有一个障碍物与目标点离得很近，在这种情况下，当机器人逼近目标的同时，它也将向障碍物靠近，如果利用传统的引力场函数和斥力场函数的定义，斥力将比引力大得多，这样目标点将不是整个势场的全局最小点，因此移动机器人将不可能到达目标。

为了解决这个问题，需要重新定义斥力场函数，将机器人与目标点之间的距离考虑进去，以使机器人不管在什么情况下，都能够到达目标点。

针对目标不可达问题产生的原因, 可建立一个新的斥力场函数:

$$U_{\text{rep}}(X) = \begin{cases} \dfrac{1}{2}K_{\text{rep}}\left(\dfrac{1}{X-X_o}-\dfrac{1}{\rho_o}\right)^2 (X-X_g)^n, & X-X_o \leqslant \rho_o \\ 0, & X-X_o > \rho_o \end{cases} \tag{13-18}$$

式中, $n \geqslant 1$。与传统斥力场函数相比, 该函数引入了机器人与目标点之间的相对距离, 保证了整个势场仅在目标点 X_g 全局最小。

引力和斥力的势场函数应该使得机器人所受合力将驱使机器人远离障碍物, 逼近目标。根据式 (13-18), 当机器人未到达目标时, 斥力可以写为

$$F_{\text{rep}}(q) = -\text{grad}\left[U_{\text{rep}}(q)\right] = \begin{cases} F_{\text{rep1}} + F_{\text{rep2}}, & X-X_o \leqslant \rho_o \\ 0, & X-X_o > \rho_o \end{cases} \tag{13-19}$$

其中

$$F_{\text{rep1}} = K_{\text{rep}}\left(\dfrac{1}{X-X_o}-\dfrac{1}{\rho_o}\right)\dfrac{(X-X_g)^n}{(X-X_o)^2}\dfrac{\partial(X-X_o)}{\partial X} \tag{13-20}$$

$$F_{\text{rep2}} = \dfrac{n}{2}K_{\text{rep}}\left(\dfrac{1}{X-X_o}-\dfrac{1}{\rho_o}\right)^2 (X-X_g)^{n-1}\dfrac{\partial(X-X_g)}{\partial X} \tag{13-21}$$

式中, 矢量 F_{rep1} 的方向为从障碍物指向机器人; 矢量 F_{rep2} 的方向为从机器人指向目标。斥力与它的两个分量的关系如图 13-8 所示。

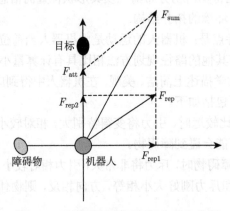

图 13-8　新势场函数下机器人受力分析

很显然, 当 F_{rep1} 对机器人产生斥力时, F_{rep2} 对其产生朝向目标的吸引力。当机器人逼近目标时, $X-X_g$ 趋于零, 斥力的第一个分量 F_{rep1} 趋于零, 而第二个分量 F_{rep2} 趋于无穷大, 驱动机器人到达目标。斥力场函数在目标点是可微的, 移动机器人向目标逼近时, 总的斥力趋于零, 驱动机器人驶向目标。

2) 局部极小点问题的改进

上述改进的斥力势场函数能够很好地解决目标不可达问题, 但是, 由受力分析可知, 机器人和目标点之间的连线与机器人和障碍物连线的夹角可能大于 90°, 导致斥力可能等于或大于吸引力, 从而导致局部极小点问题。具体又分为以下两种情况。

（1）如图 13-9 所示，当机器人、障碍物、目标点在同一直线上，且障碍物在机器人与目标点之间，斥力与引力大小相等时，因为方向相反，机器人所受合力为零，机器人停在障碍物前，或引力大于斥力，机器人撞到障碍物上，使导航失败。

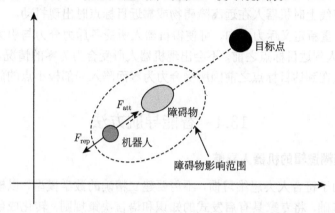

图 13-9　障碍物、机器人、目标点在一条直线上

（2）如图 13-10 所示，在机器人向目标点前进的过程中，当目标引力与各障碍物斥力之合力为零时，机器人不能到达目标点，使导航失败。

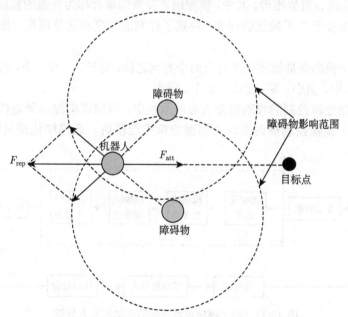

图 13-10　障碍物斥力之和与引力等大反向

在上述新的改进人工势场法中（式 (13-19)），将斥力分解为 F_{rep1} 和 F_{rep2}，为了避免局部极小点，则需要改变 F_{rep1} 与引力之间的夹角，使其不大于 90°。但有以下两种情况除外。

（1）当机器人、障碍物、目标点在同一直线上且机器人位于障碍物与目标点之间时，定义 F_{rep1} 与 F_{rep2} 同向，均指向目标点。

(2) 当机器人、障碍物、目标点在同一直线上且目标点位于机器人与障碍物之间时，定义 F_{rep1} 与 F_{rep2} 同向，均指向目标点。

以上两种情况定义 F_{rep1} 的方向与 F_{rep2} 方向一致，其目的是防止当机器人、障碍物、目标点在同一直线上时机器人在远离障碍物或靠近目标点时出现抖动。

可以证明，重新定义斥力方向，可使得机器人所受各斥力分力与引力的夹角均不大于 90°，在机器人到达目标点之前，不会出现机器人所受合力为零的情况，从而可以完全克服移动机器人在到达目标点之前因所受合力为零而陷入局部极小点的问题。

13.4　智能导航方法

13.4.1　基于模糊逻辑的机器人导航

模糊逻辑由于符合人类思维习惯，不需要建立精确的数学模型，以模糊推理理论和模糊集合论为基础，将专家具有启发式的知识和语言决策规则，转化成数学函数并能够用控制器实现，适合于数学模型难以建立的复杂系统和模糊性对象，能够减少干扰和参数变化对控制效果的影响，而且易于被操作人员理解和接受。

模糊控制模仿人类思维方式，采用产生式规则，可以不依赖系统的数学模型仅依靠专家的先验知识进行近似推理。其中，模糊语言变量的集合称为变量的模糊状态，划分模糊语言变量的多少反映了偏差的程度，决定了控制的精度和运算速度，是实现模糊控制算法的前提。

通常将一个模糊变量描述在正与负两个方向之间，包括大、中、小，再加上零，则表示为：负大、负中、负小、零、正小、正中、正大。

在基于模糊逻辑控制的移动机器人导航系统中，模糊逻辑控制器是核心，其主要包括模糊化模块、模糊控制规则模块、模糊决策推理模块、逆模糊化模块四个部分，如图 13-11 所示。

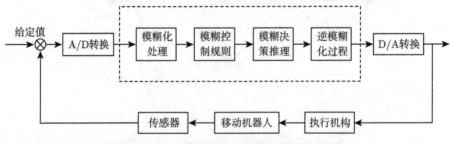

图 13-11　基于模糊逻辑控制的移动机器人导航

该方法首先基于对移动机器人的导航经验建立模糊控制规则库，然后将移动机器人输入的确定量转化为模糊量，根据模糊控制规则执行对应的模糊决策推理，得到一个模糊输出集合，最后基于模糊输出集合进行逆模糊化过程，求解确定的移动机器人控制指令，从而实现对移动机器人的精确导航。

模糊逻辑控制中语言规则是移动机器人导航的关键，目前常用的语言控制规则有 Mamdani 型和 Takagi-Sugeno 型两种。Mamdani 型模糊控制规则采用的是极大–极小运

算定义模糊关系, 形式如下:

$$\text{If } x \text{ is A then } y \text{ is B} \tag{13-22}$$

式中, x 为输入量; y 为输出量。Mamdani 型模糊控制规则的输出是离散的模糊集合。

而 Takagi-Sugeno 型模糊控制规则的形式为

$$\text{If } x \text{ is A and } y \text{ is B then } u = c \tag{13-23}$$

式中, x、y 为输入量; u 为输出量; c 为常数。Takagi-Sugeno 型模糊控制规则的输出为线性多项式, 相对于 Mamdani 型模糊控制规则, 可以用较少的规则来更好地描述非线性模型。

13.4.2 基于强化学习的机器人导航

移动机器人在未知环境探索, 学习能力作为其关键技术能够帮助移动机器人适应未知环境。在机器学习范畴, 根据反馈的不同, 学习技术可以分成监督学习、非监督学习和强化学习三大类。其中, 强化学习是一种可以使机器人与环境之间建立一种交互关系, 并以反馈作为输入, 通过不断地试错和迭代来实现从环境到行为的映射学习, 以使动作从环境中获得累积奖赏值最大, 从而获得最优的行为策略。其自身固有的适应性、自学习性和反应性, 并且可以在线学习等, 使之成为解决移动机器人自主性的一种有效手段, 而被广泛应用于未知环境移动机器人导航中。强化学习有多种算法, 如 TD 算法、Sarsa 算法、Q 学习算法、Dyna 算法等。

下面给出一个基于 Q 学习的移动机器人导航实例, 运用 Q 学习算法使移动机器人能够在未知环境中找到一条无碰撞的最优路径安全到达目的地。

运用 Q 学习算法的第一步就是定义环境模型。在此我们定义环境为二维空间下的离散模型, 为了降低状态的数量, 将环境分为 8 个区域:

$$R = \begin{cases} R_1, & \theta \in [-22.5°, 22.5°) \\ R_2, & \theta \in [22.5°, 67.5°) \\ R_3, & \theta \in [67.5°, 112.5°) \\ R_4, & \theta \in [112.5°, 157.5°) \\ R_5, & \theta \in [157.5°, 202.5°) \\ R_6, & \theta \in [202.5°, 247.5°) \\ R_7, & \theta \in [247.5°, 292.5°) \\ R_8, & \theta \in [292.5°, 337.5°) \end{cases} \tag{13-24}$$

式中, θ 是移动机器人先前方向的绝对角度。移动机器人车载传感器检测到的环境决定了该时刻的状态, 该状态是由移动机器人侦测范围内的目标和障碍物位置组合而成:

$$s_t = (L_r, R_g, R_o) \tag{13-25}$$

式中, $L_r = (x_r, y_r)$ 表示移动机器人在 t 时刻的位置; R_g 表示目标的位置; R_o 表示移动机器人侦测范围内危险障碍物的分布, 用 8 位二进制数表示。图 13-12 所示为一个状态例子, 该时刻机器人的位置为 $(4,7)$, 目标位于 R_7 区域, 移动机器人发现侦测范围内的危险障碍物位于 R_3 和 R_6 区域, 因此该时刻的状态可以表示为 $s_t = ((4,7),7,00100100) = ((4,7),7,36)$。

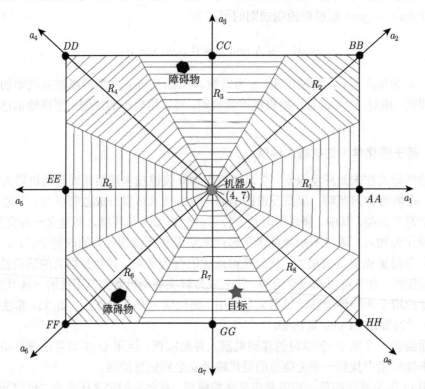

图 13-12　基于 Q 学习算法移动机器人导航模型

Q 学习算法是基于状态–动作对的强化学习算法, 因此要为每一个状态设定动作空间。这里机器人具有 8 个动作, 即可以移动到 8 个对应的位置, $\{AA, BB, \cdots, HH\}$ 为机器人下一个可能位置的集合 (图 13-12)。机器人的动作集合 A 表示为

$$A = (a_1, a_2, a_3, a_4, a_5, a_6, a_7, a_8) \tag{13-26}$$

式中, a_i 表示机器人的动作, 与机器人的运动方向一致。

下一步需要建立奖赏函数, 这是 Q 学习算法的关键部分之一, 它是对机器人在给定的状态下采取某一动作的及时评价。奖赏函数的取值将决定机器人在不同状态下的行为, 在机器人导航任务中, 奖赏函数可以基于机器人与障碍物以及目标之间的距离进行确定, 用如下公式表示:

$$r(s,a) = f\{s_t\} \tag{13-27}$$

式中, $r(s,a)$ 表示对该状态–动作对 (s,a) 的奖赏; $f\{\cdot\}$ 根据需要进行定义, 如有的学者采用模糊隶属度进行计算, 有的学者采用生物刺激神经网络活性值进行确定。

接下来计算评价函数。在 Q 学习算法中定义了一个评价函数 $Q(s,a)$ 用于寻找从一个状态到另一个状态的一系列的路径轨迹, 直到到达目标状态为止。在 Q 学习算法中,

值函数将 Q 值存储在一个表中，方便查询。值函数的计算公式为

$$Q(s,a) \leftarrow Q(s,a) + \alpha[r(s,a) + \gamma \max Q(s',a') - Q(s,a)] \tag{13-28}$$

式中，$\alpha \in (0,1)$ 表示学习速率；$0 < \gamma < 1$ 表示折扣因子；$Q(s,a)$ 表示状态–动作对的值函数；$Q(s',a')$ 表示下一状态 s' 的最佳期望 Q 值。

然后基于动作选择策略，在可供选择的动作集合 A，尽可能选择一个最优的动作进行执行，完成机器人导航任务。

动作选择策略规定了机器人在每个可能的状态下，应该采取的动作集合，是基于 Q 学习算法路径规划中的核心技术之一。策略的好坏最终决定了机器人动作以及系统的整体性能。目前的动作选择策略主要包括贪婪策略、随机选择策略、玻尔兹曼选择策略、模拟退火选择策略等。下面给出一种基于模拟退火算法与禁忌算法相结合的动作选择机制，其动作选择规则为

$$V(a_r, a_p) = \exp\left(\frac{Q(s,a_r) - Q(s,a_p)}{\lambda^n T_0}\right) \tag{13-29}$$

$$a = \begin{cases} a_r, & V(a_r, a_p) > \delta \\ a_p, & \text{其他} \end{cases} \tag{13-30}$$

式中，a_r、a_p 表示机器人动作集中不同的动作选择；T_0 表示初始温度；λ 表示衰减因子；n 表示迭代次数；$0 < \delta < 1$ 表示一个均匀分布的随机数。

课 后 习 题

1. 机器人导航与路径规划的区别有哪些？
2. 常规的机器人导航方法有哪些？各有什么优缺点？
3. 编程实现基于人工势场法的机器人导航。
4. 编程实现基于模糊控制的机器人导航。
5. 编程实现基于 Q 学习的机器人导航。

第 14 章　机器人路径规划

移动机器人研究的核心内容之一是机器人导航技术,而路径规划是机器人导航技术的基础,也是机器人研究的重要课题之一。路径规划是指机器人在存在障碍物的环境下,按照所需的性能参数(如路径长度、路径规划时间、路径平滑度、能量消耗等),从所运行的环境中搜索到一条从初始位置到目标位置的最优或次优路径,同时必须保证规划的路径是安全的,机器人不与环境中的障碍物发生碰撞。

随着移动机器人运行的环境越来越复杂,对其性能的要求越来越高,路径规划技术在机器人研究中显得越来越重要。在当前条件下,机器人的硬件系统还不成熟,且无法在短期内很快地得到改善,移动机器人作业时对软件(算法)的要求仍旧非常严格,而路径规划技术是机器人完成任务的安全保障,还能降低机器人的能量消耗,提高其完成任务的效率,因此,一个有效的路径规划算法对于移动机器人具有十分重要的意义。

本章主要介绍路径规划的研究内容、路径规划方法分类、传统的路径规划方法以及基于人工智能的路径规划方法。

14.1　机器人路径规划概述

14.1.1　路径规划的研究内容

在介绍路径规划的研究内容之前,要注意区分两个不同的概念:路径和轨迹。这是两个相似但含义不同的概念。机器人运动的路径描述机器人的位姿随空间的变化,而机器人运动的轨迹描述机器人的位姿随时间的变化。轨迹是指机器人每个自由度的位置、速度和加速度的时间历程。机器人轨迹规划属于底层规划,基本上不涉及人工智能问题,而是在运动学和动力学的基础上,讨论机器人运动的轨迹规划和轨迹生成方法。本书主要介绍的是移动机器人路径规划问题。

机器人路径规划,就是机器人根据环境的先验知识和自身携带的传感器来感知环境中障碍物和目标的信息,并依据某种算法规划出一条从起点到终点的安全的满足各种性能指标的最优或次优路径。一个成功的路径规划方法需要解决以下几个问题。

(1) 根据机器人工作的环境,能够对环境进行合理的建模,同时能够规划一条安全的满足所需条件的路径。

(2) 在运行过程中,当环境发生变化或出现不确定性因素时,移动机器人仍能绕开障碍物,同时保证路径尽量最优。

(3) 能够满足各种其他性能指标的需求,如能量消耗问题等。

机器人路径规划问题在 20 世纪 70 年代随着机器人导航的研究而被提出来,目前,很多学者在机器人路径规划方面做了广泛的研究,提出了许多具有理论和实际价值的方法。同时,该领域也仍然存在着许多困难需要深入研究解决。

(1) 当机器人所处的环境完全未知且环境是动态变化时，如何规划出较优的路径问题。

(2) 算法的计算效率问题，很多方法能够规划出较优的路径，但是计算复杂，无法满足机器人控制实时性要求。

(3) 多机器人路径规划问题，大多数路径规划方法只考虑了单个机器人，而实际情况中经常需要使用多个机器人进行工作，因而规划方法需要考虑多个机器人协作问题及机器人之间的相互避让问题 (这部分内容将在第 15 章进行介绍)。

14.1.2 路径规划方法分类

根据不同的划分方法，可以对机器人路径规划方法进行不同的分类。

(1) 依据环境中障碍物及目标是动态的还是静态的，路径规划方法可以划分为静态路径规划方法和动态路径规划方法。

(2) 依据机器人事先对环境信息了解的程度，路径规划方法可以划分为局部路径规划方法和全局路径规划方法。

(3) 依据算法是否采用了人工智能技术，路径规划方法可以划分为传统的路径规划方法和基于智能算法的路径规划方法等。

近年来，研究者尝试将各种不同的路径规划相结合，使它们发挥各自优点，产生了混合路径规划算法。

14.2 传统路径规划方法

移动机器人常用的路径规划方法主要有构形空间方法、可视图法、栅格法、拓扑法等，下面对其进行简单介绍。

14.2.1 构形空间方法

构形空间 (configuration-space) 方法是由 Udupa 和 Lozano-Perez 等提出并发展的一种无碰路径规划方法，其实质是把运动物体的位姿 (位置和姿态) 的描述简化为构形空间 (C-Space) 中的一个点。

构形空间法可以将物体的路径规划问题转化为一个点在 C-Space 空间中的运动问题。由于环境中障碍物的存在，运动物体在构形空间中就有一个相应的禁区，称为构形空间障碍 (C-Obstacle)。这样就构造了一个虚拟的数据结构，将运动物体、障碍物及其几何约束关系作了等效的变换，简化了问题的求解。

运动物体 A 与障碍物 B 发生碰撞的所有状态在构形空间中构成了构形空间障碍，记为 $\mathrm{CO}_A(B)$，表示为

$$\mathrm{CO}_A(B) = \{P \in \text{C-Space} \,|\, A(P) \cap B \neq \varnothing \} \tag{14-1}$$

式中，$A(P)$ 表示欧氏空间的一个子集，对应于 A 在构形空间中的位姿。

构形空间方法是一种相对成熟和比较常用的路径规划方法，但如何快速有效地进行构形空间建模和在构形空间内进行路径搜索是实现构形空间法的关键，有待于进一步

研究。

14.2.2　可视图法

可视图法视移动机器人 (运动物体) 为一点，将机器人、目标点 G 和多边形障碍物的各顶点进行组合连接，并保证这些直线均不与障碍物相交，这就形成了一张图，因为图中任意两直线的顶点均是可见的 (即不与障碍物多边形相交)，故称为可视图 (visibility graph)。由于任意两直线的顶点都是可见的，从起点沿着这些直线到达目标点的所有路径均是运动物体的无碰路径。

在可视图法中，首先可以利用构形空间法将运动的物体 A 映射为一点，障碍物 B 映射为 $CO_A(B)$。用直线段连接起点 S、所有构形空间障碍物的顶点以及目标点 G，并保证这些直线段不与 $CO_A(B)$ 相交，即可构造可视图 (图 14-1)，对该图进行搜索就可找到 A 的最短无碰安全运动路径。在这种搜索图中，S、G 和顶点均为图的节点，直线段为弧。

利用可视图法进行路径规划主要分三步：① 计算构形空间障碍物 $CO_A(B)$；② 建立可视图，用一种合适的数据结构表达可视图；③ 搜索图，求最短安全路径。

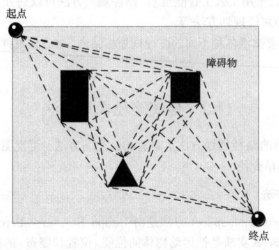

图 14-1　可视图法

可视图法能够求得最短路径，但忽略了移动机器人的尺寸大小，使得机器人通过障碍物顶点时离障碍物太近甚至接触，并且搜索时间长。在实际采用可视图进行移动机器人路径规划时，通常适当增大障碍物尺寸来增大移动机器人距离障碍物的距离，尽管无法做到移动机器人路径最优，但是保障了移动机器人的安全性。

切线图法和 Voronoi 图法对可视图法进行了改进。其中，切线图 (图 14-2(a)) 用障碍物的切线表示弧，因此是从起始点到目标点的最短路径的图，即规划物必须几乎接近障碍物行走。其缺点是如果控制过程中产生位置误差，规划物与障碍物发生碰撞的概率很高，解决的办法也可以是适当扩大障碍物的几何尺寸。Voronoi 图 (图 14-2(b))，又称泰森多边形或 Dirichlet 图，它由一组连接两邻点直线的垂直平分线组成的连续多边形组成。在路径规划中，Voronoi 图用尽可能远离障碍物的路径来表示弧，由此从起始节点到目标节点的路径将会增长，但采用这种控制方式时即使产生位置规划误差，机器人也不会碰到障碍物。

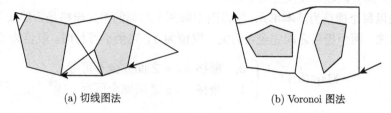

(a) 切线图法   (b) Voronoi 图法

图 14-2   可视图法改进

14.2.3 栅格法

栅格法是由 Howden 在 1968 年提出的, 他在进行路径规划时采用了栅格 (grid) 表示地图。栅格法以基本元素为最小栅格粒度, 将地图进行栅格划分, 基本元素位于自由区取值为 0, 处在障碍物区或包含障碍物区为 1, 从而在计算机中建立一幅可用于路径规划的地图。

设环境的最大长度为 L, 宽度为 W, 栅格的尺度 (长、宽) 均为 b, 则栅格数为 $(L/b \times W/b)$, 环境 Map 由栅格 map_i 构成:

$$\mathrm{Map} = \{\mathrm{map}_i | \mathrm{map}_i = 1 \text{ 或 } 0, i \text{ 为整数}\} \tag{14-2}$$

式中, $\mathrm{map}_i = 1$, 表示该格为障碍区域; $\mathrm{map}_i = 0$, 表示该格为自由区域。

栅格的一致性和规范性使得栅格空间中邻接关系变得简单化。赋予每个栅格一个通行因子后, 路径规划问题就变成在栅格网上寻求两个栅格节点间的最优路径问题。在进行路径规划时, 首先建立栅格地图 (图 14-3), 即采用栅格为基本单位表示环境信息, 其中黑色栅格表示不可行区域, 白色栅格表示可行区域, 栅格内数字表示栅格编号。

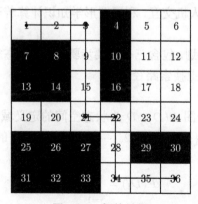

图 14-3   栅格地图

栅格的大小通常与机器人的移动步长相适应, 这样机器人的移动就可以转化为从一个完全可行栅格移动到另外一个完全可行栅格。根据栅格与不可行区域的交集, 可将栅格分为三种: ① 完全可行栅格, 栅格内所有区域都是安全可行的; ② 完全不可行栅格,栅格内的所有区域都不是安全可行的；③不完全可行栅格，栅格内的一部分区域是安全可行的，另一部分区域不是安全可行的。

栅格法以每个栅格为基本单元，栅格图中每两个相邻的单元栅格是否能安全通过，用数值表示出来。两个栅格之间完全可行时，取值为 1，完全不可行时，取值为 0，即

$$\text{Map}_i(u, v) = \begin{cases} 0, & \text{栅格 } u \text{、} v \text{ 之间完全不可行} \\ 1, & \text{栅格 } u \text{、} v \text{ 之间完全可行} \end{cases} \tag{14-3}$$

采用栅格法可以保证当起始栅格和目标栅格存在可达路径时，便能搜索到该路径。但是栅格法一般只能处理机器人对环境中的所有信息完全知道的路径规划问题，在动态未知环境下，则很难进行规划。为了简化描述，栅格法通常把路径规划问题转化为一定条件下的图搜索问题，继而转换为点之间的搜索问题，但当环境比较复杂时，这类算法的计算量大，并且延迟较高。同时，对环境进行建模时，栅格的大小对环境信息的描述和路径的搜索有很重要的影响：栅格的分辨率越小，对环境描述就越准确，路径规划的精确度就越高，但算法计算量会大幅度增加；反之，路径规划的精确度较低，但算法计算量随之减少。因此，如何合适地选择栅格的分辨率也是栅格法中的一个十分重要的问题。

14.2.4 拓扑法

拓扑法的基本思想是：将规划空间分割成拓扑特性一致的子空间，并建立拓扑网络，在拓扑网络上寻找起点到终点的拓扑路径，最终由拓扑路径求出几何路径。

拓扑法将空间划分为三种类型。第一种是自由空间，运动物体在此空间中可以自由运动而不发生碰撞；第二种是半自由空间，运动物体只能做有限度的运动；第三种是障碍空间。

拓扑法的优点在于利用拓扑特征显著缩小了搜索空间，其算法复杂性仅仅依赖于障碍物的数目，在理论上是完备的；缺点在于表示的复杂性、特殊性，建立拓扑网的过程是相当复杂而费时的，在障碍较多的情况下，空间的划分算法极其复杂，用解析法很难甚至不可能实现。一般只能通过人机交互，利用图形学知识计算若干特征参数，从而得出区域分割的结果。

利用拓扑法进行路径规划，包含三个主要步骤：划分状态空间，将划分的结果构建成一个特征网，最后在特征网上搜索路径。

1) 划分状态空间

设自由状态空间为一个图 $F(D)$，D 为状态空间的定义域，我们将用增长线、消失线和障碍边缘线将 D 分解为 $\{D_i\}\,(i = 1, 2, \cdots, r)$。对 $\{D_i\}$ 中的所有 D_i，我们找出 $F(D_i)$ 的连通分支如下：

$$F(D_i) = \bigcup_{j=1}^{n} F_j(D_i) \tag{14-4}$$

由此，$F(D) = \{D_i, F_j(D_i)\}\,(i = 1, 2, \cdots, r; j = 1, 2, \cdots, n)$。

2) 构建特征网

将每个 $(D_i, F(D_i))$ 看作一个父节点 (i)，每个 $(D_i, F(D_i))$ 所对应的若干个子节点 (i, j) 作为它的后继节点，用实线在叶子节点上连接互相连通的连通分支，可得到一个树

状网络，称为特征网。

3) 路径搜索

首先找到运动物体的起始点和目标点所对应的特征网上的起始节点和目标节点，然后在特征网上的叶子节点中寻找一条从起始节点到目标节点的连通道路，由此便可得到相应的物理空间中运动物的无碰路径。

14.2.5 概率路径图法

概率路径图 (probabilistic road map, PRM) 法由 Overmars 等提出。它与可视图方法的不同之处在于：路径图在构形空间中不是以确定的方式来构造，而是使用某种概率的技术来构造的。概率路径图法的一个巨大优点在于，其复杂度主要依赖于寻找路径的难度，跟整个规划场景的大小和构形空间的维数基本无关。在 PRM 法中碰撞检测所占用的时间占 99%，随着快速碰撞检测技术的发展，PRM 法在多种规划环境下都能表现出非常高效的性能。

PRM 法也是一种基于图搜索的方法 (图 14-4)，一共分为两个步骤：学习阶段、查询阶段。它将连续空间转换成离散空间，再利用 A^* 等搜索算法在路线图上寻找路径，以提高搜索效率。这种方法能用相对少的随机采样点来找到一个解，对多数问题而言，相对少的样本足以覆盖大部分可行的空间，并且找到路径的概率为 1 (随着采样数增加，找到一条路径的概率趋向于 1)。显然，当采样点太少，或者分布不合理时，PRM 法是不完备的，但是随着采样点的增加，也可以达到完备。所以 PRM 法是概率完备且不最优的。

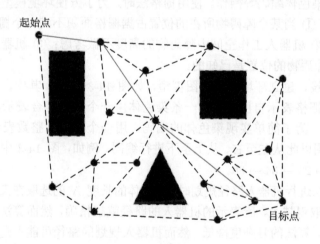

图 14-4 概率路径图法

用 PRM 法进行路径规划的步骤如下。

1) 学习阶段

在给定图的自由空间里随机撒点 (自定义个数)，构建一个路径网络图。该步骤构造一个无向图的路径网络 $R = (N, E)$，其中 N 代表随机点集，E 代表所有可能的两点之间的路径集。

Step 1: 初始化两个集合 N 和 E。

Step 2：随机撒点，将撒的点放入 N 中。随机撒点的过程中注意两点，一是必须是自由空间的随机点；二是每个点都要确保与障碍物无碰撞。

Step 3：对每一个新的节点 c，我们从当前 N 中选择一系列的相邻点 n，并且使用局部路径规划方法进行 c 与 n 之间的路径规划。

Step 4：将可行的路径的边界 (c, n) 加入 E 集合中，不可行的路径去掉。

2) 查询阶段

查询从一个起点到一个终点的路径，包括：① 局部路径规划；② 距离计算；③ 碰撞检查。

14.3　智能路径规划方法

14.3.1　基于遗传算法的路径规划

遗传算法用于机器人路径规划的基本思想是：首先对机器人的工作环境进行建模并选取相应的染色体编码方法，然后初始化多条路径，并计算每一条路径的适应值；按照某一种选择策略选择路径进入交配池，按相应的概率进行交叉运算和变异运算；如此迭代下去，最后输出符合条件的路径作为满意解或可行解。具体介绍如下。

1) 环境建模与编码

这里以栅格法进行环境建模，可以简化对障碍物边界的处理，同时将机器人运行空间离散化，便于染色体编码等操作。使用栅格法时，为了方便环境模型的建立和后续计算，做以下假设：① 当某个障碍物所在的位置占据栅格面积不满一个栅格时，按照占据一个栅格处理；② 机器人工作空间中障碍物的高度不做考虑；③ 机器人的大小形状不计，且环境中的障碍物的位置是已知的。

根据以上假设，建立环境栅格地图模型，如图 14-3 所示，其中，黑色栅格表示障碍物栅格，白色栅格表示自由空间。一条染色体由一个整数集合表示，代表着机器人规划的一条路径。为了简单实现染色体的编码，用一个唯一的整数表示一个栅格的位置，并将整个地图以此从左至右、从上至下进行编码。例如，图 14-3 中的路径可表示为 $p_i : 1 \rightarrow 3 \rightarrow 21 \rightarrow 22 \rightarrow 34 \rightarrow 36$。

在采用栅格法进行机器人路径规划时，染色体的长度 N 的选取在染色体编码中是至关重要的，N 选取得越大，所表示的机器人的路径就越精确，然而算法的复杂度就会越大；N 选取得小，算法的复杂度降低，然而机器人规划的路径可能不是最优的或根本规划不出较优的路径。大多数的做法是，根据环境地图中栅格的多少，根据经验选取一个固定的 N 值，但当环境变化时，N 的值又得重新选取，适应性不强。

针对这个问题，可以采用自适应计算 N 的方法，在该方法中，N 的初始值计算公式如下：

$$N = \alpha + \text{round}\left(\frac{N_O}{N_G}\right) \times \beta \tag{14-5}$$

式中，α 为一个常数；N_O 为环境中障碍物的栅格数；N_G 为环境中被划分的总的栅格数；β 为表征障碍物影响的系数；round($\cdot$) 函数为四舍五入函数。

在算法迭代进化过程中，N 的值会根据种群间的信息动态地调整，具体的调整规则如下：

$$\text{If condition1 \& condition2 \& condition3 then } N = N + 2 \tag{14-6}$$

式中，condition1 表示当前的迭代次数 $N_{\text{steps}} > 100$；condition2 表示 $f_{\min} < \gamma$；condition3 表示在连续的十代之内 $\dfrac{f_{\max} - f_{\text{avg}}}{f_{\max}} < \varepsilon$，$f_{\max}$、$f_{\min}$ 和 f_{avg} 分别表示某一代种群的最大适应值、最小适应值和平均适应值。

2) 适应度函数

适应度函数作为用来评价种群中个体好坏的标准，是遗传算法的关键部分之一。在机器人路径规划中，目标是要找到一条最短的机器人运行路径，且在机器人运行过程中，能够与环境中的障碍物保持一定的安全距离。机器人在环境中运行时，一般使用电池等作为它的能量源，其携带的能量是有限的，因而能量消耗也是重要的机器人规划路径好坏的指标之一。传统的方法在进行路径规划时，只会考虑到机器人规划路径的长短和是否与障碍物发生碰撞，而不会考虑到机器人与障碍物保持安全距离和能量消耗的问题，无法很好地应用于实际环境。

这里介绍一种较为全面的基于威胁度的适应度函数，能够很好地满足机器人在实际规划中的要求。该适应度函数 $f(p)$ 包含了三个部分：

$$f(p) = \omega_d d(p) + \omega_o o(p) + \omega_s s(p) \tag{14-7}$$

式中，$d(p)$ 表示路径的长度；$o(p)$ 表示路径的威胁度；$s(p)$ 表示路径的圆滑度；参数 ω_d、ω_o、ω_s 表示路径的长度、威胁度和圆滑度所占的权重。

假设一条路径包含 N 个节点和 $N-1$ 条线段，则该路径的长度可通过路径上节点间的欧氏距离和进行计算：

$$d(p) = \sum_{i=1}^{N-1} \text{Dist}(p_i, p_{i+1}) \tag{14-8}$$

式中，$\text{Dist}(p_i, p_{i+1})$ 表示节点 p_i 与 p_{i+1} 之间的欧氏距离。如果一条路径穿过障碍物或与障碍物边界相交，则称为不适宜的路径，该条路径会产生较大的威胁度，否则称为适宜的路径，其产生的威胁度为 0。计算公式为

$$o(p) = \begin{cases} 0, & \text{该路径是适宜的} \\ n_0 b + c, & \text{该路径是不适宜的} \end{cases} \tag{14-9}$$

式中，n_0 为路径穿过或与障碍物边界相交的栅格数目；b 为评价路径的惩罚系数；c 为一个调整参数。

当机器人在环境中运行时，若规划出的路径不平滑，意味着机器人经常需要做大幅度的改变方向等操作，这样不仅需要浪费大量的能量，还会使机器人在运行过程中产生不稳定性，同时增加机器人的磨损。因此，路径的圆滑度对于机器人路径规划的好坏也是

比较重要的, 可以根据式 (14-10) 计算:

$$s(p) = \frac{a}{\sum_{i=1}^{N-1} \sigma(l_i, l_{i+1})} \tag{14-10}$$

式中, $\sigma(l_i, l_{i+1})$ 为线段 l_i 与 l_{i+1} 之间的夹角; a 为一个常数。

当机器人进行路径规划时, $f(p)$ 的值越小, 表示规划的路径越优。

3) 交叉算子设计

为了防止算法陷入局部最优, 需要计算种群差异度:

$$D_P = \frac{f_{\max} - f_{\text{avg}}}{f_{\max}} \in [0, 1] \tag{14-11}$$

当 $D_P \geqslant 0.5$ 时, 这意味着种群中个体间差异性较大, 种群多样性较好, 算法不会陷入局部最优。当 $D_P < 0.5$ 时, 种群的个体间差异不大, 此时算法很有可能会陷入局部最优。

在进行交叉操作时, 一般采用传统的两点交叉法, 交叉算子包括固定位置交叉和不固定位置交叉两种, 固定位置交叉算子设计简单, 但是种群的多样性不如不固定位置交叉算子好。两种交叉算子如图 14-5 所示, 应该注意的是, 无论使用何种交叉方法, 如果子代染色体上包含了相同的节点, 则删除该子代染色体, 并随机生成一条染色体。

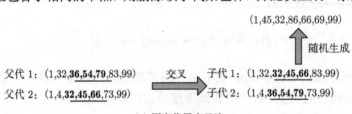

图 14-5　两点交叉法示意图

4) 变异算子设计

在变异操作中, 最简单的方法是进行随机变异, 即随机选择一定数量的基因, 进行变异操作。可以采用细菌变异替代传统的随机变异, 使算法较快地收敛到最优解所在的区域, 并增强算法的全局搜索能力, 在细菌变异中, 每个交叉后得到的子代染色体被视为一个细菌, 并以一定的变异概率执行细菌变异。

细菌变异的过程为: 首先对被视为细菌的染色体进行克隆, 生成一定数目的细菌克隆体; 接着随机选择一个位置, 并对每个克隆体在该位置上的基因进行随机变异; 然后对每个细菌用适应度函数进行评价，找出适应度值最小的那个细菌，并将其变异后的基因传递给其他的细菌，替换掉其他细菌该位置上的基因。重复执行以上步骤，直到细菌染色体上的每个基因都变异过一次。最后去掉所有的克隆体，得到经过细菌变异的染色体。图 14-6 为细菌变异的过程举例。

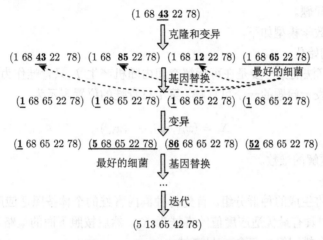

图 14-6　细菌变异的过程举例

上述基于遗传算法的机器人路径规划方法的具体步骤如下。

Step1：环境编码和参数初始化。初始化种群大小 S_P、交叉概率 P_C、变异概率 P_M、最大迭代次数 M_G 等，并随机产生初始种群。

Step2：根据适应度函数评价每个个体的适应值，然后根据轮盘赌策略和精英选择策略选择个体到交配池。

Step3：随机从交配池中取出个体，根据相应的概率执行改进的两点交叉和细菌变异，产生子代个体。

Step4：根据适应度函数评价执行交叉和变异操作后的个体的适应值。

Step5：检查终止条件是否满足。如果达到了最大的迭代次数或 10 代之内种群中最优个体的差异小于预先设定的阈值，则输出最后种群中的最优个体；否则进入 Step2。

14.3.2　基于蛙跳算法的路径规划

1) 蛙跳算法简介

混合蛙跳算法 (shuffled frog leaping algorithm，SFLA)，简称蛙跳算法。该算法起源于对青蛙捕食行为的研究，是一个基于群智能的亚启发式计算优化算法。蛙跳算法是由 Eusuff 和 Lansey 于 2003 年提出来的。

蛙跳算法的思想是：在一片湿地中生活着一群青蛙。湿地内离散地分布着许多石头，青蛙通过寻找不同的石头进行跳跃去找到食物较多的地方。每只青蛙个体之间通过文化的交流实现信息的交换。每只青蛙都具有自己的文化。每只青蛙的文化被定义为问题的一个解。湿地的整个青蛙群体被分为不同的子群体，每个子群体有着自己的文化，执行局部搜索策略。在子群体中的每个个体有着自己的文化，并且影响着其他个体，也受其他个体的影响，并随着子群体的进化而进化。当子群体进化到一定阶段以后，各个子群体之间

再进行思想的交流 (全局信息交换) 实现子群体间的混合运算, 一直到所设置的条件满足为止。

由于蛙跳算法结合了模因演算算法 (memetic algorithm, MA) 和粒子群优化算法 (PSO) 的性能优势, 目前, 已成功应用在一些优化问题上, 如任务调度问题、旅行商问题和机组组合问题。

蛙跳算法的数学模型如下。

(1) 种群的初始化

首先, 蛙跳算法的第一步是在可行解空间内随机产生 F 只青蛙作为初始种群, 空间中的每一只青蛙表示问题的一个可行解, 第 i 只青蛙的位置表示为

$$X_i = (x_{i1}, x_{i2}, \cdots, x_{id}) \tag{14-12}$$

式中, d 表示问题解的维数。

(2) 种群分组

这一过程是将生成的种群分组。首先将种群内青蛙的个体按照适应度函数值降序排列, 并记录种群中具有最优适应度值的青蛙为 X_g。然后按照下面的策略将所有青蛙分成 m 个模因组, 每个模因组里包含 n 只青蛙。

分组策略为: 第一只青蛙分入第 1 个模因组, 第二只分入第 2 个模因组, 第 m 只分入第 m 个模因组, 之后第 $m+1$ 只青蛙又分入第 1 个模因组, 以此类推, 直到分完为止。

(3) 局部搜索策略

这一过程是要对每个模因组中具有最差适应度值的青蛙 (记为 X_ω) 进行更新。根据最初蛙跳规则, 其更新公式为

$$D = \text{rand} \cdot (X_b - X_\omega) \tag{14-13}$$

$$X_\omega^{\text{new}} = X_\omega^{\text{current}} + D, \quad -D_{\max} \leqslant D \leqslant D_{\max} \tag{14-14}$$

式中, X_b 为每个模因组中具有最优适应度函数值的青蛙; rand 为 $(0,1)$ 的随机数; $D_{\max}$ 为青蛙每次跳跃步长的最大值。经过更新后, 如果新得到的青蛙 X_ω^{new} 优于原来的青蛙 $X_\omega^{\text{current}}$, 则用它取代原来的青蛙; 如果没有得到改善, 则用全局最优青蛙 X_g 替代公式 (14-13) 中的 X_b, 重新进行局部搜索过程; 如果仍然没有得到改进, 则随机产生一个青蛙取代原来的青蛙。

(4) 全局搜索

上述的局部搜索完成后, 将所有的青蛙进行混合并排序, 然后划分模因组, 接着进行局部搜索, 如此反复, 直到满足设定的收敛条件。

2) 基于 SFLA 的机器人路径规划

基于 SFLA 的机器人路径规划具体步骤如下。

(1) 产生初始种群

SFLA 是基于种群的启发式算法, 所以种群的搜索性能受初始种群质量的影响很大。如果初始种群位于局部搜索范围, 或者不均匀分布, 则该算法搜索空间受到限制, 搜索能力将被削弱。传统 SFLA 算法, 其初始种群的分布是随机的, 有可能使得算法陷入局

部最优, 为了解决这个问题, 可以采用如下的方式进行改进: 首先将环境可行区域均匀地分成 p 个部分, 然后在每个小的区域内, 随机生成初始化种群, 所有小区域内的种群加起来构成整个搜索空间内的初始种群。这种方法生成的初始种群既是均匀的又是随机的, 它可以有效避免算法陷入局部最优解。

(2) 蛙跳规则

传统蛙跳算法采用的是每个模因组内的最优解对最差解进行更新, 这样有可能造成有效信息的丢失。为了避免这个问题, 可以采用中值策略法对蛙跳算法中的蛙跳规则进行改进。在这种策略中, 不再仅由每个模因组内的最优解对最差解进行更新, 而是用模因组中的中心点对最差解进行修正, 可以充分利用模因组内所携带的信息量。具体计算过程如下。

设每个模因组中的中心点为 $X_c = (x_{c1}, x_{c2}, \cdots, x_{cd})$, 则 X_c 中的每个元素由以下公式计算所得

$$x_{cj} = \sum_{i=1}^{n} x_{ij} \Big/ n, \quad j = 1, 2, \cdots, d \tag{14-15}$$

在每个模因组中, 最差适应度值的青蛙其更新公式 (14-13) 相应修改为

$$D = \text{rand} \cdot (X_c - X_\omega) \tag{14-16}$$

(3) 适应度函数

假设 T 为目标点, 其位置为 (x_T, y_T); 环境中有 N 个障碍物, 记为 $O = \{O_1, O_2, \cdots, O_N\}$, 青蛙的适应度函数可以采用如下公式:

$$f(X_i) = \omega_1 \text{e}^{-\min_{O_j \in O} \|X_i - O_j\|} + \omega_2 \|X_i - T\| \tag{14-17}$$

式中, ω_1、ω_2 为常数; $\|\cdot\|$ 为计算两者之间的欧几里得距离。

上述基于蛙跳算法的机器人路径规划方法具体步骤如下。

Step1: 参数初始化。设定青蛙数量 F、模因组数 m、局部搜索迭代次数 L、全局迭代次数 G、青蛙所允许移动距离的最大步长 $D_{\max}$ 等。

Step2: 生成初始种群。以机器人的当前位置为圆心、机器人的探测范围为半径, 在该圆形区域内随机生成 F 只青蛙作为初始种群, 记为 $P = \{X_1, X_2, \cdots, X_F\}$。

Step3: 计算适应度值。按照适应度函数公式计算每只青蛙的适应度值。

Step4: 划分青蛙族群。按照适应度函数值的大小对 F 只青蛙进行降序排列, 记全局适应度最好的青蛙为 X_g。然后根据分组规则将整个蛙群分成 m 个模因组, 每个模因组包含 n 只青蛙, 满足 $F = mn$。

Step5: 局部搜索。记每个模因组中适应度最好的青蛙为 $X_b = (x_{b1}, x_{b2}, \cdots, x_{bd})$, 适应度最差的青蛙为 $X_\omega = (x_{\omega1}, x_{\omega2}, \cdots, x_{\omega d})$, 然后对模因组中最差适应度的青蛙个体采用中值策略进行更新操作, 重复执行更新过程, 直到达到设定的迭代次数 L 后, 才停止各模因组的局部搜索。

Step6: 将所有模因组的青蛙重新混合并执行 Step4 和 Step5, 重复此操作直到达到设定的全局迭代次数 G。记下此时蛙群中最优的青蛙的位置, 作为机器人下一步的位置。

Step7：判断是否到达目标点，如果没有到达目标点，则执行 Step2~Step6，直到机器人到达目标点处，否则结束。

基于 SFLA 的机器人路径规划流程图如图 14-7 所示。

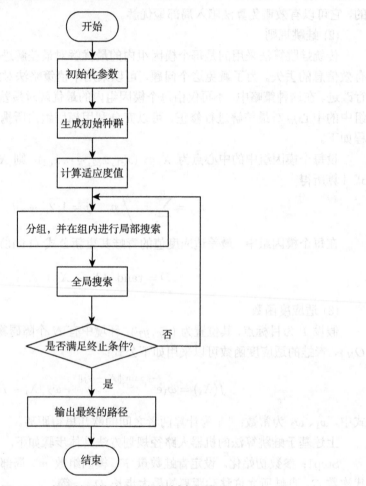

图 14-7　基于蛙跳算法的路径规划流程图

课 后 习 题

1. 机器人路径规划的任务是什么？
2. 介绍机器人路径规划方法分类。
3. 传统路径规划方法主要有哪些？
4. 简单介绍基于栅格法机器人路径规划方法。
5. 编写程序实现基于概率路径图法的机器人路径规划。
6. 编写程序实现基于遗传算法的机器人路径规划仿真。
7. 分析遗传算法在机器人路径规划方面的优缺点。

第15章　多机器人系统

随着各类需求的不断扩大和机器人应用的不断深入，对机器人的要求也越来越高。当环境范围较大、情况复杂多变，或者工作任务规模庞大时，单个机器人将很难顺利完成任务，这个时候就需要多个机器人协作开展工作。

相对于单个机器人，多机器人系统拥有时间、空间、功能、信息和资源上的分布特性，从而在任务适用性、经济性、最优性、鲁棒性、可扩展性等方面表现出极大的优越性，因此在军事、工业生产、交通控制、航空航天等领域具有良好的应用前景。

本章主要介绍多机器人系统研究内容、发展现状和存在的问题。然后分别介绍了多机器人系统任务分配、多机器人路径规划和多机器人编队相关内容。

15.1　多机器人系统概述

15.1.1　研究内容

多机器人系统是指由多个具有一定智能的自治机器人组成的系统，机器人之间通过通信实现相互间的协作以完成复杂的任务。通过适当的协作机制，多机器人系统可以获得系统级的非线性功能增量，从而突破单机器人在感知、决策及执行能力等方面受到的限制，从本质上提高系统性能，甚至完成单个机器人无法实现的任务。

多机器人系统的研究是一个多技术交叉融合的研究体系，涵盖了分布式人工智能、生物科学、自动控制、社会科学、计算机等多种技术，其主要研究内容包括体系结构、感知和通信、学习、协调协作等几个方面。

1) 体系结构

多机器人系统的体系结构是指系统中机器人个体之间的组织结构和控制结构。通过研究体系结构，可以将系统的结构和控制方式结合起来，确定系统中机器人个体之间的相互关系和功能分配。

通常多机器人系统的组织结构分为集中式和分散式结构，其中分散式结构又可分为混合式和分布式两种。在集中式结构的系统中，由一个主控机器人集中控制整个系统所处的环境信息和各受控机器人的信息 (图 15-1(a))，这种结构的系统协调性较好，可以减少通信量，但容错性、灵活性和适应性较差。分布式结构的系统中各机器人之间是平等的，它们都具有自我控制的能力，通过通信等方式进行信息交流以协调各自的行动 (图 15-1(b))。采用分布式结构的系统，灵活性和适应性较好，但是要求系统具有良好的通信能力。混合式结构是一种融合了集中式结构和分布式结构优点的体系结构。在混合式结构中，存在一个主控机器人 (或主控系统)，它具有系统的完全信息，并能够进行全局规划与决策，系统中的其他机器人既能与主控机器人进行信息交换，又能与其他的机器人进行信息交换，虽然不具有系统的完全信息，却具有进行局部规划和决策的能力，它是集中式和分布式结构相结合的产物, 提高了系统的实时性、动态性、灵活性和协调效率, 但是这种结构实现难度较大 (图 15-1(c))。

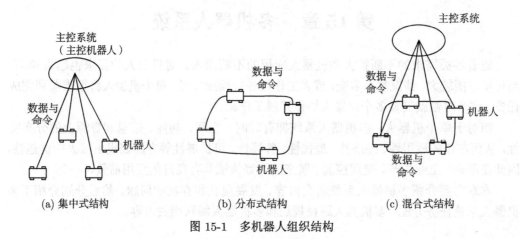

(a) 集中式结构　　　　　　　(b) 分布式结构　　　　　　(c) 混合式结构

图 15-1　多机器人组织结构

　　在控制结构方面, 多机器人系统可分为慎思式和反应式两种。如果机器人系统在应对环境变化, 能够根据策略将系统的行为重新组织, 并进行长期规划来实现一个全局目标, 那么这个系统采用的就是慎思式的控制结构; 如果系统中的每个机器人仅对自己采用的策略进行重组, 给出独自的操作规划, 那么这个系统采用的就是反应式的控制结构, 两者的主要差别在于面对新状态采取的应对策略不同。

　　2) 感知和通信

　　感知包含了感觉和知识理解两个方面, 机器人通过传感器能够从环境中感觉并获取一些局部信息, 对其进行处理和解释后, 理解其中包含的意义, 并与系统的决策结合起来。感知能力可以使机器人估计协作者的意图和动作效果, 降低对通信的依赖, 快速响应外界环境变化并采取行动, 从而更新和维护系统模型。感知研究的主要方向是如何实现更灵敏、快速、小型的传感器系统。知识理解研究的主要内容是如何更有效地融合、处理机器人获取的局部环境信息, 得到更加准确的、真实的、全面的环境信息, 为机器人的决策和控制提供可靠的信息基础。在多机器人系统中, 各个机器人可以配备不同的传感器系统, 感知不同的环境信息, 系统中的某个机器人可以利用其他机器人的传感器信息来弥补自身感知能力的不足, 实现资源共享、优化系统结构、提高系统的运行效率。

　　通信能力是多机器人系统中个体之间进行交互的基础, 可以分为隐式和显式两种通信方式。隐式通信是指机器人之间没有通过某种通用规则进行数据转移和信息交换, 只是通过自身传感器从环境中获取所需要的信息以实现相互协作, 这种通信方式使得多机器人系统能够使用的协作策略较为简单, 会降低系统完成复杂任务的能力。显式通信是指多机器人系统通过某种通用规则进行数据信息的交流, 这种通信方式允许系统使用复杂的协作策略, 但延长了系统的反应时间, 同时通信带宽的大小也会限制机器人之间的信息传递。两种通信方式各有所长, 也都存在不足, 如果能够将它们的优点相互融合加以应用, 在应对复杂环境时, 系统就能够高效地完成要求的任务。

3) 学习

一般而言, 多机器人系统工作在动态、复杂的外界环境之中, 由于环境的动态性和不确定性、机器人之间通信的局限性以及机器人决策具有的随机性等原因, 想通过人为设计的方法使机器人具备解决所有问题的能力是不现实的, 如何使机器人系统具有依据实际情况选择适当的决策, 是多机器人控制的一个关键问题。利用机器学习的特征, 使机器人具有学习能力是多机器人系统解决这类问题的一种有效手段。

多机器人学习是系统寻找、优化控制参数, 实现决策优化, 提高系统性能, 适应外界环境的一种方法。在多机器人系统中, 对于个体机器人, 学习可以提高个体解决问题的能力, 对于多机器人系统, 学习有助于改善个体之间的一致性和协调性, 提高机器人系统的整体性能。

多机器人系统的学习一般可以分为三个步骤: 首先收集数据, 然后进行局部学习和数据共享, 最后综合学习, 形成学习结果。现在多机器人系统的学习方法主要有神经网络算法、强化学习算法、遗传算法、粒子群优化算法、蚁群算法等。

4) 协调协作

如何实现各个机器人个体之间的协调协作是研究多机器人系统的一个非常重要的问题, 它是保证系统能够共同工作的关键所在。

多机器人系统的协作是指从系统的整体规划上减少冲突、减少资源浪费, 保证系统的最优性; 多机器人系统的协调是指在协作完成任务的同时, 尽量减少机器人之间的干扰、冲突, 避免增加系统的复杂性。

现在, 针对多机器人协调协作的研究方法主要有两类: 一类是将诸如博弈论、经典力学等其他研究领域研究实体行为的技术运用到机器人协调协作的研究当中, 另一类是从机器人系统的目标、意图、规划等心智状态出发, 研究机器人之间的协调协作, 如 FA/C 模型、联合意图框架等。

综上所述, 我们可以将多机器人系统研究内容中涉及的关键技术用树状结构图表示, 如图 15-2 所示。

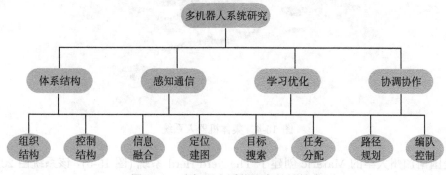

图 15-2 多机器人系统研究关键技术

15.1.2 发展现状

近 20 年来, 许多国家在多机器人技术的理论创新和实践应用中取得了很多研究成果, 研制出了一系列多机器人系统。

　　日本 Nagoya 大学的 Fukuda 教授领导的研究小组开发了一种分散、分层的自重构机器人系统 —— 细胞机器人 (CEBOT) 系统 (图 15-3)，该系统将功能简单的机器人看作细胞元，采用的是生物学中细胞–器官–系统的自组织构成原理。CEBOT 系统具有分布式的体系结构并且有学习和适应的组织职能。基于 CEBOT 系统，人们在系统组织结构、细胞机器人建模、行为选择机制等方面又作了许多深入的研究。

图 15-3　细胞机器人系统

　　加拿大阿尔伯塔大学开发了集体机器人 (collective robotics) 系统 (图 15-4)。该系统从自然界中昆虫的社会行为得到启发，将许多简单的机器人组织成一个团队来完成某些工作，采用的是分布式无通信控制方式，易于添加或者去除机器人。协作推箱 (box-pushing) 的实验表明，这种系统对于复杂任务是可以得到可行解的。

图 15-4　集体机器人系统

　　美国南加州大学的 Mataric 创建了 The Nerd Herd 系统 (图 15-5)，该系统由 20 个机器人组成，采用基于行为的协作方式，每个机器人都装配有红外、接触等多种传感器和定位、通信系统，可以实现游弋 (safe wandering)、跟随 (following)、聚集 (aggregation)、分散 (dispersion) 和回家 (homing) 等行为。研究人员主要将该系统应用于多机器人学习、群体行为、协调与协作等方面的试验研究与探讨。

图 15-5　The Nerd Herd 系统

美国学者 Jin 和 Beni 研究了一种大规模多机器人分布式系统 ——SWARM 系统，它是由多个没有智能的机器人自组织形成的一种具有智能性的分布式系统。在多数情况下系统通过相邻个体间的相互作用进行通信。

美国麻省理工学院的计算科学和人工智能实验室 (CSAIL) 研制开发的多机器人系统如图 15-6 所示。该实验室在多机器人系统上开展了协调多个机器人行为的算法设计、多机器人协调算法性能预测等问题的研究。这些关键问题及其研究成果形成多机器人控制算法的重要基础。

图 15-6　麻省理工学院开发的多机器人系统

2015 年，美国北卡罗来纳大学的 Das 团队研发了一种新型的多机器人系统 (图 15-7)，该系统可以根据任务的优先级进行任务分配，协作完成任务。

我国在多机器系统的研究方面也开展了卓有成效的工作，虽然起步相对较晚，但到目前为止也取得了丰硕的研究成果。

中国科学院沈阳自动化研究所以制造环境中多机器人的装配为研究背景，建立了多机器人协作装配系统 (multi-robot cooperative assembly system, MRCAS)，该系统采用集中与分散相结合的分层体系结构 (图 15-8)，分为合作组织级和协调作业级。合作组织级的协作控制智能体 HOST 由一台 PC 构成；协调作业级则由 PUMA562、PUMA760、Adept Ⅰ 和全方位移动车 ODV 组成。该系统可以完成自主编队行进、队形变换、自主避障等功能，进一步通过多机器人间协调与合作，完成装配工件任务。

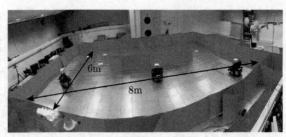

(a) 任务分配的实验实景

(b) 系统中的机器人

图 15-7 北卡罗来纳大学的多机器人系统

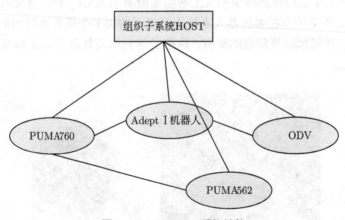

图 15-8 MRCAS 系统结构

南京理工大学在早期开展的地面微小型机器人研究基础上，进行了移动机器人协作编队、自主定位、智能导航等关键技术研究，并取得一定成果。

此外，上海交通大学、哈尔滨工业大学、中南大学、东北大学等知名高校纷纷开展多机器人系统关键技术研究，也取得了一系列突破性研究成果，为我国机器人系统研究与发展奠定了重要基础。国内的多机器人系统研究平台多基于 Mobile Robots 公司的先锋系列机器人进行构建，但也有部分研究机构开发了自己的多机器人平台，如上海交通大学的 Frontier-I、Frontier-II 机器人，国防科技大学开发的 NuBot 机器人等。

15.1.3 存在的问题

虽然近年来多机器人系统的研究得到了快速发展，也取得了很多成果，但是由于其研究涉及多个学科领域，它的发展也受到相关技术的限制。目前，多机器人系统急需解决的主要问题包括如下几点。

(1) 如何完善多机器人系统结构，开发更为合理高效的系统策略，提高系统的鲁棒性和适应性，仍然是需要深入研究的根本问题。

(2) 高性能的多机器人系统应当具备良好的通信能力，能够实现实时通信，使系统具有良好的实时性，因此如何提高系统的通信能力或者如何降低系统对通信的依赖也是研究的一个非常重要的方面。

(3) 在系统仿真研究的基础上，搭建实物平台，利用实物平台验证所提理论算法的可行性是多机器人系统研究的必然之路。

(4) 如何设计合理的人机交互接口，把人的高层决策智能和系统的底层协作能力结合起来，是将来多机器人系统的一个重要研究方向。

总之，多机器人系统的研究意义重大且极富挑战性，需要研究人员在理论和技术上进行更为深入的研究探索。

15.2 多机器人任务分配

多机器人任务分配 (multi-robot task allocation，MRTA) 是多机器人系统研究的一个非常基础但又重要的问题，是决定系统能否高效完成整个任务的关键。任务分配是否合理对整个系统的效率有直接影响，还关系到机器人系统中各个机器人个体能否最大程度发挥自身能力，避免占用系统过多的资源。

15.2.1 任务分配方式分类

根据任务分配的方式，可分为涌现式任务分配和约定式任务分配。涌现式任务分配是由研究者观察自然界中群居生物的社会组织方式得来的。这种分配方式对机器人系统的智能性要求不高，一般适合于任务和机器人系统规模较大且任务要求并不精细的情况，采用这种任务分配方式不能对系统中机器人的行为准确预测，难以保证系统的效率。在采用约定式任务分配的系统中，机器人之间需要进行通信，协商任务的进展情况。该任务分配方式适合于人为安排给机器人的实际任务，更容易实现人机交互，能更好地利用机器人团队的能力，提高系统的效率，因此目前对这种任务分配方式的研究较多。

按系统组织结构的不同可以把约定式任务分配划分为集中式和分布式两种方式，其中集中式分配又分为强制分配和协议分配两种情况，分布式分配可分为熟人网和合同网分配两种方式。

强制分配是指系统中的中心节点将任务强制分配给特定的机器人，这种方法是典型的集中控制式方法，中心节点具有绝对的支配能力，被分配任务的机器人必须保证顺利完成任务。协议分配是指在系统中指定一个或者多个固定的中介机器人，这些中介机器人负责接收提交的任务并将其分配给其他适当的机器人，充当中心节点的角色，它们负责维护一个包含整个系统机器人能力的表，通过这张表可以查询哪个任务适于分配给哪些机器人。

集中式任务分配算法设计难度较低，有利于小规模系统实现优化分配任务，但是由于这种组织结构的系统存在中央节点，系统的通信和计算都较为集中，容易引起通信阻塞，实时性和鲁棒性较差，如果中央节点失效将会使整个系统瘫痪。

熟人网分配是指系统中的机器人利用自身所掌握的其他个体的能力信息进行任务分配，每个机器人维护一张表，这张表用来记录完成各个任务的要求以及所有机器人的能力信息，通过查表可以快速找出某个任务应该由哪一个或者哪几个机器人来完成，然后将其分配。但是由于所有个体都需要维护一张信息表，当系统发生变化时会增大处理代价。1980 年 Smith 最早提出了合同网协议，其基本思想来源于人类社会商务活动中的合同机制。合同网分配不需要事先掌握其他机器人的技能信息，任务的分配是由招标—投标—中标过程决定的，对系统的通信能力要求较高。

分布式任务分配能够及时应对动态未知环境的变化问题，系统中机器人个体自主进行决策，不需要中心控制机器人进行统一的任务分配，这种任务分配方式可以应对部分机器人失效的突发问题。系统中的所有机器人都具有计算能力，使得系统具备了并行处理问题的能力，可以实时处理大规模任务的分配，且系统的通信量也比较平均，能够有效地避免通信阻塞。

多机器人系统主要的任务分配模式如图 15-9 所示。

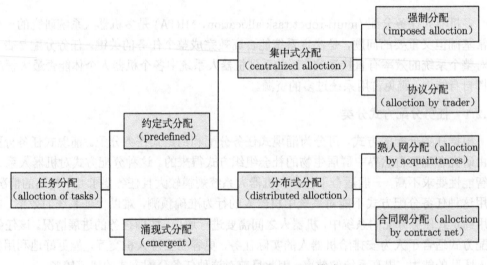

图 15-9   多机器人系统任务分配模式

15.2.2   任务分配常用方法

目前，研究多机器人系统任务分配的方法主要有以下几种：基于行为的方法、基于线性规划的方法、基于市场机制的方法、基于群体智能的方法等。

1) 基于行为的方法

基于行为的任务分配方法一般可分为三步：

(1) 首先找到一个具有最大效率的机器人 —— 任务对 (i, j)；

(2) 将任务 j 分配给机器人 i，并不再考虑它们；

(3) 回到第 (1) 步，并重复以上步骤直到任务分配完毕。

基于行为的任务分配方法的典型代表有 ALLIANCE 和 Broadcast of Local Eligibility(BLE)、ASyMTRe 等。在 ALLIANCE 和 BLE 方法中，通过行为抑制来实现任务分配，每个机器人对每个任务有一定的期望度，并且在行为层直接抑制其他机器人的活动。在 ASyMTRe 方法中，通过将机器人感知到的环境信息映射到行为模式中获得信息流，在机器人之间重构各种行为模式的连接，完成任务分配。

基于行为的任务分配算法实时性、容错性和鲁棒性好，但只能求得局部最优解。

2) 基于线性规划的方法

该方法通常将任务分配问题看作 0-1 型整数线性规划问题，即找到 n^2 个非负整数 a_{ij}，使得下面的公式最大化：

$$\sum_{i=1}^{n}\sum_{j=1}^{n}a_{ij}U_{ij} \tag{15-1}$$

式中，U_{ij} 表示第 i 个机器人执行第 j 个任务所产生的效用，同时需要满足

$$\sum_{i=1}^{n}a_{ij}=1, \quad 1\leqslant j\leqslant n \tag{15-2}$$

$$\sum_{j=1}^{n}a_{ij}=1, \quad 1\leqslant i\leqslant n \tag{15-3}$$

但是这种分配方法只针对一个机器人仅完成一个任务，一个任务只需要一个机器人完成的情况，这是多机器人系统任务分配中最简单的情况，局限性较大。

早期解决线性规划问题的方法主要是单纯型法和匈牙利法，这两种方法本质上都是矩阵的运算，当系统中机器人和任务数增多时，运算量呈指数级增长。一些基于混合整数线性规划的 MRTA 方法虽然能够成功找到最优解，但是通常需要收集所有机器人和任务的信息，并通过一个集中管理者来处理这些信息，因此扩展性差，效率也低。

3) 基于市场机制的方法

基于市场机制的方法是一种基于协商主义的任务分配方法，多机器人系统在某种协议基础上通过机器人之间的相互协商、谈判来完成任务分配。这种方法适合于在任务和机器人状态可知的中小规模异构机器人中进行分布式问题的协作求解，能够实现全局最优任务分配，缺点是机器人必须通过显式的通信有意图地进行协作，资源消耗较多，一旦通信中断性能将明显下降，其典型代表是 Smith 提出的合同网模型。

合同网模型由多个可以互相传递信息的节点组成，这些节点可分为三类。

(1) 管理者：任务的拥有者，负责该任务的分配。

(2) 投标者：能够完成任务的节点。

(3) 中标者：投标成功的投标者，被授予了任务。

合同网的基本思想是：当管理者有任务需要其他节点帮助解决时，它就向其他节点广播有关该任务信息即发出任务通告 (招标)，接到招标的节点则检查自己对解决该问题的相关能力，然后发出自己的投标值并使自己成为投标者，最后由管理者评估这些投标值并选出最合适的中标者授予任务，即按照市场中的招标—投标—中标机制来完成各节点间的协商过程。图 15-10 所示即为一个合同网中的招投标过程。

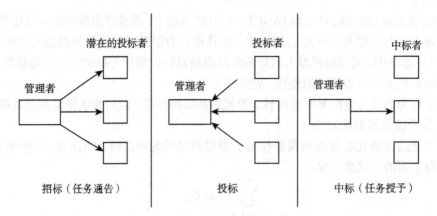

图 15-10　基于合同网的招投标过程

从合同网的招投标过程中可以看出合同网中的各个节点都可以有多种身份，即随着时间、条件和状态的变化，某个节点既可能是管理者，又可能是投标者或中标者。这就要求合同网中每个节点都有独立的招投标的处理能力。

假设有一任务 T_i 等待完成，该任务的管理者为 N_a，系统中具有完成该任务能力的节点有 N_s 和 N_c，于是 N_a 就使用合同网协议与 N_s 和 N_c 进行协商以便分配该任务，假设最后 N_c 中标，则 N_a 和 N_c 的信息交互过程如图 15-11 所示。

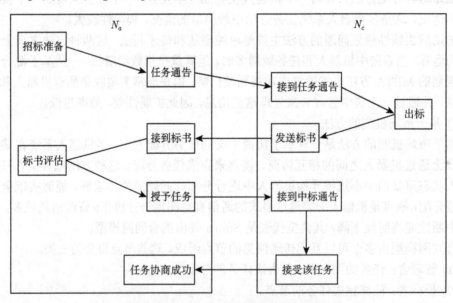

图 15-11　基于合同网的信息交互过程

在基于合同网的任务分配算法中，标值的计算和评估在很大程度上将影响问题的求解过程。在合同网模型中，由于不存在全局信息，系统中每个节点都无法了解其他节点的当前状态，若要通过通信来交换这些信息，则需要大量的通信活动，从而会显著增加合同网中的通信负载，降低了分布式问题的求解效率。如何把节点自身的状态信息通过标值反映出来就成了合同网协议中的一个重要内容。下面介绍一种基于成本模型的标值计算方法, 可以比较全面和均衡地反映投标节点对求解某一问题的能力, 具体计算过程如下。

假设 N_i 为接到任务通告的节点; T_a 为当前通告的任务; T_{cur} 代表在 N_i 上当前正排队等待和正在处理的任务; B_{uns} 代表 N_i 中所有还未解决的投标; T_x 为未解决投标中的任务; B_{pos} 表示可能会中标的标书, 则有

$$B_{\mathrm{pos}} = \{x \,|\, x \in B_{\mathrm{uns}}, T_x \cap T_a = \varnothing\} \tag{15-4}$$

设 T_{pos} 代表相应的任务集, $\mathrm{COST}(T_i)$ 为执行任务 T_i 的成本函数, 则有

$$\mathrm{COST}(T_i) = \mathrm{COST}\{T_a \cup T_{\mathrm{cur}} \cup T_{\mathrm{pos}}\} \tag{15-5}$$

这里的成本函数可以根据具体的任务进行定义。

4) 基于群体智能的方法

群体智能算法是近年来一些研究学者通过对社会性昆虫的研究模拟得到的解决方法。群体智能方法适用于分布式多机器人系统, 系统具有较好的鲁棒性, 不会因为个别机器人的故障而影响整个任务的完成, 提高了系统的可扩充性。越来越多的研究者将群体智能方法应用到多机器人任务分配中, 其典型代表是蚁群算法。基于蚁群算法的多机器人任务分配基本步骤如下。

一般用蚂蚁代表任务, 机器人为任务的接收者。假设任务的个数为 m, 机器人的数目为 n, $P_{ij}^{T_k}(t)$ 表示在 t 时刻任务 T_k 由机器人 i 转移到机器人 j 的状态转移概率:

$$P_{ij}^{T_k}(t) = \frac{[\tau_{ij}(t)]^{\alpha}[\eta_j(t)]^{\beta}}{\sum\limits_{s \in R_c}[\tau_{is}(t)]^{\alpha}[\eta_j(t)]^{\beta}}, \quad j \in R_c \tag{15-6}$$

式中, $\tau_{ij}(t)$ 为 t 时刻在 i 和 j 连线上残留的信息素值; R_c 为任务 i 的候选机器人集合; α 为信息启发式因子, 表示轨迹的相对重要性, 反映了任务在转移过程中所积累的信息对任务的转移所起的作用; β 为期望启发式因子, 表示能见度的相对重要性, 反映了任务在转移过程中启发信息在任务转移路径的选择中受重视程度; $\eta_j(t)$ 为启发函数, 具体计算公式如下:

$$\eta_j(t) = \frac{1}{D_j(T_k)} \tag{15-7}$$

式中, $D_j(T_k)$ 表示机器人 j 与任务 T_k 之间的距离。所有任务都完成一次求解, 即完成一次循环, 从而可寻找出任务的最优执行者, 并按式 (15-8) 更新信息素值:

$$\tau_{ij}(t+1) = (1-\rho)\tau_{ij}(t) + \Delta\tau_{ij}(t) \tag{15-8}$$

式中, ρ 是调节参数, 称为挥发率, 一般为 0~1 间的数; $\Delta\tau_{ij}(t)$ 表示 T_k 和 R_j 之间的信息素增强, 计算公式为

$$\Delta\tau_{ij}(t) = \frac{Q}{D_j(T_k)} \tag{15-9}$$

式中, Q 为常数表示信息。根据上述计算公式, 计算出任务 T_k 与机器人之间的信息素, 信息素强度表示机器人与任务间的适应度, 信息素与机器人完成任务的代价及距离有关。因此, 多个任务可根据信息素值进行分配。

15.3　多机器人路径规划

多机器人路径规划是多机器人系统研究的基础课题之一。多机器人路径规划的目的就是以单机器人路径规划为基础，同时协调和控制多个机器人协作完成路径规划，以确保各个机器人之间不发生碰撞，同时能够规划出较优的路径。通过多机器人的协作，每个机器人不仅能够找到各自的从起点到目标点的安全的最优路径，同时不与环境中的其他机器人发生冲突。

在多机器人路径规划任务中，需要解决一些关键问题：多机器人系统中的各个单机器人能够找到最优路径；多机器人系统中的各个机器人之间不发生相互碰撞；多机器人系统中的各个机器人不与环境中的障碍物发生碰撞。此外，多机器人系统不仅是将单个机器人进行简单的叠加，而是充分发挥各个机器人的作用，快速地完成给定的任务，因此，多机器人之间的协调协作机制是多机器人路径规划的基础，也是实际应用的必要条件。

随着机器人控制、人工智能和仿生技术等学科的不断发展，相关学者开始使用各种不同的人工智能理论来解决多机器人路径规划问题，并取得了许多成果。例如，基于模糊逻辑的多机器人路径规划方法、基于差分进化算法的多机器人路径规划方法等。

15.3.1　基于模糊逻辑的多机器人路径规划

模糊逻辑是一种应用模糊集合和模糊规则进行推理的决策方法，它模拟人脑方式，实行模糊综合判断，推理解决常规方法难以解决的问题。将模糊逻辑用于多机器人路径规划，其中最关键的问题是建立合适的模糊控制器。模糊控制系统的结构如图 15-12 所示。

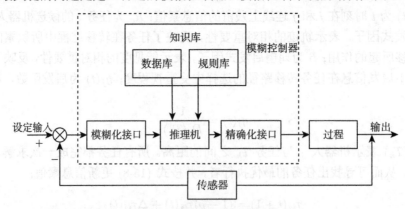

图 15-12　模糊控制系统结构

通过建立以机器人为系统的模糊控制器，确立模糊控制器的输入变量和输出变量，用相关语言描述出模糊控制器的输入变量和输出变量，根据模糊控制理论确立定性推理原则，根据模糊控制器的输入信号和输出信号建立模糊控制规则，进行模糊推理，最后进行解模糊，输出控制指令，对机器人执行相应的动作，完成机器人路径规划的任务。

为了介绍模糊逻辑算法运用于机器人路径规划的具体过程，这里以两轮差动驱动的移动机器人为例，具体设计过程如下。

1) 确定输入输出变量

将机器人视觉系统能够扫描到的前方 180° 的范围平均分为三部分，即正前方障碍物信息 (F)、左前方障碍物信息 (L) 和右前方障碍物信息 (R)。这三部分每个又分为三个小部分，每个小部分为 20° 范围，分别为 LL、FL、RL、LF、FF、RF、LR、FR 和 RR。如图 15-13 所示，机器人的传感器可以分别测出以上 9 个部分的障碍物的信息，这里主要以障碍物的距离作为模糊控制器的输入变量。

输入变量还包括目标方向信息，即机器人与目标点的相对角度 θ。可以知道目标点的坐标 (X, Y)，还可以知道机器人在当前状态下的方向角 ω 和当前位置坐标 (x, y)，然后以机器人与目标点的相对角度 $\theta = \arctan\dfrac{Y - y}{X - x} - \omega$，作为模糊控制器的输入变量。接着确定输出变量，即机器人的转向角度 φ，表示下一步机器人即将需要转动的角度。

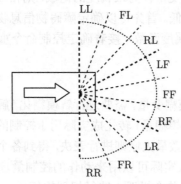

图 15-13 机器人视觉系统示意图

2) 语言描述

模糊控制器的输入信息分为两类：一类为障碍物信息，另一类为目标信息。障碍物信息包含 LL、FL、RL、LF、FF、RF、LR、FR 和 RR 九个变量，这九个模糊变量的模糊集合可取为小距离 (S)、中距离 (M)、大距离 (L)。目标信息主要是目标与机器人之间的相对夹角 θ，模糊集合可取为正大 (PL)、正小 (PS)、零 (Z)、负小 (NS) 和负大 (NL)。

输出变量由若干行为组成，各个行为 i ($i = 1, 2, 3, 4$) 对应着这个行为的接受程度 j (输出转向角有五个模糊子集，所以 $j = 1, 2, 3, 4, 5$；输出速度有三个模糊子集，所以 $j = 1, 2, 3$)，这里用 α_{ij} 表示，α_{ij} 越大，说明可以允许或者接受的程度越高，它的模糊子集通常可取为三级，一级表示不允许，二级表示中立，三级表示允许。转向角的模糊子集取为五个部分：大右转 (RLT)、右转 (RT)、不转 (NT)、左转 (LT) 和大左转 (LLT)。速度的模糊子集取为三个部分：一级速度 (ONE)、二级速度 (TWO)、三级速度 (THR)。

3) 确定模糊规则

(1) 确定前方避障的规则：由于正前方有三个距离变量 ——LF、FF、RF，而距离变量有三个模糊子集 —— 小距离 (S)、中距离 (M)、大距离 (L)，这里令 $i = 1, j = 1, 2, 3, 4, 5, \alpha_{ij} = 1, 2, 3$，可以列出 $3^3 = 27$ 条规则，这里举其中一例：

$$\text{IF}\,(\text{LF} = \text{L}, \text{FF} = \text{M}, \text{RF} = \text{S})\,\text{THEN}\,(\alpha_{11} = 3, \alpha_{12} = 2, \alpha_{13} = 1, \alpha_{14} = 1, \alpha_{15} = 1)$$

同理确定左边沿和右边沿的规则, 同样可以各列出 27 条规则。

(2) 确定目标导向的规则: 由于机器人与目标点的相对角度 θ 有五个模糊子集 —— 正大 (PL)、正小 (PS)、零 (Z)、负小 (NS) 和负大 (NL), 这里令 $i = 4, j = 1, 2, 3, 4, 5, \alpha_{ij} = 1, 2, 3$, 可以列出 5 条规则。

(3) 确定速度选择的规则: 由于速度的选择是以前方障碍物的距离信息为依据的, 而距离变量有三个模糊子集 —— 小距离 (S)、中距离 (M)、大距离 (L), 这里令 $i = 1, j = 1, 2, 3, \alpha_{ij} = 1, 2, 3$, 可列出 $3^3 = 27$ 条规则。

4) 确定隶属度函数

选取各输入语言变量和输出语言变量的隶属度函数, 即确定输入变量和输出变量的关系, 只要知道输入变量就可求出输出变量。根据上述过程的程度确定输入变量和输出变量的隶属度函数, 将相应的变量设为隶属度的论域, 则相应的隶属度越大, 说明程度越高; 隶属度越小, 说明程度越低。首先可以确定障碍物信息物理量的隶属度函数, 然后确定目标与机器人方位角的隶属度函数, 接着确定控制命令重要度 α_{ij} 的隶属度函数, 最后确定转向角的隶属度函数。

5) 解模糊化

由上述过程求得的各个模糊变量, 需要进行解模糊化, 解模糊化又称为清晰化, 作用是将模糊推理得到的控制量 (模糊量) 转化成实际用于控制的清晰量。可根据中心数法进行解模糊化, 即按照隶属度函数最大原则进行表决, 得到各个清晰量。将上一步得到的量进行尺度转换, 转化成机器人实际可以用来动作的控制量, 这里用来动作的控制量就是转向角和速度, 以此用于完成单个机器人路径规划的任务。

在上述单个机器人路径规划的基础上, 将其他机器人看成动态障碍物, 选取合理的模糊规则, 即可实现多机器人路径规划与动态避碰的任务。

15.3.2　基于差分进化算法的多机器人路径规划

基于差分进化 (differential evolution, DE) 算法的路径规划方法是将差分进化 (一种新型的进化方法) 引入多机器人路径规划, 它具有并行性、易用性、良好的鲁棒性和强大的全局寻优能力的特点, 克服了传统的遗传算法路径规划效率低、遗传操作复杂的缺点。同时, 可以有效解决基于人工势场法容易出现早熟收敛和陷入死锁等问题。

差分进化算法的基本原理是将种群中任意两个个体的向量差加权后根据一定的规则加到第三个个体上, 从而获得新个体, 如果新生成的个体的目标函数值比种群中预先确定的一个个体的目标函数值小, 则用新生成个体替代原种群与之相比较的个体, 否则原个体保存到下一代。

差分进化算法流程图如图 15-14 所示。

差分进化算法包括变异 (mutation)、交叉 (crossover) 和选择 (selection) 三种基本操作, 包含 3 个主要参数: 种群规模 NP, 即整个种群中包含的个体数量; 变异尺度缩放因子 F, 用来控制变异向量对种群的影响大小; 交叉概率因子 CR, 用于控制我们期望在多大程度上改变种群成员的参数。

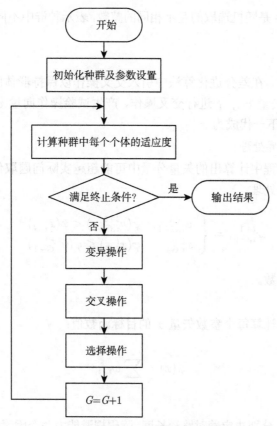

图 15-14 差分进化算法流程图

基于差分进化算法的多机器人路径规划方法的具体过程如下。

1) 参数矢量及初始群体的构造

同遗传算法一样，初始群体通常采用统一的概率分布来随机选择，第 t 代群体以 $S(t)$ 来表示：

$$S(t) = x_1\{t\}, x_2\{t\}, \cdots, x_n\{t\} \tag{15-10}$$

式中，n 为种群规模；个体 $x_i \in R^d (i = 1, 2, \cdots, n)$ 的参数矢量由实数分量构成，表示优化问题的一个可能解。设 $\mathrm{CR}_{\min}$ 为最小交叉概率，$\mathrm{CR}_{\max}$ 为最大交叉概率，I 为当前迭代次数，$I_{\max}$ 为最大迭代次数，有

$$\mathrm{CR} = \mathrm{CR}_{\min} + \frac{I(\mathrm{CR}_{\max} - \mathrm{CR}_{\min})}{I_{\max}} \tag{15-11}$$

2) 变异扰动矢量合成

不同于遗传算法按照一定的概率对子代基因位点进行变异操作的方式，差分进化算法对第 t 代的每一个参数矢量 $x_i (i = 1, 2, \cdots, n)$ 通过式 (15-12) 的计算得到其对应的第 t 代扰动矢量，这里采用 DE/rand/1 模式，即扰动矢量由一个差分向量与一个随机个体生成：

$$v_{i,G+1}^{t+1} = x_{r_1,G}^t + F \cdot (x_{r_2,G}^t - x_{r_3,G}^t) \tag{15-12}$$

式中, $r_1, r_2, r_3 \in [0, n]$ 是随机选取的互不相同的整数, 表示种群中不同个体的索引号; $F \in (0, 2]$ 为缩放因子。

3) 交叉操作

同遗传算法一样, 在差分进化算法中引入交叉操作以保持群体的多样性。第 i 代目标矢量 $x_{i,G}$ 与变异矢量 $v_{i,G+1}$ 进行交叉操作, 产生试验操作向量 $u_{i,G+1}$。将 $u_{i,G+1}$ 与 $x_{i,G}$ 竞争, 优者进入下一代成为 $x_{i,G+1}$。

4) 选择操作 (边界处理)

扰动矢量合成过程中计算出的矢量分量中可能超越实际问题取值范围, 差分进化算法一般采取下面方法处理:

$$x_{i,G+1}^{t+1} = \begin{cases} u_{i,G+1}^{t+1}, & \varphi(u_{i,G+1}^{t+1}) < \varphi(x_{i,G}^t) \\ x_{i,G}^t, & \varphi(x_{i,G}^t) \leqslant \varphi(u_{i,G+1}^{t+1}) \end{cases} \tag{15-13}$$

式中, $\varphi(x)$ 是目标函数。

5) 目标函数

可采用如下算式计算每个参数矢量 x 的目标函数值:

$$\varphi(x) = \sum_{i=1}^{2} w_i f_i \tag{15-14}$$

式中, w_i 为权值系数, 分别决定着对路径长度、障碍规避能力两个因素的影响程度, $\sum_{i=1}^{2} w_i = 1$; f_1 为多机器人总的路径长度; f_2 表示在所有路径上固定步长采样所取得的点集落在地理阻隔或者障碍物中点的个数。

判断所得到的路径是否满足要求, 如果不满足则反复执行上述过程, 直到满足停止条件, 输出最优多机器人运动路径。

15.4　多机器人编队控制

多机器人编队就是指多个机器人在执行任务过程中保持某一特定队形并运动到达目的地, 并且能实现不同队形的变换, 同时还能够自主避障 (图 15-15)。根据任务的特点和要求, 典型的队形有直线 (line)、纵队 (column)、三角形 (triangle)、菱形 (diamond) 及楔形 (wedge) 等形状。

多机器人编队控制研究属于多机器人协作领域的重要内容之一, 在军事、搜救、探测等领域都具有广阔的应用前景, 具有重要的研究意义。

目前, 多机器人编队的方法主要包括基于行为的编队方法、基于领航者的方法、人工势场法、虚拟结构法、循环法、模型预测控制法、分布式控制法等。下面简单介绍前面两种。

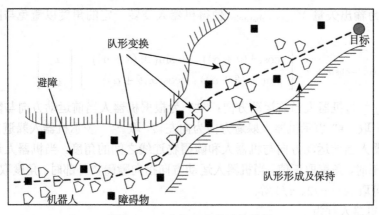

图 15-15 多机器人编队的举例

15.4.1 基于行为的编队方法

基于行为的编队方法主要是通过对机器人基本行为以及局部控制规则的设计，使得机器人群体产生所需的整体行为。局部控制器由一系列行为组成，每个机器人有基本的行为方式，每个行为方式又有自己的目标或任务。通常，在多机器人编队控制中将机器人的行为分为向目标移动行为 (move-to-goal)、保持队形行为 (keep-formation)、躲避障碍物行为 (avoid-obstacle)、躲避机器人行为 (avoid-robot) 和随机行为 (random)。下面分别介绍这几种行为。

1) 向目标移动行为

向目标移动行为可用如下公式表示：

$$V_{\text{move−to−goal}} = \frac{1}{\sqrt{(x_g - x_c)^2 + (y_g - y_c)^2}} \begin{bmatrix} x_g - x_c \\ y_g - y_c \end{bmatrix} \tag{15-15}$$

式中，$[x_g, y_g]^{\text{T}}$ 为目标点坐标；$[x_c, y_c]^{\text{T}}$ 为机器人当前位置坐标。

2) 保持队形行为

每个跟随者 (follower) 基于领航者 (leader) 发送的下一步位置信息，各自计算出自己理想的队形位置 $[x_{fg}, y_{fg}]^{\text{T}}$，该位置作为 follower 的下一步目标点。当 follower 当前位置 $[x_c, y_c]^{\text{T}}$ 与理想队形位置不重合，即 $\sqrt{(x_g - x_c)^2 + (y_g - y_c)^2} > \varepsilon$ 时，保持队形行为输出矢量 $V_{\text{keep−formation}}$，其目的是使 follower 朝着理想的队形位置运动，其公式化描述如下：

$$V_{\text{keep−formation}} = \frac{1}{\sqrt{(x_{fg} - x_c)^2 + (y_{fg} - y_c)^2}} \begin{bmatrix} x_{fg} - x_c \\ y_{fg} - y_c \end{bmatrix} \tag{15-16}$$

3) 躲避障碍物行为

在多机器人系统中障碍物可分为静态障碍物和动态障碍物，这里躲避障碍物行为只用于静态障碍物，动态障碍物可以用躲避机器人行为进行分析。

当机器人用传感器检测到静态障碍物在避碰区域内，且机器人当前运动方向与机器人和障碍物连线之间的角度之差的绝对值小于 90° 时，就认为障碍物有可能阻碍其运动，该行为输出矢量 $V_{\text{avoid-obstacle}}$ 使得机器人旋转一定的角度以避免与障碍物发生碰撞。

$$V_{\text{avoid-obstacle}} = \begin{bmatrix} \cos(\pm(\theta+\alpha)) & -\sin(\pm(\theta+\alpha)) \\ \sin(\pm(\theta+\alpha)) & \cos(\pm(\theta+\alpha)) \end{bmatrix} \begin{bmatrix} x_d \\ y_d \end{bmatrix} \tag{15-17}$$

式中，$[x_d, y_d]^{\text{T}}$ 为机器人当前运动方向；"$\pm$" 为根据机器人当前运动方向与障碍物的相对关系确定，取 "+" 表示机器人躲避方向为向左转，取 "–" 表示机器人躲避方向为向右转；θ 为机器人当前运动方向与机器人和障碍物连线之间的角度，当机器人运动方向指向障碍物内部时，角度取正值，当机器人运动方向指向障碍物外部时，角度取负值；α 为角度裕量，可取 $\alpha = \pi/2$、$\pi/4$ 等。

4) 躲避机器人行为

当本机器人判断出其他机器人有可能影响其运动，即机器人 R_1 和 R_2 在一条直线上迎面运动时，这时机器人就得采取避碰措施，如机器人 R_1 向右转 ϕ 度，R_2 也向右转 ϕ 度，就可避免碰撞。

实际情况中，躲避其他机器人的情况比较复杂。这里，判断其他机器人有可能影响自己运动的条件为：机器人 R_1 预测到自己下一步跨出去之后和机器人 R_2 的距离是否小于某一预先设定的值 δ。

该行为输出方向矢量为

$$V_{\text{avoid-robot}} = \begin{bmatrix} \cos(-\phi) & -\sin(-\phi) \\ \sin(-\phi) & \cos(-\phi) \end{bmatrix} \begin{bmatrix} x_d \\ y_d \end{bmatrix} \tag{15-18}$$

式中，ϕ 一般取 $\pi/4$。

该行为也可以用于躲避动态障碍物。

5) 随机行为

当机器人在一散布障碍物的环境朝其目标运动的过程中，由于环境的复杂性，它可能不得不面对一些诸如通道太窄或大型障碍物等特殊情况。在这些情况下，机器人可能无法继续运动，导致任务无法完成，此时称机器人处于死锁状态。为了使机器人从该状态中摆脱出来，一种简易可行的方式是引入随机扰动行为。具体实现如下：当机器人检测到连续几步没有运动时，机器人应在自身运动方向上加一随机扰动，通过运动方向的随机偏转促使机器人脱离死锁状态。相应的输出方向矢量用 V_{random} 表示，即

$$V_{\text{random}} = \begin{bmatrix} \cos(n_r\beta) & -\sin(-n_r\beta) \\ \sin(-n_r\beta) & \cos(-n_r\beta) \end{bmatrix} \begin{bmatrix} x_d \\ y_d \end{bmatrix} \tag{15-19}$$

而可供选择的随机方向个数 m_s 可根据式 (15-20) 计算：

$$m_s = \text{intx}\left(\frac{2\pi}{\beta}\right) \tag{15-20}$$

式中，β 为机器人随机偏转的基准角度；n_r 为 $[0, m_s-1]$ 的随机整数；函数 $\text{intx}(\cdot)$ 表示取整。

6) 行为决策

在编队控制中，机器人最终的运动方向由以下公式决定：

$$V_{\text{decision}} = [w_1, w_2, w_3, w_4, w_5] \begin{bmatrix} V_{\text{move-to-goal}} \\ V_{\text{keep-formation}} \\ V_{\text{avoid-obstacle}} \\ V_{\text{avoid-robot}} \\ V_{\text{random}} \end{bmatrix} \tag{15-21}$$

式中，$w_i (i = 1, 2, 3, 4, 5)$ 为第 i 个行为的权值，通常根据经验进行确定。

在基于行为的多机器人编队中，机器人的行为都是预先定义好的，机器人的控制是这些行为共同作用的结果。该算法容易得出控制策略，有明确的队形反馈，可以实现分布式控制；但其缺点是不能明确地定义群体行为，不能保证队形的稳定性等。

15.4.2 基于领航者的方法

由于多机器人编队是一个团队任务，在完成任务过程中要保持每个机器人之间的协调，所以就要克服出现机器人掉队、机器人间以及机器人与障碍物间相互碰撞等情况，这时可以采用基于领航者的队形保持技术来确定各机器人在队形中的理想位置。

基于领航者的多机器人编队控制方法的基本思想是：在多机器人组成的群体中，某个机器人被指定为领航者，其余作为它的跟随者，跟随者以一定的距离间隔和角度跟踪领航机器人的位置和方向。具体介绍如下。

1) 数学描述

由多个机器人组成的系统，可以用一个网络拓扑图 $G = \{V, E\}$ 表示，其中，V 表示网络拓扑图的顶点集；$E \subseteq \{(i, j) | i, j \in V\}$ 表示网络拓扑图的边集。若是无向图，则节点是无序的，即 $(i, j) \in E \Leftrightarrow (j, i) \in E$。

网络拓扑图 G 对应的邻接矩阵 $A(G)$ 为 $n \times n$ 矩阵，即

$$A(G) = [a_{ij}] \in R^{n \times n} \tag{15-22}$$

式中，$a_{ij} = \begin{cases} 1, e_{ij} \in E \\ 0, e_{ij} \notin E \end{cases}$，$e_{ij}$ 为两个节点的连接边。网络拓扑图 G 对应的信息交互矩阵为

$$C(G) = A(G) + D(G) = [c_{ij}] \tag{15-23}$$

式中，$D(G)$ 是一个 $n \times n$ 对角矩阵，且其对角元素非正，即 $d_{ii} = -\sum_{j=1}^{n} a_{ij}$；$C(G)$ 中除主对角线之外的元素均为非负实数，且每行元素和为零。

假设多机器人系统由 $n + 1$ 个机器人组成，其中编号为 0 的机器人为领航者，其他

编号 $1 \sim n$ 的机器人为跟随者。则该多机器人系统的网络拓扑图 G 中，信息交互矩阵为

$$C = \begin{bmatrix} 0 & 0 & \cdots & 0 \\ a_{10} & a_{11} & \cdots & a_{1n} \\ \vdots & \vdots & & \vdots \\ a_{n0} & a_{n1} & \cdots & a_{nn} \end{bmatrix} \in R^{(n+1) \times (n+1)} \tag{15-24}$$

多机器人系统中，跟随者机器人的数学模型为

$$\dot{\xi}_i(t) = \zeta_i(t), \quad i = 1, 2, \cdots, n \tag{15-25}$$

式中，t 为时间；$\xi_i \in R$ 和 $\zeta_i \in R$ 分别为第 i 个跟随者机器人的状态信息量和控制输入量；$\dot{\xi}_i(t)$ 表示跟随者机器人状态的变化。

领航者机器人的数学模型为

$$\dot{\xi}_0(t) = \zeta_0(t) \tag{15-26}$$

式中，$\xi_0 \in R$ 和 $\zeta_0 \in R$ 分别表示领航者机器人的状态信息量和控制输入量；$\dot{\xi}_0(t)$ 表示领航者机器人状态的变化。

定义 15.1 对于任意初始条件，如果满足 $\lim\limits_{t \to \infty} \|\xi_i(t) - \xi_0(t)\| = 0, i = 1, 2, \cdots, n$，即所有跟随者的状态信息量最终收敛于领航者的状态信息量，则表明多机器人系统形成具有领航者的一致性。

建立基于领航者的一致性方法如下：

$$\zeta_i(t) = -\sum_{j=1}^{n} a_{ij} w_{ij}(t) \left[\xi_i(t) - \xi_j(t)\right] - w_{i0}(t) b_i \left[\xi_i(t) - \xi_0(t)\right] \tag{15-27}$$

式中，$b_i = a_{i0} \geqslant 0$；$w_{ij}(t)$ 和 $w_{i0}(t)$ 为 t 时刻的加权值。

定理 15.1 基本静态连续时间一致性方法渐近形成一致，当且仅当其对应的网络拓扑图 G 有一条有向生成树。

2) 基于领航者的编队控制方法

(1) 机器人运动模型

一个典型的移动机器人运动模型如下：

$$\begin{bmatrix} \dot{x}_i \\ \dot{y}_i \\ \dot{\theta}_i \end{bmatrix} = \begin{bmatrix} v_i^x \\ v_i^y \\ \omega_i \end{bmatrix} = \begin{bmatrix} \cos\theta_i & 0 \\ \sin\theta_i & 0 \\ 0 & 1 \end{bmatrix} \begin{bmatrix} v_i \\ \omega_i \end{bmatrix}, \quad i = 1, 2, \cdots, n \tag{15-28}$$

式中，x_i、y_i 分别为机器人 i 的横坐标和纵坐标；θ_i、v_i、ω_i 分别为机器人 i 的方向角、线速度和角速度，其中 v_i 和 ω_i 为控制输入量。

(2) 基于领航者的对齐行为一致性方法

对齐行为是用来控制群体机器人的方向角形成一致，使群体机器人朝着同一个方向运动。根据式 (15-27)，基于领航者的对齐行为一致性方法可以表示为

$$\omega_i(t) = -\sum_{j=1}^{n} a_{ij} w_{ij}(t) \left[\theta_i(t) - \theta_j(t)\right] - w_{i0}(t) b_i \left[\theta_i(t) - \theta_0(t)\right] \tag{15-29}$$

(3) 基于领航者的聚集和分散行为一致性方法

聚集和分散行为用来控制多机器人的相对距离形成一致，使多机器人保持一定的队形。基于领航者的聚集和分散行为一致性方法可以表示为

$$
\begin{cases}
v_i^x(t) = -\sum_{j=1}^n a_{ij} k_{ij}^x \left[|x_i(t) - x_j(t)| - d_x \right] - b_i k_{i0}^x \left[|x_i(t) - x_0(t)| - d_x \right] \\
k_{ij}^x = \dfrac{x_i(t) - x_j(t)}{|x_i(t) - x_j(t)| + \eta} \\
k_{i0}^x = \dfrac{x_i(t) - x_0(t)}{|x_i(t) - x_0(t)| + \eta}
\end{cases}
\tag{15-30}
$$

$$
\begin{cases}
v_i^y(t) = -\sum_{j=1}^n a_{ij} k_{ij}^y \left[|y_i(t) - y_j(t)| - d_y \right] - b_i k_{i0}^y \left[|y_i(t) - y_0(t)| - d_y \right] \\
k_{ij}^y = \dfrac{y_i(t) - y_j(t)}{|y_i(t) - y_j(t)| + \eta} \\
k_{i0}^y = \dfrac{y_i(t) - y_0(t)}{|y_i(t) - y_0(t)| + \eta}
\end{cases}
\tag{15-31}
$$

式中，$v_i^x(t)$ 和 $v_i^y(t)$ 为第 i 个跟随者机器人在 t 时刻沿 x 轴和 y 轴方向的速度；d_x 和 d_y 为编队控制中 x 轴和 y 轴方向的设定距离；$0 < \eta \ll 1$。令 $r_i = [x_i, y_i]^T$，$r_j = [x_j, y_j]^T$，$r_{ij} = r_i - r_j$，则上述公式可以化为

$$
v_i(t) = -\sum_{j=1}^n a_{ij} k_{ij} \left[\|r_{ij}\| - d \right] - b_i k_{i0} \left[\|r_{i0}\| - d \right]
\tag{15-32}
$$

式中，$d = \sqrt{d_x + d_y}$；$k_{ij} = \dfrac{r_i - r_j}{\|r_i - r_j\| + \eta}$；$k_{i0} = \dfrac{r_i - r_0}{\|r_i - r_0\| + \eta}$。

综合式 (15-29) 和式 (15-32)，就可实现基于领航者的多机器人编队控制。

基于领航者的编队方法的优点是只需给定领航者的行为或者轨迹，就能够控制整个机器人团体的行为；其缺点是系统中没有明确的队形反馈，并且难以保持队形。

课 后 习 题

1. 多机器人系统研究的主要内容是什么？
2. 多机器人系统的主要体系结构及优缺点是什么？
3. 多机器人任务分配的常用方法有哪些？
4. 阐述基于合同网模型的多机器人任务分配的基本流程。
5. 多机器人路径规划与单机器人路径规划有什么不同？
6. 查阅资料，给出一种与书中不同的多机器人路径规划方法。
7. 多机器人编队的主要方法有哪些？
8. 编程实现基于行为的多机器人编队控制仿真。

第16章 生物启发式方法在机器人中的应用

自古以来,自然界就是人类各种科学技术原理及重大发明的源泉,它巨大的发展潜力极大地开阔了人类的视野,吸引着人们去想象和模仿,例如,鲁班从一种能划破皮肤的带齿的草叶得到启示而发明了锯子,人们根据鸟类飞行机构的原理制造了能够载人飞行的滑翔机,受蝙蝠与生俱来的回声定位功能启发而设计了回声定位声呐系统,等等。这些仿生设计为人类带来了巨大的便利,也让人们认识到了自然母亲的无限魅力。至今,人们探索自然、学习自然的热情依然高涨,自然界的生物特质让人们深受启发并在模仿的基础上进行加工改进,设计了大量实用工具与设备,同时,通过对各种复杂多样的自然智能现象中蕴藏的信息处理机制的研究,人们开辟了计算智能这一全新的学科领域。

1994 年,在美国奥兰多举行的首届计算智能大会上,题为 "计算智能:模仿生命" 的主题讨论会受到了人工智能领域学者的普遍关注。在这个主题讨论会上,生物启发计算 (bio-inspired computing) 以其独特的魅力备受瞩目。生物启发计算既是人工智能的继承与发展,同时是从新的角度理解和把握智能本质的方法。从 20 世纪 90 年代开始,生物启发计算研究领域中不断涌现出新的研究分支,显示出旺盛的生命力,其应用范围越来越广泛。在智能机器人领域,生物启发式方法已经成为研究的热点,必将成为提高机器人智能和自主性最有效的解决方案之一。

本章首先介绍生物启发式方法的定义、分类以及常用的几种生物启发式方法,包括细菌觅食算法、猴子爬山算法等,然后介绍两种典型的生物启发式方法在机器人中的应用。

16.1 生物启发式方法概述

16.1.1 生物启发式方法定义

随着科学技术的发展,人们面临和需要解决的问题越来越复杂,人们首先提出了多种确定性算法来求解这类复杂优化问题,如分支定界方法、填充函数方法、打洞函数方法、积分水平集算法、径向基函数等。然而随着问题规模的增大,求解问题的复杂度越来越高,确定性算法显得心有余而力不足,不能有效地解决 NP 难等问题。到了 20 世纪 80 年代末,研究者开始尝试用启发式方法来处理这类问题,先后提出了顺序贪婪启发式算法、遗传算法、模拟退火算法、禁忌搜索算法、人工神经网络算法等启发式算法,这些算法取得了令人满意的结果。遗传算法、蚁群算法、人工神经网络的出现把研究者的目光又一次聚焦到了大自然的身上。随后,出现了微分进化算法、粒子群优化算法、人工蜂群算法等,这类方法因其模仿自然生态系统机制的特点而被研究者称为生物启发式方法。

生物启发式方法仍然在蓬勃发展的阶段,在这数十年里,科学界对该类方法仍没有一个明确的、统一严格的定义。目前,用得比较多的关于生物启发式方法的定义包括如下。

(1) 生物启发式方法就是那些模仿或者仿效大自然策略的启发式算法。

(2) 生物启发计算就是利用计算机建立自然模型，同时研究自然，从而提高计算机的使用性。

(3) 生物启发式方法就是一类试图尽可能地模仿生物系统的工作机理，来实现优化或者解决工程应用问题的智能计算方法。

顾名思义，生物启发式方法就是在生物行为、习性、系统机制等启发下而发明的启发式方法，因此，物理或化学启发方法如模拟退火算法、烟花算法、磁铁优化算法等则不应列入生物启发式方法的行列。为了更好地理解生物启发式方法的含义，本书作者通过对其发展过程和应用情况进行分析，指出生物启发式方法与其他智能算法相比，具有如下显著的特点。

(1) 生物启发性：这一类方法都尽可能地模仿了自然界生物或生态系统的工作机理或生态机制，解决现实世界的问题。

(2) 简单性和涌现性：这类方法的策略和计算通常都十分简单，但是它们的合成效果有时候却十分惊人，体现了涌现性原则。

(3) 鲁棒性：生物启发式方法有很强的稳健性，在环境变化或者参数摄动时依然能维持较好的适用性和灵活性，环境适应能力强，灵活性高。

(4) 自组织性：在变化的复杂环境中，生物启发式方法能通过自学习或自组织，不断提高其适应性，成功实现进化。

(5) 其他特性：生物启发式方法还有许多其他特性，如本质的并行性、实用性与广泛性等。

为了更好地理解生物启发式方法，根据其来源，可以将生物启发式方法分为几大类：① 受生物行为启发的方法；② 受生物组织结构启发的方法；③ 受进化机制启发的方法。具体如图 16-1 所示。

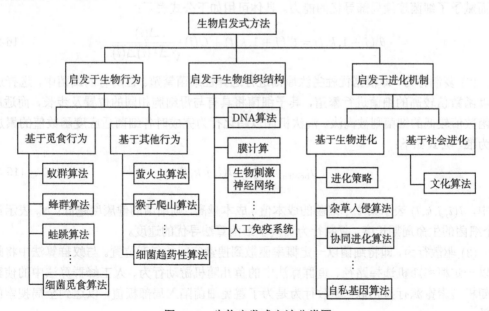

图 16-1　生物启发式方法分类图

16.1.2　常见生物启发式方法

有些比较传统的生物启发式方法在前面章节已经介绍，这里将在每种类型里面选一些常见方法进行介绍，包括受生物行为启发的细菌觅食算法和猴子爬山算法、受生物组织结构启发的 DNA 算法和膜计算方法、受进化机制启发的杂草入侵算法和文化算法。

1) 细菌觅食算法

2002 年，Passino 基于 *E. coli* 大肠杆菌在人体肠道内吞噬营养食物的行为，提出了一种新型的生物启发算法 —— 细菌觅食算法。尽管该算法产生时间较晚，但已经获得了不错的成果，尤其在图像分割技术中，细菌觅食算法的应用已经相当成熟。

细菌觅食算法具有对初值和参数选择不敏感、鲁棒性强、简单易于实现、并行处理和全局搜索等优点，这些特点主要得益于算法的三种特殊的行为模式：趋化行为、复制行为和驱散行为。

(1) 趋化行为，即细菌向营养区域聚集的行为，其运动模式包括翻转和前进两种。翻转运动是指向任意方向移动单位步长，而前进运动则决定着细菌运动的方向，细菌的每一次翻转都会刷新细菌的适应度函数值，细菌将向同一方向翻转直到其适应度函数值不再得到改善或者达到预定移动步数。在该算法中，翻转运动可用如下公式表示：

$$\theta^i(j+1, k, l) = \theta^i(j, k, l) + C(i)\frac{\Delta(i)}{\sqrt{\Delta^{\mathrm{T}}(i)\Delta(i)}} \tag{16-1}$$

式中，i 表示细菌序号；k 表示复制次数；j 表示趋化次数；l 表示驱散次数；$\theta^i(j, k, l)$ 表示第 i 个细菌在第 j 次趋化后第 k 次复制第 l 次驱散的状态；$\theta^i(j+1, k, l)$ 表示该细菌翻转后的状态；$C(i)$ 表示翻转过程中指定的随机方向的步长的大小 (运行长度单元)；$\Delta(i)$ 表示一个随机方向向量，其元素范围为 $[-1, 1]$。

细菌在同一运动方向的适应度函数值不再改善后进行前进运动，它代表了趋化行为，从而赋予了细菌连续局部寻优的能力。具体可用如下公式表示：

$$\theta^i(j+1, k, l) = \theta^i(j+1, k, l) + C(i)\frac{\Delta(i)}{\sqrt{\Delta^{\mathrm{T}}(i)\Delta(i)}} \tag{16-2}$$

(2) 复制行为，即根据优胜劣汰原则进行选择性细菌繁殖。在所有的细菌中，选择适应度函数值较高的细菌进行繁殖，其子细菌将具有与母细胞相同的位置及步长，而适应度函数值较低的细菌则被淘汰。淘汰机制以趋化行为完成时各细菌适应度函数值的累加和为准，公式如下：

$$J_{\mathrm{health}}^i = \sum_{j=1}^{N_{\mathrm{c}}+1} J(i, j, k, l) \tag{16-3}$$

式中，$J(i, j, k, l)$ 表示第 i 个细菌的成本值，成本越高，则细菌的健康度越低；N_{c} 表示第 i 个细菌的生命周期长度。复制行为加快了细菌算法寻优的速度。

(3) 驱散行为，即将细菌以一定概率驱散到搜索空间的任意位置。与蚁群算法中将蚂蚁以一定概率随机选择路径、鱼群算法中的鱼儿随机游动行为、人工蜂群算法中的侦察蜂随机搜索蜜源行为相似，驱散行为是为了避免细菌陷入局部极值，以达到全局搜索的功效。

细菌觅食算法示意图如图 16-2 所示。

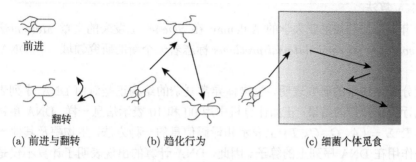

图 16-2 细菌觅食算法示意图

2) 猴子爬山算法

2008 年, Zhao 和 Tang 提出了猴子爬山算法, 该算法受猴群爬山过程中的爬、望、跳等动作启发而来, 模拟了猴群爬山至最优处的整个过程。

猴子爬山算法模拟了三大行为方式, 分别是爬、望–跳、翻。

(1) 爬, 代表了算法的局部搜索过程。猴群从初始位置开始爬行, 找到各自的局部最优。这一过程通过迭代逐步改善优化问题的目标函数值。

(2) 望–跳, 代表了从局部最优到全局最优的搜索过程。猴子找到各自的局部最优处后, 会在视野范围内四周张望, 若发现有比自己所处的位置更好的地方, 则会跳到该处, 否则不动。

(3) 翻, 代表了避免陷入局部极值的搜索过程。猴子会在一定概率下翻腾到一个新的领域进行搜索。

根据上述三个主要行为, 设计了猴子爬山算法, 其计算步骤如下。

Step1: 设定猴群的规模参数 M、攀爬步长 a、视野宽度 b、空翻区域 (c,d) 等; 为猴群随机生成初始位置 $X_0 = (X_{10}, X_{20}, \cdots, X_{n0})$, 其中 n 表示问题的维度。

Step2: 模拟爬的过程, 根据伪梯度优化猴群的位置。伪梯度向量表示如下:

$$f'_i(X_i) = \frac{f(X_i + \Delta X_i) - f(X_i - \Delta X_i)}{2\Delta X_i} \tag{16-4}$$

式中, $f(\cdot)$ 是目标函数; $\Delta X_i \in [-a, +a]$。

Step3: 望–跳过程, 在视野参数范围内搜索更优位置, 并更新猴群位置到更优位置。在区间 $(X_i - b, X_i + b)$ 中随机生成 Y, 若 $f(Y) \geqslant f(X_i)$, 且 Y 可行, 则该猴子的位置由 X_i 到 Y, 重新爬过程, 进行局部搜索。

Step4: 翻过程, 在跳区间内选取新的位置进行跳跃, 并据此迫使猴群到新的范围内重新搜索。在区间 (c,d) 内取实数 α, 令

$$Y = X_i + \alpha(P_j - X_i) \tag{16-5}$$

式中, $P_j = \dfrac{1}{M} \displaystyle\sum_{i=1}^{M} X_i$。猴子的位置由 X_i 到新的位置 Y, 重新进行搜索。

Step5: 检验是否满足结束条件, 若满足, 则算法结束; 否则, 转到 Step2。

Step6：输出最优目标函数解及对应的最优位置向量。

3) DNA 算法

1994 年，南加利福尼亚大学的 Adleman 在 *Science* 上发表的文章 *Molecular computation of solutions to combinatorial problems* 标志着一个新的研究领域 ——DNA 计算的诞生。

现代分子生物学的研究表明，生物体异常复杂的结构正是对由 DNA 序列表示的遗传信息执行简单操作的结果。正如计算机中用 00 和 10 表示信息一样，DNA 单链可以看作在字母表 $\Sigma = \{A、G、C、T\}$ 上表示和译码信息的一种方法，生物酶及其他一些生化操作则是作用在 DNA 序列上的算子。因此，DNA 计算的出现表明了计算不仅是一种物理性质的符号变换，而且可以是一种化学性质的符号变换。应用 DNA 分子的切割和粘贴、插入和删除等来完成计算的这种变革是前所未有的，具有划时代的意义。

DNA 算法的基本思想：首先利用 DNA 特殊的双螺旋结构和碱基互补配对原则对问题进行编码，把要运算的对象映射成 DNA 分子链，在 DNA 溶液的试管里，在生物酶的作用下，生成各种数据池；然后按照一定的规则将原始问题的数据运算高度并行地映射成 DNA 分子链的可控的生化过程；最后，利用分子生物技术如聚合酶链式反应 (polymerase chain reaction, PCR)、聚合重叠放大技术 (parallel overlap assembly, POA)、超声波降解、亲和层析、克隆、诱变、分子纯化、电泳、磁珠分离等，得到运算结果。

4) 膜计算方法

膜计算方法是一种基于生命细胞薄膜结构的并行和分布式计算方法。膜计算是由欧洲科学院院士、罗马尼亚科学院院士 Gheorghe Păun 于 1998 年在芬兰图尔库计算机科学中心的研究报告中提出的，正式论文于 2000 年见刊发表。

膜计算自提出以来，受到众多学者的广泛关注，最近几年成为理论计算领域的一个强有力的研究框架，很多新的方法不断被提出。这类计算模型通常是指膜系统或者 P 系统，一般一个 P 系统由三个部分组成：膜的层次结构、表示对象的多重集和进化规则，其结构示意图如图 16-3 所示。

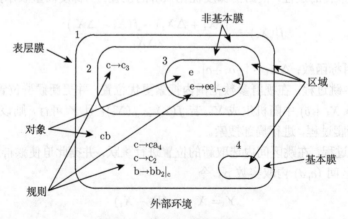

图 16-3　简单 P 系统示意图

在图 16-3 中，P 系统置于外部环境中，系统的 4 个膜按层次结构组织，分别标号为 1、2、3 和 4，最外层的膜称为表层膜，膜 4 因不含有其他膜而被称为基本膜。每个膜所包围的部分称为区域，区域内包含着对象和相应的进化规则。

下面对膜计算方法的一些基本概念进行简单介绍。

(1) P 系统

一般地，一个度为 n 的 P 系统可表示为如下的多元组：

$$\Pi = (V, T, C, \mu, w_1, \cdots, w_m, (R_1, \rho_1), \cdots, (R_m, \rho_m)) \tag{16-6}$$

式中，V 是字母表，其元素被称为对象；$T \subseteq V$ 是输出字母表；$C \subseteq V-T$ 是催化剂，其元素在进化过程中不发生变化，也不产生新字符，但某些进化规则必须有它的参与才能执行；μ 是包含 m 个膜的膜结构，各个膜及其所围的区域用标号集 H 表示，$H = \{1, 2, \cdots, m\}$，其中 m 称为 Π 的度；$w_i \in V^*(1 \leqslant i \leqslant m)$ 是膜结构 μ 中的区域 i 里面含有对象的多重集，V^* 是 V 中字符组成的任意字符串的集合。

进化规则是二元组 (u, v)，通常写成 $u \to v$，u 是 V^* 中的字符串，$v = v'$ 或者 $v = v'\delta$，其中 v' 是集合 $\{a_{\text{here}}, a_{\text{out}}, a_{\text{in}}^j | a \in V, 1 \leqslant j \leqslant m\}$ 上的字符串，δ 是不属于 V 的特殊字符，当某规则包含 δ 时，执行该规则后膜就被溶解了。u 的长度称为规则 $u \to v$ 的半径。$R_i(1 \leqslant i \leqslant m)$ 是进化规则的有限集，每一个 R_i 是与膜结构 μ 中的区域 i 相关联的，ρ_i 是 R_i 中的偏序关系，称为优先关系，表示规则 R_i 执行的优先关系。

(2) 对象的多重集合

设 U 是一个有限非空的对象集合，N 是自然数集合，则对象的多重集合是一个映射，定义为

$$M : U \to N$$
$$a_i \to u_i \tag{16-7}$$

式中，a_i 是一个对象；u_i 是它的多重性。对象的多重集合有多种描述方法，如 $M = \{(a_1, u_1), (a_2, u_2), (a_3, u_3), \cdots\} = a_1^{u_1} \cdot a_2^{u_2} \cdot a_3^{u_3} \cdots$，在膜系统中，对象的多重集合是根据规则进行处理的。U 中的对象和 T 中的目标的演变规则定义为

$$r = (m, c, \delta) \tag{16-8}$$

式中，$m \in M(U)$；$c \in M(U \times T)$；$\delta \in \{溶解, 不溶解\}$。这里 c 是指结论。演化规则的集合用 $R(U, T)$ 表示。规则将影响对象的消耗，一旦应用这些规则，对象的多重集合将发生相应的改变。

(3) 对象的多重性

设 $a_i \in U$ 是一个对象 $(i = 1, 2, \cdots, n, n$ 是对象个数$)$，$m \in M(U)$ 是对象的多重集合，根据对象的多重集合，对象的多重性定义为

$$\| a_i : U \times M(U) \to N$$
$$(a_i, m) \to |m|_{a_i} = n | (a_i, n) \in m \tag{16-9}$$

设 $R(U, T)$ 是演化规则的多重集合，$r = (m, c, \delta) \in R(U, T)$ 是一条规则，根据演化规则，对象的多重性可定义为

$$\| a_i : U \times R(U, T) \to N$$
$$(a_i, r) \to |m|_{a_i} = n | (a_i, n) \in m \tag{16-10}$$

设 c_i 是规则 r_i 的结论，则规则可以表示为

$$
\begin{aligned}
r_1 &: a_1^{u_{11}} a_2^{u_{12}} \cdots a_n^{u_{1n}} \to c_1 \\
r_2 &: a_1^{u_{21}} a_2^{u_{22}} \cdots a_n^{u_{2n}} \to c_2 \\
&\quad\vdots \qquad\qquad \to \vdots \\
r_m &: a_1^{u_{m1}} a_2^{u_{m2}} \cdots a_n^{u_{mn}} \to c_m
\end{aligned}
\tag{16-11}
$$

由于膜计算有多个适于求解应用问题的特征，如分布性、并行性、非确定性、可拓展性、易程序实现、易读性、易实现通信，因此，近年来膜计算受到了研究者的广泛重视，被应用于计算机图形学、信息安全、信号处理、图像处理、智能控制等领域。

5) 杂草入侵算法

2006 年，伊朗德黑兰大学的 Mehrabian 和 Lucas 在 *Ecological Informatics* 杂志上发表了论文，首次提出杂草入侵算法，该算法模拟了杂草入侵过程。中国有诗云：野火烧不尽，春风吹又生。杂草超级强大的生存能力与生存策略确实对我们有很大的启发。

杂草入侵算法采用了三种运算机制：繁殖机制、扩散机制、竞争机制。

(1) 繁殖机制，即根据适应度的高低给予不同的繁殖机会。优胜劣汰是亘古不变的自然法则，杂草也不例外。适应度越高，越能在环境中生存下来，繁殖能力越强；相反，适应度越低，繁殖能力越低，给予的繁殖机会也越小。

(2) 扩散机制，即杂草子代以父代为轴线，以正态分布方式在空间内进行扩散。大量子代扩散在父代近处，保证了局部搜索；少量子代扩散到离父代较远处，能保证全局搜索。这种方式兼顾了局部搜索与全局搜索。

(3) 竞争机制，即当杂草数量达到种群上限时，子父代杂草将要被择优选择。子父代杂草要一起面临竞争，根据适应度进行择优选择，这能最大限度地保留有用信息。

根据以上三种运算机制，杂草入侵算法的操作流程如下。

Step1：种群初始化。一定数目的杂草以随机方式在 D 维空间中扩散分布。

Step2：生长繁殖。每个杂草种子从生长到开花，根据父代杂草的适应性产生种子。父代杂草适应值与产生种子个数呈线性关系，计算种子数量的算法如下：

$$
N_s = \frac{f - f_{\min}}{f_{\max} - f_{\min}}(s_{\max} - s_{\min}) + s_{\min}
\tag{16-12}
$$

式中，f 为杂草适应值；$f_{\max}$、$f_{\min}$、$s_{\max}$、$s_{\min}$ 分别为最大适应值、最小适应值、最大种子数和最小种子数。

Step3：空间扩散。以父代杂草为轴线，子代种子以正态分布方式扩散到 D 维空间中，且每次迭代的正态分布标准差按规律变化，即

$$
\sigma_i = \frac{(i_{\max} - i)^n}{(i_{\max})^n}(\sigma_{\text{initial}} - \sigma_{\text{final}}) + \sigma_{\text{final}}
\tag{16-13}
$$

式中，i、$i_{\max}$、σ_{initial}、σ_{final}、σ_i、n 分别为迭代次数、最大迭代次数、初始标准差、最终标准差、第 i 次迭代标准差和非线性调和指数。

Step4：竞争排斥。经过数代后，繁殖产生的后代超过了环境资源的承受能力，淘汰父代和子代杂草中的弱势群体，即适应值较低的杂草。

Step5：重复步骤 Step2~Step4，直到满足最优解条件或者达到最大迭代次数。

6) 文化算法

在智能计算向更高层次的发展过程中，文化算法的概念被提出，并逐渐引起许多研究人员的极大兴趣和广泛关注。上面我们介绍了一些生物启发式方法，这些方法从机理上更接近生物个体或者生物内部组织的工作过程，而文化算法则是从更高层次的生物 —— 人类的发展演化中受到启发而发展出来的一种新的计算模式。人类社会的进化是以文化的发展演化为主要特征的，这是自然界其他生物所不具备的。人类社会中个体所获得的知识，以一种公共认知的形式影响着社会中的其他个体，加速整体进化，帮助个体更加适应环境，从而形成文化。已证明，在文化加速进化作用下的进化远优于单纯依靠基因遗传的生物进化。受到这一启发，Reynolds 在 1994 年提出了一种源于文化进化的双层进化模型，标志着文化算法的正式提出。下面对文化算法的基本原理进行简单介绍。

文化算法模拟人类社会的文化进化过程，采用双层进化机制，在传统的基于种群的进化算法基础上，构建信度空间来提取隐含在进化过程中的各类信息，并以知识的形式加以存储，最终用于指导进化过程。其基本结构如图 16-4 所示。

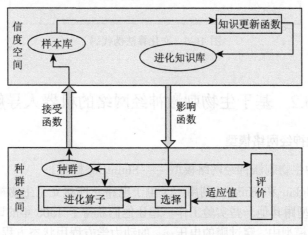

图 16-4　文化算法基本结构图

从图 16-4 中可以看出，文化算法主要包括三大部分内容：种群空间、信度空间及沟通渠道。种群空间用于实现任何基于种群的进化算法。一方面对个体实现评价，并面向种群实施选择、交叉、变异等进化操作，另一方面将优良个体作为样本提供给信度空间。

信度空间通过接受函数从种群空间各代已评价种群中选取样本个体，并在知识更新函数的作用下，提取样本个体所携带的隐含信息，以知识的形式加以概括、描述和储存。最终各类知识通过影响函数作用于种群空间，从而实现对进化操作的引导，以加速进化收敛，并提高算法随环境变化的适应性。

沟通渠道包括接受函数 (acceptance function)、知识更新函数 (update function)、影响函数 (influence function)。种群空间和信度空间是相互独立的两个进化过程，而接受函数和影响函数为上层知识模型和下层进化过程提供了作用通道，称为接口函数。

综上所述，文化算法由种群空间、信度空间和接口函数构成一种双层进化结构。上层信度空间中的知识进化是以底层种群空间中的个体进化为基础，且知识是个体经验的高度概括，呈现粗粒度。因此，该双层进化结构还体现为个体微观进化和知识宏观进化两个不同粒度进化层面。

文化算法的伪代码如图 16-5 所示。

```
Begin
  t=0;
  Initialize P(t);
  Initialize B(t);
  Repeat
    Evaluate P(t);
    B(t)=Vote(B(t),Accept(P(t)));
    B(t+1)=Inherit(B(t));
    P(t)=Promote(Influence(B(t+1)),P(t));
    P(t+1)=Reproduce (P(t))
    t=t+1;
  Until(termination condition achieved)
End
```

图 16-5 文化算法伪代码

16.2 基于生物刺激神经网络的机器人导航

16.2.1 生物刺激神经网络模型

首先介绍一种生物刺激神经网络模型 ——Shunting 模型。

1952 年，Hodgkin 和 Huxley 利用一个电子电路元件建立了生物神经系统中一小片膜的模型。这个模型跟其他一些实验工作一起让他们获得了 1963 年的诺贝尔生理学与医学奖。在这个膜的模型中，穿过膜的电压 v_{m} 的动力学方程用状态方程表达如下：

$$C_{\mathrm{m}} \frac{\mathrm{d}v_{\mathrm{m}}}{\mathrm{d}t} = (E_{\mathrm{p}} + v_{\mathrm{m}})g_{\mathrm{p}} + (E_{\mathrm{Na}} - v_{\mathrm{m}})g_{\mathrm{Na}} - (E_{\mathrm{K}} + v_{\mathrm{m}})g_{\mathrm{K}} \tag{16-14}$$

式中，C_{m} 为膜电容；E_{K}、E_{Na}、E_{p} 分别为膜中钾离子、钠离子和被动漏电流通道的能斯特电位；g_{K}、g_{Na}、g_{p} 分别为钾离子、钠离子和被动漏电流通道的电导系数。

假设 $C_{\mathrm{m}} = 1$，并做如下替换：$x_i = E_{\mathrm{p}} + v_{\mathrm{m}}$，$A_i = g_{\mathrm{p}}$，$B_i = E_{\mathrm{Na}} + E_{\mathrm{p}}$，$D_i = E_{\mathrm{K}} - E_{\mathrm{p}}$，$S_i^+ = g_{\mathrm{Na}}$，$S_i^- = g_{\mathrm{K}}$，则可以得到

$$
\begin{aligned}
\frac{\mathrm{d}x_i}{\mathrm{d}t} &= -A_i x_i + (E_{\mathrm{Na}} + E_{\mathrm{p}} - x_i)S_i^+ - (E_{\mathrm{K}} - E_{\mathrm{p}} + x_i)S_i^- \\
&= -A_i x_i + (B_i - x_i)S_i^+ - (D_i + x_i)S_i^-
\end{aligned} \tag{16-15}
$$

式中，x_i 是第 i 个神经元的活性值；S_i^+ 是所有正的输入；S_i^- 是所有负的输入；A_i 是活性值的衰减率；B_i 是活性值的上界；D_i 是活性值的下界；A_i、B_i、D_i 都是非负常数。

若外界输入为 0, 即 $S_i^+ = S_i^- = 0$, 则 $\dfrac{\mathrm{d}x_i}{\mathrm{d}t} = -A_i x_i$, 可解得

$$x_i(t) = \mathrm{e}^{-A_i t} x_i(0) \tag{16-16}$$

式中, $x_i(0)$ 是第 i 个神经元活性值初始状态。

针对正的输入项 $(B_i - x_i)S_i^+$, 可知它不仅正比于输入信号 S_i^+, 还跟 $B_i - x_i$ (即活性值 x_i 和它的上界的差) 成正比, 包括如下几种情况:

(1) 如果 $x_i < B_i$, 即 $(B_i - x_i) > 0$, 则 $(B_i - x_i)S_i^+ > 0 \Rightarrow x_i$ 增加;

(2) 如果 $x_i = B_i$, 即 $(B_i - x_i) = 0$, 则 $(B_i - x_i)S_i^+ = 0$, 这时无论 x_i 的值多大, 它都不会改变;

(3) 如果 $x_i > B_i$, 即 $(B_i - x_i) < 0$, 则 $(B_i - x_i)S_i^+ < 0 \Rightarrow x_i$ 减少。

因此, 对应任意的输入及任意初始条件, 在稳定状态下 x_i 将小于它的上界 B_i。

我们再看负的输入项 $-(D_i + x_i)S_i^- = -(x_i - (-D_i))S_i^-$, 可知它不仅正比于输入信号 S_i^-, 还正比于 $(D_i + x_i) = (x_i - (-D_i))$ (即活性值超出下界的部分), 包括如下几种情况:

(1) 如果 $x_i > -D_i$, 即 $(D_i + x_i) > 0$, 则 $-(D_i + x_i)S_i^- < 0 \Rightarrow x_i$ 朝着 D_i 减少;

(2) 如果 $x_i = -D_i$, 即 $(D_i + x_i) = 0$, 则无论 x_i 的值多大, 它都不会改变;

(3) 如果 $x_i < -D_i$, 即 $(D_i + x_i) < 0$, 则 $-(D_i + x_i)S_i^-$ 成为一个正数, x_i 开始上升。

综上所述, 活性值 x_i 介于 $[-D_i, B_i]$。输入信号为

$$S_i^+ = \sum_{j=1}^{n} w_{ji} f_j(x_j) + I_i^+ \tag{16-17}$$

式中, I_i^+ 是第 i 个神经元的外部正的输入; x_j 是第 j 个神经元的活性值, $j = 1, 2, \cdots, n$, n 是跟第 i 个神经元有连接的神经元数; w_{ji} 是从神经元 i 到神经元 j 的正的连接权值; $f_j(\cdot)$ 是神经元 j 的激励函数。对于负的输入项, 可以简化为

$$S_i^- = \sum_{j=1}^{m} w_{ji} g_j(x_j) + I_i^- \tag{16-18}$$

式中, $w_{ji} g_j(x_j)$ 是来自其他相邻神经元的内部负的输入信号; I_i^- 是外部负的输入信号。

16.2.2　基于生物刺激神经网络的机器人导航

在基于生物刺激神经网络的机器人导航方法中, 机器人所处的环境空间被看做二维的笛卡儿空间 W, 而神经网络的状态空间 S 被看做三维的, 其中两个坐标由向量 $p_i \in R^2$ 表示, 代表的是环境空间中的位置点, 即神经元的位置。第三个坐标轴表示的是每个位置点所代表的神经元的活性值。

生物刺激神经网络算法中每个神经元的活性值是由式 (16-15) 衍生而来的, 即每个神经元的刺激性输入 S_i^+ 是由目标和相邻的神经元产生的, 抑制性输入 S_i^- 是由障碍物产生的, 这样神经网络模型中第 i 个神经元的活性值就可以由下面的公式描述:

$$\frac{\mathrm{d}x_i}{\mathrm{d}t} = -Ax_i + (B - x_i)\left([I_i^e]^+ + \sum_{j=1}^{k} w_{ij}[x_j]^+\right) - (D + x_i)[I_i^o]^- \tag{16-19}$$

式中，A 为神经元活性值的被动衰变率；B 为神经元活性值上限；$-D$ 为神经元活性值下限，都是常数；k 为第 i 个神经元可接触范围内的相邻神经元的个数；$[I_i^e]^+ + \sum_{j=1}^{k} w_{ij}[x_j]^+$ 为由目标和相邻神经元对第 i 个神经元产生的刺激性输入；$[I_i^o]^-$ 为由障碍物对第 i 个神经元产生的抑制性输入；函数 $[a]^+$ 为线性阈值函数，定义为 $[a]^+ = \max\{a, 0\}$，而非线性函数 $[a]^-$ 定义为 $[a]^- = \max\{-a, 0\}$；变量 I_i^e 和 I_i^o 分别为目标和障碍物对第 i 个神经元的外部输入，分别定义为

$$I_i^e = \begin{cases} E, & d(p_i, p_e) \leqslant l \\ \dfrac{E}{d(p_i, p_e)}, & l < d(p_i, p_e) \leqslant R_e \\ 0, & d(p_i, p_e) > R_e \end{cases} \tag{16-20}$$

$$I_i^o = \begin{cases} -E, & d(p_i, p_o) \leqslant l \\ \dfrac{-E}{d(p_i, p_o)}, & l < d(p_i, p_o) \leqslant R_o \\ 0, & d(p_i, p_o) > R_o \end{cases} \tag{16-21}$$

式中，E 为一个远大于 B 的正数；p_e 和 p_o 分别为目标和障碍物的位置坐标；p_i 为第 i 个神经元的位置；R_e 和 R_o 为目标和障碍物的影响范围；l 为两个相邻神经元之间的距离，其结构如图 16-6 所示。

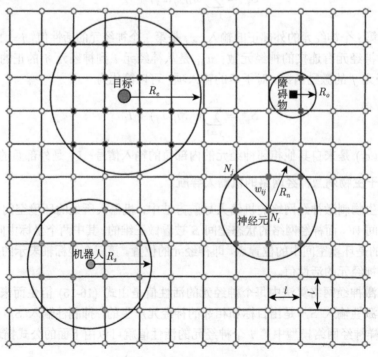

图 16-6　生物刺激神经网络模型

图 16-6 中神经元之间的距离 l 通常取为定值 1，当环境较大时，算法计算量会增加，为了减少计算时间以及机器人运动带来的干扰，l 可以定义为

$$l = \text{round}\{\min(2v, R_s)\} \tag{16-22}$$

式中，R_s 为机器人传感器的探测半径；函数 $\text{round}\{\cdot\}$ 为一个四舍五入函数。

在生物学中，一个神经系统的神经元只对其感受范围内的刺激有反应，所以第 i 个神经元只对小局部范围内的神经元有刺激性联系，w_{ij} 为第 i 个神经元和与其相邻的第 j 个神经元的横向连接权值，定义为

$$w_{ij} = \begin{cases} \dfrac{\mu}{d(p_i, p_j)}, & 0 \leqslant d(p_i, p_j) \leqslant R_n \\ 0, & d(p_i, p_j) > R_n \end{cases} \tag{16-23}$$

式中，μ 和 R_n 是正常数。

在基于生物刺激神经网络的机器人导航方法中，机器人的运动是由神经网络模型中神经元的活性值指引的。对于位置空间 W 中一个给定的机器人位置 p_r，机器人下一时刻的运动方向由以下公式定义：

$$(\theta_R)_{t+1} = \text{angle}(p_r, p_n) \tag{16-24}$$

$$p_n \Leftarrow x_{p_n} = \max(x_j, j = 1, 2, \cdots, k) \tag{16-25}$$

式中，$x_j\ (j = 1, 2, \cdots, k)$ 是机器人传感器侦测范围内所有的神经元的活性值，取其中活性值最大的神经元，位置记为 p_n；函数 $\text{angle}(\cdot)$ 用来计算空间 W 中机器人当前位置 p_r 和其传感器侦测范围内活性值最大的神经元的位置 p_n 之间的夹角。

通过上述方法建立的神经网络模型是一种稳定系统，神经元的活性值介于有限区间 $[-D, B]$ 内，机器人的运动由所建神经网络的动态活性值地图引导。在机器人运动过程中，神经元的活性值永远不会像静态环境中那样达到一个稳定状态，机器人保持向探测范围内活性值最大的神经元移动。而且因为存在很大的外部输入常数 E，可以保证目标所在位置的神经元活性值处于活性值地图的最大值，而障碍物处的神经元活性值在谷底，因此机器人在运动过程中能够有效地避开障碍物到达目标。

16.3　仿动物空间认知的机器人 SLAM 方法

16.3.1　动物空间认知机理研究概述

当人类还处于原始社会时就已经意识到一些动物具有出类拔萃的导向能力，无论阴晴雨雪，纵使万水千山，这些动物总能知道路在何方，准确地找到目的地。随着神经科学、脑科学等学科的发展，以及学界对于感知、记忆和高级脑机能的研究的深入，科学家对动物特别是啮齿 (鼠) 类的海马区 (图 16-7) 神经在学习与记忆过程中的作用，以及空间认知和导航机理等方面有了较深入的了解。

海马体 (hippocampus) 又名海马回、海马区或大脑海马，是位于脑颞叶内的一个部位的名称，人有两个海马，分别位于左、右脑半球。它是组成大脑边缘系统的一部分，担当着关于记忆及空间定位的作用。名字来源于这个部位的弯曲形状貌似海马。

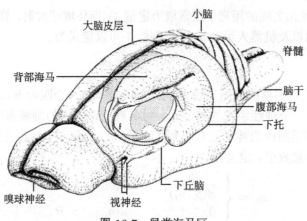

图 16-7　鼠类海马区

在动物解剖中，海马体属于脑的演化过程中最古老的一部分。来源于旧皮质的海马体在灵长类以及海洋生物中的鲸类中尤为明显。虽然如此，与进化树上相对年轻的大脑皮层相比，灵长类动物尤其是人类的海马体在大脑中只占很小的比例。相对新皮质的发展，海马体的增长在灵长类动物中的重要作用是使得其脑容量显著增长。

20 世纪初，开始有科学家认识到海马体对于某些记忆以及学习有着基本的作用。特别是 1957 年 Scoville 和 Milner 报告了神经心理学中很重要的一个病例。这是来自一位被称为 H. M. 患者的报告，H. M. 算是神经心理学的领域之中被检查得最详细的人物。由于长期的癫痫症状，医生决定为他进行手术，切除了颞叶皮层下一部分的边缘系统组织，其中包括了两侧的海马区，手术后癫痫的症状被有效控制，但自此以后 H. M. 失去了形成新的陈述性长时记忆的能力。这个发现变成了让许多人想了解海马区在记忆及学习机制的契机，而成为一种流行，无论在神经解剖学、生理学、行为学等各种不同领域，都对海马区做了相当丰富的研究。现在，海马区与记忆的关系已经为人们所了解。

尽管心理学家与神经学家对海马区的作用存在争论，但是都普遍认同海马区的重要作用是将经历的事件形成新的记忆 (情景记忆或自传性记忆)。一些研究学者认为应该将海马体看作对一般的陈述性记忆起作用内侧颞叶记忆系统的一部分 (陈述性记忆指的是那些可以被明确描述的记忆，如 "昨天晚饭吃了什么" 这样的关于经历过的事情的情景记忆，以及 "地球是圆的" 这样的关于知识的概念记忆)。

老鼠实验的研究显示，海马体的神经元有空间放电区，如果老鼠发现自己处在某个地点，无论该老鼠移动的方向为何，有些细胞会发电，这些细胞称为位置细胞 (place cells)。在老鼠身上，有些细胞称为分野细胞 (splitter cells)，该种细胞的发电取决于动物的近期经验 (回顾记忆，retrospective memory)，或是期待即将的未来 (前瞻记忆，prospective memory)。根据不同的身处地点，不同的细胞会发电；因此，只要观察细胞的放电情形，就可能指出动物身处的地点。在人类身上，当人们在虚拟世界的城镇里寻找方向时，就会涉及 "位置细胞"。1984 年纽约大学的 Ranck 等又发现一组与动物的方向感知直接相关的神经细胞并命名为头向细胞 (head direction cell)，头向细胞的兴奋度能够辨别头部的朝向，通过这两种细胞的兴奋状态能够准确判断出在某一时间老鼠所处的精确位置。

发现了 "位置细胞"，表明海马体可能扮演认知地图 (cognitive map) 的角色，而认知地图就是环境格局的神经重现。又有实验表明老鼠的运动速度和海马区头向细胞放电率之间存在某种正比关系；又如，在 T 型迷宫实验中，当老鼠穿过 T 型路口时，它的海马区细胞放电情况取决于它是向左还是向右拐弯；进一步的实验表明，当老鼠不停地在 2 个奖赏位置反复运动，它们的一些海马神经会逐渐改变放电模式，当老鼠接近某一个奖赏点时，这些海马神经的放电会达到最大。研究人员相信，若要在熟悉环境之间找出捷径及新的路线，海马体扮演着极重要的角色。

2005 年挪威大学的 May-Britt Moser 和 Edvard Moser 夫妇在海马区以外的内嗅皮质的脑区里发现了一种全新的神经细胞并将其命名为网格细胞。网格细胞在二维空间中被激活的位置处于由同样大小的正三角形铺满的网格上。相同的网格细胞在不同的环境中，网格的大小、朝向及空间相位等相对关系均保持不变。相反，位置细胞通常在不同环境中编码不同的位置，它们之间的区别如图 16-8 所示。二者的区别提示了网格细胞系统可能作为导航系统的空间标尺。

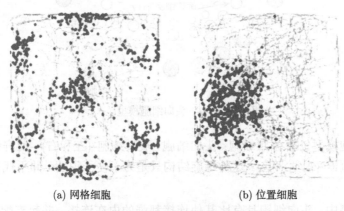

(a) 网格细胞   (b) 位置细胞

图 16-8 网格细胞与位置细胞放电结构图的比较

网格细胞独特的放电特征，以及它与位置细胞之间存在的特殊联系，都为空间记忆的神经机制的研究提供了新的视角。关注网格细胞与位置细胞的交互作用、内嗅皮层与海马体在记忆储存中的重要性，明确网格细胞的自身特性、网格图的形成机制，以及网格图在内嗅皮层上所具有的地形特征，对于完善空间记忆的研究具有重要意义。

16.3.2 空间认知计算模型

目前，许多神经科学家在已知的生物学原则或可加检验的假说的基础上，采用计算机仿真，利用综合神经模拟的方法来探求复杂的脑过程，而计算机科学家和人工智能学者也试图给出种种计算模型来解释知觉、记忆、推理的神经过程，下面对其中的头向细胞和位置细胞模型进行简单介绍。

1) 头向细胞模型

鼠类实验表明，头向细胞模型中几个重要的因素必须被考虑到：① 头向细胞的转向曲线的形状；② 前庭输入对头向细胞的控制作用；③ 视觉信号对头向细胞的稳定性相关影响。在前人研究的基础上，美国亚利桑那大学的 Skaggs 等提出了一种螺旋结构的头向细胞模型, 如图 16-9 所示。

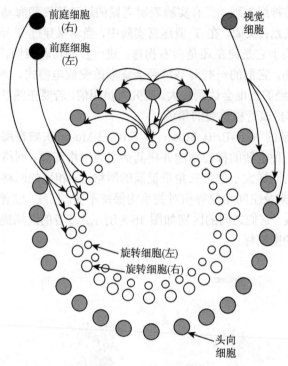

图 16-9　头向细胞模型

　　该头向细胞模型包括 4 组细胞: 头向细胞、旋转细胞 (左和右)、前庭细胞 (左和右) 和视觉特征探测器 (视觉细胞)。这种螺旋结构只是为了便于说明, 并不代表其在大脑中的解剖结构。

　　在这个模型中, 头向细胞具有比其他连接都强的内在连接, 并起支配作用, 其他的输入信号只提供相对较小的扰动。这个神经网络模型的关键特性是: 假设它具有一个稳定状态, 而且, 在圆形结构上的一个点上有一组被激活的细胞。此时, 假设有一个外部输入, 它在峰值的一侧 (左或右) 有选择地激发细胞。然后这个峰值会向输入信号的位置方向旋转, 而旋转的速度会随着输入强度的增加而增加。

　　上述特征被系统的前庭视觉机制和视觉控制所充分利用, 其中前庭神经机制通过一层旋转的 "细胞" 来运作, 对应于头向细胞的圆。这里有两组旋转细胞, 分别用于左和右旋转。每个右旋转细胞发送兴奋性刺激给它相邻的右边的头向细胞, 但不刺激它相邻的左边的头向细胞。同样, 左螺旋细胞只刺激它相邻的左边的头向细胞。

　　该细胞模型工作机制比较容易理解: 当动物向右转时, 右前庭细胞被激活, 然后是当前的头方向系统峰值处的右旋转细胞被激活。这些会刺激头向细胞到达峰值的右侧, 从而导致峰值发生向右位移。这又会导致一组新的旋转细胞变得活跃 (并且旧的不活跃), 然后从峰值开始, 以此类推。于是, 这个峰值会以同样的动物转弯速度绕着圈子移动, 从而这个峰值的位置将会起到作为一个非自我中心的指南针的作用。

　　在这个模型中, 最后的组成部分就是一系列视觉特征探测器 (视觉细胞)。只有当对应于老鼠头部轴向一个特定的角度的一个特定的视觉特征被定位, 相应的探测器才做出反应。这里假设每个视觉特征探测器都会对头向细胞有一个弱刺激, 它们之间的连接通过 Hebbian 学习规则进行校正, 即

$$\Delta W = \alpha(W_{\max} f(\lambda_{\text{pose}}) - W)\lambda_{\text{pre}} \tag{16-26}$$

式中, W 是连接权值; $W_{\max}$ 是最大可能值; λ_{pose} 是突触后细胞的激发率; λ_{pre} 是突触前细胞的激发率。函数 $f(\cdot)$ 曲线如图 16-10 所示。

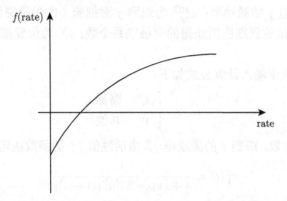

图 16-10   突触权值变化与突触后细胞的激发率的关系曲线

2) 位置细胞模型

英国牛津大学的 Stringer 等利用动态吸引子网络进行位置细胞建模, 其结构如图 16-11 所示。

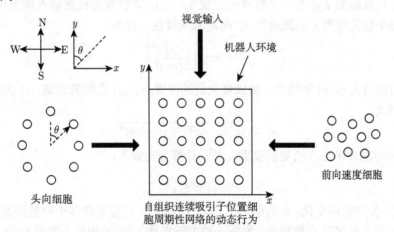

图 16-11   位置细胞的连续吸引子网络模型

该模型阐述了网络的自组织性, 由于这种自组织性, 连续吸引子网络中神经元之间能够建立表示状态空间距离的突触联系。该模型是由位置细胞的重复网络组成的, 该位置细胞接收来自视觉系统的输入, 特别是有一种可更改的突触联系: 位置细胞网络的周期性联系, 这些联系是由机器人在封闭区域内移动时, 通过有效的视觉输入学习建立起来的。

　　假设学习阶段的视觉输入作为位置细胞主要的兴奋输入，初始学习阶段，有效的视觉输入能够建立连续吸引子网络的神经元之间的周期性突触联系；随后在测试阶段，该神经网络能够稳定地表示静止机器人的静态位置。

　　测试阶段连续吸引子网络的位置细胞的行为由以下方程进行描述，每个位置细胞 i 的动态活性值 h_i^{p} 可以根据式 (16-27) 进行计算：

$$\tau \frac{\mathrm{d}h_i^{\mathrm{p}}(t)}{\mathrm{d}t} = -h_i^{\mathrm{p}}(t) + \frac{\phi_0}{C^{\mathrm{p}}} \sum_j (w_{ij}^{\mathrm{RC}} - w^{\mathrm{INH}}) r_j^{\mathrm{p}}(t) + I_i^{\mathrm{V}} \tag{16-27}$$

式中，r_j^{p} 为位置细胞 j 的激励率；w_{ij}^{RC} 为细胞 j 对细胞 i 的激励突触权重；w^{INH} 和 ϕ_0 为常数；C^{p} 为从其他位置细胞所获得的突触联系个数；I_i^{V} 为位置细胞 i 的视觉输入；τ 为系统的时间常数。

　　位置细胞 i 的视觉输入计算公式如下：

$$I_i^{\mathrm{V}} = \begin{cases} C, & \text{路标} \\ 0 & \text{其他} \end{cases} \tag{16-28}$$

式中，C 为一个正常数。细胞 i 的激励率 r_i^{p} 由活性值 h_i^{p} 的函数决定：

$$r_i^{\mathrm{p}}(t) = \frac{1}{1 + \exp[-2\beta(h_i^{\mathrm{p}}(t) - \alpha)]} \tag{16-29}$$

式中，α 和 β 为 S 函数的阈值和斜率，且 $\alpha \in [-20, 0.0]$。式 (16-27) 和式 (16-29) 决定了二维连续吸引子网络位置细胞的内部动态变化，Stringer 等用这两个公式处理一维连续吸引子网络的头向细胞的行为，这些网络的外部输入决定了空间维度的细胞响应特性。

　　学习阶段视觉输入驱动着位置细胞，这样机器人在特殊位置将会获得最大的激励。因此，每个位置细胞 i 都有一个特殊的位置 (x_i, y_i)，该位置为视觉输入最大化的细胞位置。故设每个位置细胞 i 的激励率 r_i^{p} 高斯响应特性方程为

$$r_i^{\mathrm{p}} = \exp\left[\frac{-(s_i^{\mathrm{p}})^2}{2(\sigma^{\mathrm{p}})^2}\right] \tag{16-30}$$

式中，s_i^{p} 为机器人 (x, y) 和细胞 i 激励最大值的位置 (x_i, y_i) 之间的距离；σ^{p} 为标准差。s_i^{p} 的计算公式为

$$s_i^{\mathrm{p}} = \sqrt{(x_i - x)^2 + (y_i - y)^2} \tag{16-31}$$

　　可以利用联合学习方法更新权重 w_{ij}^{RC}，计算公式如下：

$$\delta w_{ij}^{\mathrm{RC}} = k r_i^{\mathrm{p}} r_j^{\mathrm{p}} \tag{16-32}$$

式中，$\delta w_{ij}^{\mathrm{RC}}$ 为突触的变化；k 为学习率，是一个常数。该规则将各个位置细胞联系起来，并且距离越近的突触联系越紧密。另外一种更新权重 w_{ij}^{RC} 的规则为路径规则，计算公式如下：

$$\delta w_{ij}^{\mathrm{RC}} = k \bar{r}_i^{\mathrm{p}} \bar{r}_j^{\mathrm{p}} \tag{16-33}$$

式中，$\bar{r}^{\mathrm{p}}$ 表示位置细胞激励率的轨迹值，公式如下：

$$\bar{r}^{\mathrm{p}}(t + \delta t) = (1 - \eta) r^{\mathrm{p}}(t + \delta t) + \eta \bar{r}^{\mathrm{p}}(t) \tag{16-34}$$

式中，η 是位于区间 $[0, 1]$ 内的参数。

16.3.3 仿动物空间认知的 RatSLAM 算法

在各种动物空间认知计算模型的基础上,澳大利亚昆士兰大学的 Milford 等提出一种生物启发的 SLAM 算法框架,该框架基于啮齿类动物海马体的映射模型,取名为 Rat-SLAM。该算法框架由三个部分构成:一系列的局部视觉细胞、一个位置细胞网络和一个经验地图,如图 16-12 所示。

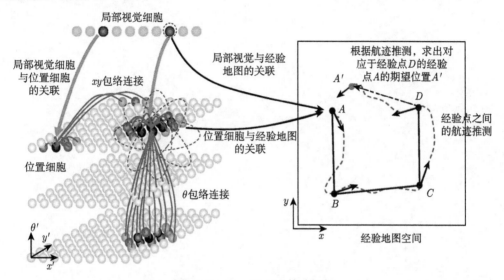

图 16-12　RatSLAM 算法框架

在这个算法框架中,位置细胞是一个三维结构的动态吸引子网络。对于每一个位置细胞,局部的刺激和抑制输入都是通过一个三维高斯分布连接实现的,具体为

$$\varepsilon_{a,b,c} = \mathrm{e}^{-(a^2+b^2)/k_p^{\mathrm{exc}}}\,\mathrm{e}^{-c^2/k_d^{\mathrm{exc}}} - \mathrm{e}^{-(a^2+b^2)/k_p^{\mathrm{inh}}}\,\mathrm{e}^{-c^2/k_d^{\mathrm{inh}}} \tag{16-35}$$

式中,k_p 和 k_d 分别为位置和方向的常数系数;a、b 和 c 分别为坐标轴 x'、y' 和 θ' 的单位距离。

局部视觉细胞是一组速率编码单元,用来表征机器人所看到的场景。局部视觉细胞 V_i 和位置细胞 $P_{x',y',\theta'}$ 之间的连接权值存储在矩阵 β 中,其计算公式如下:

$$\beta_{i,x',y',\theta'}^{t+1} = \max\left(\beta_{i,x',y',\theta'}^{t}, \lambda V_i P_{x',y',\theta'}\right) \tag{16-36}$$

式中,λ 是学习率。该模型产生的经验地图是一个半度量拓扑地图,它包括位置信息 (称为经验点),以及各位置点之间的连接 (用以描述这些经验点之间的转移情况)。

课 后 习 题

1. 生物启发式方法与传统智能计算方法的区别是什么?
2. 查找文献,介绍 2 种本书之外的生物启发式方法的工作原理。
3. 阐述基于生物刺激神经网络的机器人导航工作原理。

4. 编程实现基于生物刺激神经网络的机器人导航仿真。

5. 位置细胞与网格细胞放电特性有什么不同。

6. 查找文献，介绍 1 种以上本书之外的其他动物空间认知相关计算模型。

7. 查找资料，给出 RatSLAM 算法的详细步骤。

第17章　智能机器人设计与开发

智能机器人是一种具有高度自规划、自组织、自适应能力，适合在复杂环境中工作的自主式移动机器人。智能机器人的目标是在没有人的干预、无须对环境做任何规定和改变的条件下，有目的地移动和完成相关任务。随着计算机技术和人工智能技术及传感技术的迅速发展，智能机器人系统的研究具备了坚实的技术基础和良好的发展前景。

一个理想化的、完善的智能机器人系统通常由 3 个部分组成：移动机构、感知系统和控制系统。目前对智能机器人的发展影响较大的关键技术是编程语言与编程方式、传感器技术、智能控制技术、路径规划技术、导航和避障技术及人机接口技术等。本章将主要介绍智能机器人的设计和开发相关问题。

17.1　智能机器人设计的基本步骤

(1) 需求分析。在进行智能机器人设计之前，首先需要进行需求分析，即明确智能机器人需要实现哪些功能，然后收集资料进行可行性分析。

(2) 方案选择。根据需求分析，进行原理设计，并制定方案，包括硬件方案、软件方案等。对比各方案的优缺点，需要从技术的先进性、实现的难易程度、经济性等几个方面综合考虑，确定最终的设计方案。

(3) 准备材料。按照智能机器人的功能要求和工作环境，并根据最终的设计方案准备相应材料，此时应该对材料的组合方式、机器人功能的实现原理有清楚的构思。

(4) 机器人实现。包括硬件实现和软件实现两部分，部分工作可以同时进行，例如，核心算法实现因为时间较长，可以跟硬件实现工作同时开展，必要的时候可以利用仿真平台进行仿真测试。对于动作执行功能方面的程序则可以在硬件完成之后，再进行开发。

(5) 调试和完善。对机器人进行调试、修改、完善。每一件产品的生产完成后都要对其各项性能指标进行测试和调试。

智能机器人设计与开发基本流程如图 17-1 所示。

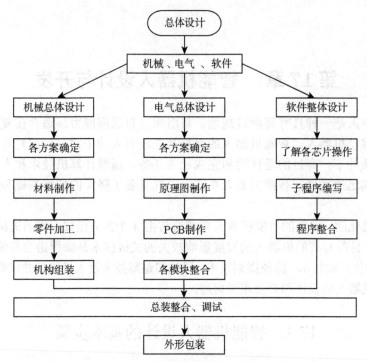

图 17-1   智能机器人设计与开发基本流程

17.2 机器人硬件设计与开发

智能机器人的设计与开发是一个基于计算机技术，并将机械、电子、控制等技术与信息技术的应用有机组合的综合应用实践。它充分体现了技术世界的奥妙与神奇，实践性强、挑战性大、涉及面广。

下面简单介绍一种智能机器人设计方案所需的主要硬件及相关传感器，该方案没有采用一般智能机器人所使用的单片机系统，而是采用了通用 PC 主板作为整个智能机器人的控制器，这样有助于硬件系统的快速集成。

17.2.1 主板

当前，计算机 CPU、内存等硬件的发展速度越来越快，系统的集成度越来越高，Windows 系统、UNIX 系统越来越普及，可视化的编程环境、产业化的软件开发 —— 智能机器人领域越来越看重 PC 的发展。目前，许多机器人硬件设计尝试用通用 PC 主板来设计智能机器人的"大脑"。

主板是整个系统结构的承载者，因此选择一块好的主板对智能机器人的性能起很大的决定作用，选择主板时，要考虑主板芯片在现在市场上的适用性和以后的兼容性。内存结构应该选择 DDR 结构，使内存与 CPU 传输速度间的瓶颈得到较好的解决。考虑到 PCI 总线技术比较成熟，速率较高，而且稳定性比 USB 好，所以尽量选用 PCI 总线，但同时主板也要带有 USB 接口、COMPORT 接口等，为将来智能机器人提供周边设备的扩展做准备。总线扩展槽至少要有 3 个才能满足智能机器人硬件的基本要求：PCI 图像处理卡、数据采集卡、网卡等。

另外，在达到以上要求的同时，还要考虑主板最后要和智能机器人进行整合，成为智能机器人的内核，因此主板的尺寸不能太大，以方便放入智能机器人内部。

17.2.2 数据采集卡

多功能数据采集卡是智能机器人外部传感器和智能机器人内核联系中介。智能机器人外部连接的各类传感器通过数据采集卡的数字端口将采集到的数据送到智能机器人内部，为智能机器人的移动和各种其他功能提供基础数据。

多功能数据采集卡可以选用基于 PCI 总线数据采集与控制板 PCI-64AD，为 64 通道高增益多功能即插即用型，可用于采集红外线传感器、光敏传感器、碰撞传感器、温度传感器、气体传感器等数据。其产品规格如下：32 位 PC 总线，即插即用；64 路单端或者 32 路双端模拟输入通道；双极性模拟输入范围；板上 A/D 1KB 的 FIFO 内存；自动扫描通道选择；最高至 100kHz 采样速率；可编程增益 ×1、×10、×100、×1000；3 种触发模式 (软件触发、定时器触发和外部触发)；16 通道 DI 和 16 通道 DO；紧凑型，半长 PCB。

17.2.3 传感器

为了让智能机器人正常工作，必须对智能机器人的位置、姿态、速度和系统内部状态等进行监控，还要感知智能机器人所处的工作环境的静态和动态信息，使得智能机器人相应的工作顺序和操作内容能自然地适应工作环境的变化。

传感器技术的发展对于智能机器人的应用和发展都起到了至关重要的作用。未来传感器发展将主要表现在利用半导体材料和大规模集成电路工艺上，将测量电路和敏感元件结合成一体，以提高传感器的灵敏度、精确度和可靠性，实现小型化、智能化。超小型化、高可靠性及廉价的传感器的出现，将从根本上改变机器人编程及其控制系统的设计。

第 11 章已经对机器人主要传感器的工作原理等进行了介绍，下面给出几款常用的传感器硬件资源。

1) 超声波测距传感器

超声波测距传感器利用声音在空气中的传输距离和传输时间成正比的原理，通过检测不同远近的反射面对超声波反射回去的时间不同来检测障碍物的距离。例如，HC-SR04 超声波测距传感器模块 (图 17-2) 具有如下性能。

图 17-2　HC-SR04 超声波测距传感器模块

(1) 采用 IO 口 Trig 触发测距，输入至少 10μs 的高电平信号。

(2) 模块自动发送 8 个 40kHz 的方波，自动检测是否有信号返回。

(3) 有信号返回，通过 IO 口 ECHO 输出一个高电平，高电平持续的时间就是超声波从发射到返回的时间。则

$$测试距离 = (高电平持续时间 \times 声速)/2 \tag{17-1}$$

本模块使用方法简单，一个控制口发一个 10μs 以上的高电平，就可以在接收口等待高电平输出。一有输出就可以开定时器计时，当此口变为低电平时就可以读定时器的值，此时就为此次测距的时间，可算出距离。

2) 红外测距传感器

红外测距传感器利用红外信号遇到障碍物距离的不同反射的强度也不同的原理，进行障碍物远近的检测。红外测距传感器具有一对红外信号发射与接收二极管，发射管发射特定频率的红外信号，接收管接收这种频率的红外信号。图 17-3 所示为 Sharp_GP2Y0A 红外测距传感器。

图 17-3　Sharp_GP2Y0A 红外测距传感器

3) 碰撞检测传感器

碰撞检测传感器又称碰撞开关：电路常开，碰到障碍物后连通，可以用来检测机器人是否发生碰撞。图 17-4 所示为 RB-02S033 碰撞检测传感器。其工作电压为 3.5~5.5V。主要引脚有 "S"：信号控制端 (Signal)；"+"：电源 (VCC)；"−"：地 (GND)。利用该模块，通过编程可以实现发光灯控制、发声器控制、LCD 显示按键选择等功能；也可以安装到移动机器人平台上，实现碰撞检测功能，使用方便简单。

图 17-4　RB-02S033 碰撞检测传感器

4) 电子指南针传感器

电子指南针传感器：利用磁场传感芯片制成，将地磁信号转化为电信号输出，用于定位系统，精度高、稳定性好。

5) 陀螺仪

螺旋仪是一种用来传感与维持方向的装置，主要是由一个位于轴心且可旋转的转子构成。陀螺仪一旦开始旋转，由于转子的角动量，陀螺仪有抗拒方向改变的趋向。图 17-5 所示为一款 CRS07 微机械陀螺仪，该传感器将输出与转速和输入电压成比例的直流电压，即使在严重的冲击和振动下也能进行高性能运动检测。采用独特的硅环技术，加上闭环电子元件，可以在时间和温度方面提供先进和稳定的性能，解决了简单的基于光纤或音叉传感器的安装灵敏度问题。

图 17-5 CRS07 微机械陀螺仪

17.2.4 触摸屏

作为智能机器人，用户和智能机器人之间的交互必不可少。实现人机交互的方式比较多，可以是键盘输入、语音输入等，其中触摸屏输入是常用的方案之一。

触摸屏的基本原理是，当用手指或者其他物体触摸安装在显示器前端的触摸屏时，所触摸的位置 (以坐标形式) 由触摸屏控制器检测，并且通过接口 (如 RS-232 串行口) 送到 CPU，从而确定输入的信息。触摸屏系统一般包括触摸屏控制器 (卡) 和触摸点检测装置两个部分。其中，触摸屏控制器 (卡) 的主要作用是从触摸点检测装置上接收触摸信息，并且将它转换成触点坐标，再送给 CPU，它同时能接收 CPU 发来的命令并加以执行；触摸点检测装置一般安装在显示器的前端，主要作用是检测用户的触摸位置，并传送给触摸屏控制器 (卡)。

目前国内市场上有表面声波触摸屏、电阻触摸屏、电容感应触摸屏、红外线触摸屏等，根据智能机器人所工作的环境和各类触摸屏的特性，通常选择电阻触摸屏，电阻触摸屏的屏体部分是一块与显示器表面相匹配的多层复合薄膜，由一层玻璃或者有机玻璃作为基层，表面涂有一层透明的导电层，上面再盖有一层外表面硬化处理、光滑防刮的塑料层，它的内表面也涂有一层透明导电层，在两层导电层之间有许多细小 (小于千分之一英寸[①]) 的透明隔离点把它们隔开绝缘。当手指触摸屏幕时，平常相互绝缘的两层导电层就在触摸点位置相互接触，因其中一面导电层接通 Y 轴方向的 5V 均匀电压场，侦测层的电压由零变为非零，这种接通状态被控制器侦测到后，进行 A/D 转换，并将得到的电压值与 5V 相比即可得到触摸点的 Y 轴坐标；同理得出 X 轴的坐标。

电阻触摸屏根据引出线数量，分为四线、五线、六线等多线电阻触摸屏，图 17-6 所示为四线电阻式触摸屏 (模拟型) TS-TIAN01-10460-0337-47。该触摸屏视野区域为 109mm×62mm，输入力 < 100g，线性度 < 1.5%，敲击寿命 1 000 000 次，响应时间 < 15ms。

---

① 1 英寸 =2.54 厘米。

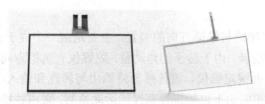

图 17-6　触摸屏 TS-TIAN01-10460-0337-47

17.2.5　无线网卡

为了让智能机器人能够为用户提供各种服务，将智能机器人和互联网连接，进行必要的数据传输是必不可少的。因为智能机器人需要自由移动，使用无线通信方式是最佳选择。

常用的无线通信技术包括红外线通信、蓝牙 (Bluetooth)、ZigBee、Wi-Fi、蜂窝网络等，各种技术各有优缺点。在室内移动机器人中常采用无线局域网技术，其中必不可少地需要用到无线网卡。无线网卡根据接口不同，主要有 PCMCIA 无线网卡、PCI 无线网卡、MiniPCI 无线网卡、USB 无线网卡、CF/SD 无线网卡几类产品。

17.2.6　其他硬件设备

近年来，在包括虚拟环境的人机接口技术方面的研究工作非常活跃，已开发出各式各样的输入和输出装置，如三维鼠标、数据手套、快门眼镜、头盔等，如图 17-7 所示。同时，各种具有更好性能的临场感方法相继被提出来，如具有类似人的器官大小的手、臂和双眼视觉系统等，利用临境技术建立机器人工作环境，可以让操作者身临其境进行机器人操作。

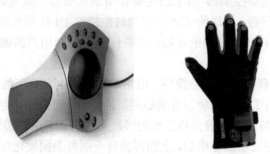

图 17-7　三维鼠标、数据手套

17.3　机器人软件设计与开发

17.3.1　机器人的软件架构

架构可定义为组件的结构及它们之间的关系，以及规范其设计和后续进化的原则和指南，系统架构也可称其为如何实施解决方案的一个策略性设计。另外，软件工程的基本要求包括模块化、代码可复用、功能可共享。使用通用的框架，有利于分解开发任务及代码移植。机器人软件同样遵从软件工程的一般规律。简言之，架构就是你如何把机器人的功能打散，再如何把代码组织起来。

从人类第一台可编程的机器人开发伊始，架构问题就与之相伴而生。早在 1996 年，Garlan 和 Shaw 在《软件架构：一门新兴学科的展望》就总结了移动机器人的基本设计需求：① 慎思规划和反应式行为；② 容许不确定性；③ 考虑危险；④ 灵活性强。针对这些要求，他们评估了四种用于移动机器人的架构，包括控制回路 (control loop)、分层 (layers)、隐式调用 (implicit invocation)、黑板 (blackboard)。经过了几十年的实践，一些架构逐渐被淘汰，一些架构逐渐被完善起来。

1) 三种典型结构

(1) SPA 结构

机器人天然的工作模式是 "See-Think-Act"，所以自然而然地就形成了 "传感–计划–行动"(SPA) 结构：从感知进行映射，经由一个内在的世界模型构造，再由此模型规划一系列的行动，最终在真实的环境中执行这些规划。与之对应的软件结构称为经典模型，也称为层次模型、功能模型、工程模型或三层模型，这是一种由上至下执行的可预测的软件结构。

SPA 机器人系统典型的结构中建立有三个抽象层，分别称为行驶层 (最低层)、导航层 (中间层)、规划层 (最高层)。传感器获取的载体数据由下两层预处理后再到达最高 "智能" 层作出行驶决策，实际的行驶 (如导航和低层的行驶功能) 交由下面各层执行，最低层再次成为与机器人的接口，将行驶指令发送给机器人的执行器。

缺点：这种方法强调世界模型的构造并以此模型规划行动，而构造符号模型需要大量的计算时间，这对机器人的性能会有显著的影响。另外，规划模型与真实环境的偏差将导致机器人的动作无法达到预期的效果。

(2) 基于行为的结构

由于 SPA 系统过于死板，出现了另一种实现方法：基于行为的方法。基于行为的方法前身是反应式系统，反应式系统并不采用符号表示，却能够生成合理的复合行为。基于行为的机器人方案进一步扩展了简单反应式系统的概念，使得简单的并发行为可以结合起来工作。

基于行为的软件模型是一种由下至上的设计，因而其结果不易预测，每一个机器人功能性 (functionality) 被封装成一个小的独立的模块，称为一个 "行为"，而不是编写一整个大段的代码。因为所有的行为并行执行，所以不需要设置优先级。此种设计的目的之一是易于扩展，例如，便于增加一个新的传感器或向机器人程序里增加一个新的行为特征。所有的行为可以读取载体所有传感器的数据，但当归集众多的行为向执行器产生单一的输出信号时，则会出现问题。

(3) 混合结构

没有万灵的结构，混合系统结合了 SPA 和反应体系的原理，将多种混合系统应用在传感器和电机输出间进行协调来完成任务。混合结构最具吸引力的好处可能是：系统按照有利于完成任务的标准进行设计，而非刻板地遵循某一教条。但再复杂的机构，基本上也都是二者的组合。

2) 机器人软件架构范例

机器人软件架构是一个典型的控制回路的层次集, 通常包含了高端计算平台上的高级任务规划、运动控制回路以及最终的现场可编程门阵列 (field programmable gate array, FPGA)。在这中间, 还有循环控制路径规划、机器人轨迹、障碍避让和许多其他任务。这些控制回路可在不同的计算节点 (包括台式计算机、实时操作系统及没有操作系统的自定制处理器) 上以不同的速率运行。

在某些时候, 系统中的各个部分必须一同运行。通常情况下, 这需要在软件和平台间预定义一个非常简单的界面 —— 就如控制和监测方向与速度般简单。共享软件栈的不同层次的传感器数据是一个不错的想法, 但会给集成带来相当人的麻烦。每个参与机器人设计的工程师或科学家的理念都有所不同, 举例来说, 同一个架构对于计算机科学家来说运作良好, 而在机械工程师那里可能就无法正常工作。

典型的机器人软件包括驱动程序、平台和算法层组件, 而具备用户交互形式的应用包含了用户界面层 (该层可能不需要完全自主实现)。

下面以带有机械手臂的自主移动机器人为例, 介绍其软件架构, 如图 17-8 所示, 该软件架构由三至四层系统构成, 软件中的每一层只取决于特定的系统、硬件平台或机器人的终极目标, 与其上下层的内容完全不相关。

图 17-8　机器人参考架构

(1) 驱动层 (driver layer)

顾名思义, 驱动层主要处理机器人操控所需的底层驱动函数。在这一层的组件取决于系统中的传感器和执行器, 以及运行着驱动软件的硬件。一般情况下, 这一层的模块采集工程单位 (位置、速度、力量等) 中激励器的设定值, 生成底层信号来创建相应的触发, 其中可能包括关闭这些设定值循环的代码。同样地, 该层的模块还能采集原始传感器数据, 将其转换成有用的工程单位, 并将传感器值传输至其他架构层。

驱动层可以连接到实际的传感器或激励器, 或连接环境仿真器中的 I/O。除了驱动层以外, 开发人员无须修改系统中的任何层, 就能在仿真和实际硬件之间进行切换。

(2) 平台层 (platform layer)

平台层中的代码对应了机器人的物理硬件配置。该层中底层的信息和完整的高层软件之间能够进行双向转换, 频繁地在驱动层和高层算法层之间切换。

(3) 算法层 (algorithm layer)

该层中的组件代表了机器人系统中高层的控制算法。如机器人常用的避障功能，可以使用矢量场直方图 (vector field histogram, VFH) 避障算法，距离数据从平台层发送至距离传感器，再由 VFH 模块接收。VFH 模块的输出数据包含了路径方向，该信息直接发送到平台层上。在平台层上，路径方向输入转向算法，并生成底层代码，然后直接发送到驱动层上的电机上。

在算法层中，每个任务都具有一个高层目标，与平台或物理硬件无关。如果机器人拥有多个高层目标，那么这一层还需包含仲裁来为目标排序。

(4) 用户接口层 (user interface layer)

用户接口层中的应用程序并不需要完全独立，它为机器人和操作员提供了物理互动，或在 PC 主机上显示相关信息。

根据目标硬件不同，软件层可能分布于多个不同目标。在很多情况下，各个层都在一个计算平台上运行。对于不确定的应用程序，软件目标为运行 Windows 或 Linux 系统的单台 PC。对于需要更为严格定时限制的系统，软件目标为单个处理节点，且具备实时操作系统。

目前还有很多方法来构建机器人软件，但是任何设计都需要预先作出考虑与规划，才能适应架构。作为回报，一个定义明确的架构有助于开发人员轻松地并行处理项目，将软件划分成明确的界面层次。此外，将代码划分成具有明确的输入和输出功能模块有助于今后项目中的代码组件复用。

17.3.2 机器人编程方式

机器人编程方式是一个大问题，主要包括三种方式，即直接示教方式、离线程序设计方式、机器程序语言方式。

1) 直接示教方式

直接示教方式也称示教再现方式，其具体做法是，使用示教盒根据作业的需要把机器人相应部件如机械手等送到作业所需要的位置上去，并处于所需要的姿态，然后把这一位置、姿态存储起来。对作业空间的各轨迹点重复上述操作，机器人就把整个作业程序记忆了下来。工作时，再现上述操作就能使机器人完成预定的作业，同时可以反复同样的作业过程。

直接示教方式的优点是不需要预备知识，不需要复杂的计算机装置，所以被广泛使用，尤其适合单纯的重复性作业，如搬运、喷漆、焊接等。

直接示教方式的缺点是：

(1) 示教时间长、速度慢；

(2) 不同的机器人，或者即使同一个机器人，对于不同的任务都需要重新示教；

(3) 无法接受感觉信息的反馈；

(4) 无法控制多台机器人的协调动作。

2) 离线程序设计方式

离线程序设计方式就是使用计算机辅助设计软件，计算出为了完成某一作业，机器人相应部件如机械手等应该运动的位置和姿态，即用 CAD 的方法产生示教数据。这一方式克服了直接示教方式的缺点, 对于复杂的作业, 或需要给出连续的数据时, 采用此方法是比较合适的。

3) 机器程序语言方式

机器程序语言方式就是使用机器人程序设计语言编程, 使机器人按程序完成作业。这种方式的优点是:

(1) 由于用计算机代替了手动示教, 提高了编程效率;

(2) 语言编程与机器人型号无关, 编好的程序可供多台机器人或不同型号的机器人使用;

(3) 可以接受感觉信息;

(4) 可以协调多台机器人工作;

(5) 可以引入逻辑判断、决策、规划功能以及人工智能的其他方法。

17.3.3   机器人程序设计语言

机器人程序设计语言一般是一种专用语言, 即用符号来描述机器人的动作。这种语言类似于通常的计算机的程序设计语言, 但有所区别。一般所说的计算机语言, 仅指语言本身, 而机器人语言实际上是一个语言系统。

机器人语言系统既包含语言本身 —— 给出作业的指示和动作指示, 又包含处理系统 —— 根据上述指示来控制机器人系统, 另外还包括了机器人的工作环境模型。

根据作业描述水平的高低, 机器人语言通常分为三级: 动作水平级、对象物水平级和作业目标水平级 (也称任务级)。动作水平级语言是以机械手的运动作为作业描述的中心, 由使手爪从一个位置到另一个位置的一系列命令组成; 对象物水平级语言是以部件之间的相互关系为中心来描述作业的, 与机器人的动作无关; 作业目标水平级语言则是以作业的最终目标状态和机器人动作的一般规则的形式来描述作业的。这种分类法较好地反映了语言的水平和功能, 但在级与级之间还有些模糊或混乱, 所以, 另一种分类法将机器人语言分为五级: 操作水平级、原始动作水平级、结构性动作水平级、对象物状态水平级和作业目标水平级。

机器人程序设计语言研究是智能机器人研究的重要方面, 这方面现在也有不少成果, 人们已经开发出了许多机器人语言。这些语言有汇编型的, 如 VAL; 有解释型的, 如 AML; 有编译型的, 如 AL、LM 语言; 还有自然语言型的, 如 AUTOPASS 等。近年来, 机器人程序设计语言有了很大发展, 简介如下。

1) 通用机器人语言

通用机器人语言 (generic robot language, GRL): 该语言是一种用于编写大型模块化控制系统的函数程序设计语言。正如在行为语言中一样, GRL 采用有限状态机作为它的基本建造模块。在此之上, 它比行为模型提供了范围更广的结构用于定义通信流, 以及不同模块之间的同步约束。用 GRL 写的程序可以被编译成高效的指令语言, 如 C 语言。

2) 反应式行动规划系统

反应式行动规划系统 (reactive action planning system, RAPS): 该语言是一种用于并发机器人软件的重要程序设计语言, 它使程序员能够对目标、与这些目标相关的规划 (或不完全策略) 和那些有可能使规划成功的条件进行指定。重要的是, RAPS 还提供了一些措施用于处理那些在实际机器人系统中不可避免发生的失败。程序员可以指定检测各种失败的例行程序，并为每一种失败提供处理异常的过程。在三层体系结构中，RAPS 通常用在执行层，处理那些不需要重新进行规划的偶发事件。

3) GOLOG 语言

GOLOG 语言：该语言是一种将思考式问题求解 (规划) 和反应式控制的直接确定进行无缝结合的程序设计语言。用 GOLOG 写的程序通过情景演算进行形式化表示，并使用了非确定性的行动算子的附加选项。除了用可能的非确定性行动制定控制程序以外，程序员还必须提供机器人及其环境的完整模型。一旦控制程序到达一个非确定性的选择点，一个规划器 (具有理论证明机的形式) 就被触发，用来决定下一步该做什么。这样，程序员就能够指定部分控制器，并依靠内置的规划器来做出最终的控制选择。

GOLOG 的优美性体现在它对反应和思考的无缝整合上。尽管 GOLOG 需要很强的条件 (完全可观察性、离散的状态、完整的模型)，但它已经为一系列室内移动机器人提供了高级控制。

4) 嵌入式系统 C++ 语言

嵌入式系统 C++ 语言 (C for embedded system, CES)：该语言是 C++ 语言的一种扩展，它集成了概率与学习。CES 数据类型为概率分布，允许程序员对不确定信息进行计算，而不必耗费实现概率技术通常所需的努力。更为重要的是，CES 使得根据实例训练机器人软件成为可能。CES 程序员能够在代码中留出 "缝隙" 由学习函数 (典型的是诸如神经网络这样的可微分参数化表示方法) 进行填补。然后这些函数再通过明确的训练阶段来归纳地学习，训练者必须指定所期望的输出行为。CES 已被证实能够在部分可观察的和连续的领域内很好地工作。

5) ALisp 语言

ALisp 语言：该语言是 Lisp 的一种扩展。ALisp 允许程序员指定非确定性的选择点，这与 GOLOG 中的选择点类似。不过，ALisp 通过强化学习来归纳地学习正确的行动，而不是依靠定理证明机进行决策。因此，ALisp 可以看作用来将领域知识尤其是关于所期望行为的分层 "子程序" 结构的知识，结合到强化学习机中的一种灵活手段。

到目前为止，ALisp 只在仿真中被用于机器人的学习问题，不过它为建造通过与环境交互进行学习的机器人提供了一套非常有前途的方法。

17.4　机器人仿真平台

构建机器人需要涉及很多学科的技能，包括嵌入式固件和硬件设计、传感器的选择、控制系统的设计及机械结构设计。仿真环境可以为测试、评测和机器人技术算法的可视化提供一个虚拟的舞台，而不用花费高昂的开发成本和时间。下面介绍几种比较常用的仿真平台。

1) 机器人仿真器 Simbad

Simbad 是一个使用 Java 编程语言编写的三维机器人仿真器 (因此它可以在 Linux 或其他支持 Java 虚拟机 (或 JVM) 的平台上运行)；不过这个仿真器还包括了对 Python

脚本语言 (通过 Jython) 的支持。

Simbad 设计用来研究自治机器人环境中的人工智能 (AI) 算法, 它包括了一个 GUI (图形用户界面) 进行可视化操作, 它不但是对机器人的动作进行可视化, 而且是从机器人的角度来进行可视化的。

Simbad 的终端给我们提供了世界的一个实时视图, 它还提供了一个机器人详细信息的监视器面板, 以及一个用来对仿真进行管理的控制面板, 如图 17-9 所示。

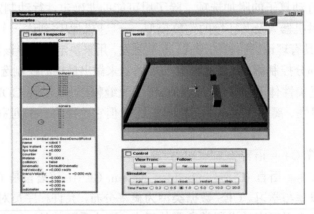

图 17-9　Simbad 三维机器人仿真器

2) Webots 系列软件

Webots 系列软件是由瑞士联邦理工学院 (Swiss Federal Institute of Technology) 研制成功的一款集建模、编程、仿真、程序移植为一体的专业多功能机器人研发软件。Webots 仿真软件的开发环境可分为四部分: 建模编辑界面、程序编译界面、视景仿真界面及反映对象参数变化的 Log 界面, 如图 17-10 所示。

图 17-10　Webots 仿真软件

Webots 主要用于地面机器人仿真。用户可以在一个共享的环境中设计多种复杂的异构机器人, 可以自定义环境大小, 环境中所有物体的属性包括形状、颜色、文字、质量、功能等也都可由用户来进行自由配置，它使用 ODE (open dynamics engine，一款优秀的开源物理引擎) 检测物体碰撞和模拟刚性结构的动力学特性，可以精确地模拟物体速度、惯性和摩擦力等物理属性。每个机器人可以装配大量可供选择的仿真传感器和驱动器，机器人的控制器可以通过内部集成化开发环境或者第三方开发环境进行编程，控制器程序可以用 C、C++ 等编写，机器人每个行为都可以在真实世界中测试。支持大量机器人模型如 khepera、pioneer2、aibo 等，也可以导入自己定义的机器人模型。

3) RoboCup3D 软件

RoboCup3D 软件是 Linux 平台下的机器人足球 3D 仿真比赛系统，RoboCup 的最终目标是：到 21 世纪中叶，一支完全自治的人形机器人足球队应该能在遵循国际足联正式规则的比赛中战胜最近的人类世界杯冠军队。

RoboCup 仿真比赛是 MAS 的理想测试平台。而 3D 仿真服务器运行于 SPADES (system for parallel agent discrete event simulation) 之上，采用 ODE 计算对象与环境之间的相互物理作用，按照真实的物理模型，仿真现实世界的足球比赛，最终将能仿真人形机器人的足球比赛，为球队的合作提供技术支持，以达到 RoboCup 的最终目标。

4) 机器人仿真器 TeamBots

TeamBots 是一个可移植的多智能体机器人仿真器，它可以支持动态环境中多代理控制系统的仿真，并可以提供可视化功能，如图 17-11 所示。与 Simbad 之类的其他仿真器相比，TeamBots 有一点非常独特：它的控制系统具有很好的可移植性。我们可以开发自己的控制系统，并将其在仿真器上进行验证，然后在真正的移动机器人上对控制系统进行测试 (使用 Nomadic Technologies Nomad 150 机器人)。

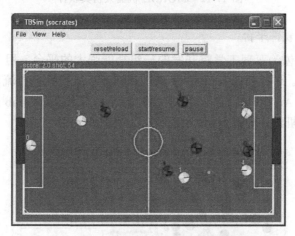

图 17-11　TeamBots 机器人仿真器

TeamBots 为英式足球赛提供了一个 Java API，它主要关注的是球员的 "大脑"。效应器 API 允许对机器人进行调优，以特定的速度移动、踢球或简单地带球。传感器是在高层构建的，它们提供了 API 来确定球的方向、其他球员 (队友和对手) 的方向、目前冲锋在前面的人、守门员的位置等。TeamBots 是开源的 (由佐治亚理工学院和卡内基·梅隆大学的 Tucker Balch 开发)，可以自由用于教育和研究目的。这个仿真器是使用 Java 语言开发的，发行版本中提供了完整的源代码和几个例子，可以帮助初学者快速入门。

5) MORSE 软件

MORSE 是一款通用的多机器人仿真平台 (图 17-12)，主要特点是能控制实际仿真的自由度，可以自由设计符合自己需求的组件模型，运用 Blender 实时游戏引擎进行原始渲染，设计适合的体系结构，支持通用的网络接口。它提供了大量可配置的传感器和执行器模块，具有高度的可扩展性，提供人与机器人的交互仿真功能，使用 Python 编程，有丰富的文档并且易于安装但无法进行精确的动力学仿真，时钟同步能力性能较差，多机器人仿真时可能出现不同步的情况。该软件为开源软件，仅限于 Linux 和 MacOSX 操作系统。

图 17-12　MORSE 机器人仿真软件

6) MissionLab 软件平台

MissionLab 是佐治亚理工学院开发的一组功能强大的平台，用于开发和测试单个或一组机器人行为。通过 MissionLab 生成的代码可以直接控制主流商用机器人，包括 ARTV-Jr、iRobot、AmigoBot、Pioneer AT 和 MRV-2 等。MissionLab 最主要的优点在于它支持仿真和真实机器人同时实验，如图 17-13 所示。

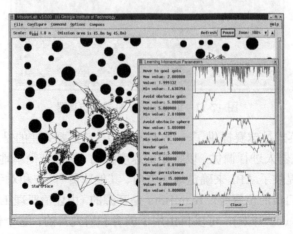

图 17-13　MissionLab 机器人仿真平台

MissionLab 是分布式体系结构，主要有六个核心组件：mlab、CfgEdit、cdl、cnl、HServer 和 CBRServer。使用 CMDL 和 ODL 作为开发配置语言。它起初是为 DARPA 开发，用于研究在敌对环境多智能体机器人系统灵活反应控制问题，现已开源，仅支持 Linux 操作系统。

课后习题

1. 简述智能机器人制作的基本步骤。
2. 列举智能机器人的主要功能模块。
3. 简述智能机器人的软件架构和各自优缺点。
4. 常用的智能机器人仿真平台有哪些？
5. 设计一个简单的移动机器人，给出路径规划算法设计。

参考文献

鲍军鹏, 张选平, 等. 2017. 人工智能导论 [M]. 北京: 机械工业出版社.

蔡瑞英, 李长河. 2003. 人工智能 [M]. 武汉: 武汉理工大学出版社.

蔡自兴, 刘丽钰, 蔡竞峰, 等. 2016. 人工智能及其应用 [M]. 北京: 清华大学出版社.

蔡自兴. 2011. 机器人学基础 [M]. 北京: 机械工业出版社.

曹其新, 张蕾. 2012. 轮式自主移动机器人 [M]. 上海: 上海交通大学出版社.

陈宝财. 2010. 进化策略的研究及应用 [D]. 广州: 广东工业大学.

陈浩, 雷斌, 高全杰. 2016. 基于领导者的群体机器人编队及导航控制 [J]. 武汉科技大学学报, 39(3): 219-223.

陈家乾, 何衍, 蒋静坪. 2010. 基于权值平滑的改良 FastSLAM 算法 [J]. 浙江大学学报, 44(8): 1454-1459.

陈文元, 张卫平. 2010. 微型扑翼式仿生飞行器 [M]. 上海: 上海交通大学出版社.

陈志泊, 张蕾蕾, 李巨虎, 等. 2014. 基于入侵杂草优化算法的无线传感网节点定位 [J]. 计算机工程与应用, 50(9): 77-82.

崔鸿雁, 徐帅, 张利锋, 等. 2018. 机器学习中的特征选择方法研究及展望 [J]. 北京邮电大学学报, 41(1): 1-12.

丁世飞. 2015. 人工智能 [M]. 北京: 清华大学出版社.

丁永生. 2004. 计算智能: 理论、技术与应用 [M]. 北京: 科学出版社.

董斌, 何博雄, 钟联炯. 2000. 分布式人工智能与多智能体系统的研究与发展 [J]. 西安工业大学学报, 20(4): 303-307.

段海滨. 2005. 蚁群算法原理及其应用 [M]. 北京: 科学出版社.

段海滨, 张祥银, 徐春芳. 2011. 仿生智能计算 [M]. 北京: 科学出版社.

房芳, 马旭东, 钱堃, 等. 2012. 智能环境下移动机器人任务规划与执行系统架构设计 [J]. 东南大学学报 (自然科学版), 42(S1): 182-185.

付梦家, 游晓明. 2017. 多机器人系统及其路径规划方法综述 [J]. 软件导刊, 16(1): 177-179.

高翔, 苏青. 2014. 基于双层模糊逻辑的多机器人路径规划与避碰 [J]. 计算机技术与发展, (11): 79-82.

葛继科, 邱玉辉, 吴春明, 等. 2008. 遗传算法研究综述 [J]. 计算机应用研究, 25(10): 2911-2916.

沟口理一郎, 石田亨. 2006. 人工智能 [M]. 卢伯英, 译. 北京: 科学出版社.

郭利进, 王化祥, 孟庆浩, 等. 2007. 基于粒子滤波的移动机器人 SLAM 改进算法 [J]. 计算机工程与应用, 43(30): 26-29.

郭锐锋, 于东, 刘明烈, 等. 1999. 基于合同网的任务分配方法的研究 [J]. 小型微型计算机系统, 20(10): 740-743.

韩崇昭, 朱洪艳, 段战胜. 2010. 多源信息融合 [M]. 北京: 清华大学出版社.

韩九强, 张新曼, 刘瑞玲. 2011. 现代测控技术与系统 [M]. 北京: 清华大学出版社.

韩力群. 2006. 人工神经网络教程 [M]. 北京: 北京邮电大学出版社.

韩力群. 2007. 人工神经网络理论、设计及应用 [M]. 北京: 化学出版社.

郝博, 胡玉兰, 赵岐刚. 2013. 智能设计 [M]. 沈阳: 辽宁科学技术出版社.

胡德文. 2006. 神经网络自适应控制 [M]. 湖南: 国防科技大学出版社.

黄竞伟, 朱福喜, 康立山. 2010. 计算智能 [M]. 北京: 科学出版社.

蒋宗礼. 2006. 人工神经元导论 [M]. 北京: 高等教育出版社.

库克. 2015. 移动机器人导航、控制与遥感 [M]. 赵春晖, 潘泉, 等译. 北京: 国防工业出版社.

雷艳敏, 冯志彬, 宋继红. 2008. 基于行为的多机器人编队控制的仿真研究 [J]. 长春大学学报, 18(8): 40-44.

李国勇. 2009. 神经模糊控制理论及应用 [M]. 北京: 电子工业出版社.

李国勇, 李维民. 2009. 人工智能及其应用 [M]. 北京: 电子工业出版社.

李磊, 叶涛, 谭民, 等. 2002. 移动机器人技术研究现状与未来 [J]. 机器人, 24(5): 475-480.

李人厚. 2013. 智能控制理论和方法 [M]. 陕西: 西安电子科技大学出版社.

李陶深. 2002. 人工智能 [M]. 重庆: 重庆大学出版社.

李翔, 李昕, 胡晨, 等. 2013. 面向智能机器人的 Teager 语音情感交互系统设计与实现 [J]. 仪器仪表学报, 34(8): 1826-1833.

李云江. 2011. 机器人概论 [M]. 北京: 机械工业出版社.

李征宇, 郭彤颖, 等. 2017. 人工智能技术与智能机器人 [M]. 北京: 化学工业出版社.

刘洞波, 李永坚, 刘国荣, 等. 2016. 移动机器人粒子滤波定位与地图创建 [M]. 湘潭: 湘潭大学出版社.

刘凤岐. 2011. 人工智能 [M]. 北京: 机械工业出版社.

刘金琨. 2011. 智能控制 [M]. 北京: 电子工业出版社.

罗成名, 李威, 杨海, 等. 2014. 移动目标位姿同步跟踪技术研究 [J]. 农业机械学报, 45(10): 47-52.

罗荣华, 洪炳镕. 2004. 移动机器人同时定位与地图创建研究进展 [J]. 机器人, 26(2): 182-186.

马仁利, 关正西. 2008. 路径规划技术的现状与发展综述 [J]. 现代机械, (3): 22-24.

马忠臣. 2010. 机器人产业发展综述 [J]. 机械工程师, (11): 5-14.

毛永毅. 2018. 移动通信网定位技术 [M]. 北京: 科学出版社.

尼克. 2017. 人工智能简史 [M]. 北京: 人民邮电出版社.

倪建军. 2011. 复杂系统多 Agent 建模与控制的理论及应用 [M]. 北京: 电子工业出版社.

倪建军, 任黎. 2013. 复杂系统控制与决策中的智能计算 [M]. 北京: 国防工业出版社.

倪建军, 徐立中, 王建颖. 2006. 基于 CAS 理论的多 Agent 建模仿真方法研究进展 [J]. 计算机工程与科学, 28(5): 83-86, 97.

牛振勇, 杜正春, 方万良, 等. 2004. 基于进化策略的多机系统 PSS 参数优化 [J]. 中国电机工程学报, 24(2): 22-27.

皮埃罗·斯加鲁菲. 2017. 智能的本质 [M]. 任莉, 张建宇, 译. 北京: 人民邮电出版社.

朴松昊, 钟秋波, 刘亚奇, 等. 2011. 智能机器人 [M]. 哈尔滨: 哈尔滨工业大学出版社.

秦永元. 2006. 惯性导航 [M]. 北京: 科学出版社.

沈文君. 2009. 基于改进人工势场法的机器人路径规划算法研究 [D]. 广州: 暨南大学.

施圣荣, 刘建辉. 1992. 人工智能·专家系统·程序设计 [M]. 沈阳: 辽宁大学出版社.

施一民. 2008. 现代大地控制测量 [M]. 北京: 测绘出版社.

石辛民, 郝整清. 2008. 模糊控制及其 MATLAB 仿真 [M]. 北京: 清华大学出版社.

石章松. 2017. 移动机器人同步定位与地图构建 [M]. 北京: 国防工业出版社.

谭民, 王硕, 曹志强. 2005. 多机器人系统 [M]. 北京: 清华大学出版社.

王炳锡, 屈丹, 彭煊. 2005. 实用语音识别基础 [M]. 北京: 国防工业出版社.

王殿君. 2013. 移动机器人自主定位技术 [M]. 北京: 机械工业出版社.

王娟娟, 曹凯. 2009. 基于栅格法的机器人路径规划 [J]. 农业装备与车辆工程, (4): 14-17.

王士同. 1998. 神经模糊系统及其应用 [M]. 北京: 北京航空航天大学出版社.

王万良. 2017. 人工智能及其应用 [M]. 北京: 高等教育出版社.

王万森. 2018. 人工智能原理及其应用 [M]. 北京: 电子工业出版社.

王永庆. 1998. 人工智能原理与方法 [M]. 西安: 西安交通大学出版社.

王仲民. 2008. 移动机器人路径规划与轨迹跟踪 [M]. 北京: 兵器工业出版社.

吴皓, 田国会, 薛英花, 等. 2010. 基于 QRcode 技术的家庭半未知环境语义地图构建 [J]. 模式识别
    与人工智能, 23(4): 464-470.

吴军, 徐昕, 连传强, 等. 2011. 协作多机器人系统研究进展综述 [J]. 智能系统学报, 6(1): 13-27.

吴晓平, 崔光照, 路康. 2004. 基于 DTW 算法的语音识别系统实现 [J]. 信息化研究, 30(7): 17-19.

西格沃特 R, 诺巴克什 I R, 斯卡拉穆扎 D. 2013. 自主移动机器人导论 [M]. 李人厚, 宋青松, 译. 西
    安: 西安交通大学出版社.

肖南峰. 2008. 智能机器人 [M]. 广州: 华南理工大学出版社.

肖玉杰, 李杰, 刘方. 2015. 基于合同网的分布式动态任务分配算法 [J]. 舰船科学技术, 37(3): 113-
    118.

谢宇. 2015. 差分进化的若干问题及其应用研究 [D]. 南京: 南京理工大学.

徐德, 邹伟. 2008. 室内移动式服务机器人的感知、定位与控制 [M]. 北京: 科学出版社.

徐立中, 李士进, 石爱业. 2007. 数字图像的智能信息处理 [M]. 北京: 国防工业出版社.

许斯军, 曹奇英. 2011. 基于可视图的移动机器人路径规划 [J]. 计算机应用与软件, 28(3): 220-222.

薛颂东, 曾建潮. 2008. 群机器人研究综述 [J]. 模式识别与人工智能, 21(2): 177-185.

杨淑莹. 2011. 模式识别与智能计算 [M]. 北京: 电子工业出版社.

杨天奇. 2014. 人工智能及其应用 [M]. 广州: 暨南大学出版社.

杨维, 李歧强. 2004. 粒子群优化算法综述 [J]. 中国工程科学, 6(5): 87-94.

杨铮, 吴陈沐, 刘云浩. 2014. 位置计算: 无线网络定位与可定位性 [M]. 北京: 清华大学出版社.

姚俊武, 黄丛生. 2007. 多机器人系统协调协作控制技术综述 [J]. 湖北理工学院学报, 23(6): 1-6.

叶志伟, 周欣, 夏彬. 2010. 蚁群算法研究应用现状与展望 [J]. 吉首大学学报 (自然科学版), 31(1):
    35-39.

尹朝庆, 尹皓, 彭德巍. 2007. 人工智能方法与应用 [M]. 武汉: 华中科技大学出版社.

尹朝庆, 尹皓. 2002. 人工智能与专家系统 [M]. 北京: 中国水利水电出版社.

喻海飞, 汪定伟. 2004. 人工生命研究综述 [J]. 信息与控制, 33(4): 434-439.

曾秀, 魏振华. 2017. 猴群算法及其改进综述 [J]. 电脑知识与技术, (32): 98-100, 111.

翟敬梅, 李连中, 郭培森, 等. 2017. 多机器人智能协同作业 M2M2A 系统设计与实验研究 [J]. 机器
    人, 39(4): 415-422.

张冬梅, 闫蓓. 2017. 对话周志华教授: 关于人工智能和机器学习 [J]. 科学通报, 62(33): 3800-3801.

张葛祥, 潘林强. 2010. 自然计算的新分支—膜计算 [J]. 计算机学报, 33(2): 208-214.

张吉礼. 2004. 模糊-神经网络控制原理与工程应用 [M]. 哈尔滨: 哈尔滨工业大学出版社.

张文波, 赵海, 苏威积, 等. 2006. 基于合同网模型的多代理协作研究 [J]. 电子学报, 34(5): 837-844.

张嵛, 刘淑华. 2008. 多机器人任务分配的研究与进展 [J]. 智能系统学报, 3(2): 115-120.

赵宇明, 熊蕙霖, 周越, 等. 2013. 模式识别 [M]. 上海: 上海交通大学出版社.

赵志宏, 高阳, 陈世福. 2004. 多 Agent 系统中强化学习的研究现状和发展趋势 [J]. 计算机科学,
    31(3): 23-27.

中国电子学会. 2017. 机器人简史 [M]. 北京: 电子工业出版社.

钟珞, 饶文碧, 邹承明. 2007. 人工神经网络及其融合应用技术 [M]. 北京: 科学出版社.

周扬, 孙玲玲, 马德. 2017. 基于 HMM 模型的语音识别系统的研究 [J]. 物联网技术, 7(10): 74-76.

朱本华, 钟杰. 2010. 未知环境下的移动机器人环境建模研究 [J]. 微计算机信息, (14): 223-231.

朱福喜, 杜友福, 夏定纯. 2006. 人工智能引论 [M]. 武汉: 武汉大学出版社.

Russell S J, Norvig P. 2013. 人工智能: 一种现代的方法 [M]. 殷建平, 等译. 北京: 清华大学出版社.

Sonka M, Hlavac V, Boyle R. 2016. 图像处理、分析与机器视觉 [M]. 兴军亮, 艾海舟, 等译. 北京: 清华大学出版社.

Alpaydin E. 2004. Introduction to Machine Learning [M]. Cambridge: The MIT Press.

Bellman R E. 1978. An Introduction to Artificial Intelligence: Can Computers Think? [M]. San Francisco: Boyd & Fraser Publishing Company.

Charniak E, McDermott D.1985. Introduction to Artificial Intelligence: Addison-Wesley Series in Computer Science [M]. Chicago, IL: Addison Wesley Longman Publishing Company.

Ezziane Z. 2006. DNA computing: Applications and challenges [J]. Nanotechnology, 17(2): R27-R39.

Haugeland J. 1985. Artificial Intelligence: The Very Idea [M]. Cambridge: MIT Press.

Mitchell T M. 1997. Machine Learning [M]. New York: McGraw-Hill.

Leonard J J, Durrant-Whyte H F. 1991. Mobile robot localization by tracking geometric beacons [J]. IEEE Transactions on Robotics and Automation, 7(3): 376-382.

Li R, Gu D, Liu Q, et al. 2017. Semantic scene mapping with spatio-temporal deep neural network for robotic applications [J]. Cognitive Computation, 10(2): 260-271.

Milford M, Wyeth G. 2010. Persistent navigation and mapping using a biologically inspired SLAM system [J]. The International Journal of Robotics Research, 29(9): 1131-1153.

Ni J J, Wang K, Cao Q Y, et al. 2017. A memetic algorithm with variable length chromosome for robot path planning under dynamic environments [J]. International Journal of Robotics and Automation, 32(4): 414-424.

Ni J J, Wu L Y, Fan X N, et al. 2016. Bioinspired intelligent algorithm and its applications for mobile robot control: A survey [J]. Computational Intelligence and Neuroscience: Article ID 3810903.

Ni J J, Yang S X. 2011. Bioinspired neural network for real-time cooperative hunting by multi-robots in unknown environments [J]. IEEE Transactions on Neural Networks, 22(12): 2062-2077.

Ni J J, Yang X F, Chen J F, et al. 2015. Dynamic bioinspired neural network for multi-robot formation control in unknown environments [J]. International Journal of Robotics and Automation, 30(3): 256-266.

Ni J J, Yin X H, Chen J F, et al. 2014. An improved shuffled frog leaping algorithm for robot path planning [C]. International Conference on Natural Computation, IEEE.

Ni J J, Li X X, Hua M G, et al. 2016. Bioinspired neural network-based Q-learning approach for robot path planning in unknown environments [J]. International Journal of Robotics and Automation, 31(6): 464-474.

Nilsson N J. 1998. Artificial Intelligence: A New Synthesis [M]. Burlington, MA: Morgan Kauffman Publishers, Inc.

Pat Langley. 1996. Elements of Machine Learning [M]. San Francisco, CA: Morgan Kaufmann.

Russell S, Norvig P. 2003. Artificial Intelligence: A Modern Approach [M]. 2nd ed. New Jersey:

Prentice Hall.

Skaggs W E, Knierim J J, Kudrimoti H S, et al. 1995. A model of the neural basis of the rat's sense of direction [J]. Adv Neural Inf Process Syst, 7(7): 173-180.

Winston P H. 1992. Artificial Intelligence [M]. 3rd ed. Boston, MA: Addison-Wesley Longman Publishing Company.